软件开发人才培养系列丛书

Redis

开发实战 视频讲解版

李兴华 马云涛 王月清 / 编著

人民邮电出版社
北京

图书在版编目（CIP）数据

Redis开发实战 ：视频讲解版 / 李兴华，马云涛，王月清编著. -- 北京 ：人民邮电出版社，2024.4
（软件开发人才培养系列丛书）
ISBN 978-7-115-62230-3

Ⅰ. ①R… Ⅱ. ①李… ②马… ③王… Ⅲ. ①数据库－基本知识 Ⅳ. ①TP311

中国国家版本馆CIP数据核字(2023)第121667号

内 容 提 要

Redis 数据库是当今互联网项目开发中使用较多的 NoSQL 数据库。Redis 以高性能著称，专门应用于各种高并发的项目开发场景。在国内的互联网开发中，Java 有着非常重要的地位，要想打造一套适合 Java 学习者系统学习的教程，就需要提供完善的 Java 与 Redis 开发实例，本书的设计目的就在于此。

鉴于 Redis 的实际应用场景，本书非常详细地分析了 Java 中的 3 种 Redis 开发方式，包括 Lettuce、Spring Data Redis、Spring Data Redis 与 Spring Boot 的整合开发。本书按照由浅至深的顺序打造知识体系，主要内容包括 Redis 概述、Redis 数据操作、Redis 服务配置、Redis 编程开发、Redis 进阶编程、Redis 集群架构、Redis Stack，因书中的内容均基于 Linux 操作系统，故本书介绍了 Ubuntu 操作系统。

本书附有配套视频、源代码、习题、教学课件等资源。为了帮助读者更好地学习本书，编者还提供了在线答疑服务。

本书适合作为高等教育本科院校、高等职业院校计算机相关专业的教材，也可供广大计算机编程爱好者自学使用。

◆ 编　　著　李兴华　马云涛　王月清
责任编辑　刘　博
责任印制　王　郁　陈　犇
◆ 人民邮电出版社出版发行　　北京市丰台区成寿寺路 11 号
邮编　100164　　电子邮件　315@ptpress.com.cn
网址　https://www.ptpress.com.cn
三河市君旺印务有限公司印刷
◆ 开本：787×1092　1/16
印张：17.75　　2024 年 4 月第 1 版
字数：493 千字　　2024 年 4 月河北第 1 次印刷

定价：79.80 元

读者服务热线：(010)81055256　印装质量热线：(010)81055316
反盗版热线：(010)81055315
广告经营许可证：京东市监广登字 20170147 号

自　　序

从我最早接触计算机编程到现在，已经过去 24 年了，其中有 17 年的时间，我都在教学一线讲解编程开发。我一直在思考这样一个问题：如何让学生在有限的时间里学到更多、更全面的知识？最初我并不知道答案，于是只能大量挤出每天的非教学时间，甚至连节假日都在给学生持续补课。我当时的想法很简单：通过多花时间来追赶技术发展的脚步，争取教给学生更多的技术，让学生在找工作时游刃有余。但是这对我和学生来说实在是太过痛苦了，毕竟我们都只是普通人。当我讲到精疲力竭，学生学习感到吃力时，我知道自己需要做出改变了。

技术领域正在发生不可逆转的变革，在软件行业中，最先改变的一定是就业环境。很多优秀的软件公司或互联网企业的招聘已经由简单的需求招聘变为能力招聘，要求从业者不再是培训班“量产”的学生。此时的从业者如果想顺利地进入软件行业，获得自己心中的理想职位，就需要有良好的技术学习方法。换言之，学生不能只是被动地学习，而要主动地努力钻研技术，这样才可以具有更扎实的技术功底，才能够应对各种可能出现的技术挑战。

于是，怎样让学生在尽可能短的时间内学到较有用的知识，就成了我思考的核心问题。对于我来说，“教育”这两个字是神圣的，既然是神圣的，就要与商业运作有所区分。教育提倡的是奉献，而商业运作讲究的是营利，营利和教育本身是矛盾的。所以我拿出几年的时间专心写作，把我近 20 年的教学经验融入这套编程学习丛书，也将多年积累的学生学习过程中遇到的问题如实地反映在这套丛书之中。丛书架构如图 0-1 所示。图中实线为学习主线路，虚线为技术辅助，作者可以选择学习。希望这样一套学习方向明确的编程丛书，能让读者在学习 Java 时不再迷茫。

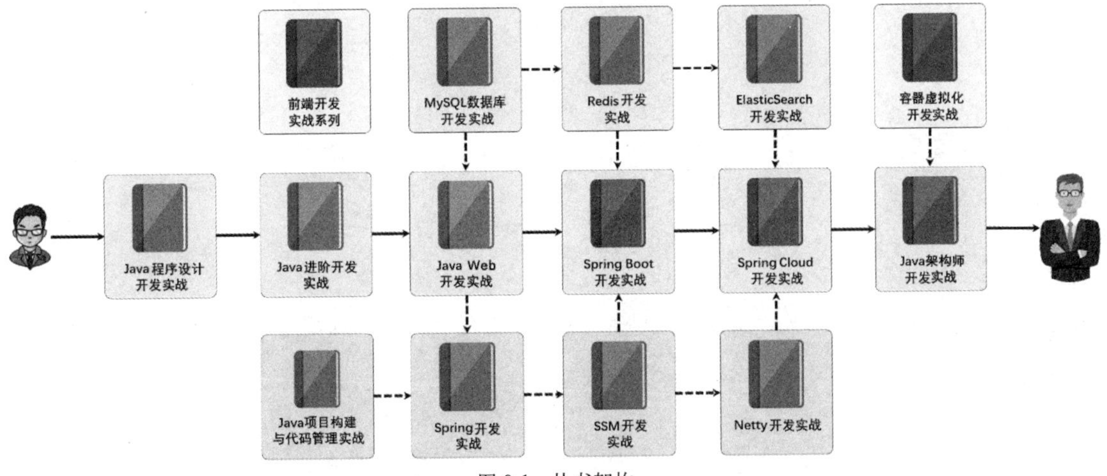

图 0-1　丛书架构

这也是我和伙伴们设计并编写一套完整的 Java 自学教程的目的。从 Java 初学者到 Java 程序员，再到 Java 架构师，循着 Java 自学教程体系（见图 0-2），我们编写完成这一本本图书，心中其实有太多的感慨，但也为完成最大的心愿而深感欣慰。

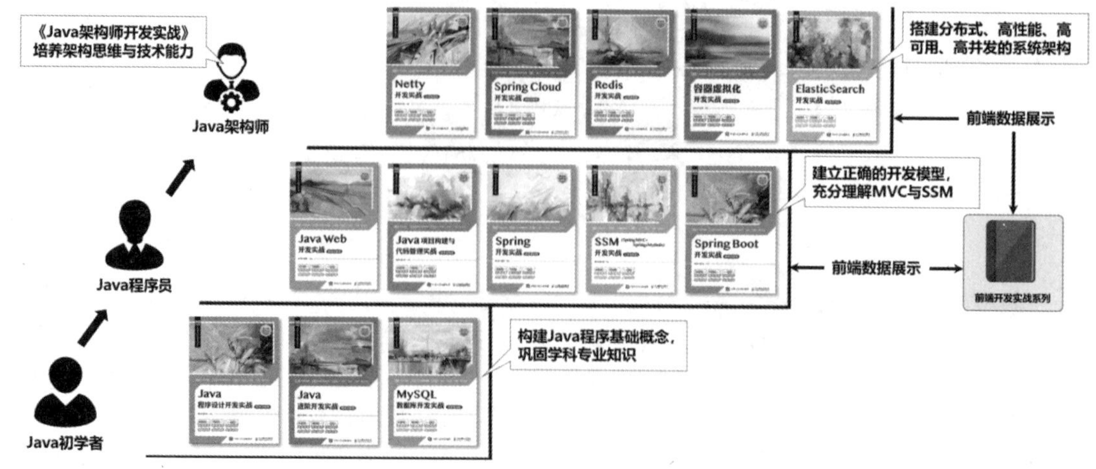

图 0-2　Java 自学教程体系

我的体会是，编写一本把知识讲解透彻的图书很不容易。在写作过程中，我翻阅了大量图书，在翻阅某些图书的过程中，我发现其内容竟然和其他图书雷同，网上的资料也有大量的雷同，这让我认识到“原创”的重要性。但是原创的路途满是荆棘，这也是我们编写一本图书需要很长时间的原因。

仅仅做到原创就可以让学生学会吗？很难！计算机编程图书中有大量晦涩难懂的专业词汇，不能默认所有的初学者都清楚地掌握了这些专业词汇的概念，如果那样，可以说就已经学会了编程。为了帮助读者扫除学习障碍，我们在书中绘制了大量的图形来进行概念的解释，此外还提供了与章节内容相符的视频资料，所有的视频讲解中出现的代码全部为现场编写。我们希望用这一次又一次的重复劳动，帮助大家理解代码，学会编程。本套丛书所提供的配套资料非常丰富，可以说其价值抵得上一些需要支付高额学费参加的培训班的课程。本套丛书的配套视频累计上万分钟，对比培训班的实际讲课时间，相信读者能体会到我们所付出的心血。希望通过这样的努力给大家带来一套有助于学懂、学会的图书，帮助大家解决学习和就业难题。

李兴华
2024 年 2 月

前　　言

当今互联网开发中，提到热门的 NoSQL 数据库一定离不开 Redis，而如果要说出一款高性能的缓存数据库，那么一定是 Redis。可以说，Redis 适用于 80%的高并发应用开发场景，Redis 及其相关技术已经成了每一位程序开发人员必备的核心技术栈。如果一位程序员的简历上没有 Redis 相关的开发经验，那么其可能很难找到一份像样的开发工作。

我最早接触 Redis 是在 2012 年，那时 NoSQL 数据库刚开始流行。而早期大家对 Redis 的基本看法就是它用于数据缓存，除了比 Memcached 多一些对数据类型的支持外，没有觉得 Redis 有哪些过人之处。毕竟当时的开发环境还不成熟，大部分的程序逻辑都需要自己去编写，而且大量的项目还是以单服务器的应用环境为主，一个 Ehcache 已经可以解决很多性能问题了。随着互联网应用的逐步深入，传统的开发行业经历了技术架构的变革，而高并发设计也早已常态化，再加上整个 Redis 生态逐渐完善，我们对分布式缓存有了新的认识，于是我开始深入研究 Redis 的各种技术细节。从 Redis 3.x 发布后，我便将 Redis 的内容详细地讲给参加培训班的学生，而那个时候的学生因为掌握了 Redis 而有了更好的就业机会。

从 Redis 2.x 一直到 Redis 7.x，Redis 经过了 10 多年的发展，不仅其内部结构发生了变化，相关的辅助技术及开发模式也都发生了变化，而我有幸可以一直研究 Redis，一直讲解 Redis。有了这么多年的实践与教学经验，我最大的想法就是把这些内容整合为一本完整的图书并讲解给所有的学生听，真的是“听”，而不是简单的“读”。为什么这么说呢？因为本书配套了完善的视频教程，图书和视频教程两者相辅相成可以达到良好的学习效果。

内容特色

在进行本书设计的时候，我们认真地参考了市面上已有的相关图书，而后依据自身的教学经验及教学体系进行了有效的内容梳理，总结出了本书最重要的 3 个特点。

1. 有效的技术学习体系。我们充分考虑读者的学习习惯，所以从基础知识开始讲解，而后将这些内容整合到实际的开发之中，让读者可以建立起有效的技术关联逻辑，可以更轻松地理解架构方面的设计思想，以及高并发问题的解决方案。

2. 透彻地讲解 Redis。读者可以发现本书讲解的内容都是 Redis 中核心的技术，围绕这些技术进行 Redis 相关技术的扩展。我们并没有采用常见的“几合一”的图书编写模式（如将 Redis 与 MongoDB 一起编写，或将 Redis 与 SQL 数据库一起编写），而是让读者从不同的角度去理解 Redis 的实际应用，以实现更高效的学习。

3. 理论与实践相结合。Redis 内部涉及许多调优机制，我们除了为读者讲解这些调优机制的设计原理之外，也基于一些核心的源代码结构对其进行分析，同时将概念与实际配置联系在一起，让读者对知识理解得更加透彻。

由于技术类图书涉及的内容很多，同时考虑到读者对一些知识存在理解盲点与认知偏差，我们在编写本书时设计了一些特色栏目和表示方式，现说明如下。

（1）提示：对一些知识的核心内容进行强调，以及对与之相关的知识点进行说明。这样做的目的是帮助读者扩大知识面。

（2）注意：点明对相关知识进行运用时有可能出现的“深坑”。这样做的目的是帮助读者节省理解技术的时间。

(3) 提问与回答：对核心概念进行补充，以及对可能存在的一些理解偏差进行弥补。

(4) 分步讲解：清楚地标注每一个开发或配置步骤。技术开发需要严格的实现步骤，我们不仅要教读者知识，更要给读者提供完整的学习指导。由于在实际项目中会利用 Gradle 或 Maven 这样的工具来进行模块拆分，因此我们在每一个开发步骤前会使用“【项目或子模块名称】”这样的标注方式，这样读者在实际开发过程中就会更加清楚当前代码的编写位置，提高编写代码的效率。

我们在编写本书时秉承着“对读者负责”这一原则，将全面的 Redis 技术展示给读者，努力帮助读者扫除技术学习障碍，所以在阅读此书时，读者可以看到大量的原创架构图及原理解释图。经过了多年的教学及技术图书编写，我发现这类图书往往缺少通俗易懂的图示。过多的抽象概念影响了读者对技术的理解，把这些晦涩的技术转化为易懂的图示才是解决技术学习问题的关键，才能让读者树立起学好技术的信心，同时这也是本土作者必须做的基础工作。

本书共 8 章，由于要尽量贴近实际的开发环境，因此本书内容都基于 Linux 操作系统进行讲解。考虑到读者有可能不熟悉相关技术，我们为读者配备了 Ubuntu 快速学习教程（见第 8 章），本书的内容安排如下。

第 1 章 Redis 概述：从零开始安装 Redis 数据库，本章核心内容如图 0-3 所示。

Redis 是 NoSQL 数据库的一种，所以本章在讲解 NoSQL 数据库之前分析了传统关系数据库存在的问题，并且介绍了常用的 NoSQL 数据库，以及 Redis 的发展历史等。而后在 Linux 操作系统上实现了 Redis 源代码的编译，采用配置文件的方式实现了 Redis 服务管理，最后通过 Redis 给出的 redis-benchmark 压力测试，测试了 Redis 数据库性能。本章属于入门章节，其目的是带领读者从零开始搭建 Redis 服务。需要注意的是，若读者在学习本章之前还没有掌握 Ubuntu 操作系统，一定要先学习第 8 章的内容。

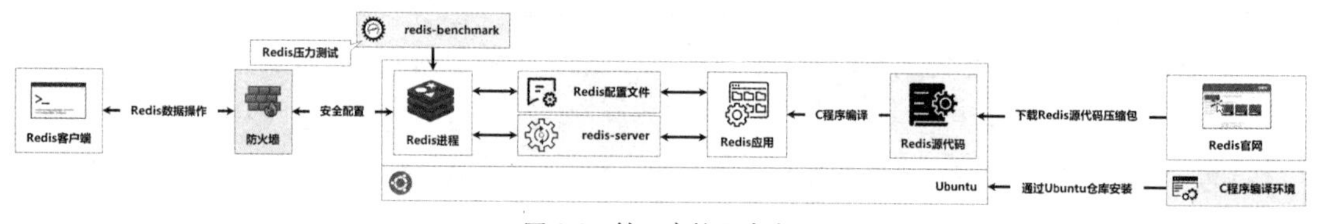

图 0-3　第 1 章核心内容

第 2 章 Redis 数据操作：全面分析 Redis 提供的各种数据及使用场景，本章核心内容如图 0-4 所示。

Redis 作为缓存数据库，最大的亮点是支持多种数据存储类型，可存储文本、Hash、List、Set、ZSet、Bitmap、HyperLogLog、GEO 等基本数据类型。本章分析了每一种数据类型的使用方法，同时为读者详细地列出了相关的命令。需要注意的是，不同的 Redis 版本有着不同的配置项。对于这些基础数据类型，除了掌握其用法之外，还要清楚其数据结构的特点及应用场景，所以本章会为读者分析多种不同的应用场景。

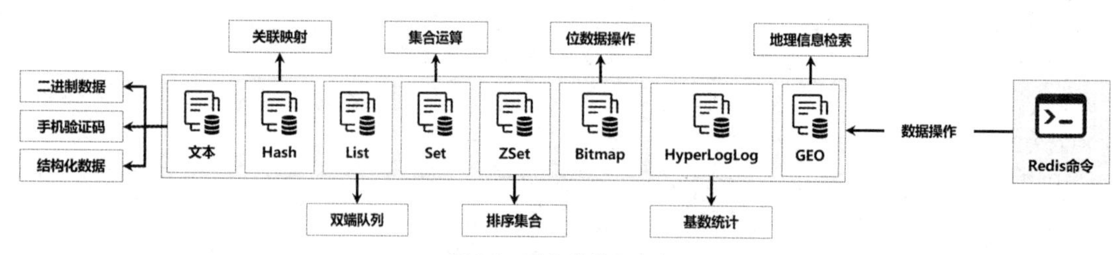

图 0-4　第 2 章核心内容

第 3 章 Redis 服务配置：介绍 Redis 数据安全、服务性能与监控配置，本章核心内容如图 0-5 所示。

Redis 内置了数据持久化的功能，并且为此提供了 RDB 与 AOF 两种持久化机制，本章首先对这两种持久化机制的技术原理进行说明，同时采用实例的方式分析两种机制的使用，以及实际应用中的配置需求。除此之外，还讲解了 Redis 线程模型、Redis 过期数据淘汰、listpack、碎片整理、SLOWLOG、延迟监控、SSL 证书、ACL 等，并且基于 Prometheus 搭建了 Redis 可视化监控。

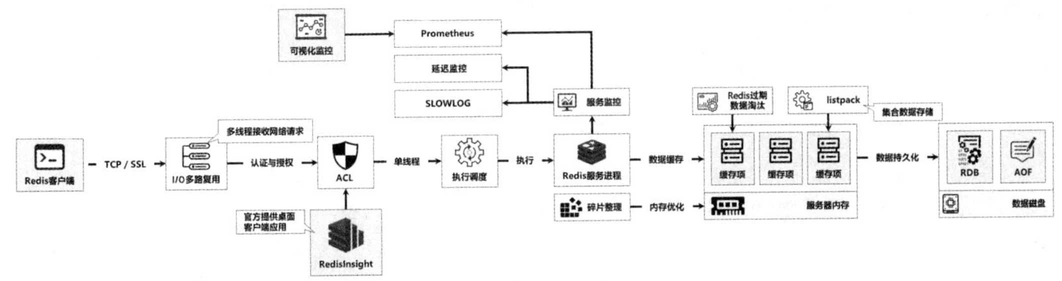

图 0-5　第 3 章核心内容

第 4 章　Redis 编程开发：通过 Java 实现 Redis 数据读写，本章核心内容如图 0-6 所示。

Redis 提供了各种常见编程语言的开发整合，并且针对不同的编程语言提供了专属的驱动程序。考虑到实际开发中的技术需要，本章以 Java 语言作为 Redis 编程开发的实现语言，目的是总结之前学习的 Redis 基本操作。在 Java 开发环境中除了需要使用 Lettuce 基础工具之外，还有 Spring Data Redis 的整合需求，所以本章基于 Spring 框架实现了 Redis 的讲解与 Spring Cache 服务整合。为了进一步帮助读者巩固 Redis 的使用知识，本章加入了分布式锁、接口幂等性，并结合 Spring Boot 中的 WebFlux 实现了基于响应式运行的 Redis 数据操作，最后讲解了 nginx + Spring Session + Keepalived 集群服务。本章的设计完全衔接当前 Redis 的主流设计架构，是读者整合以往 Java 系列知识的重要拼图。

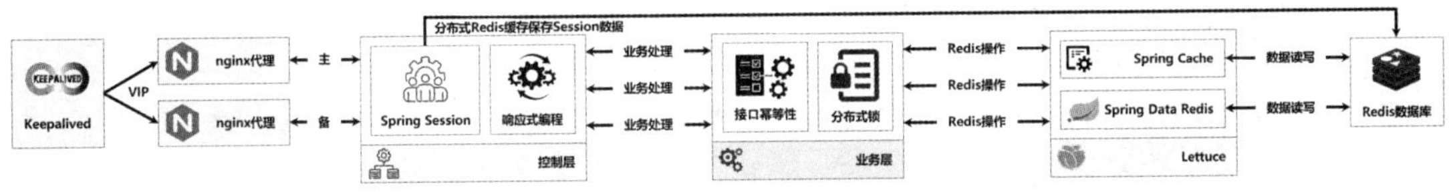

图 0-6　第 4 章核心内容

第 5 章　Redis 进阶编程：分析 Redis 扩展支持，重点结合 Lua 脚本进行讲解，本章核心内容如图 0-7 所示。

Redis 除了提供基本的数据操作之外，还扩展出 Lua 解析器、乐观锁、发布订阅模式、Stream 消息服务等功能，这些功能在 Lettuce 和 Spring Data Redis 中都提供实现支持。本章首先对这些扩展的数据操作进行讲解，随后重点讲解 Lua 脚本与 Redis 的整合，以及基于 Lua 脚本实现的商品定时抢购、流量限制、抢红包案例的分析。最后讲解基于 OpenResty 包装 nginx 服务，结合 Redis 数据库实现灰度发布机制。

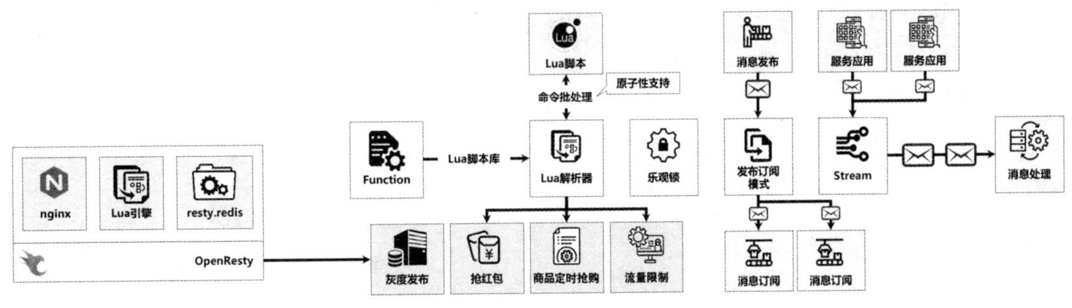

图 0-7　第 5 章核心内容

第 6 章 Redis 集群架构：分析主从集群架构、哨兵集群架构（见图 0-8）与 Redis Cluster 集群架构（见图 0-9）3 种架构。

为了让 Redis 提供稳定、可靠的缓存服务，Redis 提供了集群架构的设计方案，而伴随着 Redis 版本的更新，集群架构的设计方案也有所改变。本章采用逐步分析的方式为读者搭建了主从集群、哨兵集群及 Redis Cluster 集群 3 种架构，并且基于 Lettuce 与 Spring Data Redis 实现了集群服务的应用开发。

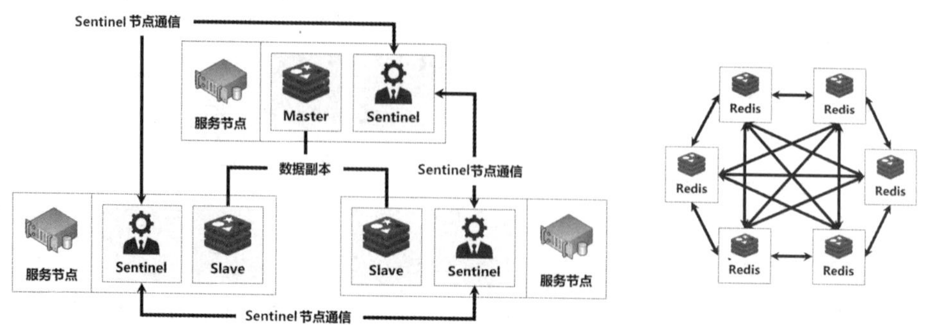

图 0-8 哨兵集群架构

图 0-9 Redis Cluster 集群架构

第 7 章 Redis Stack：提供原生 Redis 功能扩展，本章核心内容如图 0-10 所示。

Redis Labs 为了不断扩展 Redis 应用生态，提出了 Redis Stack 支持。Redis Stack 并不是某一项具体的技术，而是一系列技术的集合，这些技术都是以 Redis 模块的形式出现的，其目的是提供一种小型集群架构的解决方案，利用 Redis 原生支持及扩展模块，实现缓存服务、消息服务、搜索服务、AI 支持等，并且基于原始开发中的各种环境进行改进，例如，RoaringBitmap、RedisTimeSeries、Redis-Cell 等。本章采用手动配置的方式为读者讲解了这些模块的源代码编译与安装，并通过具体的命令和程序展示了各模块的使用方法。

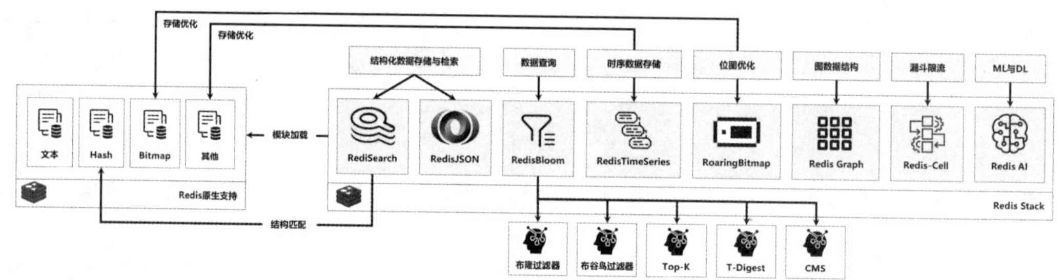

图 0-10 第 7 章核心内容

第 8 章：Ubuntu 操作系统：基于虚拟机讲解 Linux 操作系统的安装与服务配置，本章核心内容如图 0-11 所示。

自从 CentOS 不再提供维护更新，Ubuntu 就成为现阶段较受欢迎的 Linux 操作系统了，本书的技术讲解和集群架构都是基于 Ubuntu 操作系统完成的。本章基于虚拟机讲解 Ubuntu 操作系统的安装、Linux 操作系统配置、SSH 服务、FTP、JDK、Tomcat、MySQL 等，最后演示如何基于 VMware 虚拟机实现 Linux 集群环境的搭建。

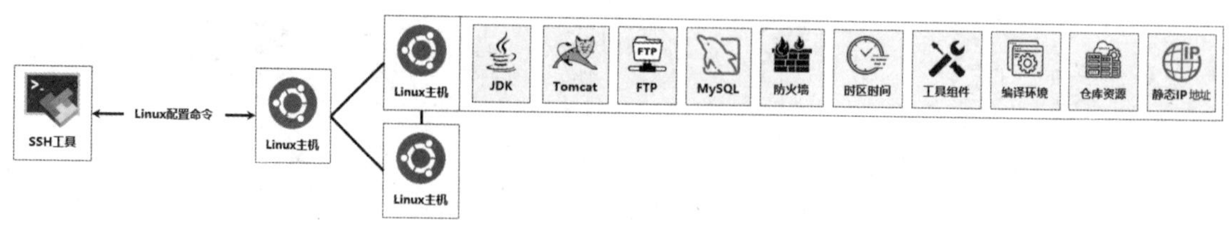

图 0-11 第 8 章核心内容

在学习本书的过程中，读者会发现本书是一本纯粹的讲解 Redis 技术的图书，所有的内容以 Redis 为核心展开，从 Redis 基础知识到实际的开发应用。之所以这么设计，主要是因为在我们的教育认知里，技术知识是需要积累的，是需要通过一项项技术进行巩固和提高的，没有捷径可走，本书把 Redis 讲解透彻就足够了，如果再牵扯其他的知识，只会让知识体系过于臃肿。

随着阅读的深入，读者可以慢慢感受到 Redis 数据库发展的“野心”，它已经不再作为一个简单的配角而存在，而是希望以一个轻量级中型架构提供商的形式存在。图 0-12 所示为企业开发中的常见技术架构。在读者学习完 Redis Stack 包含的一系列技术之后，Redis 也能提供足以胜任此架构的技术支持。

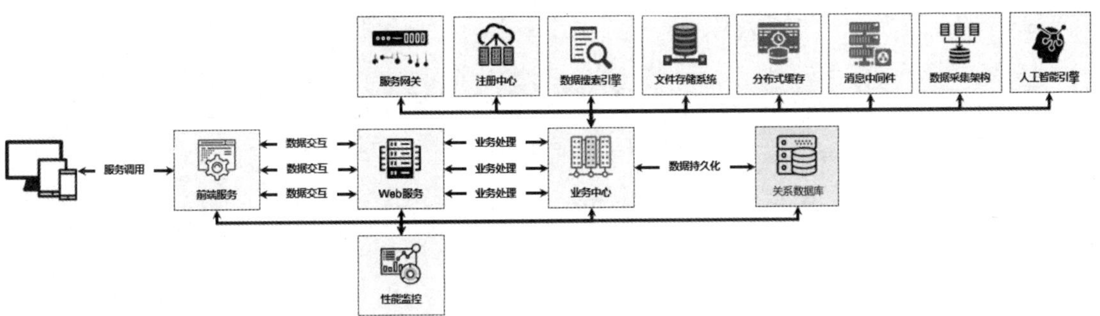

图 0-12　企业开发中的常见技术架构

需要注意的是，本书并没有采用 Docker 镜像文件模式进行服务配置的讲解，而是全部基于源代码编译的方式实现技术的讲解。这样安排主要是因为要考虑到本套丛书的层次性，Docker 相关的部分我们会在后续其他图书中为读者进行完整的讲解。

配套资源

读者如果需要获取本书的相关资源，可以登录人邮教育社区（www.ryjiaoyu.com）下载，也可以登录沐言优拓的官方网站通过资源导航下载。

答疑交流

为了更好地帮助读者学习，以及为读者进行技术答疑，我们会提供一系列的公益技术直播课，有兴趣的读者可以访问我们的抖音（ID：muyan_lixinghua）或“B 站”（ID：YOOTK 沐言优拓）直播间。对于每次直播的课程内容及技术话题，我会用我的个人微博（ID：yootk 李兴华）发布。同时，我们欢迎广大读者将我们的视频传播到各平台，把我们的教学理念传播给更多的人。

本书难免存在不妥之处，欢迎读者发现问题后通过邮件（E-mail：784420216@qq.com）提出，我们将在后续的版本中进行更正。

同时欢迎各位读者加入技术交流群（QQ 群号码为 718021186，群满时请根据提示加入新的交流群）进行沟通、互动。

最后我想说，因为写书与各类公益技术直播，我错过了许多与家人欢聚的时光，我感到非常愧疚。我希望在不久的将来能为我的孩子编写一套属于他的编程类图书，这也将帮助有需求的孩子进步。我喜欢研究编程技术，也勇于突破自我，如果你也是这样的软件工程师，希望你能加入我们的公益技术直播行列。让我们抛开所有商业模式的束缚，一起将自己学到的技术传播给更多的爱好者，为推动整个行业的发展尽绵薄之力。

李兴华

2024 年 2 月

目　　录

视频目录

第 1 章　Redis 概述

第 2 章　Redis 数据操作

第 3 章　Redis 服务配置

第 4 章　Redis 编程开发

第 5 章　Redis 进阶编程

第 6 章 Redis 集群架构

第 7 章 Redis Stack

第 8 章 Ubuntu 操作系统

第 1 章

Redis 概述

本章学习目标

1. 了解 NoSQL 数据库与 SQL 数据库的区别与关联；
2. 了解不同的 NoSQL 数据库产品及 NoSQL 数据库分类；
3. 了解 Redis 数据库的主要特点，以及它与 Memcached 数据库的区别；
4. 了解 Redis 主要版本的技术特点；
5. 掌握 Redis 在 Ubuntu 操作系统下的安装与配置，并可以使用 redis-benchmark 工具进行性能测试。

随着技术的发展，以及不同业务场景下的设计需要，传统的关系数据库已经不能满足技术开发的需求，并且根据不同数据存储的要求，各类 NoSQL 数据库应运而生。本章将为读者介绍这些 NoSQL 数据库的技术特点，并重点介绍 Redis 数据库的发展历史，以及基于 Linux 操作系统实现 Redis 数据库的源代码编译与服务配置。

1.1 NoSQL 数据库

NoSQL 数据库简介

视频名称 0101_【理解】NoSQL 数据库简介

视频简介 现代互联网开发中会大量地使用 SQL 与 NoSQL 两类数据库进行数据存储，SQL 数据库发展的同时，NoSQL 数据库也在持续发展。本视频通过完整的业务逻辑设计，为读者分析 SQL 数据库与 NoSQL 数据库的区别，同时介绍 NoSQL 数据库的分类。

当前的项目开发大多是围绕数据库展开的，而不同的项目会根据其自身业务需求，于数据库中保存完整的业务数据，所以在长期的技术开发中，关系数据库一直是开发人员重要的存储终端。然而随着互联网技术的发展，以及各类新兴业务的设计需要，仅仅依靠关系数据库的开发难度越来越大，维护的成本越来越高。为便于用户存储数据，行业中出现了越来越多的 NoSQL 数据库，在项目中往往会将其与关系数据库结合以满足丰富的设计需要，所以关系数据库与 NoSQL 数据库彼此不属于替代关系，而属于互补关系。图 1-1 所示为在实际开发中这两类数据库常见的整合形式。

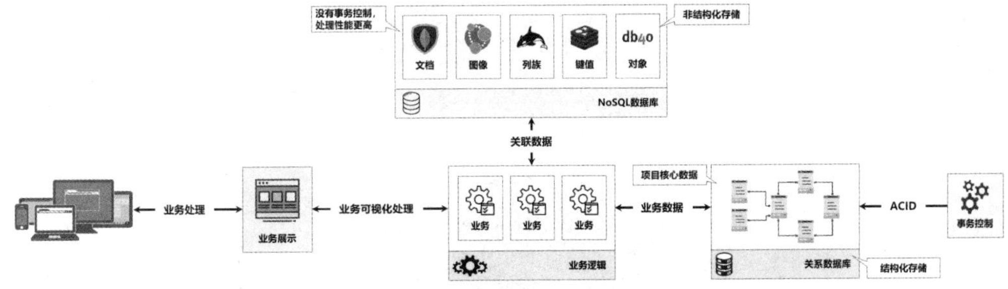

图 1-1 关系数据库与 NoSQL 数据库

在一个完整的项目中，所有的业务设计主要围绕关系数据库展开，在关系数据库中可以基于结构化存储要求，在不同的表中保存所需的业务数据。最终在进行业务处理时，可以通过 SQL 语句加载指定数据表中的数据，并进行数据处理。由于 SQL 数据库设计理论的缺陷，因此当查询数据量较大时，会出现严重的性能问题，而在数据更新时由于事务的限制，会产生并发更新性能下降的问题。

提示：SQL 与 NoSQL。

SQL（最初名为“SEQUEL”）是在 1970 年由 IBM 工程师 Donald D. Chamberlin（唐纳德 · D. 钱伯林）和 Raymond F. Boyce（雷蒙德 · F. 博伊斯）开发，其在 1992 年更新的版本成了现在的主流版本。在 SQL 出现以前，市场上有很多数据库并不是通过 SQL 操作的，而是通过一系列自定义的命令处理数据的，这样的环境导致很多数据库开发者不习惯使用 SQL 语法标准，所以出现了 NoSQL 的开发者。NoSQL 早期的含义为不使用 SQL，即“NoSQL”，但因开发的多样性，NoSQL 最新的含义为“Not Only SQL”（不仅仅使用 SQL）。

为了克服SQL数据库在开发中存在的种种弊端，现代的开发中引入了对NoSQL数据库的支持，这不仅极大地丰富了对不同类型数据的存储支持，并且由于 NoSQL 数据库采用了非事务的运行方式，因此性能得到了极大的提升。常见的 NoSQL 数据库包含如下几类。

- 键值（key-value）存储数据库：采用 Hash 表结构存储，常见产品有 Memcached、Redis。
- 列存储数据库：应对分布式存储海量数据，常见产品有 Cassandra、HBase。
- 文档型数据库：采用 JSON 数据结构进行存储，常见产品有 MongoDB。
- 图数据库：便于图关系的存储与查询，常见产品有 Neo4j。
- 对象存储数据库：类似于使用面向对象的语法进行数据操作，常见产品有 DB4O。
- XML 数据库：高效存储 XML（eXtensible Markup Language，可扩展标记语言）数据，并支持 XML 内部的查询语法（XPath），常见产品有 Berkeley DB。

1.2 Redis 简介

Redis 简介

视频名称 0102_【了解】Redis 简介

视频简介 Redis 是著名的 NoSQL 存储组件，随着版本的更新，Redis 的功能也在逐步加强。本视频为读者介绍 Redis 重要更新版本的特点，以及其常见的应用场景。

Redis（Remote Dictionary Server，远程数据服务）是一个开源的、先进的 key-value 存储结构的数据库，可用于构建高性能、可扩展的 Web 应用程序解决方案。Redis 为意大利人 Salvatore Sanfilippo（萨尔瓦托雷 · 圣菲利波，网名为 antirez）开发的一款高速缓存数据库，从 2009 年诞生以来平均每 1～2 年更新一次，在每个不同的版本中会追加一些新的功能。表 1-1 所示为 Redis 主要版本及其主要特点。

表 1-1 Redis 主要版本及其主要特点

序号	版本号	推出年份	主要特点
1	Redis 1.0	2009	支持多种数据类型，例如，字符串、数字、List、ZSet 等
2	Redis 2.6	2012	①服务端支持 Lua 脚本； ②取消虚拟内存相关功能； ③客户端连接数量的硬编码限制； ④存储键的过期时间支持毫秒级； ⑤主从架构中的 Slave 节点支持只读功能； ⑥提供了位图操作命令（BITCOUNT、BITOP）；

续表

序号	版本号	推出年份	主要特点
2	Redis 2.6	2012	⑦增强了 redis-benchmark 功能，支持定制化的压测及 CSV 输出； ⑧基于浮点数据类型的自增命令（incrbyfloat、hincrbyfloat 等）； ⑨redis-cli 命令可以使用“--eval”参数执行 Lua 脚本； ⑩shutdown 命令功能增强； ⑪重构了大量核心代码，取消了集群功能代码，为后续更新做准备； ⑫info 命令可以按照 section 输出，并添加了一些统计项； ⑬sort 命令执行优化
3	Redis 2.8	2013	①添加部分主从复制功能，降低了频繁全量复制所造成的性能影响； ②尝试性支持 IPv6； ③可以使用 CONFIG SET 命令配置客户端最大连接数（Maxclients）； ④使用 bind 参数绑定多个 IP 地址； ⑤设置了系统进程名称，方便使用 ps 命令查看系统进程信息； ⑥使用 CONFIG REWRITEX 命令可以将 CONFIG SET 持久化到 Redis 配置文件中； ⑦增加了发布订阅处理模式（PUB 与 SUB 命令）； ⑧Redis Sentinel 机制（第二版）
4	Redis 3.0	2015	①Redis 提供了官方集群方案（Redis Cluster）； ②全新的嵌入式字符串编码结果，小对象内存访问性能优化； ③LRU 缓存淘汰算法使性能得到大幅度提升； ④migrate 连接缓存（copy 与 replace 参数），提高键迁移速度； ⑤使用新的 client pause 命令，在指定时间内停止处理客户端请求； ⑥BITCOUNT 命令性能提升； ⑦使用 CONFIG SET 设置 maxmemory 时可以用不同的存储单位； ⑧Redis 日志记录中可以反映出当前实例角色（Master 或 Slave）； ⑨INCR 命令性能提升
5	Redis 3.2	2016	①添加 GEO 相关功能，可以进行地理坐标记录； ②SDS（简单动态字符串）在执行速度和空间占用上都做了优化； ③支持 upstart 或者 systemd 管理 Redis 进程； ④引入 quicklist 新的编码类型； ⑤Slave 节点读取过期数据保证一致性； ⑥增加了 HSTRLEN 命令； ⑦增强了 debug 命令，并且支持更多的参数； ⑧Lua 脚本功能增强，添加了 Lua Debugger； ⑨CONFIG SET 命令支持更多配置项； ⑩优化了 Redis 进程崩溃后的相关报告； ⑪提供新 RDB 存储格式，并兼容旧 RDB 存储格式； ⑫提高了 RDB 的加载速度； ⑬SPOP 命令支持数据弹出，并可以由用户设置弹出元素的个数； ⑭cluster nodes 命令性能提升； ⑮JeMalloc（内存分配器）版本更新到 4.0.3
6	Redis 4.0	2017	①提供模块系统，方便第三方开发者扩展 Redis 功能； ②PSYNC 2.0 优化，解决了 Master 节点和 Slave 节点切换时所带来的全量复制问题； ③提供 LFU 缓存淘汰算法实现； ④提供非阻塞 DEL 和 FLUSHALL/FLUSHDB 功能，避免删除大关键字时阻塞； ⑤提供 memory 命令，实现对内存更为全面的监控统计； ⑥提供交互数据库功能，实现 Redis 内部数据库的数据置换； ⑦提供 RDB-AOF 混合持久化格式； ⑧Redis Cluster 兼容 NAT 和 Docker

续表

序号	版本号	推出年份	主要特点
7	Redis 5.0	2018	①提供 Stream 类型，可以实现 Stream 消息服务支持； ②提供 Timers and Cluster API 新模块； ③RDB 存储 LFU 和 LRU 信息； ④集群管理器从 Ruby 改为 C 实现； ⑤提供 ZPOPMIN、ZPOPMAX 新的 sorted set 命令； ⑥更新主动碎片整理 2.0 版本； ⑦增强了 HyperLogLog 实现； ⑧更好的内存统计报告； ⑨所有子命令支持 HELP 子命令； ⑩解决了客户端频繁连接与断开所带来的性能问题； ⑪错误修复和版本改进； ⑫JeMalloc 版本升级到 5.1
8	Redis 6.0	2020	①支持多线程 I/O； ②重新设计了客户端缓存功能； ③支持 RESP3； ④支持 SSL； ⑤ACL 1.0 权限控制； ⑥提高了 RDB 日志加载速度； ⑦发布官方 Redis 集群代理模块“Redis Cluster Proxy”； ⑧提供众多新模块 API 的支持； ⑨副本无盘复制
9	Redis 7.0	2022	①支持 Redis functions，以在未来代替 Lua 脚本； ②支持 Client-Eviction，更好地管理 Redis 内存； ③Multi-part AOF，优化 AOF Rewrite 处理性能； ④ACL 2.0 权限控制，可以根据不同业务进行权限分配； ⑤可以使用 CONFIG SET 同时处理多个配置； ⑥增加限制所有客户端的总内存使用量配置项； ⑦listpack 紧凑列表； ⑧等待副本关闭超时配置

在 Redis 发展的初期，市面上使用较多的缓存数据库为 Memcached，所以 Redis 针对 Memcached 支持数据类型少的特点进行了大量数据类型的扩展，然后在每一次的版本迭代中不断地完善自己的存储架构、处理性能、扩展支持、安全管理与不同业务场景的权限管理支持等，使得 Redis 的支持越来越广泛。读者可以通过 Redis 官方网站获取 Redis 的相关介绍以及使用说明。Redis 项目首页如图 1-2 所示。

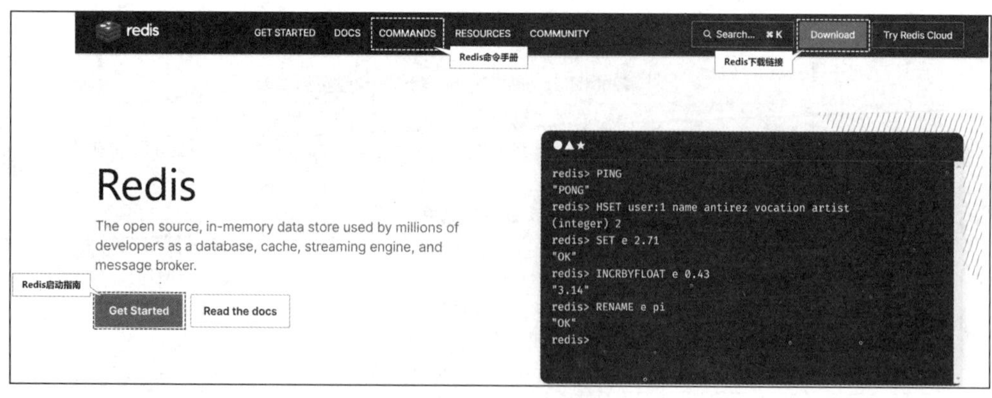

图 1-2　Redis 项目首页

1.3　Redis 组件安装

视频名称　0103_【掌握】Redis 组件安装

视频简介　Redis 是使用 C 语言编写的，其提供了较多的安装方式，考虑到基础性学习需求，本视频基于 Linux 操作系统，采用 C 源代码编译的方式进行 Redis 的安装。

Redis 官方提供了两种服务部署方式，一种方式是直接通过 Docker 镜像进行简单安装，另外一种是基于 Redis 源代码的方式实现手动编译部署，如图 1-3 所示。考虑到有些读者未接触过 Docker 这种虚拟化安装的方式，此处在 Linux 操作系统中使用手动部署的方式安装 Redis，而在部署这一操作之前一定要在当前的 Linux 操作系统中配置相应的组件库和编译工具，具体的安装步骤如下。

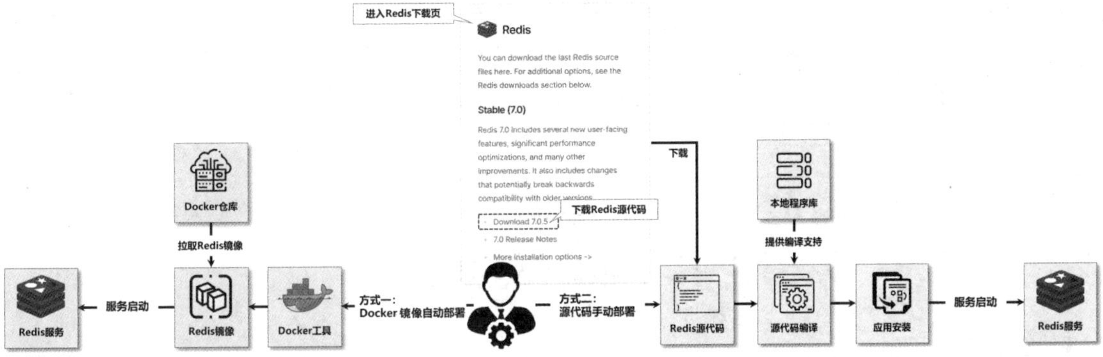

图 1-3　Redis 提供的两种服务部署方式

> **提示：基于 Ubuntu 安装 Redis。**
>
> 由于常规的项目部署都在 Linux 操作系统下完成，因此此处直接使用 Ubuntu 操作系统进行 Redis 的安装讲解。如果对此系统的基本使用方法与配置不熟悉，读者可以直接参考本书第 8 章，根据第 8 章进行 Linux 操作系统配置。下载好了所需的组件包，就可以直接进行源代码编译与安装。

（1）【本地系统】通过 Redis 官方网站下载源程序，可以得到 redis-7.0.5.tar.gz 压缩包。

（2）【redis-server 主机】将下载的源程序压缩包通过 FTP（File Transfer Protocol，文件传送协议）上传到 Linux 操作系统，保存目录为/srv/ftp。

（3）【redis-server 主机】将 Redis 源程序解压缩到/usr/local/src 目录之中。

```
tar xzvf /srv/ftp/redis-7.0.5.tar.gz -C /usr/local/src/
```

（4）【redis-server 主机】进入 Redis 源程序所在目录：cd /usr/local/src/redis-7.0.5/。

（5）【redis-server 主机】对 Redis 源程序进行编译：make BUILD_TLS=yes。

（6）【redis-server 主机】安装编译后的 Redis 源程序，将其安装到/usr/local/redis 目录之中。

```
make PREFIX=/usr/local/redis install
```

程序执行结果	Hint: It's a good idea to run 'make test' ; INSTALL redis-server INSTALL redis-benchmark INSTALL redis-cli

（7）【redis-server 主机】安装完成之后可以使用 tree 命令查看 Redis 的目录结构。

<table>
<tr><td colspan="2">tree /usr/local/redis/</td></tr>
<tr><td>程序执行结果</td><td><pre>/usr/local/redis/
└── bin
    ├── redis-benchmark
    ├── redis-check-aof -> redis-server
    ├── redis-check-rdb -> redis-server
    ├── redis-cli
    ├── redis-sentinel -> redis-server
    └── redis-server</pre></td></tr>
</table>

（8）【redis-server 主机】Redis 主要进行内存的缓存处理，一般会有专门的主机运行 Redis 服务，但是要求这个主机的所有内存资源由 Redis 使用，那么应该为其制定内存的分配策略。

将所有的内存资源交由应用程序管理	echo "vm.overcommit_memory=1" >> /etc/sysctl.conf
将配置写入Linux内核下	/sbin/sysctl -p

（9）【redis-server 主机】为便于后续的服务命令调用，将 Redis 命令目录配置到系统之中。

打开配置文件	vi /etc/profile
编辑配置项	export REDIS_HOME=/usr/local/redis export PATH=$PATH:$JAVA_HOME/bin:$REDIS_HOME/bin:
配置项生效	source /etc/profile

（10）【redis-server 主机】查看当前 Redis 版本。

<table>
<tr><td colspan="2">redis-server --version</td></tr>
<tr><td>程序执行结果</td><td>Redis server v=7.0.5 sha=00000000:0 malloc=jemalloc-5.2.1 bits=64 build=4443d87d23c9bb5f</td></tr>
</table>

1.4　Redis 服务配置

Redis 服务配置

视频名称　0104_【掌握】Redis 服务配置

视频简介　Redis 是独立的服务组件，如果想正确地启动 Redis，就必须提供完整的配置文件。本视频通过已有的 Redis 配置模板，实现 Redis 进程启动处理。

Redis 安装完成之后，会在源程序目录中提供 redis-server 命令，利用该命令并结合 Redis 配置文件，就可以启动 Redis 进程，并对外提供数据缓存服务。Redis 服务配置结构如图 1-4 所示。Redis 配置文件会详细地定义占用的系统内存、数据库个数、监听端口以及数据存储目录等配置项，下面通过具体的操作实现配置。

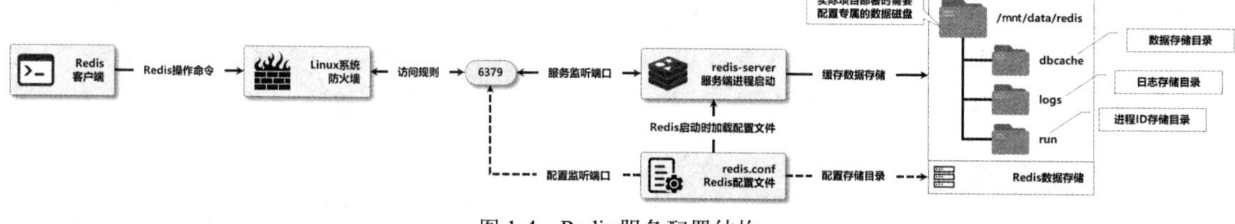

图 1-4　Redis 服务配置结构

（1）【redis-server 主机】创建 Redis 数据的存储目录。

```
mkdir -p /mnt/data/redis/{run,logs,dbcache}
```

（2）【redis-server 主机】在/usr/local/redis 目录下创建配置文件存储目录。

```
mkdir -p /usr/local/redis/conf
```

（3）【redis-server 主机】通过 Redis 源程序目录复制 redis.conf 配置文件。

```
cp /usr/local/src/redis-7.0.5/redis.conf /usr/local/redis/conf/
```

（4）【redis-server 主机】打开 redis.conf 配置文件：vi /usr/local/redis/conf/redis.conf。

（5）【redis-server 主机】依照表 1-2 进行 Redis 基础配置项的定义。

表 1-2　Redis 基础配置项

序号	配置项	描述
1	port 6379	配置 Redis 运行的端口
2	daemonize yes	判断是否在后台运行
3	pidfile /mnt/data/redis/run/redis_6379.pid	保存进程编号
4	logfile "/mnt/data/redis/logs/redis_6379.log"	保存日志信息
5	databases 16	定义业务数据库的个数
6	dir /mnt/data/redis/dbcache	数据保存路径
7	bind 192.168.37.128 fd15:4ba5:5a2b:1008:20c:29ff:fe85:f477	Redis 服务绑定地址，支持 IPv4 和 IPv6 地址
8	protected-mode no	关闭保护模式（临时关闭）

（6）【redis-server 主机】基于 redis.conf 配置文件启动 Redis 进程。

```
redis-server /usr/local/redis/conf/redis.conf
```

（7）【redis-server 主机】查询系统进程中是否存在 Redis 进程信息。

ps -ef | grep redis	
程序执行结果	/usr/local/redis/bin/redis-server 192.168.37.128:6379

（8）【redis-server 主机】当前的 Redis 同时支持 IPv4 与 IPv6 地址，所以在查看端口占用信息时，会发现不同的 IP 地址都会绑定 6379 端口。

netstat -nptl | grep redis	
程序执行结果	192.168.37.128:6379　　0.0.0.0:* fd15:4ba5:5a2b:100:6379 　:::*

（9）【redis-server 主机】服务启动之后会占用 6379 端口，修改防火墙规则开放指定端口。

增加防火墙端口	firewall-cmd --zone=public --add-port=6379/tcp -permanent
重新加载防火墙配置	firewall-cmd -reload

（10）【redis-server 主机】使用 Redis 内置的客户端连接 Redis 进程。

```
redis-cli -h localhost -p 6379
```

（11）【redis-cli 客户端】输入网络检查命令以进行服务测试。

ping	
程序执行结果	pong

（12）【redis-cli 客户端】查看 Redis 信息。

LOLWUT	
程序执行结果	Redis ver. 7.0.5

至此就可以正常启动基础的 Redis 进程了，由于已经配置好了防火墙规则，因此所有的外部程序都可以使用 Redis 实现数据的存储。

提示：LOLWUT 为 Redis“彩蛋”。

在 Redis 7.x 中执行 LOLWUT 命令只会返回当前 Redis 版本信息，但是需要注意的是该命令其实最早是 Redis 彩蛋命令，现在如果想使用，则可以用“LOLWUT VERSION 版本编号”的形式，可选的版本编号主要有 5 和 6，显示的彩蛋效果如图 1-5 和图 1-6 所示。

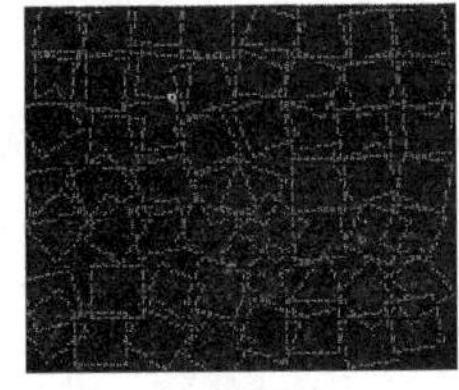

图 1-5　LOLWUT VERSION 5

图 1-6　LOLWUT VERSION 6

1.5　Redis 基础认证

Redis 基础认证

视频名称　0105_【掌握】Redis 基础认证

视频简介　Redis 数据库一般会保留许多重要的数据项，所以生产环境下的 Redis 都需要提供非常完善的认证管理机制。本视频通过实例讲解 Redis 基础认证的启用配置。

此时 Redis 服务已经成功安装，但是对当前的 Redis 服务并没有进行任何安全认证的处理，所以任何使用者都可以采用远程连接的方式连接当前的 Redis 服务，并且对该数据库中的数据进行操作。

由于在实际的生产环境中，Redis 往往会缓存大量的业务数据，因此一旦 Redis 数据库的安全受到威胁，必然会影响最终业务的处理结果。考虑到 Redis 数据库的处理安全，Redis 内部提供了认证管理机制，开发者可以通过配置启用认证模式，这样，只有通过认证的用户才可以进行相应的数据处理操作，如图 1-7 所示。需要注意的是，在 Redis 6.x 之后，Redis 提供了更加细致的认证管理机制，此处讲解的只是 Redis 传统的认证模式，下面通过具体的步骤来实现 Redis 安全认证的配置。

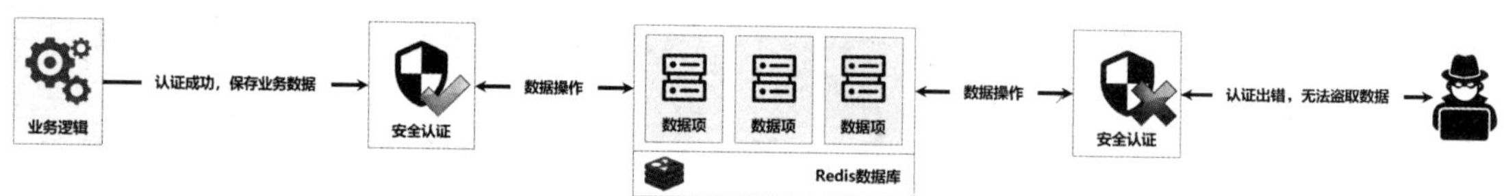

图 1-7　Redis 安全认证

（1）【redis-server 主机】打开 Redis 配置文件：vi /usr/local/redis/conf/redis.conf。

（2）【redis-server 主机】修改 redis.conf 文件中的以下配置项。

开启保护模式	protected-mode yes
设置认证密码	requirepass yootk

（3）【redis-server 主机】关闭 Redis 进程。

```
killall redis-server
```

（4）【redis-server 主机】启动 Redis 进程。

```
redis-server /usr/local/redis/conf/redis.conf
```

（5）【redis-server 主机】使用 Redis 客户端连接 Redis 进程，连接时要通过“-a”参数配置认证密码。

```
redis-cli -h redis-server -p 6379 -a yootk
```

此时在使用客户端连接时，追加了当前所需的 Redis 认证信息，认证成功后就可以在客户端进行 Redis 数据操作，如果认证出错会提示授权错误。

提示：Redis 客户端连接时，可以不填写认证项。

虽然当前的 Redis 服务已经开启了认证操作，但是用户在没有输入正确认证信息的情况下依然可以正常登录，只是此时所做的任何操作都会出现“(error) NOAUTH Authentication required.”错误提示信息，此时用户可以直接在 redis-cli 客户端下输入“AUTH 认证信息”实现登录认证处理。

1.6 redis-benchmark

redis-benchmark

视频名称 0106_【掌握】redis-benchmark

视频简介 Redis 内置了一个 redis-benchmark 的性能测试工具，可以模拟高并发的数据操作场景。本视频通过实例讲解该命令的使用，并介绍该命令的相关配置项。

Redis 从诞生开始就是以高性能著称的，正是因为如此，在很多高并发的系统设计之中，会大量地使用 Redis 数据库。官方给出的 Redis 吞吐量即每秒执行事务数量（Transaction Per Second，TPS）可以达到 8 万次、每秒查询率（Queries Per Second，QPS）达到 10 万，但是在实际的生产环境中会因为不同的硬件与软件配置，产生不同的性能偏差，所以为了保证 Redis 服务的正常、可用，在实际使用之前往往要对其进行压力测试，如图 1-8 所示。

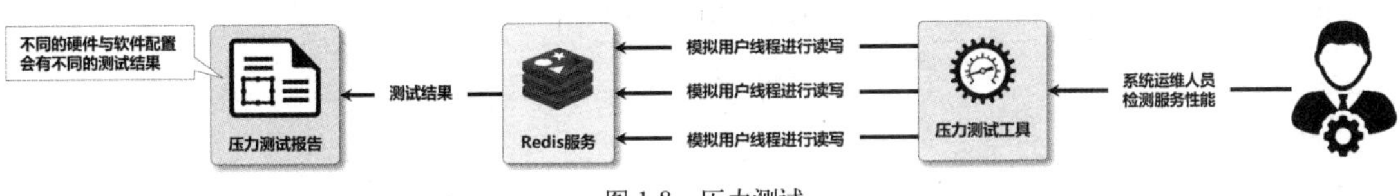

图 1-8 压力测试

提示：TPS 与 QPS。

在测试服务器压力时，会使用 TPS 与 QPS 两个指标单位来衡量服务器的测试结果，这两个单位的具体作用分别如下。

TPS：反映每秒处理完的事务次数，即一个应用系统 1 秒可以处理完成多少次的事务请求操作。

QPS：反映应用程序每秒可以承受的最大用户访问量（可以处理完成的指标）。

使用压力测试工具主要是模拟用户线程来进行数据的读写操作，而后根据最终读写的性能结果来判断当前服务组件的读写峰值。这样就可以在系统设计与开发时，有针对性地进行优化。Redis 提供了 redis-benchmark 压力测试命令，读者可以使用如下的语法执行该命令。

```
redis-benchmark [-h <host>] [-p <port>] [-a <auth>] [-c <clients>] [-n <requests>] [-k <boolean>]
```

为了更好地模拟用户操作，redis-benchmark 命令中有很多配置项，开发者可以使用“redis-benchmark --help”命令查看。redis-benchmark 核心配置项如表 1-3 所示。

表 1-3 redis-benchmark 核心配置项

序号	配置项	描述	默认值
1	-h	指定 Redis 服务主机名称或者 IP 地址	127.0.0.1
2	-p	指定 Redis 服务主机端口	6379
3	-s	指定 Redis 服务器的 Socket	
4	-a	Redis 用户认证信息	
5	--user	使用 ACL 方式实现 Redis 认证	
6	-u	服务端的 URI	
7	-c	指定并发连接数	50
8	-n	指定请求数量	100000
9	-d	指定操作数据的大小（单位：字节）	2
10	--dbnum	配置要使用的数据库编号	0

续表

序号	配置项	描述	默认值
11	-3	采用 RESP3 模式	
12	--threads	启用多线程模式	
13	--cluster	启用 Redis 集群模式	
14	-k	连接状态（1 表示保持连接；0 表示重新连接）	1
15	-r	数据操作时使用随机 key	
16	-P	通过管道传输	1
17	-q	退出仅显示“query / sec”结果	
18	--csv	以 CSV 格式保存记录	
19	-l	采用循环模式执行	
20	-t	仅运行以逗号分隔的测试命令列表	
21	-I	仅开启 N 个 Idle 连接并等待	

范例：模拟 50 个线程，总共 20 万个请求。

```
redis-benchmark -h redis-server -p 6379 -a yootk -n 200000 -c 50 -q
```

程序执行结果

```
PING_INLINE: 111111.12 requests per second, p50=0.231 msec
PING_MBULK: 110436.23 requests per second, p50=0.231 msec
SET: 112044.82 requests per second, p50=0.223 msec
GET: 111856.82 requests per second, p50=0.231 msec
INCR: 108401.09 requests per second, p50=0.231 msec
LPUSH: 112739.57 requests per second, p50=0.223 msec
RPUSH: 111482.72 requests per second, p50=0.231 msec
LPOP: 112233.45 requests per second, p50=0.223 msec
RPOP: 111358.58 requests per second, p50=0.223 msec
SADD: 107181.13 requests per second, p50=0.239 msec
HSET: 112739.57 requests per second, p50=0.223 msec
SPOP: 110253.59 requests per second, p50=0.231 msec
ZADD: 107353.73 requests per second, p50=0.231 msec
ZPOPMIN: 107933.08 requests per second, p50=0.239 msec
LPUSH (needed to benchmark LRANGE): 107933.08 requests per second, p50=0.231 msec
LRANGE_100 (first 100 elements): 60222.82 requests per second, p50=0.439 msec
LRANGE_300 (first 300 elements): 27758.50 requests per second, p50=1.015 msec
LRANGE_500 (first 500 elements): 19974.04 requests per second, p50=1.455 msec
LRANGE_600 (first 600 elements): 17445.92 requests per second, p50=1.679 msec
MSET (10 keys): 114876.51 requests per second, p50=0.319 msec
```

当前的命令实现了 Redis 服务性能的测试，在测试时可使用 Redis 支持的数据类型模拟数据的读写操作。通过最终的结果可以发现，Redis 数据操作的平均性能为每秒读写约 10 万次。

1.7　本章概览

1. NoSQL 最早因设计不使用 SQL 操作的数据库而出现，随着时代的发展和技术功能的业务需要，现在它代表 Not Only SQL，所以在实际开发中关系数据库与 NoSQL 数据库往往会一起出现。

2. NoSQL 数据库具有多种形式：文档型数据库、键值存储数据库、对象数据库、图数据库等。随着技术的发展，在未来将出现更多种类的 NoSQL 数据库。不同的 NoSQL 数据库有各自的应用场景。

3. Redis 属于键值数据库，在开发中主要基于 Redis 实现分布式缓存，其性能优于 Memcached 缓存数据库，同时支持更多的数据类型。

4．随着 Redis 版本的更新，其提供了越来越多超出缓存范围的功能，可以使用 Redis 实现地理数据的存储，也可以使用 Redis 实现 Stream 数据流的读写。

5．Redis 的部署可以基于 Docker 镜像文件的方式完成，也可以通过源代码手动编译的方式完成。在进行手动编译时，需要在操作系统上提供编译工具以及相关的 C 函数库。

6．启动 Redis 服务的命令为 redis-server，在启动服务时需要提供 Redis 配置文件，该配置文件可以通过 Redis 源代码目录进行复制，名称一般为 redis.conf。

7．Redis 默认的端口为 6379，在不修改 bind 配置项的前提下 Redis 无法对外提供服务，在修改 redis.conf 配置文件时，bind 配置项可以同时绑定 IPv4 与 IPv6 地址。

8．Redis 内置了 redis-benchmark 压力测试工具，可以模拟高并发的读写场景，平均每秒读写约 10 万次。

第 2 章 Redis 数据操作

本章节习目标

1. 掌握 Redis 之中数据库的划分配置以及数据库切换操作；
2. 掌握 keys 命令的使用方法，并可以使用 keys 获取指定数据；
3. 掌握字符串数据的操作特点以及相关操作命令；
4. 掌握 Hash 数据的结构以及相关操作命令；
5. 掌握 Redis 中数字操作命令的使用方法，并可以基于操作命令实现数字计算；
6. 掌握 List 数据操作的主要特点，并可以实现双端数据的获取；
7. 掌握 Set 数据操作的主要特点，并掌握其在实际开发中的应用；
8. 掌握 ZSet 排序数据的使用方法，并依据其命令实现数据排名统计处理；
9. 掌握数据位操作命令的使用方法，并可以基于位操作结构实现数据的高效存储；
10. 掌握 HyperLogLog 数据类型的使用方法，并可以使用该数据类型实现基数统计；
11. 掌握地理坐标数据类型的使用方法，并可以基于地理坐标实现距离测算与范围坐标统计。

Redis 数据库最初就是为应对丰富的业务场景设计的，所以 Redis 提供多种不同的数据类型划分，并且在不断地更新版本，持续追加新的数据类型支持。本章将为读者讲解这些数据类型的特点以及操作命令。

2.1 Redis 数据存储

Redis 多业务管理

视频名称 0201_【掌握】Redis 多业务管理

视频简介 考虑到项目之中数据管理的需要，Redis 内部提供了多业务处理支持，使用不同的逻辑数据库保存不同的业务数据。本视频通过实例分析 redis.conf 配置文件实现逻辑数据库数量配置项的作用。

Redis 数据库的性能足够强大，并且支持的数据类型较为丰富，在一些系统的设计中，考虑到不同业务数据的存储，或者其他平台缓存数据的存储，必须对相应的数据进行分类管理。为了解决这一设计问题，Redis 内部构造了数据库的概念，利用不同的数据库保存不同的缓存数据，如图 2-1 所示。

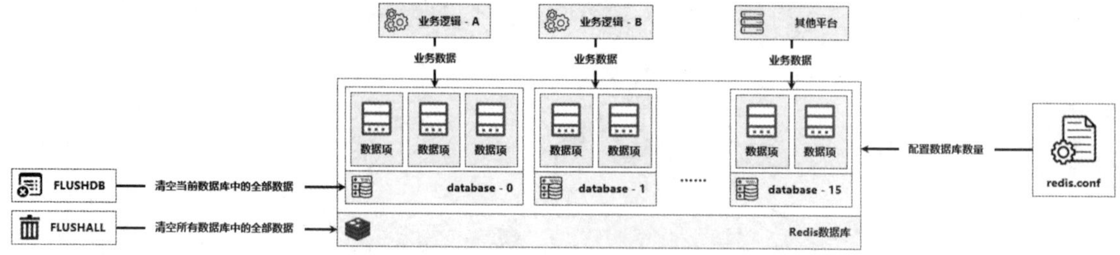

图 2-1 Redis 数据库

默认情况下，Redis 内部会提供 16 个（编号为 0～15）数据库，并且默认使用索引为 0 的数据库进行数据存储。如果用户需要修改此配置，则可以按照如下的步骤进行修改。

> **提示：命令书写格式。**
>
> Redis 在进行数据处理时，提供了大量的操作命令。为了便于读者理解这些命令及其参数组成，在编写本书时采用了大写字母标记，而所有配置的参数项使用小写字母标记。

（1）【redis-server 主机】修改 redis.conf 配置文件，将内部可用的数据库数量修改为 20 个。

打开配置文件	vi /usr/local/redis/conf/redis.conf
修改配置项	databases 20

（2）【redis-server 主机】启动 Redis 进程。

```
redis-server /usr/local/redis/conf/redis.conf
```

（3）【redis-server】使用 redis-cli 客户端连接 Redis 进程。

```
redis-cli -h redis-server -p 6379 -a yootk
```

（4）【redis-cli 客户端】查看当前 Redis 数据库数量。

CONFIG GET databases	
程序执行结果	1) "databases" 2) "20"

（5）【redis-cli 客户端】默认情况下登录 Redis 后会处于第一个数据库（索引为 0），可以通过 SELECT 命令进行数据库动态切换。例如，现在切换到第 8 个数据库（索引为 7）。

SELECT 7	
程序执行结果	OK

如果当前的数据库索引编号存在，则会返回“OK”提示信息；如果索引编号不存在，切换时将出现“(error) ERR DB index is out of range”错误提示信息。

（6）【redis-cli 客户端】如果不再需要当前数据库中的数据，可以使用“FLUSHDB”命令进行清空。

（7）【redis-cli 客户端】如果要清空 Redis 所有数据库中的数据，可以使用“FLUSHALL”命令。

> **提示：使用 MOVE 命令移动数据。**
>
> Redis 提供多个不同的数据库，如果发现某一项数据保存错误，则可以使用“MOVE KEY 数据库索引”命令进行数据的移动。使用 MOVE 命令每次只能移动一项数据，所以 Redis 提供了数据库的互换指令，格式为“SWAPDB 数据库索引 1 数据库索引 2”。

2.1.1　文本数据类型

文本数据类型

视频名称　0202_【掌握】文本数据类型

视频简介　文本是开发中最为常见的一种数据形式，Redis 提供完整的文本数据操作支持，也可以进行指定内容项的修改处理和定时过期处理。本视频分析其相关命令的操作，并分析相关的业务应用场景。

在系统开发中，经常需要临时保存一些文本结构的信息数据，这样在每一次进行数据加载时就可以避免执行烦琐的数据处理逻辑，而通过缓存直接返回所需的数据。提升请求与响应处理性能如图 2-2 所示。

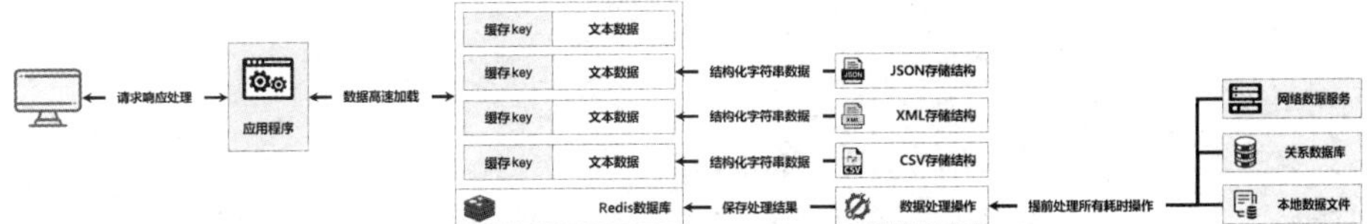

图 2-2　提升请求与响应处理性能

Redis 提供了文本数据的存储支持，这样的设计给使用者带来了极大的便利，使用者可以基于 JSON、XML 或者 CSV 存储结构实现内容的配置。同时在 redis-cli 客户端中，Redis 提供了很多的文本数据操作命令来实现字符串数据的操作。文本数据操作命令如表 2-1 所示。

表 2-1　文本数据操作命令

序号	数据操作命令	描述
1	SET key value [NX | XX] [GET] [EX | PX | EXAT | PXAT | KEEPTTL]	设置一条缓存数据项，可选的配置项如下。 ① NX：在数据 key 不存在时才允许设置。 ② XX：修改已存在的数据项。 ③ GET：数据覆盖时返回已保存的旧内容。 ④ EX：设置数据失效时间（单位：秒）。 ⑤ PX：设置数据失效时间（单位：毫秒）。 ⑥ EXAT：设置数据失效时间戳（单位：秒）。 ⑦ PXAT：设置数据失效时间戳（单位：毫秒）。 ⑧ KEEPTTL：重复设置 SET 时，是否保留旧值过期时间
2	GET key	根据指定的 key 获取对应的数据，不存在则返回空值（nil）
3	SETNX key value	不覆盖设置数据
4	SETEX key time value	设置数据有效期（单位：秒），通过 TTL 获取剩余时间
5	MSET key1 value1 key2 value2 …	同时设置多组缓存数据，key 重复时会出现覆盖
6	MSETNX key1 value1 key2 value2 …	同时不覆盖设置多组缓存数据
7	APPEND key 追加内容	在指定 key 的原有内容之后追加新数据
8	STRLEN key	获取指定 key 对应数据的长度
9	DEL key key key …	删除指定 key

Redis 属于键值存储结构，所以每次在进行数据设置时都需要开发者明确地定义数据 key，而在获取以及删除数据时，也都需要设置对应的数据 key。下面介绍这些命令的具体操作。

提示：SET 命令随着 Redis 版本的更新而更新。

SET 命令是 Redis 从 1.0.0 版本开始提供给用户使用的，最初的命令格式为“SET key value”。随着 Redis 版本的更新，可以发现现在的 SET 命令后面有大量的配置项。这些配置项都是随着 Redis 版本更新而更新的，不同版本配置项如下。

1. Redis 2.6.12：提供了 EX 和 PX 配置项，用于替代 SETEX 与 PSETEX 命令。
2. Redis 6.0.0：提供了 KEEPTTL 配置项。
3. Redis 6.2.0：提供了 GET、EXAT 和 PXAT 配置项，基于时间戳配置过期时间，并返回覆盖以前的值。
4. Redis 7.0.0：允许 NX 和 GET 配置项一起使用。

SET 命令的改进并不影响旧版本的使用，只是 Redis 为了简化命令的数量而做出的一种改进，传统的命令现在依然可以使用。

（1）【redis-cli 客户端】在 Redis 数据库中保存数据。

```
SET yootk www.yootk.com
```

程序执行结果	OK

此时设置的数据 key 为“yootk”，对应的内容为“www.yootk.com”，并且在设置成功后会返回“OK”的提示信息。需要注意的是，在 Redis 之中 key 是唯一的，如果此时设置了相同的 key 则新

的内容会替换掉旧的内容，当然 Redis 内部也提供了 SEXNX 这种不覆盖数据的设置命令。

提示：RENAME 命令。

如果用户在设置了某项数据之后，发现所设置的 key 不正确，可以进行 key 重命名操作，命令格式为“RENAME 原始 key 新的 key”。不过从实际使用的角度来讲，不建议使用此命令。

（2）【redis-cli 客户端】采用无覆盖命令增加数据项。

SETNX yootk edu.yootk.com	
程序执行结果	如果key存在，返回结果“(integer) 0”(false)；如果key不存在，返回结果“(integer) 1”(true)

（3）【redis-cli 客户端】根据 key 查询对应的 value。

GET yootk	
程序执行结果	"www.yootk.com" ➔ 返回结果为字符串则显示时使用双竖撇“"”标记

（4）【redis-cli 客户端】获取指定 key 所保存的数据长度。

STRLEN yootk	
程序执行结果	(integer) 13

（5）【redis-cli 客户端】删除指定数据项。

DEL yootk	
程序执行结果	key存在且成功删除，返回结果“(integer) 1”(true)；key不存在，返回结果“(integer) 0”(false)

（6）【redis-cli 客户端】如果不再需要 Redis 中所设置的常规数据，可以使用 DEL 命令进行删除。除了可进行这种手动删除的操作之外，Redis 也提供数据的定时清理服务，即到达某一个时刻后自动删除对应数据项。

SETEX muyan 5 edu.yootk.com	
程序执行结果	OK

此时所设置的 muyan 数据项，在数据保存之后便会开始记录，当超过 5 秒后，Redis 会自动删除该数据，开发者可以使用“TTL key”命令的结构查询该数据所剩的过期时间，处理形式如图 2-3 所示。这样在 5 秒后使用“GET muyan”命令时，所返回的内容就是“(nil)”。

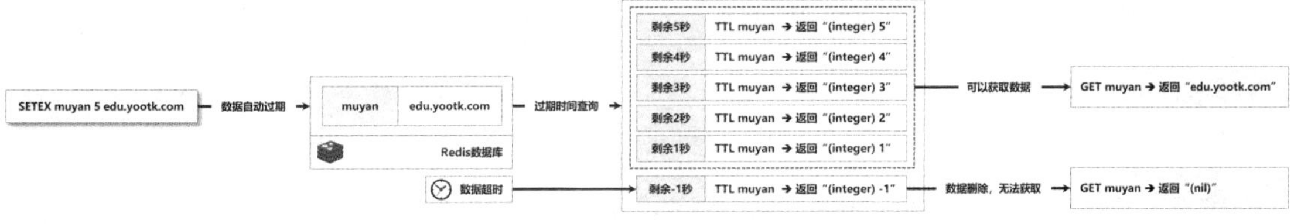

图 2-3 数据自动过期

提示：自动过期与短信验证码。

在应用设计时，为了保证账户的登录安全，一般会采用手机短信验证码的形式进行验证，这个时候可以使用 Redis 中的数据自动过期机制来进行处理。

在缓存数据库出现之前，很多短信验证码的功能都是基于关系数据库实现的，常见的设计形式如图 2-4 所示。用户登录时会自动生成临时验证码并将其保存在关系数据库之中，当用户通过手机短信接收到此验证码之后，将其与数据表中存储的内容进行比较，如果比较成功则可以删除对应的数据。但是如果某些用户没有及时进行验证码处理，就有可能造成该数据表内容过多。所以此时往往会创建一个定时清理任务，用于在服务器“闲暇”时删除无效数据。而有了 Redis 数据库之后，这样的业务逻辑处理就变得较为容易了。

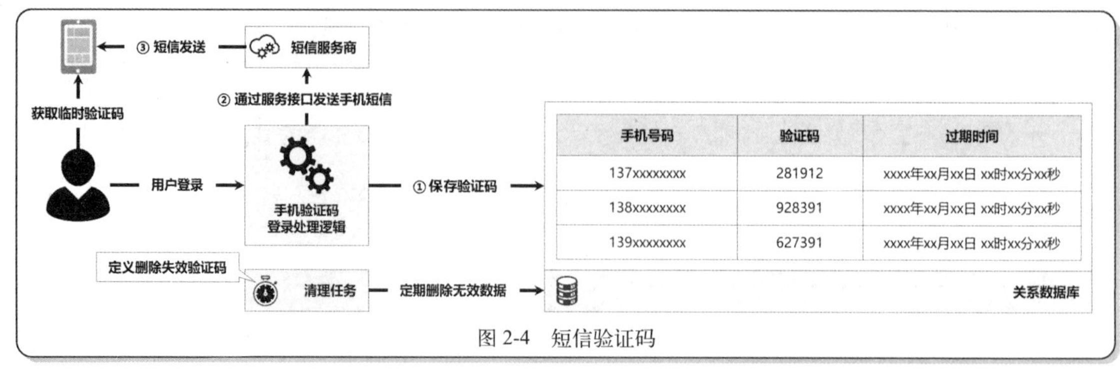

图 2-4　短信验证码

（7）【redis-cli 客户端】考虑到数据管理的灵活性，Redis 也可以为已有的数据添加超时时间。例如，当前在数据库中设计的 yootk 数据为长期数据，那么此时可以利用 EXPIRE 指令将其定义为一个具有特定保存时长的数据。

```
EXPIRE yootk 5
```

程序执行结果	如果设置的key存在，则返回“(integer) 1”(true)；如果不存在，返回“(integer) 0”(false)

此时的程序为已有的数据添加了过期时间，这样当超过了指定的过期时间后，该数据被删除。需要注意的是，在实际使用中如果要配置定期清理的数据，建议使用 SETEX 命令，因为其属于原子操作，可以在同一时间内完成设置数据和设置过期时间两个操作，所以该命令更加实用。

提示：毫秒级操作支持。

在使用 SETNX 以及 EXPIRE 命令时，实际上都是以秒为时间单位来进行过期控制的。而为了更加精准地实现数据失效的配置，从 Redis 2.6.0 开始提供 PTTL、PSETNX 以及 PEXPIRE 等命令，这些命令支持毫秒级操作。

2.1.2　keys 命令

keys 命令

视频名称　0203_【掌握】keys 命令

视频简介　Redis 中存在许多数据项，为了便于查询数据项，提供了 keys 命令。本视频讲解该命令的使用方法，以及如何使用该命令进行数据项的模糊匹配。

随着业务规模的不断扩大，Redis 数据库内部缓存的数据项越来越多，所以，为了便于查看这些数据项，Redis 内部提供了 keys 数据匹配命令，使用该命令可以查询 Redis 中的所有数据 key，如图 2-5 所示。使用者可以通过程序执行该命令，也可以直接在 Redis 客户端使用该命令。下面介绍该命令的使用方法。

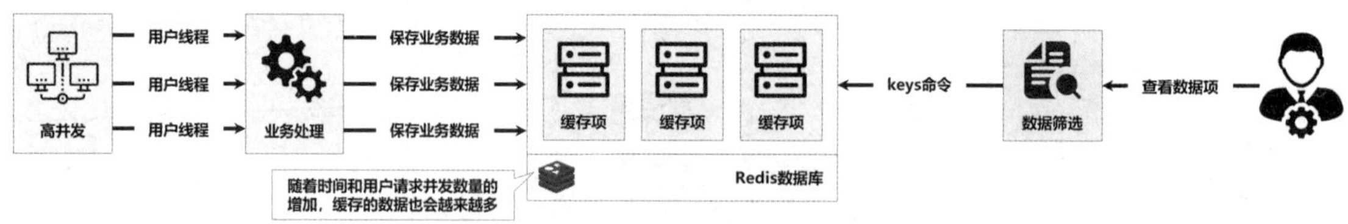

图 2-5　keys 命令

（1）【redis-cli 客户端】在 Redis 数据库中同时设置多条数据项。

```
MSET yootk-java JavaCode yootk-python pythonCode yootk-go goCode muyan-edu edu.yootk.com muyan-yootk www.yootk.com
```

程序执行结果	OK

（2）【redis-cli 客户端】全字匹配 key。

KEYS muyan-yootk	
程序执行结果	1) "muyan-yootk"

（3）【redis-cli 客户端】查询全部 key，使用“*”匹配任意长度的字符。

KEYS *	
程序执行结果	1) "muyan-edu" 2) "yootk-java" 3) "muyan-yootk" 4) "yootk-python" 5) "yootk-go"

（4）【redis-cli 客户端】模糊匹配 key。

KEYS yootk-*	
程序执行结果	1) "yootk-java" 2) "yootk-python" 3) "yootk-go"

在使用 keys 命令的时候，一般需要为其设置匹配的字符内容。如果一组相关的业务数据分别保存为多个不同的缓存项，则往往使用“关键词”与“*”的组合进行数据筛选。

提示：TYPE 命令获取数据类型。

Redis 数据库支持多种数据类型，如果想获取指定 key 所存储的数据类型，可以采用“TYPE key”结构获取。例如，当前的“yootk-java”中保存的是字符串类型，所以执行“TYPE yootk-java”命令后返回的信息为“string”。

2.1.3 Hash 数据类型

Hash 数据类型

视频名称 0204_【掌握】Hash 数据类型

视频简介 Hash 数据类型提供了一组关联数据集合的存储管理机制，采用统一的对象 key 实现数据的访问操作。本视频分析传统文本数据存储的问题，并分析 Hash 数据的存储结构，最后使用 Redis 提供的命令实现 Hash 数据的存储与获取操作。

使用普通的键值对进行数据存储时，每一项数据只能保存一个信息，例如，现在假设要在 Redis 中保存一个用户的信息，那么这个时候往往需要将其拆分为不同的数据项，而后将这些数据项以基于名称的方式进行区分。统一的结构为“member:用户名:属性名”，这样保存姓名时可以使用“member:yootk:name”的 key（yootk 为用户名）进行定义，而其他的相关属性也采用类似的命名结构进行管理。多项数据存储结构如图 2-6 所示。

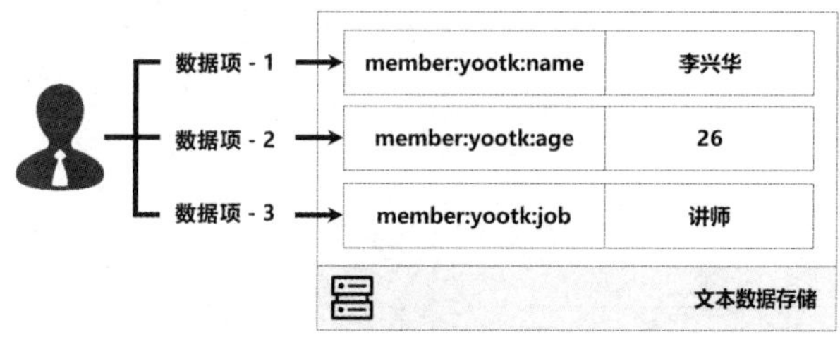

图 2-6 多项数据存储结构

为了简化一组相关数据的存储，Redis 提供了 Hash 数据存储结构，使用该结构可以在一个数据项中保存多个不同的数据子项（或称属性）。在获取数据时，采用对象 key 并结合属性 key 获取所需内容，Hash 数据存储结构如图 2-7 所示，Redis 为了便于操作 Hash 数据，提供了表 2-2 所示的操作命令。

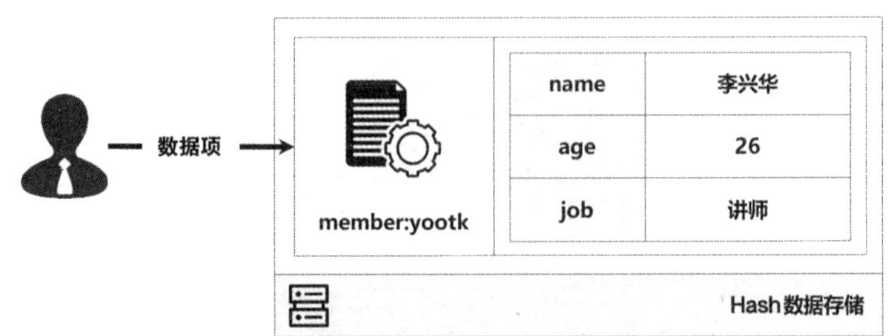

图 2-7　Hash 数据存储结构

表 2-2　Hash 数据操作命令

序号	数据操作命令	描述
1	HSET 对象 key 属性 key 属性内容 …	保存一组 Hash 数据，可以同时设置多个属性内容
2	HGET 对象 key 属性 key	根据对象 key 和属性 key 获取保存的属性内容
3	HSETNX 对象 key 属性 key 属性内容 …	不覆盖设置 Hash 数据
4	HMGET 对象 key 属性 key1 属性 key2 …	获取指定对象 key 中的多个属性 key 对应的属性内容
5	HEXISTS 对象 key 属性 key	判断指定对象 key 中的某个属性 key 是否存在
6	HLEN 对象 key	获取指定对象 key 中属性保存个数
7	HDEL 对象 key 属性 key …	删除指定对象 key 中的若干属性 key
8	HKEYS 对象 key	获取指定对象 key 中的全部属性 key
9	HVALS 对象 key	获取指定对象 key 中的全部属性 value
10	HGETALL 对象 key	获取指定对象 key 中所保存的全部属性 key 和 value

（1）【redis-cli 客户端】在 Redis 中设置一组 Hash 数据。

```
HSET member:yootk name lee age 26 job teacher
```

程序执行结果

```
(integer) 3    ➔ 返回属性保存个数
```

（2）【redis-cli 客户端】获取指定 Hash 数据中的属性内容。

```
HGET member:yootk name
```

程序执行结果

```
"lee"
```

（3）【redis-cli 客户端】获取指定 Hash 数据中的全部属性 key。

```
HKEYS member:yootk
```

程序执行结果

```
1) "name"
2) "age"
3) "job"
```

（4）【redis-cli 客户端】获取指定 Hash 数据中的全部属性 value。

```
HVALS member:yootk
```

程序执行结果

```
1) "lee"
2) "26"
3) "teacher"
```

（5）【redis-cli 客户端】获取指定 Hash 数据中的全部属性 key 和属性 value。

```
HGETALL member:yootk
```

程序执行结果

```
1) "name"
2) "lee"
3) "age"
4) "26"
5) "job"
6) "teacher"
```

此时返回的数据将属性 key 和属性 value 各占一行进行输出，所以单数序号为 key，双数序号为 value，实际的开发中需要对这些返回结果进行处理才能被程序使用。

提示：RANDOMKEY 命令随机获取数据。

Redis 数据库中会保存大量的数据 key，为了增加易用性，Redis 提供了 RANDOMKEY 命令，可以任意返回一个（但是不删除）已有 key 的名称。

2.1.4 数字操作

数字操作

视频名称 0205_【掌握】数字操作

视频简介 Redis 提供了内置的原子性处理操作支持，这样可以防止进行多线程数据更新所带来的不同步处理。本视频使用数字自增与自减操作案例，分析该机制的使用特点。

Redis 具备读写高效的特点，所以在进行项目开发时可以将一些并发修改量较高的数据保存在 Redis 数据库之中。例如，现在假设要进行新闻访问量的统计处理，考虑到存在高并发访问的情况，所以将新闻的访问量保存在 Redis 之中，并在每一次访问业务执行后，进行访问量的更新操作，设计架构如图 2-8 所示。

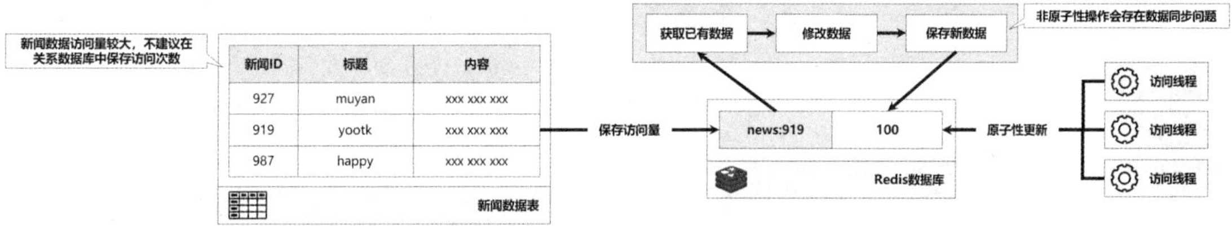

图 2-8 Redis 并发更新设计架构

在传统的开发中如果要进行访问量的更新，首先需要通过 Redis 获取当前的访问量数据并修改，随后将修改完成的数据重新写回 Redis 之中。这样一来就需要进行数据同步处理，一旦采用了数据同步处理，就会直接影响数据库的性能；如果不使用数据同步处理，则会影响数据的准确性。为了解决这样的数据同步问题，Redis 提供了数据计算的支持，可以使用的数据操作命令如表 2-3 所示。

表 2-3 Redis 数据操作命令

序号	数据操作命令	描述
1	INCR key	对指定 key 的数据进行自增，如果数据不存在则新建
2	DECR key	对指定 key 的数据进行自减，如果数据不存在则新建
3	INCRBY key 数值	每次增长指定数值，数值设置为负数表示减少
4	DECRBY key 数值	每次减少指定数值，数值设置为正数表示增加
5	HINCRBY 对象 key 属性 key 数值	进行 Hash 数据增长

（1）【redis-cli 客户端】为便于观察数据操作，在 Redis 中保存两种数据。

保存普通数据	SET record:919 10
保存Hash数据	HSET record:727 count 30

（2）【redis-cli 客户端】设置数据自增。

```
INCR record:919
```

程序执行结果	(integer) 11	➔ 返回自增后的数据值

在进行数据自增的处理时，Redis 数据库内部并没有“record:919”的数据项，所以 Redis 会自动保存一个新的内容，并且从 0 开始计数，执行完成后“record:919”的数据内容为 1，而后每一次进行重复操作都会自增 1。

（3）【redis-cli 客户端】设置增长步长。

INCRBY record:919 30	
程序执行结果	(integer) 41　➔ 返回增长后的数据值

（4）【redis-cli 客户端】数据自减处理。

DECR record:919	
程序执行结果	(integer) 40　➔ 返回减少后的数据值

（5）【redis-cli 客户端】在 Hash 数据上进行数据自增。

HINCRBY record:727 count 10	
程序执行结果	(integer) 40　➔ 返回增长后的数据值

（6）【redis-cli 客户端】在 Hash 数据上进行数据自减。

HINCRBY record:727 count -3	
程序执行结果	(integer) 37　➔ 返回减少后的数据值

使用 HINCRBY 命令进行数据自增时，如果发现数据不存在则会自动创建，随后返回增长后的数据。需要注意的是，对于 Hash 数据，Redis 并没有提供与“HINCRBY”对应的命令，如果想进行数据自减则只能采用负数的形式进行设置。

2.2　Redis 集合数据

集合是程序开发中必不可少的数据类型，Redis 数据库提供了 List、Set 以及 Zset 这 3 类数据集合，本节将为读者分析这 3 类数据集合的存储特点以及操作方法。

2.2.1　List 数据类型

List 数据类型

视频名称　0206_【掌握】List 数据类型

视频简介　Redis 为了管理一组数据，提供了 List 双端队列存储结构。本视频分析该队列存储结构的使用方法，并基于 Redis 提供的命令实现队列数据的保存与弹出操作。

队列是程序设计与开发中较为常见的一种数据结构，利用队列可以实现有效的数据缓冲操作。在一个队列结构中往往存在队列头部和队列尾部，传统的单端队列会通过队列尾部进行数据添加，通过队列头部进行数据获取，单端队列存储结构如图 2-9 所示。单端队列采用 FIFO（First In First Out，先进先出）的数据处理模式。

图 2-9　单端队列存储结构

Redis 在进行队列设计的时候，除了支持单端队列之外，也支持双端队列，即队列的头部和尾部都可以实现数据的存储与获取。表 2-4 所示为 List 数据操作命令。

表 2-4　List 数据操作命令

序号	数据操作命令	描述
1	LPUSH key 数据 数据 …	创建 List 集合，采用由左向右的顺序，保存若干项数据
2	RPUSH key 数据 数据 …	创建 List 集合，采用由右向左的顺序，保存若干项数据
3	LRANGE key 开始索引 结束索引	获取指定索引范围中的数据
4	LINSERT key BEFORE | AFTER 已有内容 数据	在已有内容的前或后进行数据插入
5	LSET key 索引 数据	修改指定索引内容
6	LREM key 数量 数据	从指定内容处开始删除数据，可以删除多项数据

续表

序号	数据操作命令	描述
7	LTRIM key 开始索引 结束索引	保留指定索引范围内的数据
8	LPOP key [数量]	从左边弹出一个或多个数据
9	RPOP key [数量]	从右边弹出一个或多个数据
10	LINDEX key 索引	获取指定索引的数据
11	LLEN key	返回集合中保存的数据个数
12	RPOPLPUSH 源 key 目标 key	从源集合中弹出数据并将数据保存到目标集合之中
13	LMPOP 数量 key [key …] LEFT | RIGHT [COUNT 弹出数量]	从若干个列表中弹出指定数量的数据，可以通过 LEFT 或 RIGHT 设置弹出的位置，并通过 COUNT 控制弹出数量
14	BLMPOP 超时时间数量 key [key …] LEFT | RIGHT [COUNT 弹出数量]	弹出列表中的数据，如果列表不为空则直接弹出；如果列表为空，则进入阻塞状态（阻塞时间单位：秒），等待数据存在后再进行弹出设置，若超时时间为 0 则表示持续阻塞

（1）【redis-cli 客户端】通过集合左边向队列中保存数据。

LPUSH muyan:message left-a left-b left-c	
程序执行结果	(integer) 3 ➔ 返回当前队列中的数据个数

（2）【redis-cli 客户端】通过集合右边向队列中保存数据。

RPUSH muyan:message right-a right-b right-c	
程序执行结果	(integer) 6 ➔ 返回当前队列中的数据个数

以上两条命令分别从“muyan:message”队列的左边和右边各追加了 3 项数据，所以其队列存储结构如图 2-10 所示。可以通过 LRANGE 命令来查看当前队列所保存的数据项。

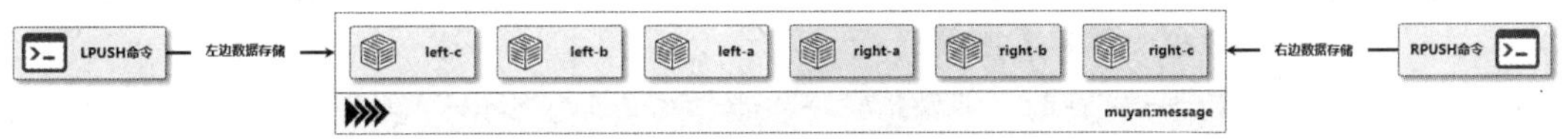

图 2-10 队列存储结构

（3）【redis-cli 客户端】查询“muyan:message”中保存的全部数据，使用 LRANGE 命令表示从左边开始获取数据。如果此时要获取全部数据，则需要将开始索引设置为“0”，结束索引设置为“-1”。

LRANGE muyan:message 0 -1	
程序执行结果	1) "left-c" 2) "left-b" 3) "left-a" 4) "right-a" 5) "right-b" 6) "right-c"

（4）【redis-cli 客户端】通过队列左边弹出一个数据。

LPOP muyan:message	
程序执行结果	"left-c" ➔ 当前已弹出的数据

（5）【redis-cli 客户端】通过队列右边弹出两个数据。

RPOP muyan:message 2	
程序执行结果	1) "right-c" 2) "right-b"

在使用 LPOP 或者 RPOP 命令时，如果没有设置数量，则每次会从队列中弹出一个数据；如果设置了数量，则会弹出指定个数的数据。数据弹出处理如图 2-11 所示。

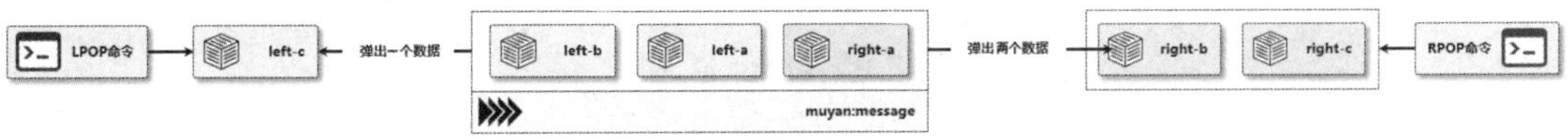

图 2-11 数据弹出处理

（6）【redis-cli 客户端】如果队列中保存的数据个数不满足弹出数据的个数，则会弹出队列中的全部数据。

RPOP muyan:message 20	
程序执行结果	1) "right-a" 2) "left-a" 3) "left-b"

（7）【redis-cli 客户端】在进行数据弹出处理时，除了可以直接返回数据内容之外，也可以将弹出的内容保存在另外一个 List 集合之中，可以使用 RPOPLPUSH 命令实现这一操作。

集合数据存储	LPUSH muyan:message yootk-a yootk-b yootk-c yootk-d yootk-e
集合数据转存	RPOPLPUSH muyan:message muyan:result

此时通过 LPUSH 命令在 muyan:message 集合之中保存了 5 个数据元素，当使用 RPOPLPUSH 命令时会从 muyan:message 集合中弹出一个数据（返回结果），而后将该弹出的数据保存在 muyan:result 集合之中。图 2-12 所示为两次弹出与存储后的集合结果。

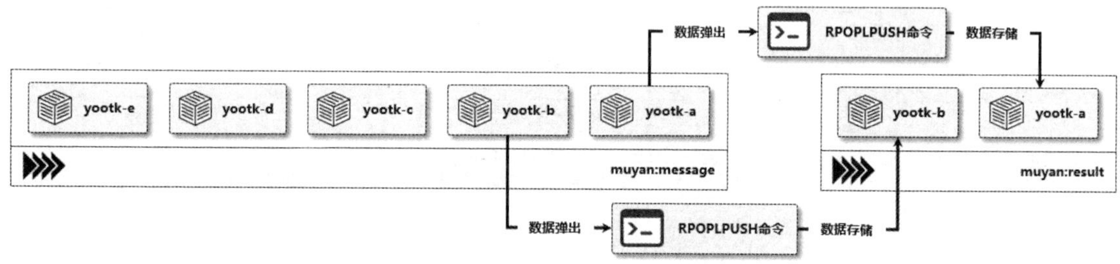

图 2-12　两次弹出与存储后的集合结果

提示：用 SORT 命令实现数据排序。

如果此时在 List 集合中保存的全部都是数字，那么可以使用 SORT 命令进行数据排序处理，在排序时还可以通过 ASC（升序，默认）或 DESC（降序）配置排序方式，命令使用步骤如下：

（1）保存一组 List 集合数据：LPUSH muyan:data 19 27 9 17 2 5。

（2）使用 SORT 命令降序排列：SORT muyan:data DESC。

（8）【redis-cli 客户端】Redis 7.0.0 之后的版本提供了 LMPOP 和 BLMPOP 两个列表弹出命令，该命令可以同时通过若干个数据集合进行数据弹出处理。

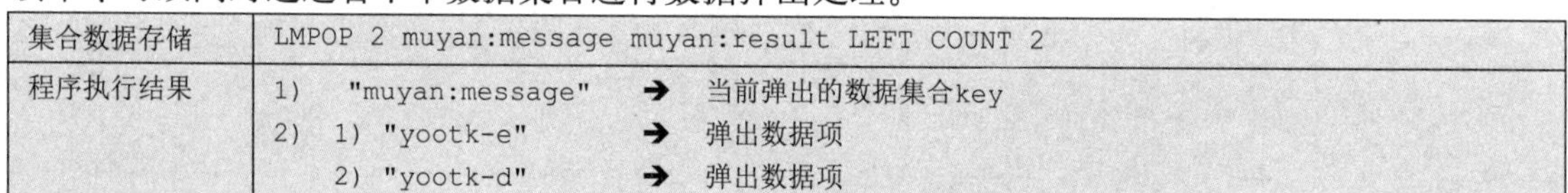

集合数据存储	LMPOP 2 muyan:message muyan:result LEFT COUNT 2
程序执行结果	1) "muyan:message" ➔ 当前弹出的数据集合key 2) 1) "yootk-e" ➔ 弹出数据项 2) "yootk-d" ➔ 弹出数据项

LMPOP 在弹出数据时，如果发现集合中已经没有数据了，则直接返回 nil。与 LMPOP 对应的还有一个 BLMPOP 命令，该命令采用阻塞方式进行数据弹出处理。如果发现列表中没有数据，则进入阻塞状态，等待其他会话向列表追加数据后再返回，操作结构如图 2-13 所示。

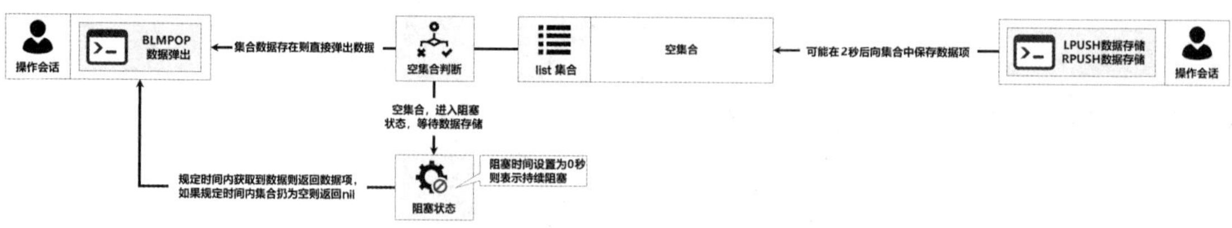

图 2-13　BLMPOP 指令

提示：Redis 惰性删除。

一般在 List 这样的集合之中，可能会保存大量的数据项，如果现在直接使用 DEL 命令删除，有可能会引发性能问题，所以 Redis 提供了惰性删除，用户只需要使用 "UNLINK key" 命令，后续将无法访问到该数据，随后 Redis 会根据自己的判断再进行该数据的删除与内存空间的释放。

2.2.2 Set 数据类型

Set 数据类型

视频名称 0207_【掌握】Set 数据类型

视频简介 Set 实现了无重复数据的存储，这样在进行一些数据计算时，就减少了错误发生的可能性。本视频分析 Set 与 List 数据类型的存储区别，同时讲解基于 Set 数据实现交、差、并、补集运算的操作以及该类操作在现实开发中存在的意义。

Set 结构与 List 结构类似，都可以存储一组数据项，而后根据需要进行数据的弹出操作，但是它们的唯一的区别在于，List 集合允许保存重复数据，而 Set 集合不允许保存重复数据。Set 集合处理数据的特点如图 2-14 所示。

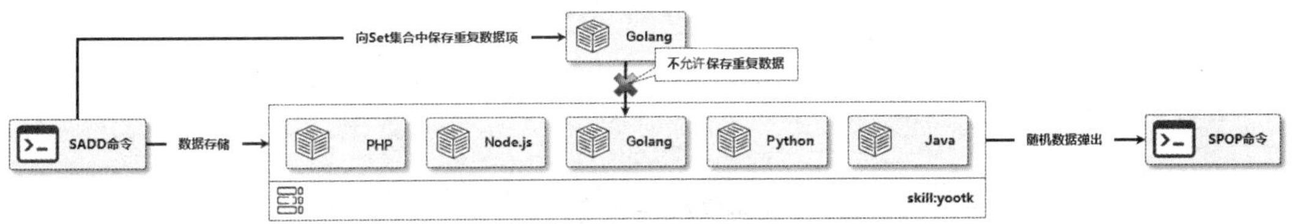

图 2-14 Set 集合处理数据的特点

以用户掌握的技能为例，由于用户可能掌握多种技能，但这些技能肯定是不能重复设置的，此时就可以使用 Set 数据类型进行存储。为了便于操作 Set 数据，Redis 提供了相关的数据操作命令，如表 2-5 所示。

表 2-5 Set 数据操作命令

序号	数据操作命令	描述
1	SADD key 数据 数据 …	向 Set 集合中添加数据
2	SMEMBERS key	获取指定 Set 集合中的全部数据
3	SREM key 数据 数据 …	从 Set 集合中删除指定数据
4	SPOP key [数量]	随机从 Set 集合中弹出指定数量（默认为 1）的内容
5	SDIFF key1 key2 key3 …	返回指定 Set 集合的差集运算
6	SDIFFSTORE 差值存储集合 key key1 key2 …	将指定 Set 集合的差集运算结果存储到指定集合之中
7	SINTER key key …	进行指定 Set 集合的交集运算
8	SINTERSTORE 交集存储集合 key key1 key2 …	将指定 Set 集合的交集运算结果存储到指定集合之中
9	SUNION key key …	合并指定 Set 集合
10	SUNIONSTORE 并集存储集合 key key1 key2 …	将若干 Set 集合合并的结果保存到指定集合之中
11	SMORE 源集合 目标集合 内容	从源集合中移除数据并将该数据保存在目标集合之中
12	SCARD key	返回指定集合中的存储元素个数
13	SISMEMBER key 数据	判断指定 Set 集合中是否包含指定数据
14	SRANDMEMBER key [数量]	随机返回指定集合中的数据，但是不删除该数据

（1）【redis-cli 客户端】创建 Set 集合并向其中保存若干数据项。

```
SADD skill:yootk java python golang
```

程序执行结果	(integer) 3 ➔ 返回保存数据的个数

（2）【redis-cli 客户端】获取“skill:yootk”集合中的存储元素个数。

SCARD skill:yootk	
程序执行结果	(integer) 3　➔　集合中的存储元素个数

（3）【redis-cli 客户端】返回“skill:yootk”集合中的全部数据项。

SMEMBERS skill:yootk	
程序执行结果	1) "python" 2) "java" 3) "golang"

（4）【redis-cli 客户端】Set 集合中的数据并不像 List 集合那样按照保存的顺序存储，而是采用随机存储的方式，所以可以使用 SRANDMEMBER 命令从中随机获取一个数据项。

SRANDMEMBER skill:yootk	
程序执行结果	"java"　➔　随机获取一个数据项

（5）【redis-cli 客户端】判断“skill:yootk”集合中是否存在“java”数据项。

SISMEMBER skill:yootk java	
程序执行结果	(integer) 1　➔　数据项存在返回1（表示true），不存在返回0（表示false）

Set 集合不能进行重复数据的存储，但最为重要的是可以利用该集合类型实现数据的差集、交集以及并集的运算。这些运算的处理效果如图 2-15 所示。

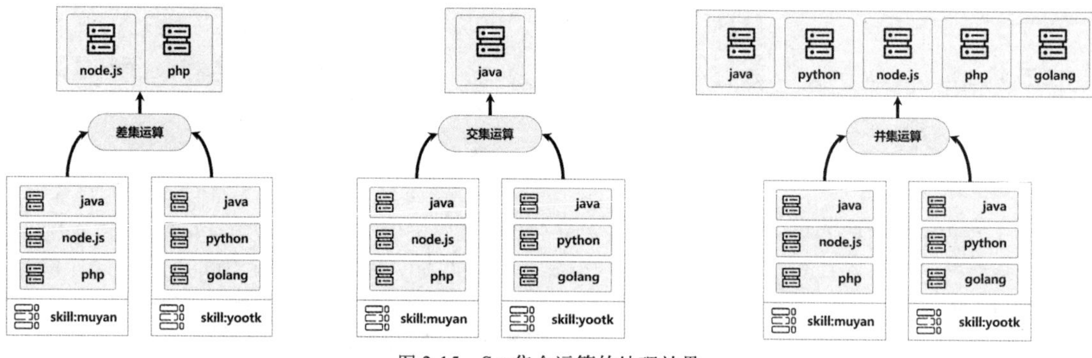

图 2-15　Set 集合运算的处理效果

提示：社交网站的粉丝管理机制可以使用 Set 集合实现。

社交网站上经常会出现“你和朋友的共同关注”，而后会给你推荐朋友关注了但是你未关注的账号。这其实属于数据的集合运算，在实现时可以将这些数据保存在 Redis 中进行处理。

（6）【redis-cli 客户端】保存一个新的 Set 集合。

SADD skill:muyan java node.js php	
程序执行结果	(integer) 3

（7）【redis-cli 客户端】计算“skill:muyan”与“skill:yootk”差集。

SDIFF skill:muyan skill:yootk	
程序执行结果	1) "node.js" 2) "php"

（8）【redis-cli 客户端】计算“skill:muyan”与“skill:yootk”交集。

SINTER skill:muyan skill:yootk	
程序执行结果	1) "java"

（9）【redis-cli 客户端】计算“skill:muyan”与“skill:yootk”并集。

SUNION skill:muyan skill:yootk	
程序执行结果	1) "python" 2) "java" 3) "php"

```
4) "node.js"
5) "golang"
```

2.2.3 ZSet 数据类型

ZSet 数据类型

视频名称 0208_【掌握】ZSet 数据类型

视频简介 为了解决 Set 无序存储的问题，Redis 提供了有序存储的 ZSet 集合。本视频分析该数据类型的存储特点与应用情况，并通过具体的命令讲解相关的操作形式。

ZSet 是一种有序存储的数据集合，其实现数据排序主要依靠每个数据项所保存的对应分数值，利用这样的机制可以轻松地实现“热搜”数据的管理。图 2-16 所示为高并发下的实时数据统计。

图 2-16 高并发下的实时数据统计

考虑到此类业务设计中，每秒并发访问量过高，所以如果直接在数据库中保存，会导致严重的性能问题，甚至由于并发量过高导致数据库出现系统中断。可以将每天的语言使用排行结果保存在 Redis 之中，使用 ZSet 集合进行存储时，每一项数据 key 都采用“hotkey:编程语言数据 ID:日期”的方式进行设置，而后在每一个编程语言信息更新的时候修改其分数，这样在每次进行数据展示的时候，就可以依据分数进行降序排列。Redis 中提供的 ZSet 数据操作命令如表 2-6 所示。

表 2-6 ZSet 数据操作命令

序号	数据操作命令	描述
1	ZADD key [NX | XX] [GT | LT] [CH] [INCR] 分数 数据 分数 数据 …	创建 ZSet 集合并向其中保存数据项，参数及其作用如下。 ① NX：不更新现有元素，始终添加新元素。 ② XX：仅更新已经存在的元素，不添加新元素。 ③ GT：当新分数大于已有分数时才更新，允许添加新元素。 ④ LT：当新分数小于已有分数时才更新，允许添加新元素。 ⑤ CH：将返回值由添加新元素总数修改为更改元素总数。 ⑥ INCR：设置此参数后，数据添加的行为类似于 ZINCRBY
2	ZRANGE key 开始索引 结束索引 [BYSCORE | BYLEX] [REV] [LIMIT offset count] [WITHSCORES]	获取指定索引范围内的数据，参数及其作用如下。 ① BYSCORE（等同于 ZRANGEBYSCORE 命令）：按照成绩排序，直接定义分数表示“<=”（小于等于当前分数），或者使用“(分数”表示“<”（小于设置分数）。 ② BYLEX（等同于 ZRANGEBYLEX 命令）：字典排序，必须设置相同的分数，可以使用“[内容”表示包含，使用“(内容”表示“<”。 ③ REV：结果集采用逆向（按照分数降序）排列。 ④ LIMIT：分页加载，offset 定义偏移量，count 定义个数。 ⑤ WITHSCORES：数据输出时是否显示分数
3	ZRANGEBYSCORE key 最低分 最高分 [WITSCORES] [LIMIT offset coun]	根据分数范围获取全部数据，该操作命令支持分页加载
4	ZRANGEBYLEX key 最低数值 最高数值 [LIMIT offset count]	根据保存的数据内容获取全部数据，该操作命令支持分页加载

续表

序号	数据操作命令	描述
5	ZREVRANGE key 开始索引 结束索引 [WITHSCORES]	反转索引后获取全部数据
6	ZREVRANGEBYSCORE key 最低分 最高分 [WITSCORES] [LIMIT offset count]	根据分数范围降序获取全部数据，该操作命令支持分页加载
7	ZREVRANGEBYLEX key 最低数值 最高数值 [LIMIT offset count]	根据内容范围降序获取全部数据，该操作命令支持分页加载
8	ZREM key 数据 数据 …	删除集合中保存的数据
9	ZINCRBY key 分数增加步长 数据	为指定内容添加分数
10	ZRANK key 数据	返回集合中指定数据的索引值
11	ZREVRANK key 数据	反转数据索引
12	ZCOUNT key 最低分数 最高分数	取得集合中指定分数范围的数据量
13	ZCARD key	取得集合中保存元素的总个数
14	ZREMRANGEBYRANK key 开始索引 结束索引	根据索引范围删除数据
15	ZMPOP 数量 key [key …] MIN | MAX [COUNT 数量]	从指定的集合列表中弹出一个或多个元素，如果使用 MAX 则弹出分值最高的数据，使用 MIN 则弹出分值最低的数据
16	BZMPOP 超时时间 数量 key [key …] MIN | MAX [COUNT 数量]	采用阻塞方式通过指定的集合列表弹出一个或多个元素
17	ZINTER 数量 key [key …] [WEIGHTS 权重 [权重 …]] [AGGREGATE SUM | MIN | MAX] [WITHSCORES]	使用 Zset 集合实现交集统计，利用 WEIGHTS 可以设置乘法因子，这样在聚合时每个数据都要乘以该因子，默认值为 1。也可以使用 AGGREGATE 设置聚合方式，默认为 SUM 加法模式
18	ZINTERCARD 数量 key [key …] [LIMIT 长度] 数量 key [key …] [WEIGHTS 权重 [权重 …]] [AGGREGATE SUM | MIN | MAX]	返回多项集合中因子的基数数值
19	ZINTERSTORE 目标集合 key 数量 key [key …] [LIMIT 长度] 数量 key [key …] [WEIGHTS 权重 [权重 …]] [AGGREGATE SUM | MIN | MAX]	将 ZSet 交集统计的结果保存在新的 ZSet 集合之中
20	ZUNION 数量 key [key …] [WEIGHTS 权重 [权重 …]] [AGGREGATE SUM | MIN | MAX] [WITHSCORES]	使用 ZSet 实现并集统计
21	ZUNIONSTORE 目标集合 key 数量 key [key …] [LIMIT 长度] 数量 key [key …] [WEIGHTS 权重 [权重 …]] [AGGREGATE SUM | MIN | MAX]	将 ZSet 并集统计的结果保存在新的 ZSet 集合之中
22	ZDIFF 数量 key [key…] [WITHSCORES]	使用 ZSet 实现差集统计
23	ZDIFFSTORE 目标集合 key 数量 key [key …]	将 ZSet 差集统计的结果保存在新的 ZSet 集合之中

(1)【redis-cli 客户端】创建一个 ZSet 集合，并向其中保存多项数据，此时由于设置的数据 key 不存在，因此执行后会返回数据的保存个数。

ZADD hotkey:919:20250919 8 java 3 python 5 golang	
程序执行结果	(integer) 3

(2)【redis-cli 客户端】查询当前 ZSet 中的全部数据项，默认按照分数升序排列。此处给出两种查询方式，一种是不带分数返回结果的，另一种是使用“WITHSCORES”配置项带分数返回结果的。

获取数据集合:	ZRANGE hotkey:919:20250919 0 -1	ZRANGE hotkey:919:20250919 0 -1 WITHSCORES
程序执行结果	1) "python" 2) "golang" 3) "java"	1) "python" 2) "3" 3) "golang" 4) "5" 5) "java" 6) "8"

(3)【redis-cli 客户端】向 ZSet 集合中保存新的配置项，内容相同时只有大于原始分数才允许保存，同时使用 CH 参数让该命令的返回结果为数据的更新个数。

ZADD hotkey:919:20250919 GT CH 10 java 3 python 9 golang 6 SQL	
程序执行结果	(integer) 3 ➔ 更新了两个数据项，同时增加了一个新的数据项

(4)【redis-cli 客户端】查询更新后的 ZSet 集合中的全部数据，并采用分数降序的方式排序显示。

获取数据集合	ZRANGE hotkey:919:20250919 0 -1 REV	ZRANGE hotkey:919:20250919 0 -1 REV WITHSCORES
程序执行结果	1) "python" 2) "golang" 3) "java"	1) "java" 2) "10" 3) "golang" 4) "9" 5) "SQL" 6) "6" 7) "python" 8) "3"

(5)【redis-cli 客户端】查询分数大于 5 分且小于等于 9 分的数据项。

查询方式一	ZRANGE hotkey:919:20250919 (5 9 BYSCORE WITHSCORES
查询方式二	ZRANGEBYSCORE hotkey:919:20250919 (5 9 WITHSCORES
程序执行结果	1) "SQL" 2) "6" 3) "golang" 4) "9"

(6)【redis-cli 客户端】ZSet 集合中的很多数据都需要考虑分页加载的设计需求，所以在进行数据获取时，可以利用 LIMIT 语法进行加载数据量的控制，此时需要配置好加载偏移量 offset 以及加载数量 count。

查询方式一	ZRANGE hotkey:919:20250919 (3 10 BYSCORE WITHSCORES LIMIT 0 2
查询方式二	ZRANGEBYSCORE hotkey:919:20250919 (3 10 WITHSCORES LIMIT 0 2
程序执行结果	1) "SQL" 2) "6" 3) "golang" 4) "9"

(7)【redis-cli 客户端】进行指定数据项的分数增加。

修改方式一	ZADD hotkey:919:20250919 INCR 3 java
修改方式二	ZINCRBY hotkey:919:20250919 3 java
程序执行结果	"13" ➔ 指定数据项增加之后的分数

（8）【redis-cli 客户端】查询指定分数范围（大于 3 分且小于等于 10 分）的数据项个数。

ZCOUNT hotkey:919:20250919 (3 10	
程序执行结果	(integer) 2

（9）【redis-cli 客户端】当不再需要集合中的某项数据时，可以使用 ZREM 命令进行若干数据项的删除。

ZREM hotkey:919:20250919 java golang	
程序执行结果	(integer) 2　➔　返回删除数据项个数

以上实现了一组完整的有序数据集合的操作，所有的数据在进行处理时，全部依靠分数进行排序，除此之外 ZSet 集合还支持字典排序的操作，在使用字典排序时需要保证集合中每一项数据的分数相同。下面介绍具体的操作。

（10）【redis-cli 客户端】保存一组分数相同的 ZSet 集合。

ZADD muyan:set 0 a 0 b 0 c 0 d 0 e 0 f 0 g	
程序执行结果	(integer) 7　➔　返回元素保存个数

（11）【redis-cli 客户端】查询所有小于等于字母“c”的数据。

ZRANGEBYLEX muyan:set - [c	
程序执行结果	1) "a" 2) "b" 3) "c"

（12）【redis-cli 客户端】查询所有大于字母“c”且小于字母“g”的数据。

ZRANGEBYLEX muyan:set (c (g	
程序执行结果	1) "d" 2) "e" 3) "f"

（13）【redis-cli 客户端】由于 ZSet 集合之中不能存储重复的数据项，因此在 Redis 中可以利用 ZSet 集合来实现交集、并集、差集的运算。下面介绍用 ZSet 集合实现交集运算的操作。

创建集合一	ZADD company-a 1 java 2 sql 3 python
创建集合二	ZADD company-b 1 java 2 html 3 sql 5 golang 3 python
ZSet合并查询	ZINTER 2 company-a company-b WITHSCORES
程序执行结果	1) "java" 2) "2" 3) "sql" 4) "5"

2.3　Redis 扩展数据类型

随着应用程序业务要求与性能要求的不断增加，同时为了提供更加简洁的数据存储服务，每一个新版本的 Redis 都会提供一些新的数据类型支持。本节将为读者分析位操作、HyperLogLog 以及 GEO 数据类型等内容。

2.3.1　位操作

位操作

视频名称　0209_【掌握】位操作

视频简介　为了节约数据存储的体积，Redis 提供了位处理的操作支持。本视频分析传统数据存储所带来的问题，同时讲解位存储的特点，以及 Redis 提供的相关数据处理命令的使用方法。

Redis 为了丰富用户的使用，提供了多种数据的存储支持，例如，在 Redis 中直接存放数据，并且提供数据操作。但是在传统的 Redis 之中数据采用十进制的方式进行存储，而将其转换为二进制之后，实际上会占用 8 位存储空间。二进制数据存储结构如图 2-17 所示。

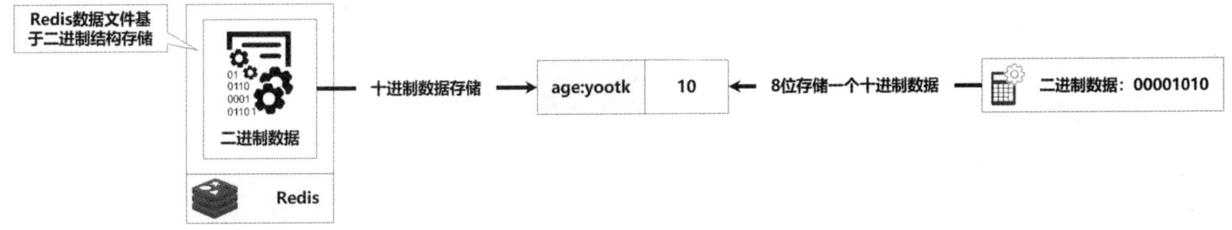

图 2-17　二进制数据存储结构

现在假设一个用户有连续七天打卡的任务需求，为了满足高并发场景下用户打卡操作的稳定需求，应将用户的打卡记录保存在 Redis 之中。如果此时按照传统的方式采用十进制的方式进行存储，那么一个用户的打卡信息有可能会包含 7 项，如图 2-18 所示，每一项都是一个十进制数据（1 表示当天打卡，0 表示当天未打卡），所以会占用 56 位存储空间，同时为了保证程序可以快速地获取用户最终的打卡状态，应该对所有的打卡状态提前做出统计。最终这部分的统计数据也是按照十进制进行存储的，所以又会多占用 8 位存储空间。

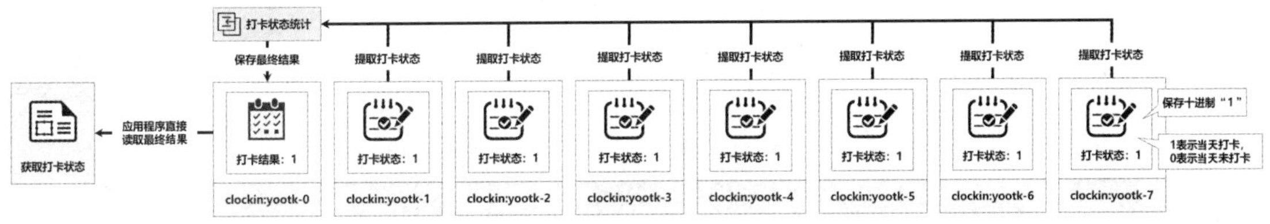

图 2-18　Redis 保存用户打卡状态

采用十进制实现数据存储会带来极大的存储空间浪费问题，而随着用户存储量的逐步增加，Redis 所面临的数据存储压力较大，导致空间占用率过高。面对这个问题，可以基于 Redis 中的位操作来解决。位存储设计结构如图 2-19 所示，此时存储每一位用户的打卡状态只占用 8 位存储空间。

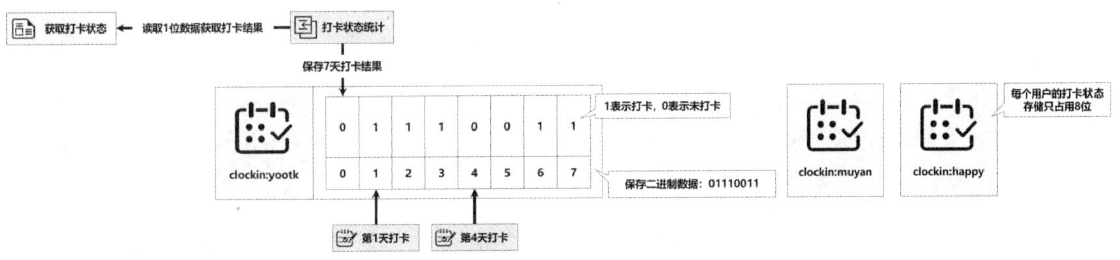

图 2-19　位存储设计结构

这样即便用户再多，所占用的存储空间也是有限的（每个位图的最大长度为 512MB，即 2^{32}bit），不仅可以节约数据文件的存储空间，也可以更快地实现数据的传输。Redis 提供的位数据操作命令如表 2-7 所示，下面介绍位图的具体操作。

表 2-7　位数据操作命令

序号	数据操作命令	描述
1	SETBIT key 位偏移量 数值	在指定的数据位上存储数据，并返回旧值
2	GETBIT key 位偏移量	读取指定位上保存的数据
3	BITCOUNT key [开始索引 结束索引 [BYTE | BIT]]	统计指定 key 中位内容为 1 的数据量
4	BITPOS key 数值 [开始索引 结束索引 [BYTE | BIT]]	返回位图中第一个指定数值的索引位置
5	BITOP 操作符 存储 key 数据 key 数据 key …	进行位操作，操作符可以为 AND、OR、NOT、XOR
6	BITFIELD key GET … SET … INCR … OVERFLOW …	对位成员进行多项处理操作

（1）【redis-cli 客户端】设置位数据。

SETBIT clockin:yootk 3 1	
程序执行结果	(integer) 0 ➔ 返回原始位上保存的数据

此时的程序在“clockin:yootk”的第 4 位（索引为 3）实现了数据的存储，这样存储的数据为“00010000”，而如果将其更换为十进制的数据则对应的内容为数字 16。

提示：使用 GET 命令获取十进制数据。

当 Redis 内部保存了二进制的位数据之后，开发者可以使用 GET 命令进行数据的查询，此时的查询结果将以十六进制的方式表示。

范例：通过 GET 命令获取位数据。

get clockin:yootk	
程序执行结果	"\x10" ➔ 表示十六进制“10”

所有的位数据在存储时都有对应的 key，所以此处通过 key 获取数据时，Redis 为了明确地描述其对应的内容，会在数据值前使用“\x”进行十六进制标记。

（2）【redis-cli 客户端】Redis 中可以存储长度为 512MB 的位数据，这样在存储时只要不超过此长度则可以任意设置位数据。

SETBIT clockin:yootk 10 1	
程序执行结果	(integer) 0 ➔ 返回原始位上保存的数据

（3）【redis-cli 客户端】统计位数据中 1 的个数。

统计查询一	BITCOUNT clockin:yootk
统计查询二	BITCOUNT clockin:yootk 0 -1
程序执行结果	(integer) 2 ➔ 有两个数据为1

（4）【redis-cli 客户端】获取指定位上的数据。

GETBIT clockin:yootk 3	
程序执行结果	(integer) 1 ➔ 获取指定索引位置上保存的位数据

位数据由于需要按照特定的索引进行处理，因此整体看来类似于数组结构，而为了便于进行位数组结构的多次处理操作，Redis 提供了一个 BITFIELD 命令，该命令支持的子命令如表 2-8 所示。

表 2-8 BITFIELD 子命令

序号	BITFIELD 子命令	描述
1	GET 数据编码 偏移量 [OVERFLOW WRAP | SAT | FAIL]	获取指定位数据，可以配置数据溢出处理
2	SET 数据编码 偏移量 数值	设置指定位数据值
3	INCRBY 数据编码 偏移量 数值 [OVERFLOW WRAP | SAT | FAIL]	对指定位的数据进行自增处理

在进行数据设置时，如果要设置的数据为整数，那么可以通过前缀“i”表示有符号整数，或者使用前缀“u”表示无符号整数。BITFIELD 命令最大支持 64 位的有符号整数以及 63 位的无符号整数。

（5）【redis-cli 客户端】在指定数据 key 上进行多次位操作。

BITFIELD clockin:muyan SET u4 0 3 INCRBY i8 6 11 GET u4 0	
程序执行结果	1) (integer) 0 ➔ “SET u4 0 3”子命令设置数据，返回原始位上保存的内容 2) (integer) 11➔ “INCRBY i8 6 11”子命令增长指定位的数据，并返回增长处理后的结果 3) (integer) 3 ➔ “GET u4 0”子命令获取指定位的数据

以上的命令定义了一个 8 位有符号整数和一个 4 位无符号整数位操作，在处理时，会依据偏移量进行数据的存储。需要注意的是，此时的数据允许设置为十进制，而在存储时需要将其转为二进制。BITFIELD 多位处理如图 2-20 所示。

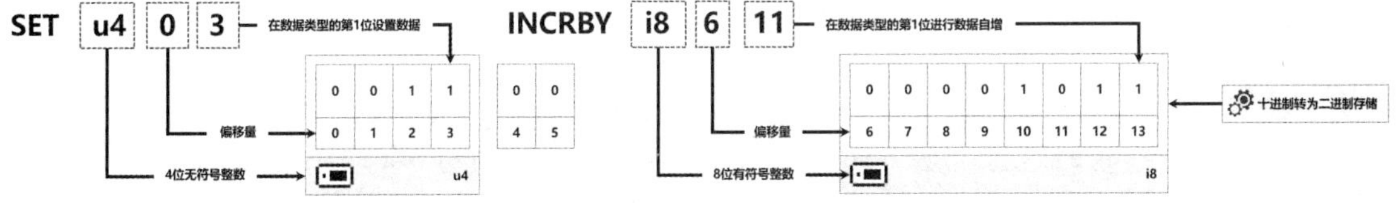

图 2-20　BITFIELD 多位处理

（6）【redis-cli 客户端】为了减少用户对数据位的配置逻辑，可以在设置数据的偏移量时追加“#”标记，表示使用这个偏移量与被设置数字位长相乘的结果来计算出最终存储的偏移量。

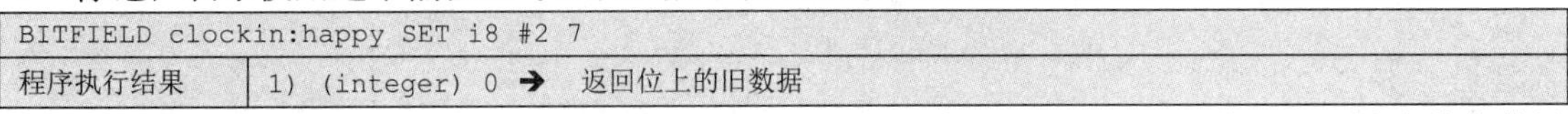

BITFIELD clockin:happy SET i8 #2 7	
程序执行结果	1) (integer) 0 ➔ 返回位上的旧数据

此时要设置的是一个 8 位有符号整数，由于在配置偏移量时使用了“#2”，因此最终的偏移量为“2 * 8”的计算结果，此时的偏移量计算如图 2-21 所示。

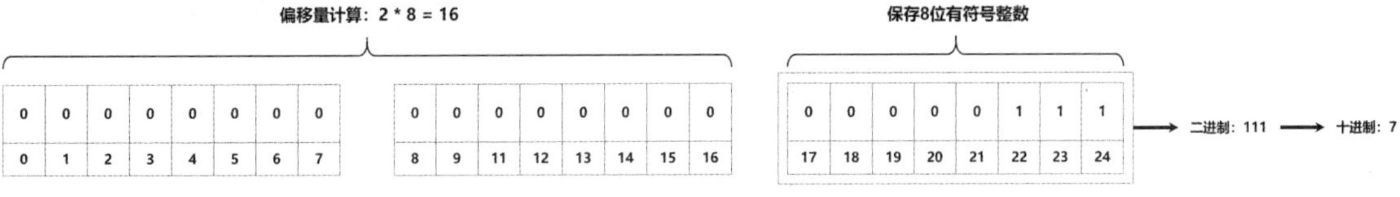

图 2-21　偏移量计算

需要注意的是，在进行位数据处理操作时，如果用户所计算的十进制数据的保存长度超过了数据位的长度，就会出现溢出问题。为便于处理数据溢出，BITFIELD 命令提供了 OVERFLOW 配置项，该配置项具有下列 3 种数据溢出处理模式。

- WRAP（回绕处理）：对无符号整数来讲，回绕会使用数值本身与能够被储存的最大无符号整数执行取模计算。对有符号整数来讲，上溢将导致数字重新从最小的负值开始计算，下溢将导致数字重新从最大的正数开始计算，该溢出模式也是 Redis 位操作的默认溢出处理模式。
- SAT（包含计算）：上溢计算的结果为最大的整数值，下溢计算的结果为最小的整数值。
- FAIL（失败处理）：拒绝执行会导致进行上溢计算或下溢计算。

（7）【redis-cli 客户端】分别保存 3 位有符号整数与 3 位无符号整数。

设置保存数据	BITFIELD clockin:data-i SET i3 0 2	BITFIELD clockin:data-u SET u3 0 2
程序执行结果	1) (integer) 0	1) (integer) 0

（8）【redis-cli 客户端】观察无符号整数的数据溢出处理。

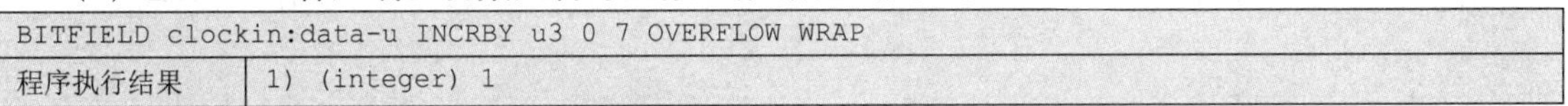

BITFIELD clockin:data-u INCRBY u3 0 7 OVERFLOW WRAP	
程序执行结果	1) (integer) 1

本操作使用了 Redis 默认的数据溢出处理模式，为便于读者理解，在命令上直接写出了 OVERFLOW 配置项。由于当前为无符号整数，因此数据溢出时会取出已保存数据和要增长的数据进行求模计算后再返回。OVERFLOW 溢出处理如图 2-22 所示，而此时如果没有数据溢出则会正常执行数据计算。

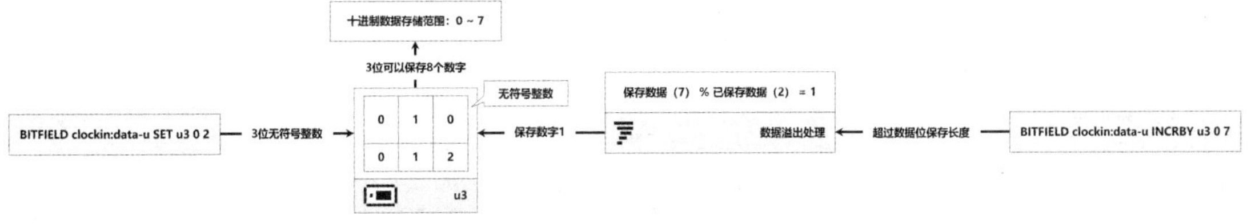

图 2-22　OVERFLOW 溢出处理

（9）【redis-cli 客户端】观察有符号整数的数据溢出处理。

BITFIELD clockin:data-i INCRBY i3 0 2	
程序执行结果	1) (integer) -4

此时实现了有符号整数的计算。由于存在符号位，因此当前的“clockin:data-i”可以保存的十进制数据范围是“0、1、2、3、-4、-3、-2、-1”，这样当数据溢出时会按照此数据范围进行计算。

2.3.2　HyperLogLog

视频名称　0210_【掌握】HyperLogLog

视频简介　HyperLogLog 可以实现数据范围内基数的统计操作。本视频分析该数据类型的使用场景与设计理论，并通过 Redis 提供的命令实现该类数据的存储与统计。

基数（Cardinality）估算统计是一种计算集合中不重复元素保存数量的方法，例如，“{1, 1, 5, 5, 7, 6}”数据集合的基数为 4。为了便于统计这些数据，往往会采用数据分桶的机制，按照基数的内容分别进行存储。假设要实现一个手机 App 功能模块的使用次数统计，这时可以采用此种基数统计存储的模式进行存储，如图 2-23 所示。

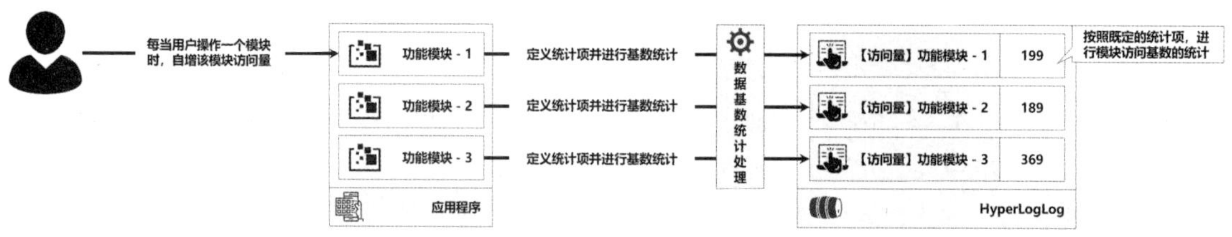

图 2-23　基数统计存储

为了便于实现基数统计算法，Redis 2.8.9 之后的版本提供了一个 HyperLogLog 数据类型，该数据类型主要用于存储数值，并且只需花费 12KB 的内存空间就可以存储 2^{64} 个不同的元素基数，极大地节约了数据的存储空间。为了实现 HyperLogLog 数据类型的操作，Redis 提供了表 2-9 所示的数据操作命令。

> **提示：HyperLogLog 算法的基本思想源于伯努利过程。**
>
> 伯努利过程就是抛硬币的实验过程。当用户向空中抛出一枚硬币后，落地可能是正面也可能是反面，二者出现的概率都为 1/2。伯努利过程就是持续抛出硬币，一直到落地时出现正面为止，并记录下抛出硬币的次数 c，如果第一次就抛到了正面则此时的 c 为 1，如果第三次才抛到正面则此时的 c 为 3。

表 2-9　HyperLogLog 数据操作命令

序号	数据操作命令	描述
1	PFADD key 元素 元素 …	向 HyperLogLog 中保存多项元素
2	PFCOUNT key key …	获取多个数据项的统计结果
3	PFMERGE 目标 KEY 源 KEY 源 KEY …	合并若干个统计结果

（1）【redis-cli 客户端】向 Redis 中保存基数数据。

设置第一组数据	PFADD module:program java python golang java java
设置第二组数据	PFADD module:book python golang
设置第三组数据	PFADD module:develop java c++

（2）【redis-cli 客户端】获取数据基数。

PFCOUNT module:book module:develop module:program	
程序执行结果	(integer) 4

此时的程序分别存储了 3 组不同的 HyperLogLog 数据，最终在使用 PFCOUNT 命令进行基数统计时，会将 3 组数据中的全部基数项一起计算，此时一共保存了 4 个数据项，所以 PFCOUNT 的统计结果为 4。

提示：使用 ZSet 集合统计基数数量。

在 Redis 7.0.0 之后，除了可以使用 HyperLogLog 数据类型实现基数统计之外，也可以使用 ZSet 集合实现基数统计，而这要依靠 ZINTERCARD 命令来实现。

范例：使用 ZSet 集合统计基数。

增加第一组集合	ZADD skill-muyan 9 java 8 html
增加第二组集合	ZADD skill-yootk 7 java 6 sql
集合基数统计	ZINTERCARD 2 skill-muyan skill-yootk
程序执行结果	(integer) 1

ZINTERCARD 采用交集的形式实现了两个集合的统计，所以交集运算之后得到的两个集合相同的数据项只有“java”，故基数数量为 1。

HyperLogLog 数据类型最常用的功能之一就是实现访问数据的统计处理，例如，要统计文章的阅读量以确定热门文章，或者某件商品的浏览次数以确定热门商品，但是在整个统计的过程中需要去除重复用户项，那么这时的常规做法就是通过 Set 集合存储用户名数据，文章阅读量统计如图 2-24 所示。

在文章阅读量较小（几万到十几万）时，只需要使用单独的 Set 集合就可以解决文章阅读量数据读取问题，但是如果现在有几篇甚至几万篇的爆款文章出现，那么存储在 Set 集合中的数据可能会达到几百万，甚至几亿、几十亿，这样的存储形式就会造成严重的内存占用。此种情况下应使用 HyperLogLog 数据类型来代替 Set 集合实现文章阅读量的统计，如图 2-25 所示。由于该数据类型只进行基数的模糊统计，且存在 0.81%的误差，但是在海量去重统计的应用环境下，最多只占用 12KB 存储空间，从而优化了 Redis 内存占用。

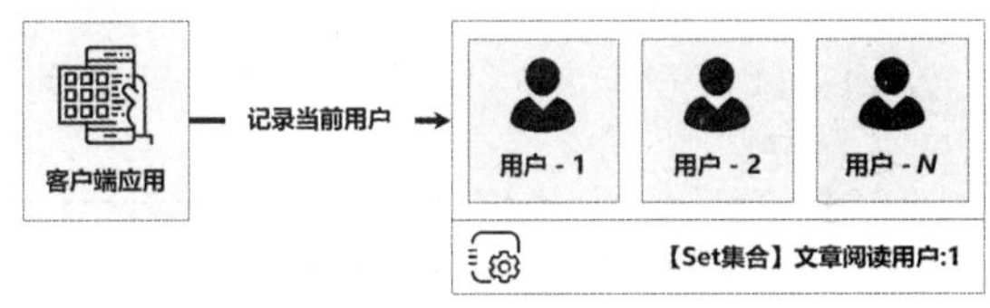

图 2-24　文章阅读量统计

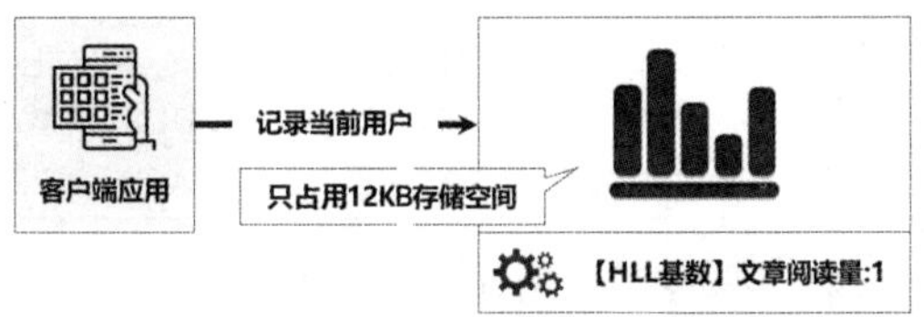

图 2-25　文章阅读量统计改进方案

2.3.3　GEO 数据类型

GEO 数据类型

视频名称　0211_【掌握】GEO 数据类型

视频简介　地理位置数据存储是 Redis 3.x 所带来的新功能，该功能为高并发访问下的路径计算以及导航处理带来了极大的便捷性。本视频通过案例分析相关命令的使用方法。

随着智能设备的逐步普及，用户所使用的 App 都具有定位以及路径计算功能，以用户点餐系统为例，所有的外卖员如果要参与配送抢单，首先要进行平台登录，随后平台会自动记录该外卖员的当前位置。当用户进入外卖平台后，平台会根据外卖店铺坐标分配一名外卖员进行配送，而此时的用户可以通过 App 查看外卖员位置，当外卖员即将到达配送地点时，向用户发出收单的提醒。在整个外卖配送的业务流程下，外卖平台要清楚地记录外卖员坐标、店铺坐标以及用户坐标等，如图 2-26 所示。

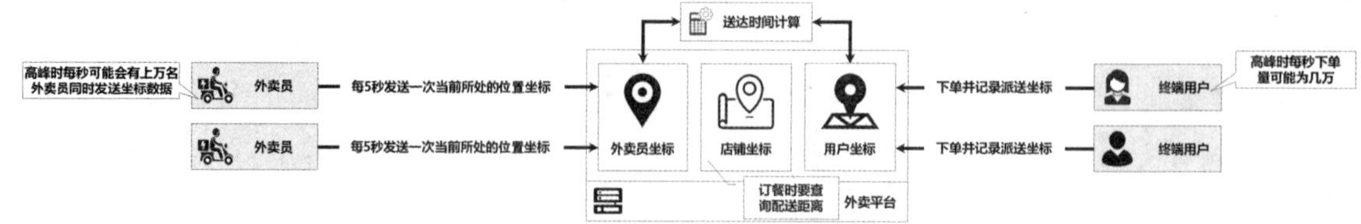

图 2-26　外卖平台地理位置记录

随着平台入驻人群增加，需要分配更多的外卖员，这样在高峰时每秒所产生的并发访问量有可能达到几十万甚至几百万，这样的数据现阶段只适合存储在 Redis 数据库之中。为了解决此类数据的存储问题，Redis 从 3.2 版本后开始支持 GEO 数据类型的存储，并提供了表 2-10 所示的数据操作命令。

表 2-10　GEO 数据操作命令

序号	数据操作命令	描述
1	GEOADD key [NX | XX] [CH] 经度坐标 纬度坐标 位置成员 …	添加新的坐标项，配置项作用如下。 ①NX：不更新现有元素，始终添加新元素。 ②XX：仅更新已经存在的元素，不添加新元素。 ③CH：返回值修改为更改元素总数
2	GEODIST key 位置成员 1 位置成员 2 [M | KM | FT | MI]	计算两个位置成员之间的距离，如果有一个位置不存在则返回 nil，距离单位可以使用米（M）、千米（KM）、英尺（FT）、英里（MI）描述
3	GEOPOS key 位置成员 [位置成员 …]	获取指定位置成员的坐标信息
4	GEOHASH key 位置成员 [位置成员 …]	将指定位置成员的坐标转换为 GEOHASH 编码
5	GEORADIUS key 经度坐标 纬度坐标 半径 M | KM | FT | MI [WITHCOORD] [WITHDIST] [WITHHASH] [COUNT 个数] [ASC | DESC]	根据坐标返回半径范围内的标志位，配置项如下。 ①WITCOORD：返回标志位的经纬度。 ②WITHDIST：返回坐标之间的距离。 ③WITHHASH：以 GEOHASH 格式返回结果。 ④COUNT：设置返回记录个数。 ⑤ASC | DESC：数据排序模式
6	GEORADIUSBYMEMBER key 位置成员 半径 M | KM | FT | MI [WITHCOORD] [WITHDIST] [WITHHASH] [COUNT 个数] [ASC | DESC]	以指定位置成员名称为中心查找其半径范围内的其他标志物的地理信息

在进行地理数据计算前，需要由使用者根据自身所处的坐标位置在数据库中保存相应的数据项，随后才可以进行相关坐标信息的获取。为便于读者理解，此处使用几个地理坐标进行计算，这些坐标的数据的定义如下。

- **办公大厦**：经度（116.450997）、纬度（39.861815）；
- **美食广场**：经度（116.453692）、纬度（39.863172）；
- **快递点**：经度（116.452165）、纬度（39.8623）；
- **我的当前坐标**：经度（116.451195）、纬度（39.8632）。

提示：获取标志位的坐标信息。

对于一些已经成名的标志物，实际上都已经有明确的坐标，开发者可以登录相关网站输入搜索位置关键字后获取经纬度信息。

（1）【redis-cli 客户端】向数据库中保存三个坐标位置。

```
GEOADD point 116.450997 39.861815 bangong 116.453692 39.8631721 meishi 116.452165 39.8623 kuaidi
```

程序执行结果	`(integer) 3`　➔　此处返回保存坐标的个数

(2)【redis-cli 客户端】获取某一个位置成员的坐标。

GEOPOS point bangong	
程序执行结果	1) 1) "116.45099848508834839" ➔ 坐标经度 2) "39.86181451740548454" ➔ 坐标纬度

(3)【redis-cli 客户端】计算两个坐标之间的距离，此处查询办公大厦与美食广场之间的距离（单位：米）。

GEODIST point bangong meishi m	
程序执行结果	"275.1261"

(4)【redis-cli 客户端】根据用户当前坐标查询 1000 米内已经记录的位置成员信息，每次获取 2 个位置成员。

GEORADIUS point 116.451195 39.8632 1000 M WITHDIST DESC COUNT 2	
程序执行结果	1) 1) "meishi" ➔ 位置成员名称 2) "213.1525" ➔ 距离当前位置的距离（单位：米） 2) 1) "bangong" ➔ 位置成员名称 2) "155.0127" ➔ 距离当前位置的距离（单位：米）

(5)【redis-cli 客户端】以指定的位置成员信息为参照物，获取 1500 米半径范围内的其他位置成员信息。

GEORADIUSBYMEMBER point meishi 1500 m WITHDIST ASC	
程序执行结果	1) 1) "meishi" ➔ 参照物属于范围内，所以会返回参照物数据 2) "0.0000" ➔ 距离参照物位置的距离（单位：米） 2) 1) "kuaidi" ➔ 位置成员名称 2) "162.6130" ➔ 距离参照物的距离（单位：米） 3) 1) "bangong" ➔ 位置成员名称 2) "275.1261" ➔ 距离参照物的距离（单位：米）

(6)【redis-cli 客户端】除了使用经纬度的方式进行物理位置的存储之外，在地理数据中也可以采用 GeoHash 模式进行存储，该操作是将经度和纬度坐标编码为一个字符串，这样可以提高空间数据检索效率。

GEOHASH point bangong	
程序执行结果	1) "wx4fcbt5bu0" ➔ GeoHash字符串

2.4 本章概览

1．Redis 提供了丰富的数据类型，包括字符串、数字、Hash、List、Set、ZSet、位操作、HyperLogLog、GEO 等。

2．为便于管理不同业务数据，Redis 提供了多个存储数据库，开发者需要在 Redis 启动之前进行业务数据库的个数配置，在 Redis 内部可以使用 SELECT 命令进行数据库的切换。

3．Hash 可以存放一组相关联的数据，需要使用“数据 key + 成员属性”的匹配模式获取对应数据。

4．Redis 支持数据内容的保存，并且支持数据的运算。

5．Redis 中的数据集合分为 List、Set、ZSet 这 3 种，其中 List 集合采用了队列的方式进行存储，Set 集合不允许保存重复数据项，ZSet 增加了数据分数的记录以实现排序处理。

6．位操作极大地降低了十进制数据存储空间的占用，同时支持有符号整数与无符号整数的直接操作。

7．HyperLogLog 提供了基数的统计支持，可以实现模块访问量的统计。

8．为便于地理数据的计算，Redis 内置了 GEO 数据类型，只需要设置好位置的坐标即可进行计算。

第 3 章
Redis 服务配置

本章节习目标

1. 掌握 Redis 数据持久化的意义，并可以区分 RDB 与 AOF 两种机制的特点以及配置启用方法；
2. 掌握 Redis 单线程的执行原理，并理解 Redis 多线程的作用以及配置；
3. 掌握 Redis 数据淘汰算法的处理机制，并可以自定义 Redis 数据过期淘汰策略与碎片整理；
4. 理解 Redis 底层数据存储的原理以及 listpack 链表结构与相关参数配置；
5. 理解 Redis 提供的 SLOWLOG 与 Latency Monitoring 工具的使用方法；
6. 理解 Redis 数据库中的 SSL/TLS 证书的配置与使用方法，并可以建立安全的网络连接通道；
7. 理解 ACL 的作用，并可以基于 ACL 命令实现用户管理与授权分配操作；
8. 理解 Prometheus 的作用，并可以使用 Prometheus 结合 Redis Exporter 实现 Redis 服务监控。

为了得到良好的 Redis 服务性能以及稳定的数据存储，在使用 Redis 之前往往需要进行有效配置，例如，配置数据备份、线程模型、过期淘汰等机制。本章将为读者讲解这些配置的原理与作用。

3.1 Redis 数据持久化

Redis 数据持久化

视频名称 0301_【掌握】Redis 数据持久化

视频简介 Redis 属于分布式缓存数据库，为了便于数据的读写以及保障数据安全，往往要同步内存与磁盘处理。本视频分析 Redis 数据持久化流程，并解释可能产生的问题。

Redis 属于缓存数据库，为了提供高效的数据读写操作，所有的数据都会保存在内存之中，如图 3-1 所示。但是内存中的数据属于瞬时数据，一旦内存发生了变化（如 Redis 进程崩溃，或者主机断电），就一定会出现缓存数据丢失的问题。

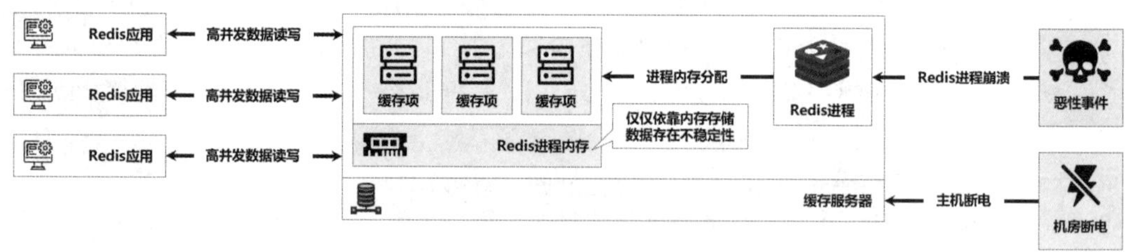

图 3-1 内存数据读写

提问：缓存数据丢失了后重新写入不可以吗？

Redis 属于缓存数据库，既然其主要用于存储缓存数据，那么真正有用的数据肯定要保存在关系数据库之中，一旦 Redis 服务重新启动，将数据重新加载即可，为什么非要考虑缓存数据持久化呢？

回答：Redis 应用于高并发的开发场景。

在实际的项目之中，为了便于进行数据的结构化管理，所有的核心数据肯定都要基于关系数据库来存储，但是传统关系数据库的读写性能较差，在高并发的应用场景下，如果直接访问传统关系数据库，不仅性能较差，而且会因并发量过高而导致服务器系统中断。

所以在实际的开发中往往会采用图 3-2 所示的架构进行设计。关系数据库中的部分数据会根据不同的访问要求保存在 Redis 数据库之中，而用户的所有访问都通过 Redis 实现，这样既满足了结构化存储的需求，又满足了高性能访问的需求。

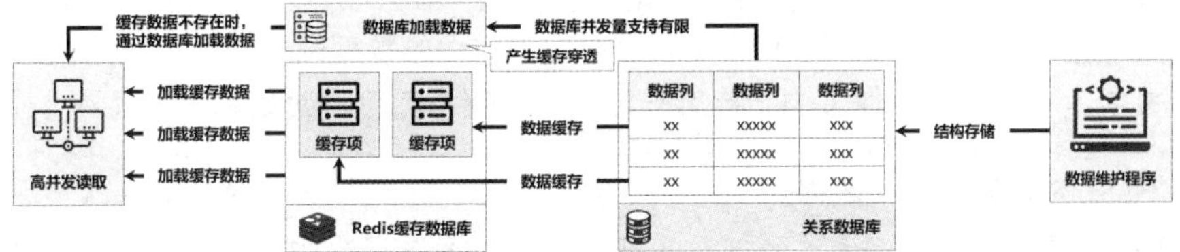

图 3-2　Redis 应用场景

如果说应用架构之中缓存出现了问题，那么直接的影响就是整个程序会面临极大的崩溃风险，此时如何快速地恢复缓存数据，就成了项目架构稳定的核心因素。正是基于这样的设计思考，Redis 才提供了数据持久化的设计，即数据会同时保存在内存和磁盘中。

为了便于管理 Redis 数据，Redis 进程除了会基于内存进行数据存储之外，也会将所存储的数据持久化到磁盘之中。这样即便 Redis 服务被强制重新启动，也可以保证大部分的缓存数据能够通过磁盘进行恢复。图 3-3 所示为 Redis 数据持久化流程，具体的处理步骤有如下 5 步：

（1）Redis 客户端通过程序或者命令向服务端发送数据进行写入操作，此时的数据保存在客户端内存之中；

（2）Redis 服务器接收到用户数据写入的请求，并将数据保留在 Redis 服务端进程的内存之中；

（3）服务端需要将内存中保存的数据写入磁盘，所以此时 Redis 进程需要调用系统的写入进程，随后将要写入的数据写入系统内存缓冲区之中；

（4）操作系统将系统内存缓冲区中的数据写入磁盘缓冲区；

（5）将磁盘缓冲区中的数据写入磁盘的物理介质（数据磁盘）之中，实现数据持久化存储。

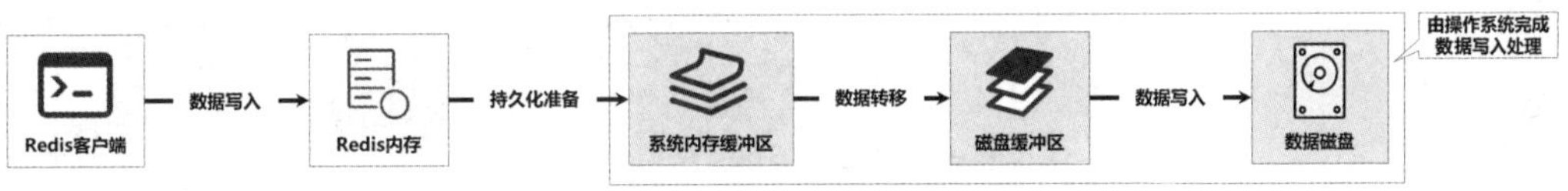

图 3-3　Redis 数据持久化流程

以上 5 个 Redis 数据持久化流程处理步骤，是理想条件下的正常写入流程。在实际的生产环境中，有可能会出现许多未知的故障，所以为了保证有效的缓存数据恢复，Redis 提供了 RDB 和 AOF 两种持久化机制，下面分别介绍这两种机制的具体作用和操作。

3.1.1　RDB 持久化机制

RDB 持久化机制

视频名称　0302_【掌握】RDB 持久化机制

视频简介　RDB 是 Redis 默认支持的数据持久化操作机制。本视频分析 RDB 数据持久化机制的处理流程，同时讲解 RDB 持久化机制中的 3 种触发形式以及区别。

RDB（Redis DataBase，Redis 数据库）是 Redis 数据库默认的数据持久化机制，其核心特点就是将数据以快照的形式保存在磁盘上，在每一次进行数据写入时，都会 fork 一个新的子进程，将当前数据以二进制的形式写入 dump.rdb 文件之中。RDB 数据持久化机制如图 3-4 所示。

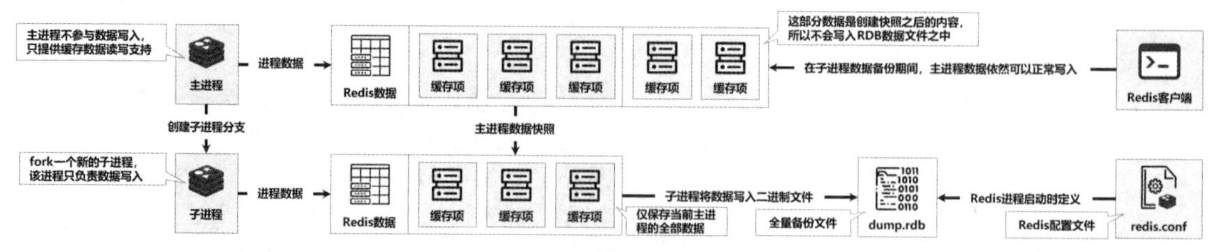

图 3-4　RDB 数据持久化机制

在 RDB 的处理逻辑中，只要触发了数据的备份机制，就会创建一个新的子进程，同时该子进程拥有当前主进程中的全部数据项，相当于对当前主进程中的数据做了一个完整的快照，最终也是由子进程将数据写入二进制文件。由于此类的数据写入较为完整，因此称为全量备份模式。

提示：RDB 会丢失部分新数据。

当数据持久化子进程创建完成之后，实际上此时的主进程依然可以对外提供数据读写的支持，但是此时的数据由于只在主进程之中保存，因此子进程进行数据写入时，不会写入这些新数据，这就导致了子进程写入的数据可能是不完整的。

RDB 处理的核心模式在于某一个时刻将所有的数据生成一个快照来进行最终的备份，所以需要有一种 RDB 操作的触发机制来实现这一过程。RDB 提供 SAVE 命令手动触发、BGSAVE 命令手动触发以及自动触发 3 种触发机制，下面分别介绍这 3 种机制的特点以及实现方式。

（1）SAVE 命令手动触发：该命令执行时会启用数据持久化机制。为了获得完整的持久化数据，该命令会阻塞当前的 Redis 进程，此时其他的客户端进程无法进行数据处理，直到 RDB 处理完成为止，如图 3-5 所示。该种数据持久化方式会导致大范围的客户端操作延迟，所以在开发中一般不会轻易使用。

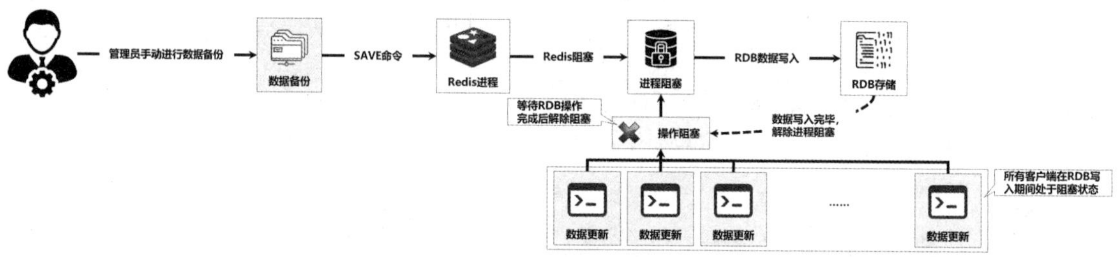

图 3-5　SAVE 命令手动触发 RDB 持久化

（2）BGSAVE 命令手动触发：管理员发出该命令之后，Redis 会在后台启动一个异步的子进程，并且在异步子进程之中形成一个完整的数据快照，由异步子进程负责将数据写入，此时的 Redis 可以正常对外提供数据服务，如图 3-6 所示。此种数据持久化方式只会在子进程创建阶段短暂地出现阻塞，随后子进程在数据写入完成后自动结束，同时由于子进程会提供与主进程相同的数据项，因此会产生额外的内存开销。

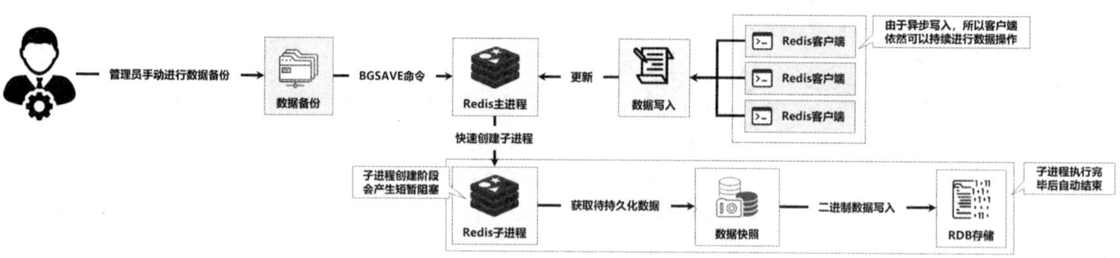

图 3-6　BGSAVE 命令手动触发 RDB 持久化

（3）自动触发：自动触发是在 Redis 进程启动时定义的，其会自动根据指定的时间间隔以及数据变化的数量自动执行 BGSAVE 持久化命令，如图 3-7 所示。

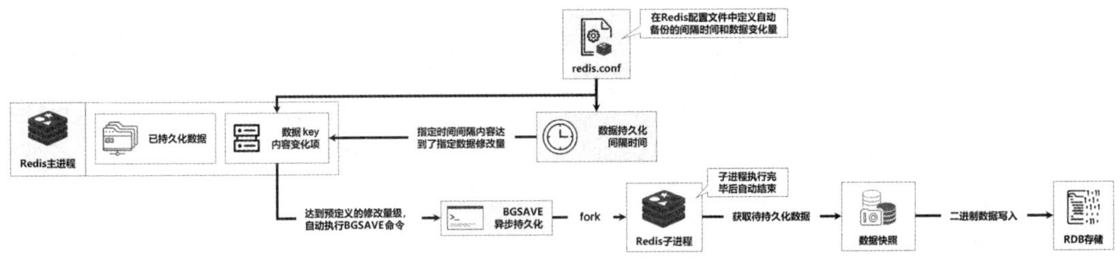

图 3-7　自动触发 RDB 持久化

自动触发数据持久化需要由开发者通过 redis.conf 配置文件进行定义，表 3-1 所示为 RDB 相关配置项。其中“save m n”的配置项表示自动持久化的触发机制，m 表示时间间隔，n 表示存在变化项的个数，如果现在发现每 10 秒有 2000 个变化项，则可以配置为“save 10 2000”，达到该量级时会自动执行 BGSAVE 命令。

表 3-1　RDB 相关配置项

序号	配置项	默认值	描述
1	save <seconds> <changes> [<seconds> <changes> ...]		设置自动触发持久化，不设置则表示停用
2	stop-writes-on-bgsave-error	yes	当启用 RDB 且最后一次保存数据失败时，Redis 停止接收数据，这样可以在“灾难”发生时，引起使用人员的注意
3	rdbcompression	yes	是否对存储到磁盘中的快照进行压缩
4	rdbchecksum	yes	使用 CRC64 算法来进行数据校验，开启此功能后会增加 10%的性能损耗
5	dbfilename	dump.rdb	设置快照文件的存储名称
6	dir	./	快照文件的存放路径，该配置项需要设置目录

3.1.2　RDB 数据恢复案例

RDB 数据恢复案例

视频名称　0303_【掌握】RDB 数据恢复案例

视频简介　RDB 采用了全量备份模式，所以在灾难出现后，数据恢复较为容易。本视频通过完整的案例模拟数据自动持久化以及数据文件丢失后的灾难恢复操作。

RDB 数据持久化模式可以将 Redis 数据库中的缓存内容，写进一个二进制的数据文件之中，所以在系统崩溃时，可以自动通过已备份过的 RDB 文件进行缓存数据的恢复。本节将基于 RDB 持久化管理的模式，模拟完整的缓存数据灾难恢复操作，RDB 数据恢复流程如图 3-8 所示，具体的操作步骤如下。

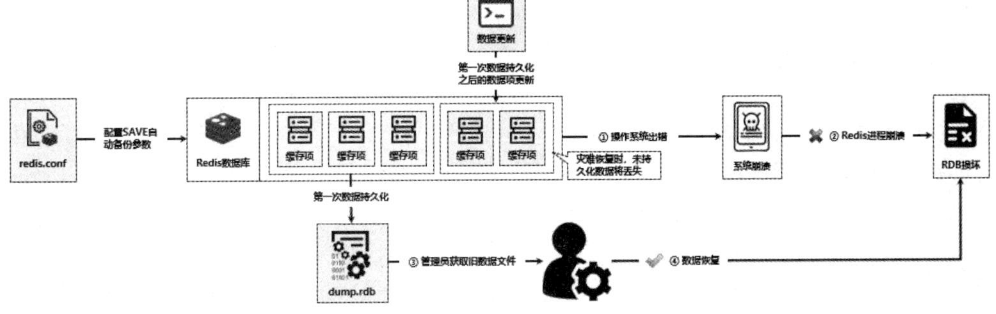

图 3-8　RDB 数据恢复流程

（1）【redis-server 主机】打开 redis.conf 配置文件：vi /usr/local/redis/conf/redis.conf。

（2）【redis-server 主机】在 redis.conf 配置文件中配置数据自动存储时间。

save 3600 1 300 100 60 10000 1 2	此处配置了4个自动触发BGSAVE命令的时间间隔，具体作用如下。 ① 时间间隔配置1：3600秒（1小时）后，至少进行1次数据修改。 ② 时间间隔配置2：300秒（5分钟）后，至少进行100次数据修改。 ③ 时间间隔配置3：60秒后，至少进行10000次数据修改。 ④ 时间间隔配置4：1秒后至少进行2次数据修改（为测试方便而配置）

（3）【redis-server 主机】关闭当前系统中的 Redis 进程。

```
killall redis-server
```

（4）【redis-server 主机】启动 Redis 进程。

```
redis-server /usr/local/redis/conf/redis.conf
```

（5）【redis-server 主机】在 Redis 之中设置若干个数据项。

数据设置1	SET yootk www.yootk.com
数据设置2	SET edu edu.yootk.com
数据设置3	SET happy lixinghua

（6）【redis-server 主机】当前已经配置了自动持久化机制，如果此处需要手动触发，也可执行如下命令。

BGSAVE	
程序执行结果	Background saving started

（7）【redis-server 主机】将已经得到的 dump.rdb 文件进行备份（复制一份）。

```
cp /mnt/data/redis/dbcache/dump.rdb /mnt/data/dump.bak
```

（8）【redis-server 主机】模拟系统崩溃的场景，此时可以采用如下 3 个步骤。

- 强制清空全部缓存数据：FLUSHALL。
- 强制破坏 dump.rdb 文件：echo yootk > /mnt/data/redis/dbcache/dump.rdb。
- 强制重新启动当前的服务主机（模拟主机断电）或者强制关闭 Redis 进程。

提示：观察 Redis 启动日志。

在进行 Redis 服务配置的时候，将所有 Redis 的日志信息保存在/mnt/data/redis/logs 目录下的 redis_6379.log 文件之中。实际上在启动 Redis 的时候，所进行的 RDB 文件读取过程也可以在日志中清楚地观察到，使用 more /mnt/data/redis/logs/redis_6379.log 命令打开日志文件，可以观察到如下启动信息。

范例：RDB 数据读取日志。

Loading RDB produced by version 7.0.5	读取Redis 7.0.5生成的RDB
RDB age 18 seconds	RDB文件保存的时长
RDB memory usage when created 0.89 MB	创建RDB文件所花费的内存占用率
Done loading RDB, keys loaded: 3, keys expired: 0.	RDB数据读取个数

如果此时的 RDB 文件内容出现了问题，会在 Redis 日志文件中出现 "Short read or OOM loading DB. Unrecoverable error, aborting now."（无法恢复数据，终止操作）以及 "Unexpected EOF reading RDB file"（文件读取失败）等错误信息。

（9）【redis-server 主机】此时的 dump.rdb 文件由于已经受到了破坏，因此无法进行数据的有效恢复，即便重新启动了 Redis 进程，所有的数据也都已经彻底消失了。此时可以考虑在 Redis 进程启动之前，通过备份文件进行数据恢复。

```
cp /mnt/data/dump.bak /mnt/data/redis/dbcache/dump.rdb
```

（10）【redis-server 主机】再次启动 Redis 进程，可以发现之前丢失的数据已经全部恢复了。

3.1.3 AOF 持久化机制

AOF 持久化机制

视频名称 0304_【掌握】AOF 持久化机制

视频简介 Redis 为了帮助用户实现更高效的数据持久化，提供了 AOF 持久化机制。本视频分析 AOF 持久化机制的处理流程、启动命令以及 AOF 的 3 种触发机制。

使用 RDB 方式进行的数据持久化处理，可以实现数据的快速恢复，但是在每次执行 RDB 持久化操作时，都需要启动新的子进程，并且会产生额外的内存开销。为了进一步提高缓存数据持久化的效率，Redis 提供了 AOF（Append Only File，只追加文件）持久化机制，该机制记录的并不是简单的数据，而是用户所执行的每一条数据操作命令。AOF 持久化机制如图 3-9 所示。

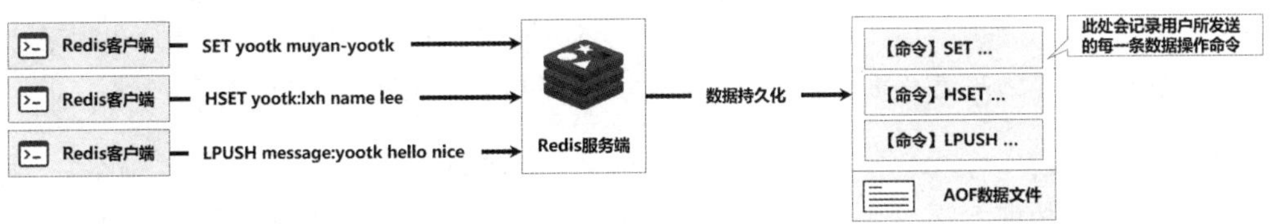

图 3-9 AOF 持久化机制

使用AOF持久化机制实现数据持久化，如果只是将用户执行的文件记录到AOF数据文件之中，那么在高并发的访问下，就有可能产生大量的备份命令。这样不仅会造成 AOF 数据文件激增，也会影响数据恢复的速度，为了解决此类问题，Redis 采用了命令重写的处理机制以实现命令压缩处理。例如，现在有 3 个不同的 Redis 客户端同时执行 LPUSH 命令，并且向同一个 List 集合存储数据，那么按照 LPUSH 命令的特点来讲，3 个客户端的命令可以合并为一条命令，变为“LPUSH key 数据 1 数据 2 数据 3”。考虑到命令优化的处理性能，Redis 并不是针对用户执行的命令进行合并，而是对最终数据库中所存储的数据内容进行分析，而后得出最终的执行命令，这一过程称为命令压缩处理，如图 3-10 所示。采用此种机制处理后，可以极大地降低 AOF 数据文件的存储体积，也可以提高数据恢复的处理效率。

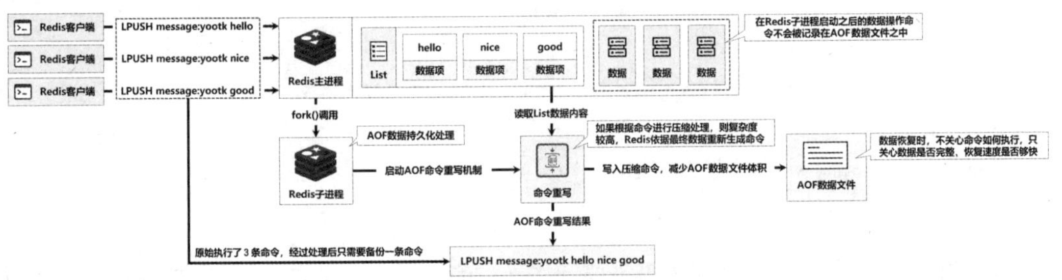

图 3-10 命令压缩处理

Redis 在执行 AOF 持久化机制时，为了保证 Redis 服务正常运行，采用子进程的方式来进行处理。但是这样的设计会带来数据一致性问题，即在子进程创建完成后，又有大量的客户端进行了主进程数据的修改，所以此时子进程中持久化的命令无法侦测到这些新的命令的变化，从而导致持久化数据和数据库数据不一致的问题。而为了解决这一问题，Redis 采用了 AOF 缓冲区的机制。AOF 缓冲区如图 3-11 所示。

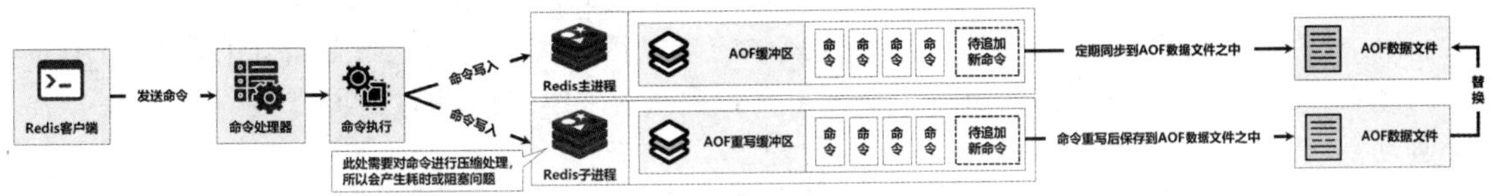

图 3-11 AOF 缓冲区

考虑到数据更新以及数据持久化内容同步的问题，在用户开始执行 AOF 持久化操作时，会同时创建两个缓冲区，一个是由主进程创建的 AOF 缓冲区，另一个是由子进程创建的 AOF 重写缓冲区。在进行数据持久化时，用户发送来的数据更新命令会同时保存在两个缓冲区之中，其中 AOF 缓冲区会将命令以非压缩的形式写入 AOF 数据文件之中；而 AOF 重写缓冲区会对命令进行压缩（此操作较为耗时），并且将压缩后的内容写入 AOF 数据文件之中，最后使用压缩的 AOF 数据文件替换原始的 AOF 数据文件。这样既保证了数据持久化的完整性，又保证了持久化操作的处理性能。

> **提示：子进程未执行完，也可以获得完整 AOF 备份。**
>
> 在 AOF 数据持久化过程中，Redis 会将所有的耗时操作统一交由 Redis 子进程执行，而此时 Redis 主进程其实也在同步向 AOF 数据文件写入命令。如果子进程还未执行完，就出现了 Redis 进程关闭的问题，那么此时主进程的 AOF 数据文件也可以满足数据恢复的要求。

在 Redis 7.x 之前的版本中，Redis 会启动两个不同的缓冲区进行命令的存储，由于最终 Redis 只会创建一个 AOF 数据文件，因此每一次持久化处理的最后，子进程都要使用重写后的 AOF 数据文件替换主进程生成的 AOF 数据文件。这样一来会造成内存消耗、CPU 消耗以及磁盘 I/O 消耗，为了解决这样的设计问题，Redis 7.x 之后的版本采用了多 AOF 数据文件存储设计，如图 3-12 所示，这些存储文件及其作用如下。

- BASE 文件：表示基础 AOF 数据文件，该文件一般由子进程重写产生，最多只有一个。
- INCR 文件：表示增量 AOF 数据文件，一般会在 AOF 持久化开始执行时创建，该类型的文件可能有多个。
- HISTORY 文件：表示历史 AOF 数据文件，每一次 AOF 完成后都会将之前的文件转化为历史文件，并自动删除。

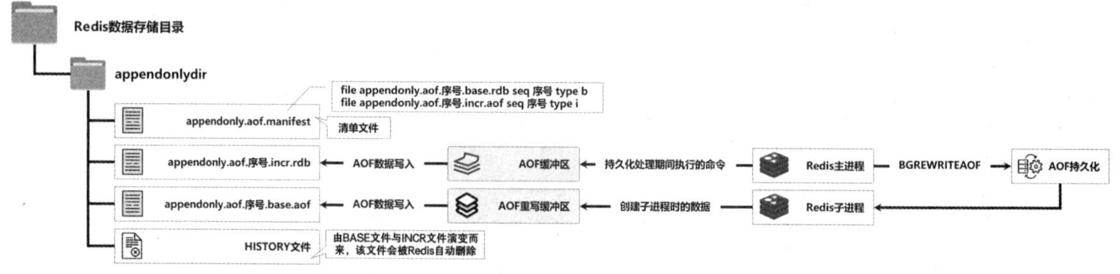

图 3-12　多 AOF 数据文件存储设计

在多 AOF 管理操作之中，子进程只需要专注于当前数据持久化的命令重写操作即可，可以不再关注后续更新命令的处理，而此时的主进程正常对外提供数据服务，并且将所有的新增操作保存在增量文件之中，两类文件一合并就是全部的 Redis 数据。Redis 为了管理这些 AOF 数据文件，提供了一个.manifest 清单文件，在该清单文件中定义了所有文件的名称，所以为了便于管理多个 AOF 数据文件，Redis 7.x 之后的版本新增了 AOF 存储目录的配置项。

> **提示：AOF 数据文件命名。**
>
> AOF 数据文件的命名采用了“基本名称+后缀”的方式，其中后缀的组成有 3 项：“序号”“类型”“格式”，其中 incr.rdb 文件是以 RDB 二进制数据格式存储的，而 base.aof 是采用 AOF 文本方式存储的。序号默认从 1 开始，每当用户强制执行“BGREWRITEAOF”命令时，序号就会自动累加。

3.1.4 AOF 数据恢复案例

AOF 数据恢复案例

视频名称 0305_【掌握】AOF 数据恢复案例

视频简介 AOF 之中会保存完整的数据操作信息，可以在数据出现问题后进行数据的恢复处理。本视频通过完整的实例，模拟 Redis 服务崩溃后的数据恢复操作，同时总结 RDB 与 AOF 的特点以及实际项目中的数据持久化方式的选择。

AOF 可以有效地恢复用户数据操作的信息。在 Redis 进程启动时，它会自动读取文件中的数据，这样就可以基于 AOF 数据文件中的命令实现数据的恢复处理。AOF 数据恢复流程如图 3-13 所示，下面通过具体的操作来实现数据恢复处理。

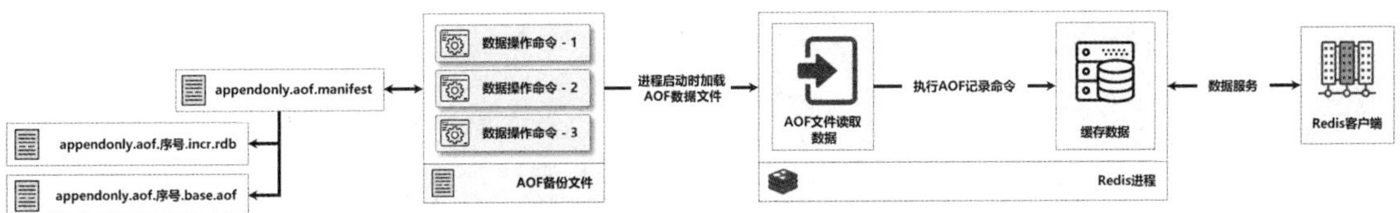

图 3-13 AOF 数据恢复流程

（1）【redis-server 主机】打开 Redis 配置文件：vi /usr/local/redis/conf/redis.conf。

（2）【redis-server 主机】修改 redis.conf 配置文件中的如下配置项。

appendonly yes	启用AOF备份模式
appendfilename "appendonly.aof"	AOF备份文件名称
appenddirname "appendonlydir"	AOF备份文件存储目录
appendfsync everysec	AOF持久化触发机制

考虑到不同的应用场景，开发者可以通过“appendfsync”配置项定义 AOF 的 3 种触发机制，这 3 种触发机制的特点如下。

① always：同步持久化，每发生数据修改就会立即将修改记录到磁盘之中，会造成较大的磁盘 I/O 开销。

② everysec：异步持久化，每秒执行一次数据持久化操作，如果在 1 秒内系统中断则会出现数据丢失问题。

③ no：不进行数据同步处理。

（3）【redis-server 主机】关闭当前系统中的 Redis 进程：killall redis-server。

（4）【redis-server 主机】启动 Redis 进程：redis-server /usr/local/redis/conf/redis.conf。

提示：Redis 启动时自动创建 AOF 数据文件。

Redis 进程一旦启用了 AOF 持久化处理支持，则 Redis 进程启动后会直接在 Redis 数据文件存储目录中创建 AOF 数据存储目录（Redis 7.x 后的版本支持）及 AOF 数据文件。

（5）【redis-cli 客户端】在 Redis 数据库中随意保存一些数据。

字符串数据：	SET muyan yootk
List数据：	LPUSH message:yootk hello nice good
Set数据：	ZADD key:yootk 1 java 2 python 3 golang

（6）【redis-server 主机】为便于观察，此处强制执行一次 AOF 持久化操作。

BGREWRITEAOF	
程序执行结果	Background append only file rewriting started

（7）【redis-server 主机】将 AOF 存储目录中的文件进行备份。

```
cp -r /mnt/data/redis/dbcache/appendonlydir /mnt/data/back
```

（8）【redis-cli 客户端】强制清空 Redis 中的全部缓存数据：FLUSHALL。

（9）【redis-cli 客户端】强制结束 Redis 进程：SHUTDOWN。

（10）【redis-server 主机】删除当前 AOF 数据文件：rm -rf /mnt/data/redis/dbcache/appendonlydir/*。

（11）【redis-server 主机】将之前的备份文件复制回 Redis 数据目录之中。

```
cp /mnt/data/back/appendonlydir/* /mnt/data/redis/dbcache/appendonlydir/
```

（12）【redis-server 主机】启动 Redis 进程：redis-server /usr/local/redis/conf/redis.conf。

（13）【redis-cli 客户端】进程启动后重新进入 Redis 客户端，使用“keys *”命令可以发现，所有的数据都已恢复。

注意：RDB 与 AOF 需要同时开启。

经过一系列的分析，读者已经可以掌握 RDB 与 AOF 两者实现机制与配置上的区别。需要注意的是，这两种持久化机制在实际应用部署时，并不是二选一的关系，而是并行的关系，即应该同时开启两种备份机制，主要原因可参考表 3-2。

表 3-2　RDB 与 AOF 区别

序号	特点	RDB	AOF
1	启动优先级	低	高
2	文件体积	小	大
3	恢复速度	快	慢
4	数据安全性	会丢失数据	由策略决定

虽然 RDB 备份的数据可能不完整，但是其采用二进制存储，所以可以快速地实现文件的备份与恢复；而虽然 AOF 备份的数据完整，但是由于其采用命令的方式恢复，因此数据恢复较慢。由于 AOF 启动优先级高，两者同时出现也不会影响数据恢复的机制，在 AOF 数据文件丢失或损坏后，还可以通过 RDB 文件恢复，因此在实际的项目运行中，应该同时开启 RDB 与 AOF 实现数据备份。

3.2　Redis 线程模型

Redis 线程模型

视频名称　0306_【掌握】Redis 线程模型

视频简介　Redis 线程模型是理解 Redis 设计架构的核心所在。本视频分析 Redis 单线程的处理机制，同时讲解 Redis 多线程模型的特点以及配置启用。

Redis 在设计时考虑到高速网络连接与响应的操作，所以基于 Reactor 模型实现了网络处理，该模型在 Redis 中被称为文件事件处理器（File Event Handler），其包含 4 个组成结构：多个套接字、I/O 多路复用模型、文件事件分派器、事件处理器。Redis 中的文件事件处理器如图 3-14 所示。由于文件事件分派器的队列消费是基于单线程实现的，因此传统的 Redis 模型被称为单线程模型。

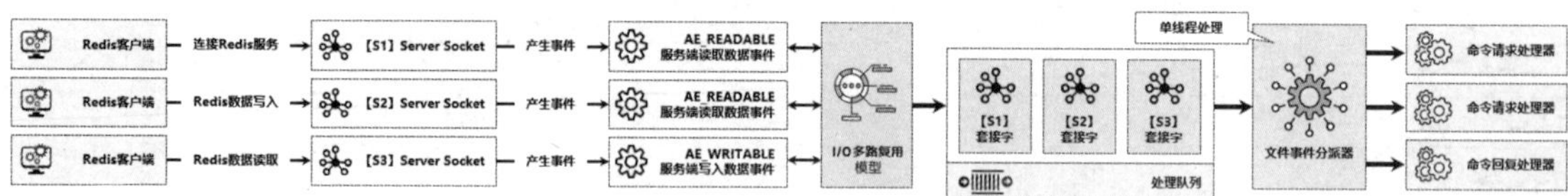

图 3-14　Redis 中的文件事件处理器

提示：文件事件处理器与 AE 模块。

Redis 中的文件事件处理器的相关代码被定义在“ae*.c”程序文件之中，所以很多的开发者将其称为“AE”模块，如果读者精通 C 语言，可以尝试阅读相关的程序源代码。

在 Redis 进行服务处理时，所有客户端的连接被称为套接字（Socket），而后根据不同客户端连接的目的来为其分配不同的处理事件。如果现在需要服务器读取数据则产生“AE_READABLE”事件标记，表示服务端要读取用户发送的数据；如果需要服务端向客户端写入数据，则产生“AE_WRITABLE”事件标记。所有的 Socket 会被 I/O 多路复用程序监听到，随后将每一个传入的 Socket 连接压入一个队列之中使其依次等待被文件事件分派器处理，即每一个客户端 Socket 操作都采用顺序式处理。如果此时一个客户端同时产生 AE_READABLE 和 AE_WRITABLE 两种不同的事件，那么文件事件分派器会优先处理 AE_READABLE 事件，随后处理 AE_WRITABLE 事件。

提示：Redis 属于线程安全的操作。

由于每一个数据操作命令都按照顺序进行调用，因此在多个 Redis 客户端进行数据处理时，不会产生数据同步的问题，Redis 采用线程安全的方式实现数据操作。

在默认情况下，每一个线程只能处理一个 I/O 事件，而 Redis 的设计是提供每秒高速数据读写，这就意味着同时会有大量的客户端连接 Redis 数据库。此时为了保证资源的合理分配，Redis 基于 I/O 多路复用模型实现用户的请求处理。为了适应不同的操作系统，Redis 提供了 select、epoll 以及 kqueue 这 3 种 I/O 多路复用模型的实现，这 3 种实现都包装了操作系统提供的处理函数，如图 3-15 所示。

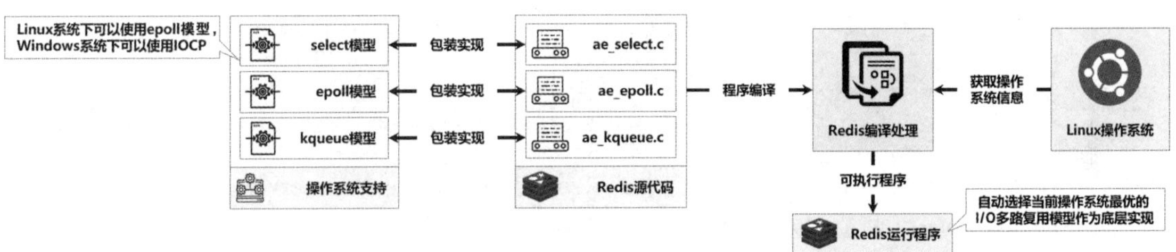

图 3-15　Redis 与 I/O 多路复用模型的实现

提示：几种 I/O 多路复用模型简介。

I/O 多路复用模型设计的目的是提高网络服务的处理性能，其仅仅是一个设计思想。但从 1983 年开始就陆续提出了 select 模型、poll 模型、epoll 模型、kqueue 模型。这几个模型的特点如下。

（1）select 模型：通过文件描述符存储连接，最大只允许 1024 个连接，操作时间复杂度为 $O(n)$。

（2）poll 模型：解决了 select 模型中的客户端连接管理长度限制问题，操作时间复杂度为 $O(n)$。

（3）epoll 模型：采用事件驱动机制，基于“红黑树”存储事件状态，操作时间复杂度为 $O(n)$。该模型提供水平触发及边缘触发两种模式，AE 模块使用水平触发，即一旦有数据，epoll 模型就会持续发出事件通知，直到全部读取完毕，而边缘触发只通知一次。

（4）kqueue 模型：实现结构与 epoll 模型的类似，当某几个文件描述符状态发生变化时，对一次性通知应用程序进行读、写操作，该模型在 2000 年 7 月发布的 FreeBSD 4.1 中首次引入，macOS 也支持该模型。Kqueue 模型支持更多的事件，例如，句柄事件、信号事件、异步 I/O 事件、子进程状态事件、支持微秒级的计时器事件等。

Redis 采用单线程的模型进行处理，这样就避免了多线程操作中由于线程锁出现所带来的性能损耗。对 Redis 数据库来讲，由于其主要实现了 key-value 数据的存储，因此性能的瓶颈并不在于

CPU，而在于内存与网络 I/O。对内存来讲只需要选择合适的硬件即可提升处理性能，而对网络 I/O 来讲，可以采用图 3-16 所示的多线程模型。

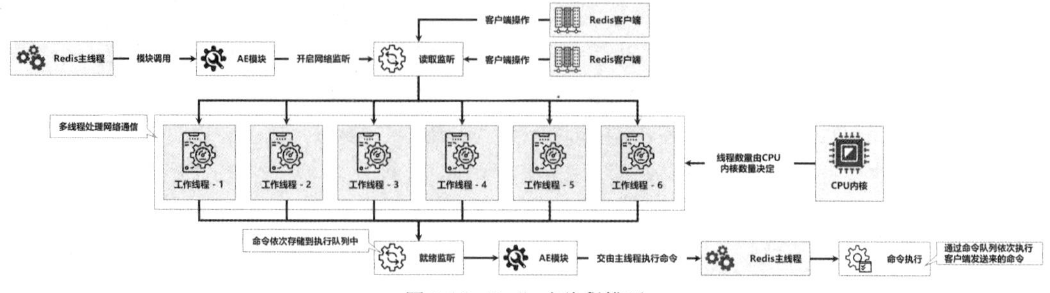

图 3-16　Redis 多线程模型

Redis 6.x 之后的版本提供了多线程支持，而多线程主要体现在网络 I/O 的处理上，最终的命令执行依然由单一的主线程触发。在 Redis 进程启动前，需要根据当前服务器 CPU 的性能分配指定数量的工作线程，这样客户端在进行网络通信时，会依次将请求分配给不同的工作线程，从而提高 Redis 的网络 I/O 性能。由于 Redis 在执行时需要考虑隔离性，因此最终的命令会交由主线程执行，并将保存在队列中的命令依次执行。默认情况下 Redis 并没有开启多线程的机制，需要由开发者手动配置，下面介绍具体的配置步骤。

（1）【redis-server 主机】打开 Redis 配置文件：vi /usr/local/redis/conf/redis.conf。

（2）【redis-server 主机】在 redis.conf 配置文件中修改如下配置项。

io-threads 4	当前服务器的CPU为4核，所以将开启4个Redis工作线程
io-threads-do-reads yes	在数据读取阶段使用工作线程

（3）【redis-server 主机】关闭当前系统中的 Redis 进程：killall redis-server。

（4）【redis-server 主机】启动 Redis 进程：redis-server /usr/local/redis/conf/redis.conf。

（5）【redis-server 主机】如果想查看当前的 Redis 多线程配置是否生效，可以使用操作系统提供的 pstree 命令。

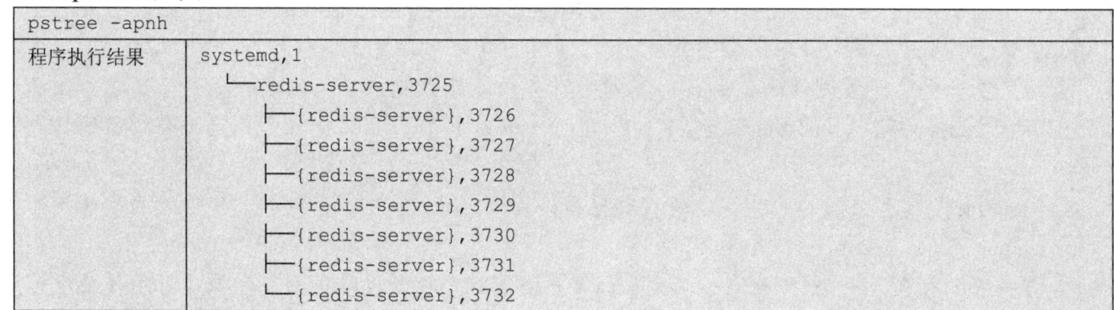

pstree -apnh	
程序执行结果	systemd,1 └─redis-server,3725 　├─{redis-server},3726 　├─{redis-server},3727 　├─{redis-server},3728 　├─{redis-server},3729 　├─{redis-server},3730 　├─{redis-server},3731 　└─{redis-server},3732

此时可以发现 redis-server 进程内部已经分配了若干个子线程，其中有 4 个子线程是通过 redis.conf 配置文件定义的工作线程。另外，Redis 会启动 3 个后台线程，分别为关闭文件描述符、AOF 磁盘同步、惰性删除。

3.3　Redis 过期数据淘汰

Redis 过期数据淘汰

视频名称　0307_【理解】Redis 过期数据淘汰

视频简介　为了进一步优化 Redis 的数据处理性能，需要及时释放不再使用的数据项，所以 Redis 提供了 LRU 与 LFU 淘汰算法。本视频分析 Redis 内存占用过大所带来的影响，同时分析两种算法的作用以及与数据淘汰相关的配置项。

为了实现数据的高速读写，Redis 会将数据保存在内存之中，而随着时间的推移以及业务读写量的持续增加，Redis 内存的占用率也会持续增加，而当 Redis 内存占满后，Redis 将无法对外继续提供正常的缓存服务。在这样的环境下，需要设置 Redis 数据的过期淘汰策略，以释放某些数据项，处理形式如图 3-17 所示。

图 3-17　Redis 数据淘汰处理形式

> **提示：Redis 过期淘汰不等同于定时删除。**
>
> 在 Redis 中进行数据设置时，可以利用 EXPIRE 命令设置数据的存储时长，当达到指定时长后数据会被自动删除。而 Redis 过期淘汰与定时删除并不完全相同，过期淘汰是当内存占用超过一定比例时（用户可以自行设置）使用的淘汰策略，是被动触发的操作；Redis 定时删除采用的是定期删除与惰性删除两种方式实现的内存数据淘汰，是在数据设置时就已经定义好的淘汰策略。

在 Redis 中一般会存在一些不经常使用的数据，如果此时的内存空闲量较高，则不需要触发任何数据淘汰机制，但是当 Redis 中存在大量不常用数据，并且 Redis 内存可用量不足时，就会启用数据淘汰机制，淘汰不常用数据，从而得到更多的空闲内存空间。

Redis 内部基于 LRU（Least Recently Used，最近最少使用）算法实现数据淘汰处理，在 Redis 的每一个所存储的数据项中，除了保存数据之外，还提供一个 24 位时钟数据（按秒存储，最多只能存储 194 天）。每一次数据访问时都会更新该时钟数据，在最终进行删除时，会根据数据的最后一次访问时间来判断该数据是否为常用数据，如果发现距离上次的使用时间过长，则认为该数据的使用频率不高，然后将该数据淘汰，该处理机制如图 3-18 所示。

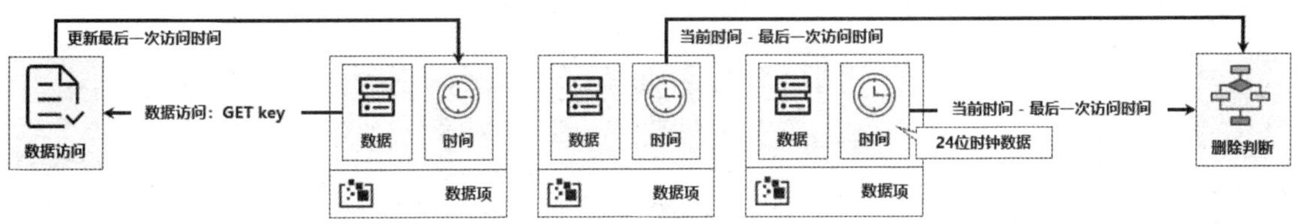

图 3-18　数据淘汰处理机制

> **提问：LRU 淘汰算法如何保证性能？**
>
> LRU 的实现依赖于每一个数据项内所保存的访问时间，所以在基于活跃时间进行数据删除处理时，势必要有专属的线程进行全数据的扫描，依次判断每一个数据项的过期时间。这样一来就会造成数据扫描操作的时间复杂度为“$O(n)$”，同时在删除时还有可能出现某些已经长时间不使用的数据临时再度活跃的问题，那么 LRU 的性能是不是很差？
>
> 
> **回答：Redis 引入数据淘汰池的机制实现了 LRU 淘汰处理。**
>
> Redis 往往运行在高并发的应用场景下，如果采用全数据扫描的淘汰处理方式，则一定会严重影响 Redis 的服务性能。Redis 为了解决此类问题，采用了随机抽取数据的算法，每一次从已有的数据中抽出若干数据项进行过期时间判断，并且将过期时间最长的数据，保存在一个数据淘汰池（一个长度为 16 的数组）之中，如果新抽取的数据过期时间超过了数据淘汰池

中的数据过期时间，则会进行数据项的替换操作。数据淘汰池如图 3-19 所示。

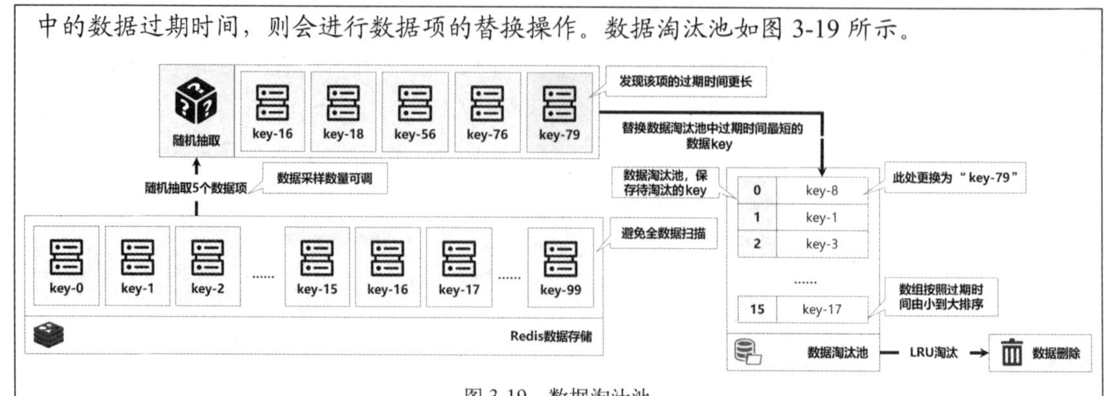

图 3-19　数据淘汰池

为了规范处理过期时间，Redis 引入了 LRU 全局时钟来代替系统时间戳，其基本单位是 1000 毫秒，LRU 在 100 毫秒以内的时间戳数据是相同的。每一个对象在创建或访问时都会通过 LRU 全局时钟来进行时间戳的记录，这样就保证了时间戳数据的统一性。

在 Redis 中除了可以使用 LRU 淘汰策略之外，也可以使用 LFU（Least Frequently Used，最不经常使用）淘汰策略，该策略在每一次数据访问时设置一个访问次数，这样在进行数据淘汰时，只需要淘汰访问次数少的数据即可。而为了便于用户配置，Redis 也可以在存储数据达到阈值时进行随机的删除操作。相关的 Redis 数据淘汰配置项如表 3-3 所示。

表 3-3　Redis 数据淘汰配置项

序号	配置项	默认值	描述
1	maxmemory <bytes>	0	内存占用限制，当内存消耗超过这个数值时，将触发数据淘汰机制，该参数配置为 0 时表示没有内存占用限制
2	maxmemory-policy	noeviction	LRU 数据淘汰策略，Redis 一共配置了如下 8 种淘汰策略。 ① volatile-lru：对已经超时的数据使用 LRU 淘汰算法。 ② allkeys-lru：所有的缓存数据（不管是否超时）都使用 LRU 淘汰算法。 ③ volatile-lfu：对已经超时的数据使用 LFU 淘汰算法。 ④ allkeys-lfu：对所有缓存数据（不管是否超时）都使用 LFU 算法。 ⑤ volatile-random：超时数据实现随机淘汰，不使用 LRU 或 LFU 算法。 ⑥ allkeys-random：所有数据都参与随机淘汰，不使用 LRU 或 LFU 算法。 ⑦ volatile-ttl：根据缓存数据的 TTL 淘汰过期数据。 ⑧ noeviction：当缓存超过了 maxmemory 配置，拒绝分配新的内存空间
3	maxmemory-samples	5	随机采样精度
4	hz	10	调整 Redis 每秒清除数据的频率，可选数值的范围为 1～500
5	dynamic-hz	yes	动态 hz 配置，可以动态调整实际 hz 和已配置 hz，该配置项启用后会随着连接的客户端数量而调高 hz
6	maxmemory-clients		定义客户端驱逐阈值，可以是具体的大小，也可以是整体内存的百分比
7	client-output-buffer-limit		设置客户端缓冲区大小

考虑到合理的内存分配，在常见的生产环境中，往往将 Redis 可以使用的最大内存设定为当前物理主机内存的“3/4”。但是即便进行了有效的内存分配，在实际的使用中也有可能会出现内存未

用尽，客户端却无法写入的问题，如图 3-20 所示。

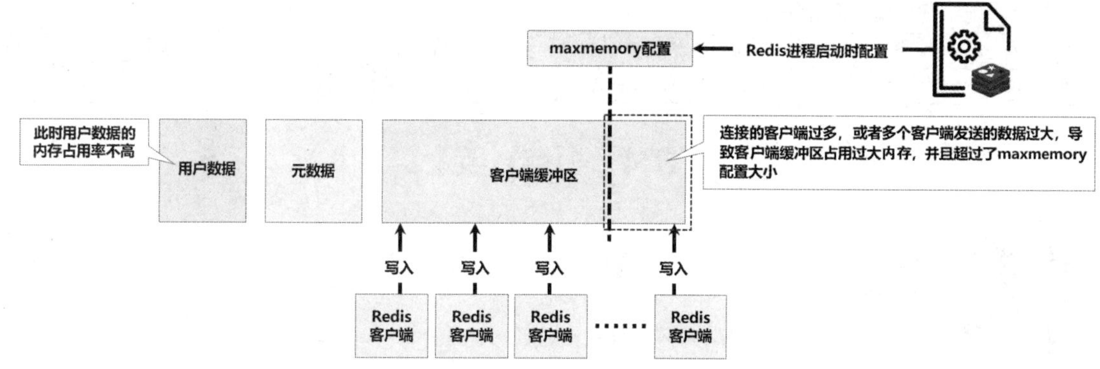

图 3-20　Redis 内存分配问题

为了便于管理，Redis 的内存分为用户数据（data）、元数据（metadata）以及客户端缓冲区（client buffer），而现在的 maxmemory 配置项，配置了整体的 Redis 进程可用内存，所以一旦 Redis 连接的客户端较多，或者多个客户端发送的数据较大，就会导致 Redis 的总体内存占用率上升，从而产生数据丢失的问题。而为了解决此问题，Redis 提供了 client-output-buffer-limit 配置项，该配置项的语法结构如下。

```
client-output-buffer-limit <class> <hard limit> <soft limit> <soft seconds>
```

client-output-buffer-limit 可以用来强制断开无法足够快速从 Redis 服务端获取数据的客户端，在进行配置时有若干个配置项，这些配置项的作用如下。

① <class>：定义客户端类型，现阶段包括 normal（普通客户端）、slave（主从架构）、pubsub（发布订阅结构）3 种类型。

② <hard limit>：客户端传输数据大小限制，当某一个客户端缓冲区超过设置值时，直接关闭连接。

③ <soft limit>：当某一个客户端缓冲区持续一段时间占用内存过大时关闭连接。

④ <soft seconds>：设置某一个客户端持续时间。

需要注意的是，当设置客户端数据大小限制时，如果将内容设置为“0”则表示不受限制，同时在 Redis 默认的配置中，已经提供了几个基本的配置项，这些配置项如表 3-4 所示。

表 3-4　默认 client-output-buffer-limit 配置项

序号	配置项	描述
1	client-output-buffer-limit normal 0 0 0	普通客户端缓冲区大小无限制
2	client-output-buffer-limit replica 256mb 64mb 60	在主从架构中，如果数据量超过 256MB，或者连续 60 秒占用超过 64MB 的空间则断开连接
3	client-output-buffer-limit pubsub 32mb 8mb 60	在发布订阅结构中，如果数据量超过 32MB，或者连续 60 秒占用超过 8MB 的空间则断开连接

Redis 提供的以上配置项仅仅实现了单个连接所占用的 Redis 内存问题，并没有解决总连接占用的问题，尤其是在高并发的应用场景下，一个 Redis 服务可能同时会有几万甚至上百万的用户连接，而且这些连接可能导致客户端缓冲区所占用的总内存超过 maxmemory，从而出现无法正常提供服务的问题。

为了解决这个问题，Redis 7.x 新增了“maxmemory-clients”配置项，该配置项可以从全局的角度对 Redis 连接占用的内存进行控制。如果此时连接占用的总内存超过了内存配置的上限，Redis 会优先清理内存占用率较大的客户端连接，从而在一定程度上实现连接内存与数据内存的有效隔离，以更好地管理 Redis 内存空间。

范例：配置客户端驱逐策略。

maxmemory-clients 1g	客户端连接内存占用1GB时直接驱逐该客户端
maxmemory-clients 5%	客户端连接内存占用maxmemory的5%时直接驱逐该客户端

3.4　listpack

视频名称　0308_【理解】listpack

视频简介　Redis 内部提供集合数据的存储支持，而在底层使用 listpack 链表结构。本视频分析 listpack 与 ziplist 两种存储结构的区别，并介绍 listpack 配置项。

Redis 在进行数据存储时，可以根据需求将一组数据信息保存在 Hash 结构、List 集合或者 ZSet 集合之中，这些数据在存储时分别有其对应的结构。例如，Hash 结构的数据使用字典存储、List 集合使用 quicklist 存储、ZSet 使用 zskiplist 存储，而这几种数据类型在存储数据较小时，会使用 listpack（压缩列表）结构实现数据存储。Listpack 存储结构如图 3-21 所示，使用该存储结构的优势在于可以开辟一块连续的内存空间。

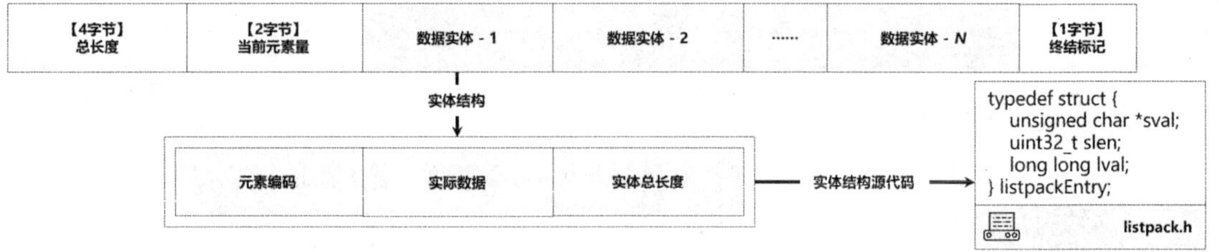

图 3-21　listpack 存储结构

提示：Redis 7.x 以前使用的是 ziplist 存储结构。

listpack 是 Redis 7.x 之后的版本所使用的存储结构，其出现主要是为了代替 ziplist 存储结构。ziplist 是一个经过特殊编码（数据压缩）的双向链表，核心的目的在于提高内存效率，其操作的时间复杂度为“$O(n)$”，ziplist 存储结构如图 3-22 所示。

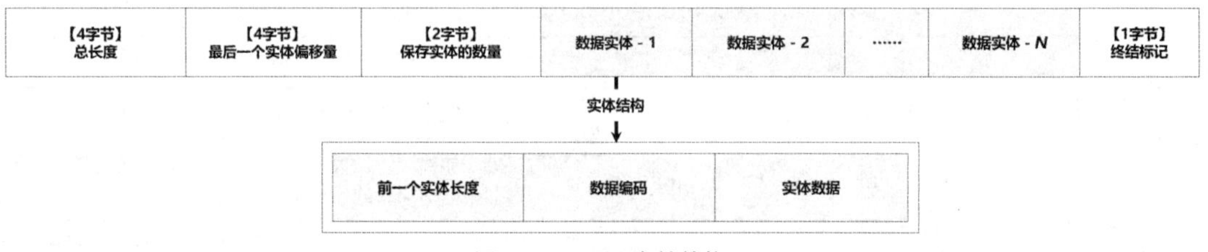

图 3-22　ziplist 存储结构

ziplist 在更新数据或者新增数据的时候，如果空间不足，则需要对整个列表进行重新分配。当新增数据的内容较大时，可能导致后续数据中保存的前一个实体长度的占用空间发生变化，从而引发连锁更新问题，导致每个数据的空间都要进行重新分配，造成 ziplist 性能下降，所以才在新版本中使用 listpack 代替 ziplist。

listpack 作为 Redis 底层数据存储支持，在数据存储时将内存空间的利用率发挥到了极致。在进行数据遍历时，由于每一个实体中都保存了当前实体的长度信息，因此可以直接使用基于指针移动的方式进行遍历，但是考虑到性能问题，listpack 最大使用内存不能超过 1GB。表 3-5 所示为

listpack 配置项。

表 3-5 listpack 配置项

序号	配置项	默认值	描述
1	hash-max-listpack-entries	512	Hash 类型数据保存的实体个数超过此配置后，使用 Hash 存储，否则使用 listpack 存储
2	hash-max-listpack-value	64	Hash 类型数据长度超过配置长度后，使用 Hash 存储，否则使用 listpack 存储
3	list-max-listpack-size	-2	List 类型数据可以保存的数据长度，利用数字配置。 ① -5：最大数据长度为“64KB”，不建议使用。 ② -4：最大数据长度为“32KB”，不建议使用。 ③ -3：最大数据长度为“16KB”，不是很推荐使用。 ④ -2：最大数据长度为“8KB”，推荐使用。 ⑤ -1：最大数据长度为“4KB”，推荐使用
4	list-compress-depth	0	List 类型数据是否允许被压缩，有如下几个配置项。 ① 0：禁用 List 压缩机制。 ② 1：头节点之后以及尾节点之前的一个数字不用压缩，其他全部压缩，后续的数字配置类似
5	zset-max-listpack-entries	128	ZSet 类型存储实体数量超过此配置长度后，将使用“跳表 + 字典”的方式存储，否则使用 listpack 存储
6	zset-max-listpack-value	64	ZSet 类型数据长度超过配置长度后，使用“跳表 + 字典”的方式存储，否则使用 listpack 存储

3.5 碎片整理

碎片整理

视频名称 0309_【理解】碎片整理

视频简介 为保证数据存储的性能，Redis 提供了碎片整理支持。本视频分析内存碎片对内存分配的影响，并通过 Redis 配置项启用碎片回收支持。

Redis 中的数据基于内存存储，而内存中的数据有可能伴随业务的需求不断地进行修改，这样，随着 Redis 服务运行时间的加长，就有可能产生大量的内存碎片，从而影响内存分配的处理性能，如图 3-23 所示。

内存碎片化是程序运行过程中一定会存在的问题，当产生的内存碎片达到一定的量级后，为了保证新数据存储时的内存分配性能，需要对内存进行压缩和释放，从而得到一块完整的内存空间，如图 3-24 所示，这一过程在 Redis 中称为碎片整理，表 3-6 所示为 Redis 碎片整理配置项。

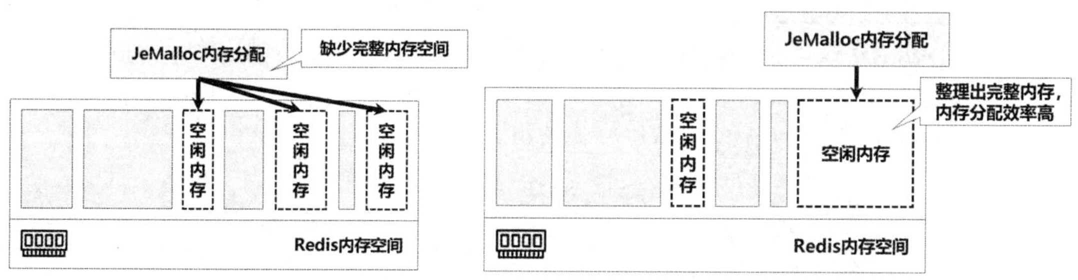

图 3-23 内存碎片　　图 3-24 内存碎片整理

表 3-6　Redis 碎片整理配置项

序号	配置项	默认值	描述
1	activedefrag	no	启用碎片整理机制
2	active-defrag-ignore-bytes	100mb	定义碎片整理开始的最小碎片量
3	active-defrag-threshold-lower	10	定义碎片整理开始的最小内存占用百分比
4	active-defrag-threshold-upper	100	定义碎片整理回收的百分比
5	active-defrag-cycle-min	1	碎片整理对 CPU 影响的最低百分比
6	active-defrag-cycle-max	25	碎片整理对 CPU 影响的最高百分比
7	active-defrag-max-scan-fields	1000	处理集合数据类型的最大数据量
8	jemalloc-bg-thread	yes	后台启用 JeMalloc 清除线程

3.6　SLOWLOG

SLOWLOG

视频名称　0310_【理解】SLOWLOG

视频简介　Redis 内置了数据读操作的日志记录，并提供了与之相关的配置项。本视频分析 SLOWLOG 的运行机制，以及相关配置项与查询命令的使用方法。

Redis 数据库以性能著称，而由于实际应用环境的区别，一旦业务场景中出现了某些数据加载耗时的问题，开发者就需要及时解决，因此 Redis 在其内部提供了一种 SLOWLOG（慢查询日志），其结构如图 3-25 所示。

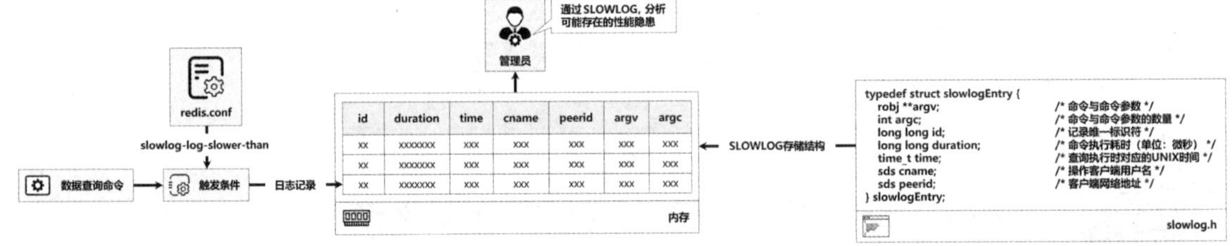

图 3-25　SLOWLOG 结构

在 Redis 启动时，Redis 配置文件内部需要提供一个慢查询的时间参数，在用户执行查询时，如果消耗的时间小于这个参数则不进行日志记录，反之则进行日志记录。慢查询配置项如表 3-7 所示。

表 3-7　慢查询配置项

序号	配置项	默认值	描述
1	slowlog-log-slower-than	10000	设置慢查询触发耗时（单位：微秒）
2	slowlog-max-len	128	设置 SLOWLOG 记录的个数

所有 SLOWLOG 信息都保存在内存之中，同时由于其数据量受限，因此不会对 Redis 性能造成影响。为了便于用户查询 SLOWLOG 信息，Redis 提供了表 3-8 所示的数据操作命令。为便于读者理解，下面通过一个例子进行 SLOWLOG 的使用说明。

表 3-8　SLOWLOG 数据操作命令

序号	数据操作命令	描述
1	SLOWLOG GET [数量]	获取全部或指定个数的 SLOWLOG 列表信息
2	SLOWLOG LEN	获取 SLOWLOG 记录的数量
3	SLOWLOG RESET	重置 SLOWLOG 并清空已有的全部记录

（1）【redis-server 主机】修改 redis.conf 配置文件，将慢查询的耗时时间修改为 10 微秒，强制出现性能问题。

打开配置文件	vi /usr/local/redis/conf/redis.conf
修改配置项	slowlog-log-slower-than 10

（2）【redis-server 主机】关闭当前系统中的 Redis 进程：killall redis-server。

（3）【redis-server 主机】启动 Redis 进程：redis-server /usr/local/redis/conf/redis.conf。

（4）【redis-cli 客户端】查询全部数据 key：keys *。

（5）【redis-cli 客户端】查询 SLOWLOG 记录个数：SLOWLOG LEN。

（6）【redis-cli 客户端】获取 SLOWLOG 信息。

```
SLOWLOG GET 1
```

程序执行结果

```
1) 1) (integer) 4
   2) (integer) 1673325821
   3) (integer) 11
   4) 1) "SLOWLOG"
      2) "GET"
   5) "192.168.37.128:45498"
   6) ""
```

3.7 延迟监控

延迟监控

视频名称 0311_【理解】延迟监控

视频简介 Redis 为了维护服务稳定，提供了多项内置的数据处理操作，而为了便于监控每项操作，Redis 提供了基于事件触发延迟监控的支持。本视频分析这一机制的操作特点，并基于 Redis 配置项与 Latency 命令进行实例讲解。

Redis 服务在运行过程中，除了会提供基本的数据缓存服务之外，也会提供数据备份、碎片整理等服务，而为了对这些数据进行有效的监控，Redis 提供了延迟监控（Latency Monitoring）的支持。该机制采用以秒为粒度的方式监控 Redis 内部各类事件的发生频率，这些可能被监控到的事件如表 3-9 所示。

表 3-9 延迟监控事件

序号	延迟监控事件	描述
1	aof-write-pending-fsync	后台执行 fsync 写入前的准备事件
2	aof-write-active-child	子进程正在进行 AOF 数据写入事件
3	aof-write-alone	一次正常的 AOF 写入延迟事件
4	aof-fsync-always	在 AOF 使用了 always 记录时的 fsync 延迟事件
5	aof-fstat	fstat（获取文件状态）延时操作事件
6	rdb-unlink-temp-file	后台 RDB 序列化时断开临时文件事件
7	aof-rewrite-diff-write	子进程 AOF 重写结束后产生的事件
8	expire-cycle	数据过期清除时所产生的事件
9	eviction-del	数据删除时触发的事件
10	eviction-cycle	数据量大于 maxmemory 时进行的数据清除事件
11	fast-command	监控时间复杂度为 $O(1)$和 $O(N)$的命令事件
12	command	执行时超过“latency-monitor-threshold”配置耗时的慢命令
13	fork	系统调用 fork 创建子进程时的事件

在默认情况下延迟监控为禁用状态，开发者需要手动启用，然后就可以通过表 3-10 所示的数据操作命令进行延迟监控数据的获取，下面介绍具体的配置。

表 3-10　延迟监控数据操作命令

序号	数据操作命令	描述
1	LATENCY DOCTOR	报告不同延迟相关问题，并建议可以采用的补救措施
2	LATENCY GRAPH event	可视化显示延迟问题
3	LATENCY HISTOGRAM [command [command ...]]	以直方图的格式报告指定名称的延迟累积分布
4	LATENCY HISTORY event	返回延迟时间历史数据
5	LATENCY LATEST	返回最近的一次延迟事件
6	LATENCY RESET [event [event ...]]	重置所有延迟数据

（1）【redis-server 主机】打开 redis.conf 配置文件：vi /usr/local/redis/conf/redis.conf。

（2）【redis-server 主机】开启延迟监控所需的配置项。

延迟监控阈值：	`latency-monitor-threshold 1`

为了便于观察延迟监控数据操作命令效果，将监控的延迟阈值设置为 1 毫秒，而在实际的开发中要根据业务场景以及网络情况进行设置。

（3）【redis-server 主机】关闭 Redis 进程：killall redis-server。

（4）【redis-server 主机】启动 Redis 进程：redis-server /usr/local/redis/conf/redis.conf。

（5）【redis-cli 客户端】随意获取一个数据，此时必定产生延迟问题：get yootk。

（6）【redis-cli 客户端】查看当前 Redis 中的延迟信息。

```
LATENCY DOCTOR
```

程序执行结果

```
Dave, I have observed latency spikes in this Redis instance. You don't mind talking
about it, do you Dave?
1. module-acquire-GIL: 4 latency spikes (average 1ms, mean deviation 0ms, period
4.25 sec). Worst all time event 1ms.
While there are latency events logged, I'm not able to suggest any easy fix. Please
use the Redis community to get some help, providing this report in your help request.
```

3.8　SSL 证书

SSL 证书

视频名称　0312_【了解】SSL 证书

视频简介　为了保证 Redis 数据操作的安全性，Redis 6.x 之后的版本开始支持 SSL 证书配置。本视频利用 OpenSSL 工具模拟证书的签发，同时基于 Redis 配置文件实现 SSL 安全通信的启用以及 Redis 客户端相关 SSL 连接参数的配置。

Redis 6.0 考虑到数据传输的安全性问题，提供了 TLS（Transport Layer Security，传输层安全协议）以及其前身 SSL（Secure Socket Layer，安全套接字层）协议配置，这样开发者就可以基于证书的形式实现数据的安全传输处理，如果当前客户端没有相应的证书则无法进行通信，如图 3-26 所示。

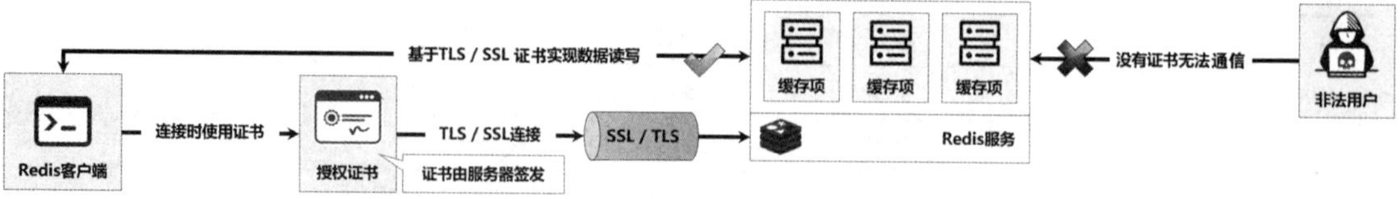

图 3-26　Redis 基于 SSL/TLS 证书通信

注意：Redis 编译时需要手动开启 SSL/TLS 支持。

在默认情况下，用户编译 Redis 源代码操作过程中，是不包含 SSL/TLS 支持的，需要用户在编译 Redis 源代码时设置"BUILD_TLS=yes"配置项才可以启用。本书第 1 章在编译源代码时已经设置了该配置项，所以可以直接启用 SSL/TLS 通信。如果读者在配置中出现一些未知错误，请自行检查配置。

使用 SSL 证书实现的通信可以保证 Redis 数据操作的最大安全性，当获取了证书后，可以使用表 3-11 所示的配置项进行证书的配置。为便于读者理解，此处使用 OpenSSL 工具创建证书，具体的配置步骤如下。

表 3-11　Redis 安全传输配置项

序号	配置项	默认值	描述
1	tls-port	6379	TLS 监听端口
2	tls-cert-file	redis.crt	用于指定 Redis 服务端证书（PEM 格式）
3	tls-key-file	redis.key	用于指定 Redis 服务端私钥（PEM 格式）
4	tls-key-file-pass	secret	加密密码
5	tls-ca-cert-file	ca.crt	CA 根证书，用于服务端验证客户端（PEM 格式）
6	tls-client-cert-file	client.crt	用于指定 Redis 服务端证书（PEM 格式）
7	tls-client-key-file	client.key	用于指定 Redis 服务端私钥（PEM 格式）
8	tls-client-key-file-pass	secret	加密密码

（1）【redis-server 主机】创建 SSL 证书存储路径。

```
mkdir -p /usr/local/redis/tls
```

（2）【redis-server 主机】通过 OpenSSL 工具生成 CA 密钥对。

```
openssl genrsa -out /usr/local/redis/tls/ca.key 4096
```

（3）【redis-server 主机】使用 X.509 格式创建根证书。

```
openssl req -x509 -new -nodes -sha256 -key /usr/local/redis/tls/ca.key -days 3650 \
-subj '/O=Yootk Redis/CN=Muyan Yootk' -out /usr/local/redis/tls/ca.crt
```

（4）【redis-server 主机】通过 OpenSSL 工具创建 Redis 私钥。

```
openssl genrsa -out /usr/local/redis/tls/redis.key 2048
```

（5）【redis-server 主机】创建 Redis 服务端证书签发申请。

```
openssl req -new -sha256 -key /usr/local/redis/tls/redis.key \
     -subj '/O=Redis Yootk/CN=Redis Server' -out /usr/local/redis/tls/server.csr
```

（6）【redis-server 主机】创建 Redis 服务端证书。

```
openssl x509 -req -sha256 -CA /usr/local/redis/tls/ca.crt -CAkey /usr/local/redis/tls/ca.key \
        -CAcreateserial    -days    365    -out    /usr/local/redis/tls/redis.crt    -in
/usr/local/redis/tls/server.csr
```

（7）【redis-server 主机】复制 redis.conf 配置文件并更名为 redis-ssl.conf 配置文件以便于后续实现 SSL 服务配置。

```
cp /usr/local/redis/conf/redis.conf /usr/local/redis/conf/redis-ssl.conf
```

（8）【redis-server 主机】打开 redis-ssl.conf 配置文件：vi /usr/local/redis/conf/redis-ssl.conf。

（9）【redis-server 主机】在 redis-ssl.conf 配置文件中定义如下配置项。

配置项	说明
port 0	禁用非TLS端口
tls-port 6379	TLS监听端口
tls-cert-file /usr/local/redis/tls/redis.crt	设置Redis服务端证书路径
tls-key-file /usr/local/redis/tls/redis.key	设置Redis服务端私钥路径

tls-ca-cert-file /usr/local/redis/tls/ca.crt	设置CA根证书路径

（10）【redis-server 主机】通过 redis-ssl.conf 配置文件启动 Redis 进程：redis-server /usr/local/redis/conf/redis-ssl.conf。

提示：可以通过启动命令动态配置参数。

以上采用具体的配置文件形式定义 SSL/TLS 的启用，如果读者觉得这样的配置过于烦琐，也可以直接使用基于已有的“redis.conf”配置文件并结合配置项的方式启用安全协议。

范例：通过命令动态配置安全协议参数。

```
redis-server /usr/local/redis/conf/redis.conf --tls-port 6379 --port 0 \
   --tls-cert-file /usr/local/redis/tls/redis.crt \
   --tls-key-file /usr/local/redis/tls/redis.key \
   --tls-ca-cert-file /usr/local/redis/tls/ca.crt
```

此时的程序加载了已有的 redis.conf 配置文件，同时动态地配置了 TLS 监听端口、证书路径。

（11）【redis-server 主机】由于此时的 Redis 进程采用了 SSL 安全通信，因此在 redis-cli 连接时需要定义 SSL 相关证书路径，才可以正常实现 Redis 数据库操作。

```
redis-cli -h localhost -a yootk --tls --cert /usr/local/redis/tls/redis.crt \
 --key /usr/local/redis/tls/redis.key --cacert /usr/local/redis/tls/ca.crt
```

在连接客户端时，除了定义了 Redis 服务的连接地址之外，也定义了所需证书路径。需要注意的是，如果此时的程序没有设置正确的证书信息，则在操作中会出现“I/O error”提示。

注意：SSL/TLS 证书会导致 Redis 性能下降。

一旦在 Redis 之中加入 SSL/TLS 安全支持，虽然可以起到数据保护的作用，但是会造成一定比例（不超过 2%）的性能下降，所以是否使用此安全支持，还要看用户的实际应用场景。不过从现有的 Redis 应用架构来讲，很少会有外部客户直接访问，一般按照图 3-27 所示的结构来设计 Redis 应用。

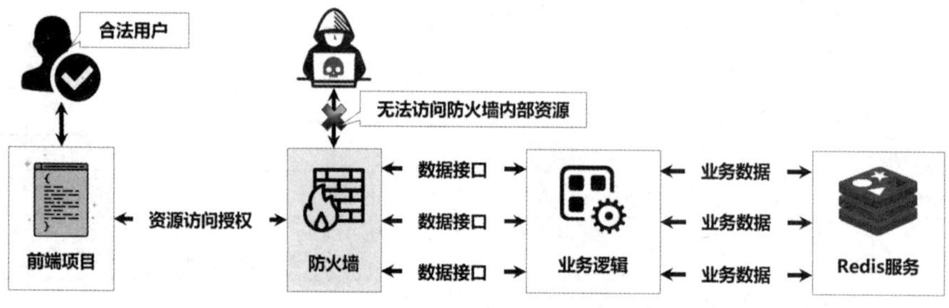

图 3-27 Redis 常规应用架构

可以发现 Redis 主要应用于防火墙内部，因为实际应用中的 Redis 往往会保存临时的业务数据，处理这些业务数据会被提供专属的程序接口，所以这种情况下不建议采用 SSL/TLS 处理。

3.9 ACL

ACL 简介

视频名称 0313_【掌握】ACL 简介

视频简介 为了可以更加灵活地管理 Redis 用户授权机制，Redis 6.x 之后的版本引入了 ACL 管理机制。本视频分析这种机制的使用特点，以及该机制与传统 Redis 配置间的关联。

为了保证 Redis 服务的安全性，会在 Redis 启动时，通过配置文件中的“requirepass”配置项进行密码的配置，这样在进行 Redis 数据操作时，只需要知道密码就可以轻松实现 Redis 数据操作。但是这样的配置过于简单，不能有效地实现授权管理，为了解决此类问题，Redis 6.x 之后的版本提供了 ACL（Access Control List，访问控制列表）的支持模块，管理者可以根据项目的需求，灵活地进行用户的授权管理，如图 3-28 所示。

图 3-28 Redis 中的 ACL 支持

提示：默认用户名为 default。

Redis 早期并没有提供 ACL 支持，所以 Redis 6.x 之后的版本为了可以贴合用户的原始配置风格，提供了一个 default 账户，“requirepass”配置项其实就用于配置该账户密码。

为便于管理员实现用户授权配置，Redis 提供了一组 ACL 命令，该命令的基本语法结构为“ACL 子命令 参数 配置项...”，其中支持的 ACL 子命令如表 3-12 所示，下面讲解几个 ACL 子命令的使用方法。

表 3-12 ACL 子命令

序号	ACL 子命令	描述
1	CAT [操作类型]	列出可用的操作类型
2	DELUSER 用户名 [用户名...]	删除列表中的用户
3	DRYRUN 用户名 命令 [参数 ...]	判断用户是否可以执行指定命令
4	GETUSER 用户名	获取指定用户的详细信息
5	GENPASS [加密长度]	生成指定位数的用户密码（默认为 256 位）
6	LIST	获取所有用户的详情
7	LOAD	加载 ACL 配置文件
8	LOG [日志长度 | RESET]	显示 ACL 日志信息
9	SAVE	保存当前的用户配置信息到 ACL 配置文件之中
10	SETUSER 用户名 授权 [授权...]	创建或修改一个用户
11	USERS	列出所有的用户名
12	WHOAMI	返回当前连接的用户
13	HELP	获取 ACL 命令详情

（1）【redis-server 主机】使用 redis-cli 连接 Redis 服务：redis-cli -h localhost -a yootk。

（2）【redis-cli 客户端】查看当前登录用户名。

```
ACL WHOAMI
```

程序执行结果	"default"

在当前默认的系统下提供一个为 default 的用户名，设计该用户名是为了衔接 Redis 6.x 以前的开发版本，如果用户在登录时只设置密码，则默认使用 default 用户名。

（3）【redis-cli 客户端】查看当前的所有 ACL 用户信息。

ACL USERS	
程序执行结果	1) "default"

（4）【redis-cli 客户端】直接使用 ACL 命令查看当前所有的授权列表信息。

ACL LIST	
程序执行结果	"user default on #faa6dc53d7d009a2d7018da92095a8573a58d8f670f5b5d0aaf8c0a97047da2b ~* &* +@all"

使用 ACL 中的 LIST 子命令可以直接列出当前 Redis 内所有用户的详细信息，包括用户名、启用状态、用户密码、访问 key 匹配以及用户权限等，并且以字符串的形式返回，该字符串的组成结构如图 3-29 所示，具体说明如下。

- **前缀标记**：表示用户信息，是一个固定的“user”前缀。
- **用户名**：根据用户配置的结果进行列表显示。
- **启用状态**：该用户可以登录，使用“on”标记；该用户不可登录，则使用“off”标记。
- **用户密码**：保存一个哈希值，如果没有密码则使用 nopass 或空字符串表示。
- **访问 key 匹配**：采用正则匹配模式，定义该用户允许访问的数据 key 信息。
- **发布订阅模式匹配**：采用正则匹配模式，定义该用户允许访问的 Pub/Sub 模型的 key 信息。
- **用户权限**：使用“+”表示授权，使用“−”表示削权，其中“@”为权限类型（可以使用 CAT 命令获取），如果用户权限设置为“+@all”则表示拥有全部权限。

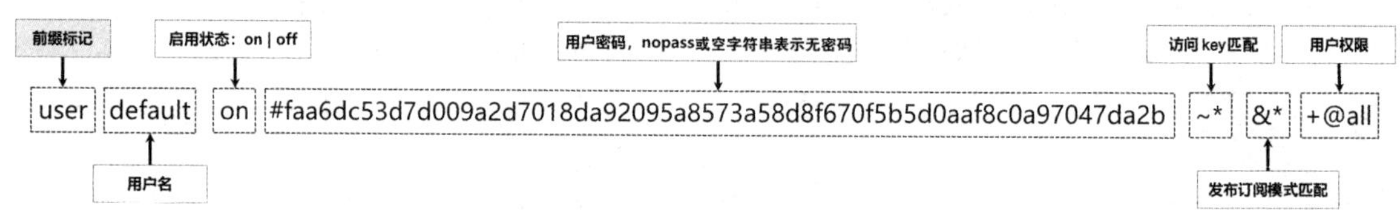

图 3-29　用户信息组成结构

> **提示：使用 shasum 命令生成密码。**
>
> 通过 ACL 用户可以发现里面所保存的密码采用了密文的形式，而该密文采用了哈希值存储，同时 Linux 操作系统也包含一个 shasum 命令可以实现生成该密码，具体实现代码如下。
>
> **范例：使用 shasum 命令生成密码。**
>
> | echo -n "yootk" \| shasum -a 256 | |
> |---|---|
> | 程序执行结果 | faa6dc53d7d009a2d7018da92095a8573a58d8f670f5b5d0aaf8c0a97047da2b |
>
> 在当前的 redis.conf 配置文件中 requirepass 配置项定义的内容为“yootk”，通过 shasum 命令生成的内容与该内容加密后的信息一致。

3.9.1　ACL 用户管理

ACL 用户管理

视频名称　0314_【理解】ACL 用户管理

视频简介　Redis 中可以存在大量的授权用户，同时由管理员为不同的用户进行授权分配，从而实现 Redis 中数据安全的保护。本视频通过 ACL 控制命令实现用户数据增加、修改、授权管理等，并通过具体用户的操作讲解访问限制的实现。

在 Redis 中除了可以使用数据库的形式区分不同的数据项之外，还可以在同一个数据库的内部基于用户授权管理的形式进行数据的有效隔离，基于 ACL 区分不同的业务数据如图 3-30 所示。在 Redis 之中的用户虽然会共享同一个数据库，却只能根据其不同的访问限制访问特定的数据项。

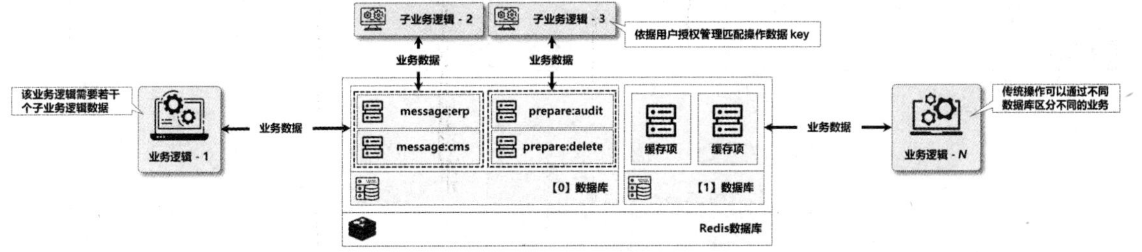

图 3-30　基于 ACL 区分不同的业务数据

Redis 中默认的 default 用户拥有全部的控制权限，所以该用户可以作为管理员，使用 ACL 提供的 SETUSER 子命令进行新用户的创建以及修改操作，该命令的语法结构如下。

```
ACL SETUSER 用户名 [规则 [规则]]
```

在进行用户配置时，除了需要设置用户名之外，还需要配置各种规则。需要注意的是，在 ACL 命令中将用户的启用状态、命令授权、key 匹配模式、密码定义等统称为规则，配置用户规则可以参考表 3-13，下面通过几个具体的实例来实现用户管理操作。

表 3-13　配置用户规则

序号	类型	描述
1	启用状态	使用“ON”或“OFF”表示，未启用的用户将无法登录 Redis
2	命令授权	对用户所使用的命令以及权限类型进行配置，可能包含如下几种定义形式。 ① +命令：将指定的命令添加到用户可执行命令列表之中（如+set）。 ② -命令：从用户可执行命令列表中移除指定命令（如-get）。 ③ +@权限类型：允许用户调用权限分类中的所有命令（如+@read）。 ④ -@权限类型：从用户调用的权限列表中移除指定权限（如-@write）。 ⑤ +命令|子命令：允许使用原本禁用特定命令中的指定子命令。 ⑥ +@all：允许调用所有的命令。 ⑦ -@all：禁止调用所有的命令
3	key 匹配模式	使用“~匹配”模式的形式进行定义，如果要匹配全部的 key 则可以使用“~*”；如果要匹配指定开始字符串内容的 key 则可以追加前缀，例如，“~cached:*”；也可以使用 resetkeys 取消指定的 key 匹配模式。 Redis 7.x 之后的版本中追加了“R”“W”以及“RW”的前缀标记，例如，使用“%W~*”表示允许向任何 key 进行数据写入
4	发布订阅匹配模式	使用“&”匹配订阅 key，如果要匹配全部的 key 可以使用“&*”；如果要匹配指定开始字符串内容的 key 则可以追加前缀，例如，“&message:*”
5	密码定义	在进行密码定义的时候，可以追加密码，也可以删除密码，或者直接使用已有的哈希值进行密码的配置，提供如下几种配置标记。 ① >密码：为用户配置指定的明文密码（自动加密存储）。 ② <密码：移除用户密码。 ③ #Hash：将生成的哈希值作为密码。 ④ !Hash：从用户列表中删除该哈希值。 ⑤ nopass：删除用户密码。 ⑥ resetpass：清除用户的密码数据，包括“nopass”
6	reset	重置用户到初始状态，相当于执行了 resetpass、resetkeys、OFF、-@all

（1）【redis-cli 客户端】创建新账户。

```
ACL SETUSER muyan
```

程序执行结果	OK

（2）【redis-cli 客户端】创建新账户并分配默认权限。

ACL SETUSER yootk ON ~cached:* &message:* +set +get >hello	
程序执行结果	OK

（3）【redis-cli 客户端】查看用户详情。

ACL LIST	
程序执行结果	1) "user default on #faa6dc53d7d009a2d7018da92095a8573a58d8f670f5b5d0aaf8c0a97047da2b ~* &* +@all" 2) "user muyan off resetchannels -@all" 3) "user yootk on #2cf24dba5fb0a30e26e83b2ac5b9e29e1b161e5c1fa7425e73043362938b9824 ~cached:* resetchannels &message:* -@all +set +get"

（4）【redis-cli 客户端】使用 yootk 账户登录。

AUTH yootk hello	
程序执行结果	

（5）【redis-cli 客户端】设置特定前缀 key。

SET cached:hello yootk.com	
程序执行结果	OK

当前的 yootk 账户只允许设置指定前缀的 key 数据，如果设置的数据 key 前缀与用户创建时的 key 匹配模式冲突，则命令执行时会出现“(error) NOPERM this user has no permissions to access one of the keys used as arguments”错误信息。

提示：使用指定账户登录 Redis。

Redis 6.x 之后的版本由于引入了 ACL 控制机制，使用 redis-cli 客户端登录时，提供“--user”与“--pass”两个参数，可以在登录时输入用户名和密码，例如，“redis-cli -h localhost --user yootk --pass hello”，如果此时还是用传统的“-a”参数则表示使用 default 用户名登录。

3.9.2　ACL 配置文件

ACL 配置文件

视频名称　0315_【理解】ACL 配置文件

视频简介　为了更加方便地实现生产环境下的 ACL 配置，Redis 内部提供了 ACL 配置文件的支持，可以基于特定结构的文本文件方式实现 ACL 配置的写入与读取。本视频分析 ACL 配置文件的意义，并通过具体的操作演示 ACL 配置文件的更新与读取。

Redis 提供的 ACL 可以极大地丰富 Redis 用户管理机制，如果现在有若干个 Redis 实例需要采用统一的 ACL 配置，则可以基于 ACL 配置文件的方式进行定义，如图 3-31 所示。

Redis 配置文件提供了 aclfile 的配置项，开发者只需要在配置文件中定义 ACL 配置文件的路径，就可以在 Redis 进程启动的时候，自动地将 ACL 配置文件内容转化为 Redis 中的配置项。在开发者进行 Redis 进程内部的 ACL 配置更新时，可以利用“ACL SAVE”命令将新的配置写入 ACL 配置文件之中，或者 ACL 配置文件被外部修改后，也可以使用“ACL LOAD”命令重新加载配置项，处理结构如图 3-32 所示，下面通过具体的操作演示 ACL 配置文件的使用方法。

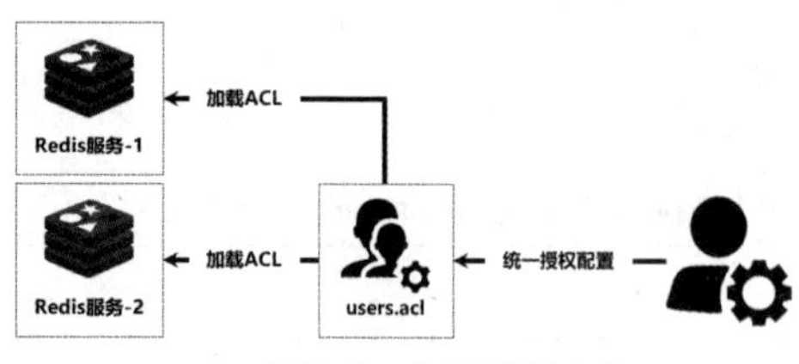

图 3-31　ACL 配置文件

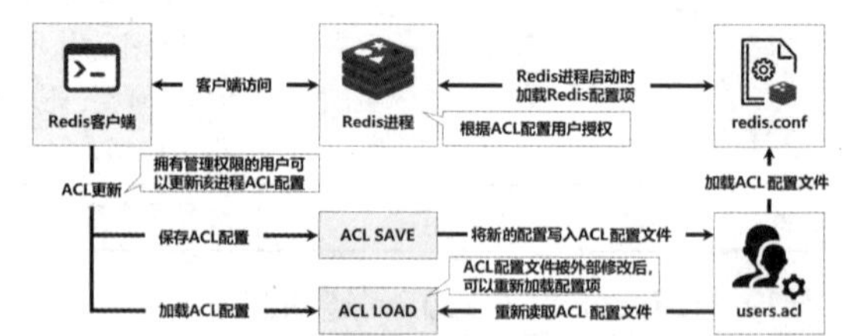

图 3-32　ACL 配置更新处理结构

（1）【redis-server 主机】创建一个 ACL 配置文件：vi /usr/local/redis/conf/users.acl。

```
user default on #faa6dc53d7d009a2d7018da92095a8573a58d8f670f5b5d0aaf8c0a97047da2b ~* &* +@all
user muyan off resetchannels -@all
user yootk on #2cf24dba5fb0a30e26e83b2ac5b9e29e1b161e5c1fa7425e73043362938b9824 ~cached:*
        resetchannels &message:* -@all +set +get
```

（2）【redis-server 主机】打开 redis.conf 配置文件：vi /usr/local/redis/conf/redis.conf。

配置ACL路径:	aclfile /usr/local/redis/conf/users.acl

（3）【redis-server 主机】关闭 redis-server 进程：killall redis-server。

（4）【redis-server 主机】启动 Redis 进程：redis-server /usr/local/redis/conf/redis.conf。

（5）【redis-server 主机】登录 Redis 服务端：redis-cli -h localhost --user yootk --pass hello。

（6）【redis-cli 客户端】当前所配置的 yootk 账户只允许操作特定结构的 key，下面进行数据的设置。

SET cached:happy lixinghua	
程序执行结果	OK

（7）【redis-cli 客户端】切换到 default 账户：AUTH yootk。

（8）【redis-cli 客户端】在 default 账户下删除 muyan 用户的信息：ACL DELUSER muyan。

（9）【redis-cli 客户端】由于此时 Redis 进程中的 ACL 信息已经发生改变，可以使用“ACL SAVE”命令将当前的配置重新写入 users.acl 配置文件之中，这样在下次启动时就可以加载新的配置项。反之，如果 users.acl 配置文件被外部修改了，也可以使用“ACL LOAD”命令加载新的 ACL 配置。

3.9.3 RedisInsight

RedisInsight

视频名称 0316_【理解】RedisInsight

视频简介 为了便于管理 Redis 数据，官方提供了 RedisInsight 可视化管理工具。本视频讲解如何下载该工具，以及如何使用该工具连接 Redis，以及图形化下的 Redis 数据操作。

早期的 Redis 由于只考虑了程序开发的需求，因此只提供 redis-cli 命令行工具，但是随着 Redis 的应用越来越广泛，Redis 官方推出了 RedisInsight 可视化管理工具（简称 RedisInsight 工具）。该工具采用精美的界面设计，不仅可以方便地进行数据处理，也可以对 Redis 服务进行有效的监控，开发者可以直接通过 Redis 官方网站获取该工具的下载地址，如图 3-33 所示。

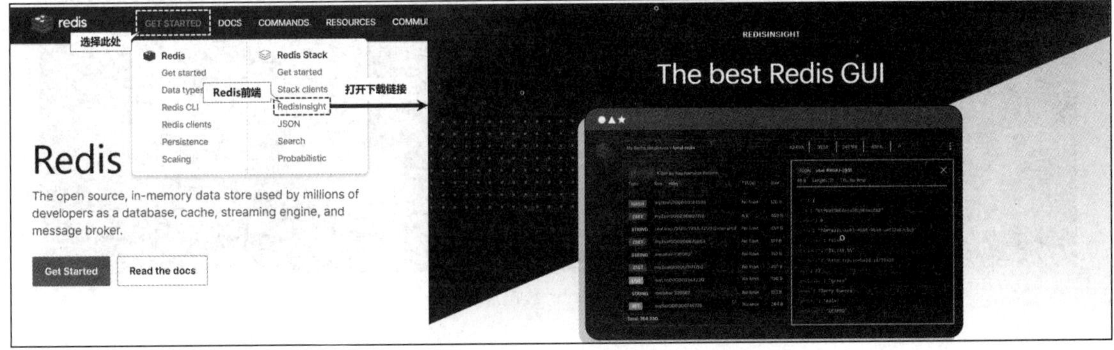

图 3-33 获取 RedisInsight 工具

考虑到不同用户的需求，RedisInsight 工具提供 Windows、Linux 以及 macOS 版本，开发者可以根据自己的需求选择合适的版本，下载完成后直接安装。本次基于 Windows 系统讲解 RedisInsight 工具的使用方法，具体的使用步骤如下。

（1）【本地系统】为了便于 Redis 服务连接，在 hosts 配置文件中定义主机映射。

```
192.168.37.128 redis-server
```

（2）【本地系统】启动安装好的 RedisInsight 工具，随后添加要连接的 Redis 服务器地址等，如图 3-34 所示。

图 3-34　配置 RedisInsight 连接信息

（3）【RedisInsight 客户端】添加完 Redis 服务器地址等后，会自动进入 Redis 配置列表，如图 3-35 所示。

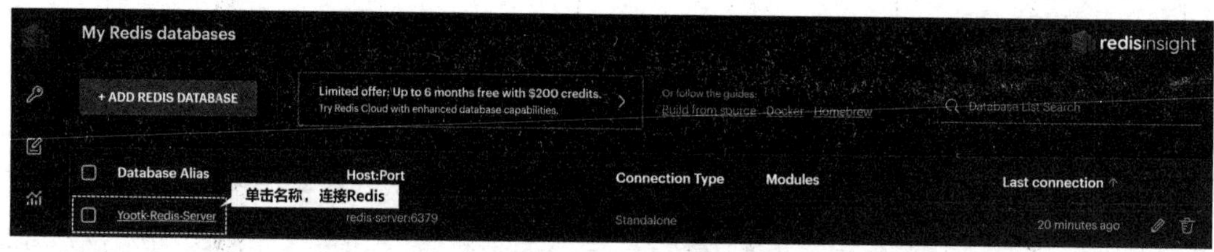

图 3-35　Redis 配置列表

（4）【RedisInsight 客户端】点开“Yootk-Redis-Server”信息后会自动连接指定 Redis 服务器，随后可以直接显示当前数据库之中对应的全部数据 key 以及对应的数据类型，如图 3-36 所示。

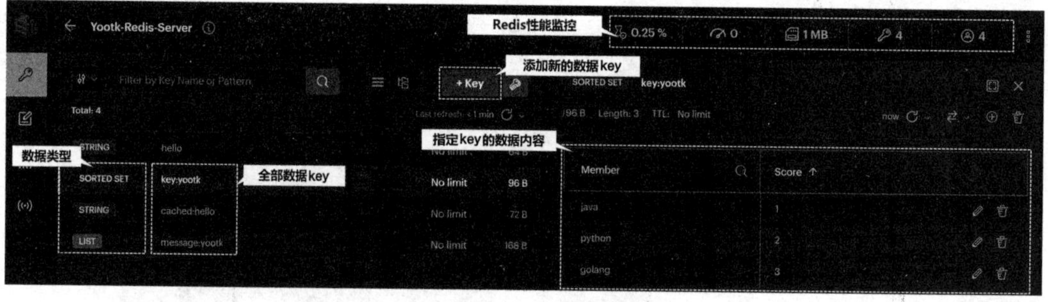

图 3-36　Redis 数据库信息

3.10　Redis 可视化监控

Redis 可视化监控

视频名称　0317_【理解】Redis 可视化监控

视频简介　考虑到服务性能的稳定性，需要随时掌握服务的运行状态。本视频介绍传统的 Redis 服务监控组件，并且讲解 Prometheus 服务监控的组成架构。

为了保证 Redis 服务运行的稳定性，系统运维人员往往需要随时获取 Redis 当前运行状态，为了便于实现这一操作，Redis 内部提供了 INFO 命令。该命令可以直接获取当前服务信息、客户端连接信息、内存占用率、数据持久化、服务状态、CPU 使用率以及集群信息等。

范例：查看 Redis 服务信息。

```
redis-cli -h redis-server -p 6379 -a yootk INFO
```

程序执行结果（部分）	multiplexing_api:epoll connected_clients:1 used_memory:3807008 used_memory_lua:31744 maxmemory_policy:noeviction

通过 INFO 命令可以获取当前的 Redis 服务状态，同时这些状态都会以直观的文本形式展现给使用者，而这样的监控数据只适合专业后台服务人员使用，并且数据无法进行有效的可视化展示。

Redis 在发展历史之中，并没有提供直接的可视化监控组件，所以早期的 Redis 会使用大量的第三方服务监控组件，例如，Redis-Faina、Redis-Stat 以及 Redis-Live 等。但是随着 Redis 版本的升级、主流开发环境的变化，以及这些服务监控组件停止维护，在新的开发环境中很难继续使用，所以主流的 Redis 服务监控往往基于 Prometheus 实现，如图 3-37 所示。

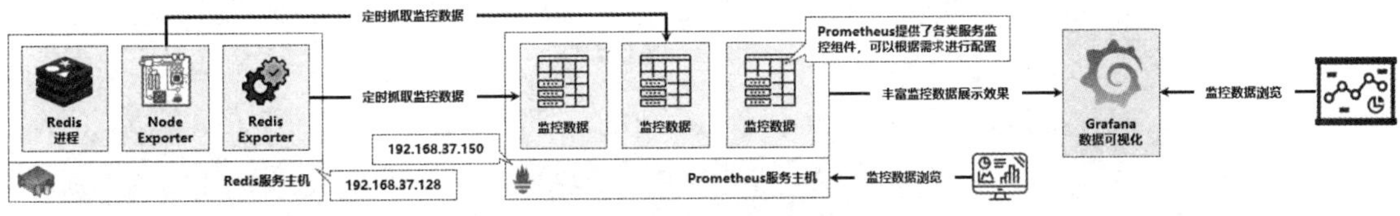

图 3-37　Prometheus 服务监控

提示：完整服务构建请参考《Spring Boot 开发实战（视频讲解版）》。

如果要进行完整的服务监控，除了要获取 Redis 的状态数据之外，还要获取本地的硬件设备状态，本套丛书的《Spring Boot 开发实战（视频讲解版）》一书中详细地讲解了相关的配置，所以本书不再重复讲解 Node Exporter、监控警报以及 Grafana 组件的配置，有需求的读者可以自行学习。

在使用 Prometheus 实现服务监控时，需要在 Redis 服务主机上配置 Redis Exporter 监控组件，再将此组件采集到的数据发送到 Prometheus 上进行汇总，此时就可以依据 Prometheus 提供的可视化监控浏览 Redis 状态数据，下面分别实现该组件与服务监控的配置。

3.10.1 Redis Exporter

Redis Exporter

视频名称　0318_【理解】Redis Exporter

视频简介　Redis Exporter 提供了 Redis 监控数据的自动导出支持。本视频讲解如何获取该组件包，以及 Redis 认证数据的定义，并基于系统服务的方式实现 Redis Exporter 运行控制。

为了实现服务监控与 Prometheus 的整合配置，需要按照 Prometheus 的格式要求进行数据的导出。Redis Exporter 组件可以提供该类支持，开发者只需要在生产环境中配置此组件，而后就可以获取与 Redis 相关的监控数据，如图 3-38 所示。下面介绍该组件的配置，为简化处理此处将 Redis Exporter 服务安装在 Redis 服务主机之中。

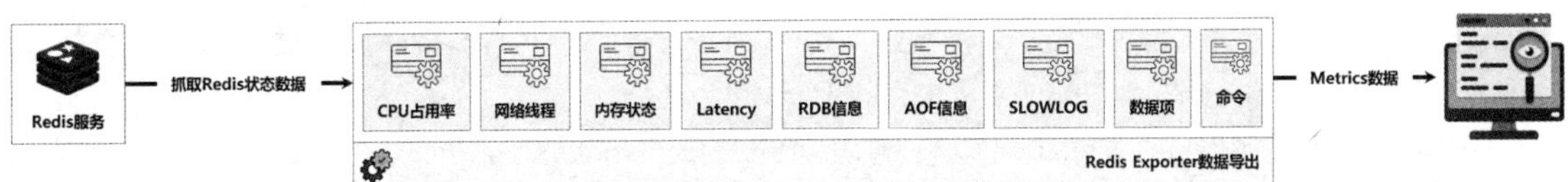

图 3-38　Redis Exporter

（1）【GitHub】通过“https://github.com/oliver006/redis_exporter”获取 Redis Exporter 组件地址，如图 3-39 所示，本次选择的版本为“1.45.0”。

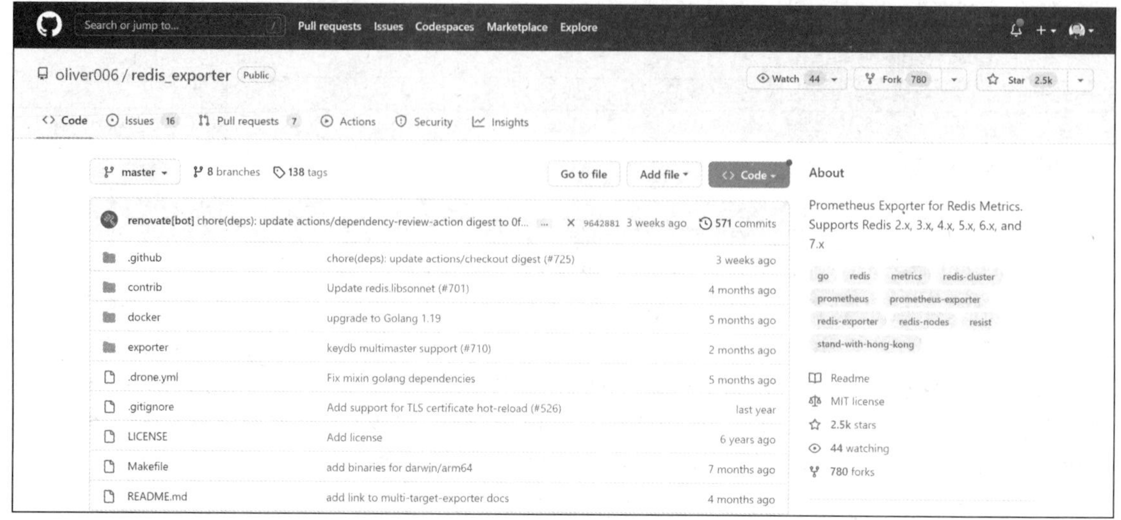

图 3-39 Redis Exporter 组件地址

（2）【redis-server 主机】为便于 Redis Exporter 组件保存，进入/usr/local/src 目录：cd/usr/local/src。

（3）【redis-server 主机】使用 wget 命令通过 GitHub 下载 Redis Exporter 组件。

```
wget https://github.com/oliver006/redis_exporter/releases/download/v1.45.0/redis_exporter-v1.45.0.linux-amd64.tar.gz
```

（4）【redis-server 主机】解压缩 redis_exporter 组件到/usr/local 目录之中。

```
tar xzvf /usr/local/src/redis_exporter-v1.45.0.linux-amd64.tar.gz -C /usr/local/
```

（5）【redis-server 主机】为便于后续配置，对解压缩后的目录进行更名。

```
mv /usr/local/redis_exporter-v1.45.0.linux-amd64/ /usr/local/redis_exporter
```

（6）【redis-server 主机】创建 Redis Exporter 服务配置文件：vi /etc/systemd/system/redis_exporter.service。

```
[Unit]
Description=Node_Exporter Service
After=network.target
[Service]
User=root
ExecStart=/usr/local/redis_exporter/redis_exporter    -redis.addr    192.168.37.128:6379
-redis.password yootk
TimeoutStopSec=10
Restart=on-failure
RestartSec=5
[Install]
WantedBy=multi-user.target
```

（7）【redis-server 主机】重新启动服务控制单元：systemctl daemon-reload。

（8）【redis-server 主机】启动 Redis Exporter 服务：systemctl start redis_exporter.service。

（9）【redis-server 主机】Node Exporter 默认占用 9121 端口，需要为本机的防火墙添加访问规则。

添加端口规则：	firewall-cmd --zone=public --add-port=9121/tcp --permanent
重新加载配置：	firewall-cmd -reload

（10）【浏览器】通过浏览器可以直接访问此时的 Node Exporter 导出数据，访问地址为 http://192.168.37.128:9121/metrics。

3.10.2 Prometheus 安装与配置

Prometheus
安装与配置

视频名称 0319_【理解】Prometheus 安装与配置

视频简介 Prometheus 提供了监控数据的可视化操作支持服务。本视频讲解该服务的安装与配置，并且通过其提供的 Web 控制台实现 Redis 监控数据的图形化展示。

Prometheus 是一个开源的监控系统，其前身为 SoundCloud 警告工具包，开发者使用 Prometheus 可以轻松地构建多维数据模型（使用 key=value 的形式保存）且基于 HTTP 实现 PULL 拉取监控数据，同时支持多种数据统计模型，可以实现良好的数据可视化管理，Prometheus 核心架构如图 3-40 所示。

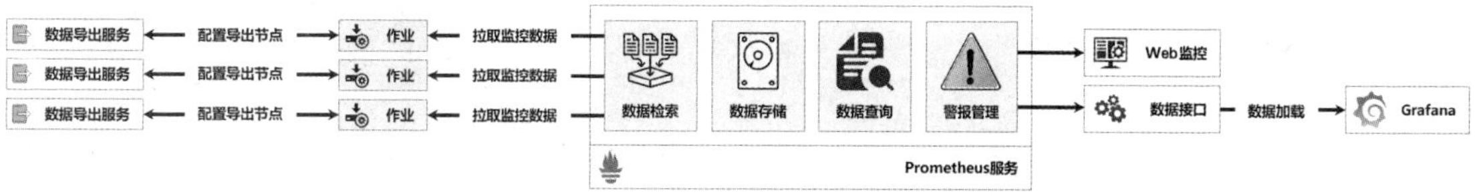

图 3-40 Prometheus 核心架构

Prometheus 可以实现服务器硬件性能的监控，也可以实现各类服务架构的运行状态监控。其内置的多维度数据收集以及数据筛选的机制可以在服务出现故障时进行快速定位和诊断，开发者可以通过 Prometheus 官方网站下载该组件，如图 3-41 所示，本次所使用的版本为“2.41.0”，下面介绍该组件的具体配置流程。

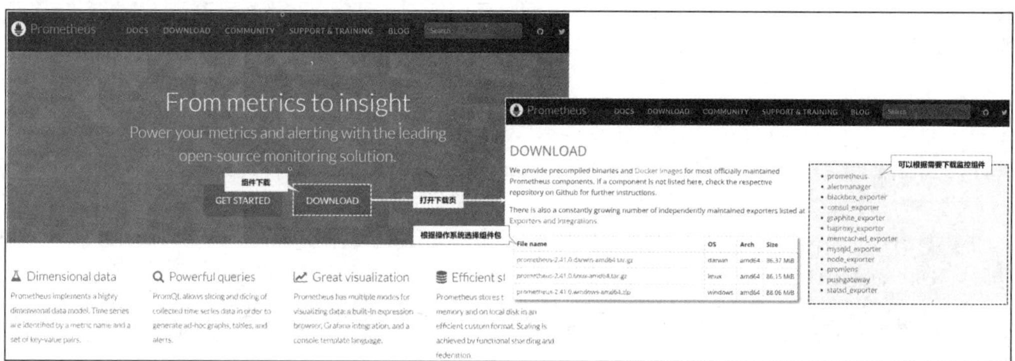

图 3-41 Prometheus 组件下载

（1）【prometheus-server 主机】将 Prometheus 工具包上传到服务器，保存路径为/usr/local/src。

（2）【prometheus-server 主机】将 Prometheus 工具包解压缩到/usr/local 目录中。

```
tar xzvf /usr/local/src/prometheus-2.41.0.linux-amd64.tar.gz -C /usr/local/
```

（3）【prometheus-server 主机】为便于服务配置，将解压缩后的目录更名为 prometheus。

```
mv /usr/local/prometheus-2.41.0.linux-amd64/ /usr/local/prometheus
```

（4）【prometheus-server 主机】打开 Prometheus 配置文件：vi /usr/local/prometheus/prometheus.yml。

```
global:
  scrape_interval: 15s # Set the scrape interval to every 15 seconds. Default is every 1 minute.
  evaluation_interval: 15s # Evaluate rules every 15 seconds. The default is every 1 minute.
scrape_configs:
  - job_name: "prometheus"
    static_configs:
      - targets: ["localhost:9090"]
  - job_name: "redis"
    static_configs:
      - targets: ["192.168.37.128:9121"]
```

（5）【prometheus-server 主机】检查当前的 Prometheus 配置文件是否正确。

/usr/local/prometheus/promtool check config /usr/local/prometheus/prometheus.yml	
程序执行结果	Checking /usr/local/prometheus/prometheus.yml SUCCESS: /usr/local/prometheus/prometheus.yml is valid prometheus config file syntax

（6）【prometheus-server 主机】创建 Prometheus 服务配置文件：vi /usr/lib/systemd/system/prometheus.service。

```
[Unit]
Description=Prometheus Service
[Service]
User=root
ExecStart=/usr/local/prometheus/prometheus \
        --config.file=/usr/local/prometheus/prometheus.yml \
        --storage.tsdb.path=/usr/local/prometheus/data \
        --web.listen-address=0.0.0.0:9999 --web.enable-lifecycle
TimeoutStopSec=10
Restart=on-failure
RestartSec=5
[Install]
WantedBy=multi-user.target
```

（7）【prometheus-server 主机】重新加载服务控制单元：systemctl daemon-reload。

（8）【prometheus-server 主机】启动 Prometheus 服务：systemctl start prometheus。

（9）【prometheus-server 主机】Prometheus 默认占用 9999 端口，需要为本机的防火墙添加访问规则。

添加端口规则：	firewall-cmd --zone=public --add-port=9999/tcp --permanent
重新加载配置：	firewall-cmd -reload

（10）【redis-server 主机】为便于观察监控数据，使用“redis-benchmark”模拟 50 个线程，总共 20 万个请求。

```
redis-benchmark -h redis-server -p 6379 -a yootk -n 200000 -c 50 -q
```

（11）【Prometheus 控制台】通过浏览器访问 Prometheus 控制台，访问地址为 http://192.168.37.150:9999，进入控制台后，选择数据监控指标（本次选择的是“redis_commands_processed_total”，统计命令执行总量），而后单击“Execute”执行，就可以得到监控数据，如图 3-42 所示。Redis Exporter 所采集到的全部数据都会保存在 Prometheus 服务之中，这些数据都可以供使用者随时浏览。

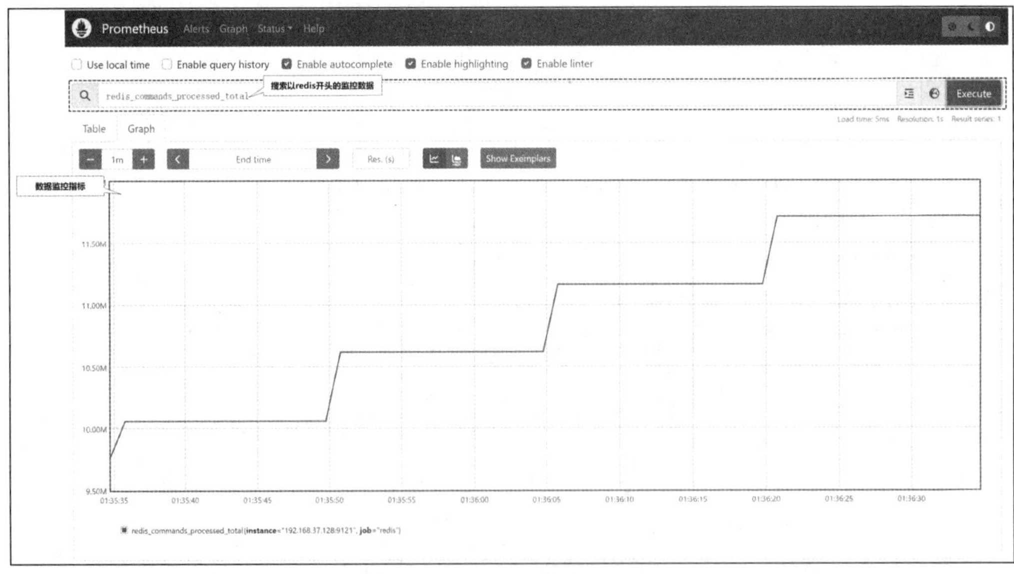

图 3-42　Promethes 控制台监控数据

3.11 本章概览

1．Redis 为了数据读取的性能与安全性，除了会将数据保存在内存之中，还会将数据依据一定的触发规则持久化到文件中，这样即便 Redis 进程崩溃了，也可以通过持久化文件进行恢复。

2．Redis 的数据持久化支持有 RDB 与 AOF 两种机制，其中 RDB 持久化机制采用二进制实现 Redis 数据的全量备份，数据恢复速度较快；而 AOF 持久化机制采用命令恢复的方式进行备份，数据较为完整，在实际开发中应该两种机制同时启用。

3．Redis 采用了 I/O 多路复用模型实现多线程客户端连接管理，但是考虑到数据的隔离性设计，所以在进行文件事件分派的过程中使用了单线程模型。

4．当 Redis 中的内存空间不足时，可以依靠数据过期淘汰策略进行内存的释放。可以在 Redis 启动时，根据需求定义要使用的数据淘汰算法，例如，LFU 或 LRU。

5．为了提高内存的分配效率，Redis 内置了碎片整理机制。

6．Redis 中集合数据的存储依靠数据结构的支持，在存储数据量不大时，Redis 内部会基于 listpack 进行存储。

7．当某些查询缓慢时，该命令会自动记录到 SLOWLOG 中，用户可以根据该项记录进行代码或存储优化。

8．Redis 6.x 之后的版本增加了 SSL 证书配置，基于证书管理机制可以构建安全的网络连接，但是会降低 Redis 小部分性能。

9．为了更加便于用户授权管理，Redis6.x 之后的版本提供了 ACL 支持，可以定义用户的认证与授权信息，同时为了便于 ACL 配置，也可以基于 ACL 配置文件的结构进行管理。

10．Redis 服务性能可视化监控可以基于 Redis Exporter + Prometheus 的方式实现。

第 4 章
Redis 编程开发

本章节习目标

1. 掌握 Lettuce 组件的使用，并可以基于 Lettuce 实现 Redis 数据操作；
2. 掌握 Spring Data Redis 开发支持，并可以基于 Spring 实现 Redis 数据库开发与管理；
3. 掌握 Spring Boot 框架与 Redis 缓存服务的整合开发；
4. 掌握 Spring Cache 与 Redis 的整合，并实现业务层数据分布式缓存控制；
5. 掌握 nginx 反向代理服务的安装与配置，并可以基于 Spring Session 与 Redis 实现分布式 Session 缓存；
6. 掌握分布式锁的设计原理，并可以基于 Redis 实现分布式锁以及接口幂等性操作的控制。

Redis 仅仅提供了一个完整的缓存数据库，应用程序的开发者需要基于该数据库进行有效的程序开发控制。本章将为读者讲解 Lettuce 客户端组件的使用，并讲解 Spring 框架下的 Redis 程序开发。

4.1 Lettuce

Lettuce 简介

视频名称 0401_【掌握】Lettuce 简介

视频简介 Redis 最终是要与应用程序的开发相结合的，所以 Redis 官方给出了不同语言的驱动程序。本视频主要分析 Jedis 与 Lettuce 两种驱动程序的区别。

Redis 提供了高速缓存的数据读写支持，而在实际的应用中，被缓存的数据都需要通过程序生成，所以 Redis 官方针对不同的编程语言提供与之对应的驱动程序。Redis 官方推荐方案如图 4-1 所示。

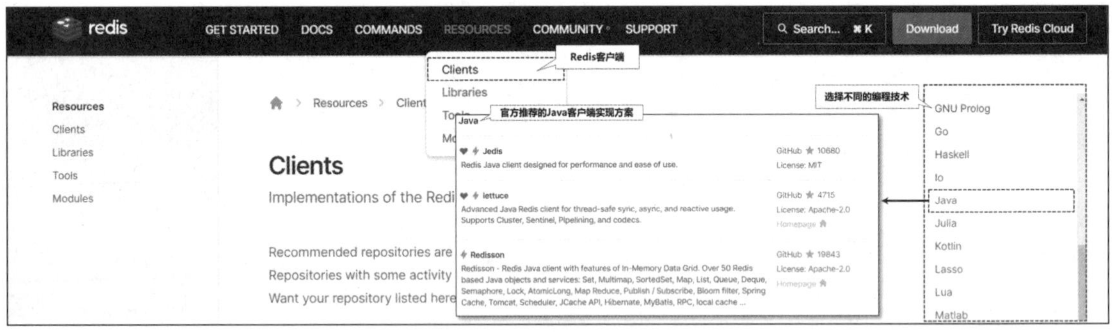

图 4-1　Redis 官方推荐方案

对应用程序来讲，只需要获取 Redis 驱动程序就可以基于驱动程序提供的支持实现 Redis 数据库的连接管理，以及数据操作的支持，如图 4-2 所示。Redis 官方推荐 3 种 Java 驱动程序实现方案，分别是 Lettuce、Jedis 以及 Redisson。

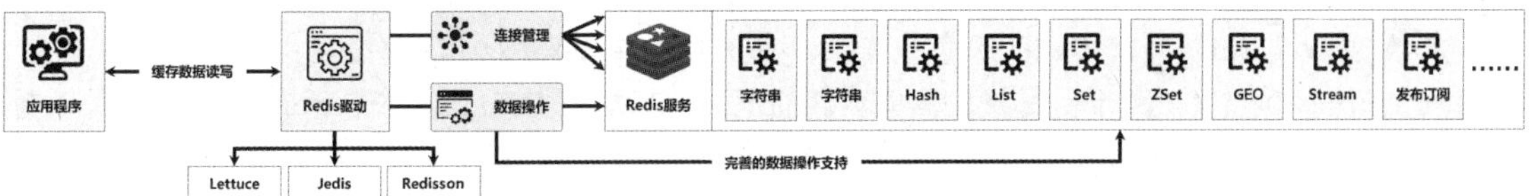

图 4-2 Redis 应用开发

Redis 在技术发展的早期，为了实现 Redis 与 Java 编程的整合，提供了 Jedis 驱动程序。这种驱动程序在使用时，每一个客户端的操作线程都要保存一个 Jedis 连接实例，当应用程序并发处理较多时，就会因为 Jedis 的重复连接和关闭产生严重的性能问题。即便可以通过连接池改善此驱动程序的性能，但是这样的物理连接消耗有可能造成应用程序稳定性下降。同时 Jedis 采用属于非线程安全的操作，即一个线程通过 Jedis 连接实例更改了 Redis 数据库中的数据后，有可能会影响到另外一个线程的操作。图 4-3 所示为 Jedis 驱动程序的处理流程。

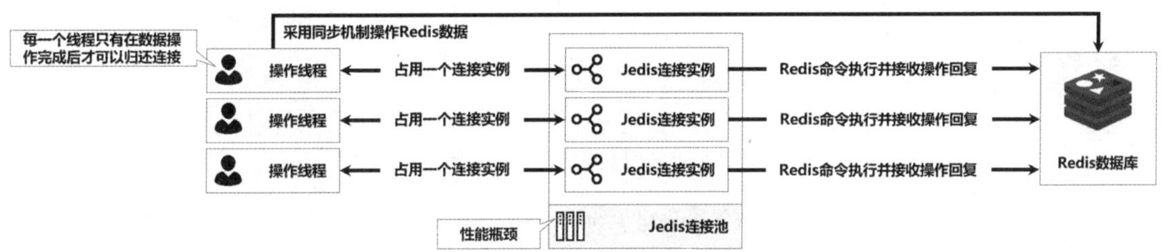

图 4-3 Jedis 驱动程序的处理流程

注意：Jedis 的同步问题不是由 Redis 造成的。

Redis 采用了单线程的开发机制，所以即便在高并发的处理环境下，Redis 依然拥有良好的数据隔离性，但是在设计 Jedis 时，每一个 Jedis 连接实例中的输出流以及输入流都是全局的，所以当 Jedis 连接池的可用连接数量不足时，就有可能出现多个操作线程同时占用一个 Jedis 连接实例的问题，从而产生数据同步问题。

Jedis 是从 2010 年开始对外提供开发支持的，随着硬件技术与软件技术的飞速发展，以及各种项目应用环境的变化，Jedis 的设计理念以及开发模型已经不能够满足当前 Redis 高性能的编程要求，现阶段官方推荐使用的是 Lettuce 客户端。

Lettuce（生菜）是基于 Netty 框架实现的，同时采用了 Reactor 响应式编程模型，所以在进行 Redis 操作时，可以提供同步、异步以及响应式 3 种不同的开发模式，并且 Lettuce 采用线程安全的设计模型，这就意味着多个线程共享一个 Lettuce 实例时可以保证数据操作的完整性。图 4-4 所示为 Lettuce 官方网站首页，开发者可以通过此网站获取 Lettuce 的开发文档。

图 4-4 Lettuce 官方网站首页

提示：Spring Data Redis 默认支持 Lettuce 组件。

既然要使用 Java 实现 Redis 服务开发，那么最终肯定要与 Spring 整合在一起。Spring 官方提供了 Spring Data Redis 开发支持，其中默认的 Redis 驱动为 Lettuce。在后续的项目开发中，不建议继续使用 Jedis 组件，因为本套丛书的《Spring Boot 开发实战（视频讲解版）》使用 Redis 时，采用的也是 Lettuce 组件。

本书使用 Java 语言并结合 Lettuce 组件实现 Redis 数据的操作，为便于管理所有开发包，此处将基于 IDEA 开发工具与 Gradle 构建工具进行项目的创建，具体的配置步骤如下。

（1）【IDEA 工具】创建新的 Gradle 项目，项目的名称为“redis”，如图 4-5 所示。

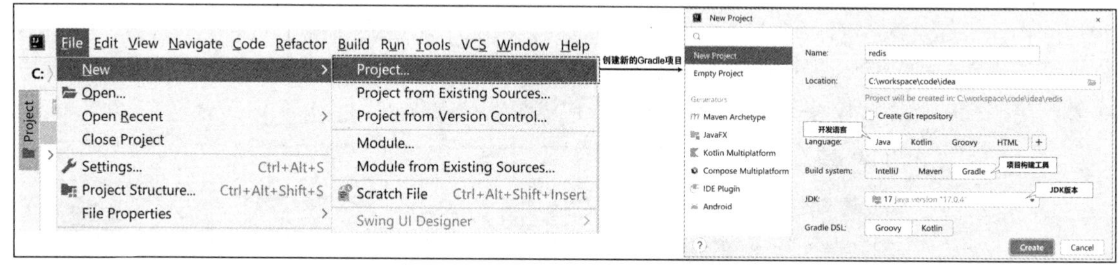

图 4-5 创建新的 Gradle 项目

（2）【redis 项目】在项目的根路径下创建 gradle.properties 文件，将所有项目的属性内容保存在此文件之中。此处将项目的“GroupId”（组织 ID）、“VersionId”（项目版本）、“JDK 版本”3 个信息定义在此文件之中。

```
project_group=com.yootk
project_version=1.0.0
project_jdk=17
```

（3）【redis 项目】由于此处要采用不同的方式讲解 Redis 开发处理，因此采用父子项目模块的形式进行项目构建，编辑项目中的 build.gradle 配置文件，配置父项目的公共属性。

```
group project_group                                          // 组织名称
version project_version                                      // 项目版本
def env = System.getProperty("env") ?: 'dev'                 // 获取env环境属性
subprojects {                                                // 配置子项目
    apply plugin: 'java'                                     // 子模块插件
    sourceCompatibility = project_jdk                        // 源代码版本
    targetCompatibility = project_jdk                        // 生成类版本
    repositories {                                           // 配置Gradle仓库
        mavenLocal()                                         // Maven本地仓库
        maven {                                              // 阿里云仓库
            allowInsecureProtocol = true
            url 'http://maven.aliyun.com/nexus/content/groups/public/'
        }
        maven {                                              // Spring官方仓库
            allowInsecureProtocol = true
            url 'https://repo.spring.io/libs-milestone'
        }
        mavenCentral()                                       // Maven远程仓库
    }
    dependencies {                                           // 公共依赖库管理
        testImplementation(enforcedPlatform("org.junit:junit-bom:5.8.1"))
        testImplementation('org.junit.jupiter:junit-jupiter-api:5.8.1')
        testImplementation('org.junit.vintage:junit-vintage-engine:5.8.1')
        testImplementation('org.junit.jupiter:junit-jupiter-engine:5.8.1')
        testImplementation('org.junit.platform:junit-platform-launcher:1.8.1')
    }
    sourceSets {                                             // 源代码目录配置
        main {                                               // main及相关子目录配置
```

```
            java { srcDirs = ['src/main/java'] }
            resources { srcDirs = ['src/main/resources', "src/main/profiles/$env"] }
        }
        test {                                                  // test及相关子目录配置
            java { srcDirs = ['src/test/java'] }
            resources { srcDirs = ['src/test/resources'] }
        }
    }
    test {                                                      // 配置测试任务
        useJUnitPlatform()                                      // 使用JUnit测试平台
    }
    task sourceJar(type: Jar, dependsOn: classes) {             // 源代码的打包任务
        archiveClassifier = 'sources'                           // 设置文件的后缀
        from sourceSets.main.allSource                          // 所有源代码的读取路径
    }
    task javadocTask(type: Javadoc) {                           // JavaDoc打包任务
        options.encoding = 'UTF-8'                              // 设置文件编码
        source = sourceSets.main.allJava                        // Java源代码路径
    }
    task javadocJar(type: Jar, dependsOn: javadocTask) {        // 先生成JavaDoc再打包
        archiveClassifier = 'javadoc'                           // 文件标记类型
        from javadocTask.destinationDir                         // 通过JavaDoc任务找到目标路径
    }
    tasks.withType(Javadoc) {                                   // 文档编码配置
        options.encoding = 'UTF-8'                              // 定义编码
    }
    tasks.withType(JavaCompile) {                               // 编译编码配置
        options.encoding = 'UTF-8'                              // 定义编码
    }
    artifacts {                                                 // 最终打包的操作任务
        archives sourceJar                                      // 源代码打包
        archives javadocJar                                     // JavaDoc打包
    }
    gradle.taskGraph.whenReady {                                // 在所有的操作准备好后触发
        tasks.each { task ->                                    // 找出所有的任务
            if (task.name.contains('test')) {                   // 如果有test任务
                task.enabled = true                             // 执行测试任务
            }
        }
    }
    [compileJava, compileTestJava, javadoc]*.options*.encoding = 'UTF-8'// 编码配置
}
```

（4）【redis 项目】考虑到控制台输出乱码的问题，可以在 gradle-wrapper.properties 配置文件中追加如下编码配置项。

```
org.gradle.jvmargs=-Dfile.encoding=UTF-8
```

（5）【redis 项目】新建 lettuce 子模块，该模块主要保存原生 Java 操作 Redis 数据库的相关代码，如图 4-6 所示。

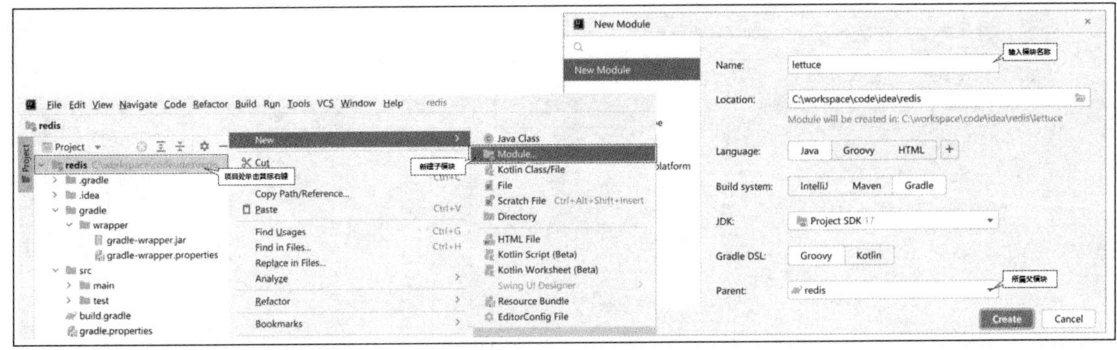

图 4-6　创建 lettuce 子模块

（6）【redis 项目】修改 build.gradle 配置文件，定义 lettuce 子模块所需依赖库。

```
project(":lettuce") {
    dependencies {                  // 根据需求进行依赖配置
        implementation('io.lettuce:lettuce-core:6.2.1.RELEASE')
        implementation('ch.qos.logback:logback-classic:1.4.5')    // 日志标准实现
    }
}
```

4.1.1　RedisClient

RedisClient

视频名称　0402_【掌握】RedisClient

视频简介　为了便于进行 Redis 数据库的连接管理，Lettuce 提供了 RedisClient 工具类。本视频分析 RedisClient 相关的类结构，并基于类中的方法配置形式与字符串地址配置形式，实现 RedisClient 实例化对象的获取。

在 Lettuce 组件中可以通过 RedisClient 构建一个可扩展且线程安全的 Redis 客户端，该客户端支持同步、异步以及响应式编程开发模型。当出现阻塞操作以及事务操作时，多个线程可以同时共享一个 Redis 客户端连接，图 4-7 所示为 RedisClient 类关联结构。

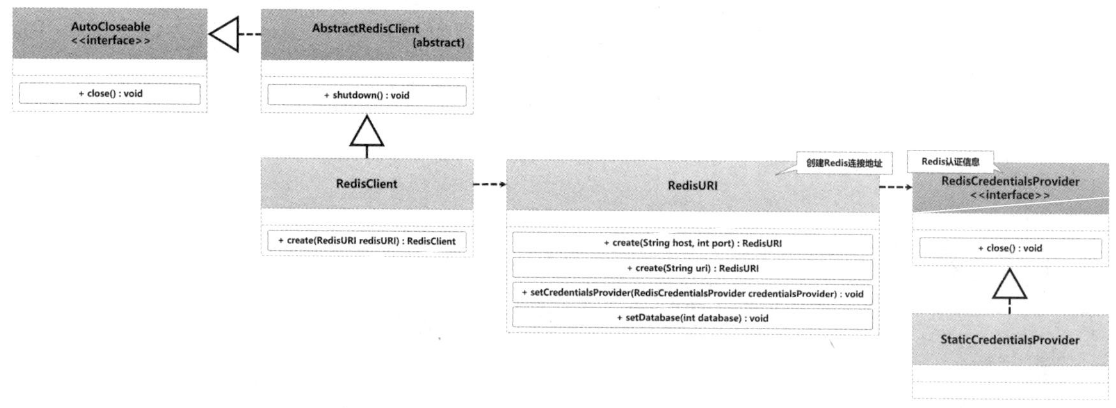

图 4-7　RedisClient 类关联结构

如果要进行 RedisClient 对象实例的创建，则首先需要获取 Redis 服务的相关配置信息，例如，连接地址、端口号、用户名以及密码等。这些信息需要通过 RedisURI 对象实例进行保存，而后基于 RedisClient 类中的 create()方法获取该类的实例化对象，下面介绍具体的程序实现。

（1）【lettuce 子模块】通过方法配置连接 Redis 数据库。

```
package com.yootk.test;
public class TestRedisClient {
    private static final String REDIS_HOST = "redis-server";         // Redis主机地址
    private static final int REDIS_PORT = 6379;                      // Redis连接端口
    private static final String REDIS_USERNAME = "default";          // 用户名
    private static final String REDIS_PASSWORD = "yootk";            // 连接密码
    private static final int DATABASE_INDEX = 0;                     // 默认数据库
    private static final Logger LOGGER = LoggerFactory.getLogger(TestRedisClient.class);
    public static void main(String[] args) {
        RedisURI uri = RedisURI.create(REDIS_HOST, REDIS_PORT);      // Redis连接地址
        RedisCredentialsProvider provider = new StaticCredentialsProvider(
                REDIS_USERNAME, REDIS_PASSWORD.toCharArray());        // Redis认证信息
        uri.setCredentialsProvider(provider);                        // 认证信息
        uri.setDatabase(DATABASE_INDEX);                             // 数据库索引
        RedisClient client = RedisClient.create(uri);                // 创建Redis客户端
        LOGGER.debug("【Redis客户端实例】client = {}", client);       // 日志输出
        client.close();                                              // 关闭客户端
    }
}
```

程序执行结果	【Redis客户端实例】client = io.lettuce.core.RedisClient@635eaaf1

上述程序在创建 RedisURI 对象实例时，依次使用了其内部提供的配置方法保存所需的 Redis 连接信息，而后依据此实例构建 RedisClient 对象实例，随后便可基于此对象实例实现相关的数据处理操作。除了使用这种方式构建 RedisURI 对象实例之外，Lettuce 也可以使用表 4-1 所示的字符串形式配置 Redis 连接信息，这样可以简化配置步骤。

表 4-1　RedisURI 字符串形式

序号	RedisURI 字符串	描述
1	redis:// [[用户名:]密码@] 连接地址 [:端口] [/数据库][? [timeout=timeout[d|h|m|s|ms|us|ns]]	单实例连接
2	rediss:// [[用户名:]密码@] 连接地址 [:端口] [/数据库][? [timeout=timeout[d|h|m|s|ms|us|ns]]	SSL 连接
3	redis-socket:// [[用户名:]密码@] 连接地址 [:端口] [/数据库][? [timeout=timeout[d|h|m|s|ms|us|ns]]	Socket 连接
4	redis-sentinel :// [[用户名:] 密码@] 主机 1[:端口 1] [, 主机 2[:端口 2]] [, 主机 N[:端口 N]] [/数据库] [?[timeout=timeout[d|h|m|s|ms|us|ns]] [&sentinelMasterId=哨兵 MasterId]	哨兵连接

使用地址字符串的连接模式的时候可以根据当前 Redis 的运行形式选择不同的标记进行配置，同理需要根据不同的网络环境通过 timeout 参数进行超时时间的配置，超时单位有 d（天）、h（小时）、m（分钟）、s（秒）、ms（毫秒）、us（微秒）及 ns（纳秒）等。下面介绍如何使用字符串的形式实现 Redis 连接。

（2）【lettuce 子模块】通过 Lettuce 提供的 URI 字符串支持创建 RedisClient。

```
package com.yootk.test;
public class TestRedisClient {
    public static final String REDIS_ADDRESS =
            "redis-socket://default:yootk@redis-server:6379/0";              // 连接地址
    private static final Logger LOGGER = LoggerFactory.getLogger(TestRedisClient.class);
    public static void main(String[] args) {
        RedisURI uri = RedisURI.create(REDIS_ADDRESS);                       // Redis连接地址
        RedisClient client = RedisClient.create(uri);                        // 创建Redis客户端
        LOGGER.debug("【Redis客户端实例】client = {}", client);              // 日志输出
        client.close();                                                      // 关闭客户端
    }
}
```

程序执行结果	【Redis客户端实例】client = io.lettuce.core.RedisClient@2667f029

4.1.2　StatefulRedisConnection

StatefulRedis-Connection

视频名称　0403_【掌握】StatefulRedisConnection

视频简介　StatefulRedisConnection 是 Lettuce 提供的 Redis 连接操作的描述接口，同时实现了 Redis 数据操作的核心接口。本视频分析该接口的实例化对象获取机制，以及相关监听接口的作用，并通过 RedisCommands 实现 Redis 数据读写处理。

RedisClient 仅仅维护了 Redis 连接的配置信息，如果要发出 Redis 的数据操作命令，则需要进行连接的创建，如图 4-8 所示。而后依据 Redis 连接对象创建 Redis 命令执行对象，这样开发人员就可以根据自己的需求实现 Redis 数据处理操作。

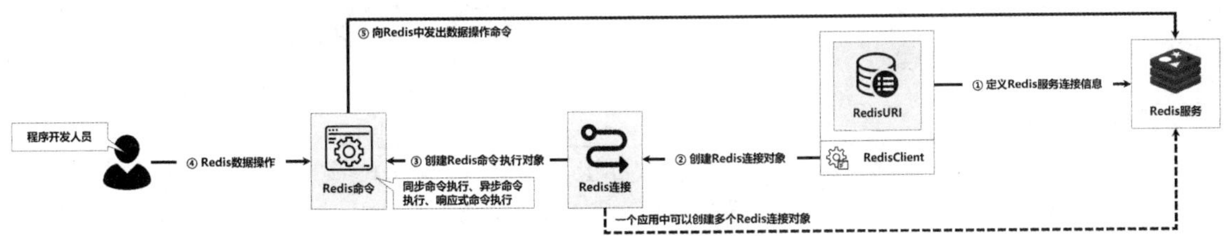

图 4-8　Lettuce 命令操作流程

考虑到不同的设计需要，Lettuce 将 Redis 的命令执行结构分为 3 种，分别是同步命令执行、

异步命令执行以及响应式命令执行。这 3 种命令执行结构可以直接通过 StatefulRedisConnection 接口进行创建，通过该接口除了可以创建不同的命令执行对象，还可以进行连接状态的监听，方便用户的程序处理。该接口关联结构如图 4-9 所示，下面通过具体程序来介绍 StatefulRedisConnection 接口的使用。

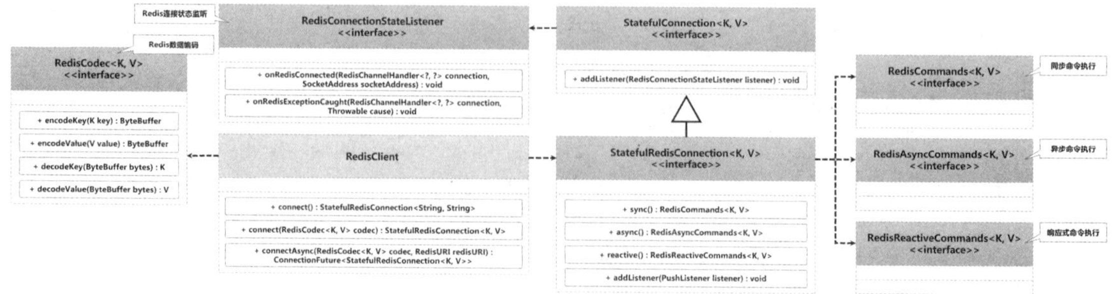

图 4-9 StatefulRedisConnection 接口关联结构

（1）【lettuce 子模块】使用 StatefulRedisConnection 接口创建异步数据操作对象。

```
package com.yootk.test;
public class TestLettuce {
    private static final Logger LOGGER =
            LoggerFactory.getLogger(TestLettuce.class);
    public static final String REDIS_ADDRESS =
            "redis://default:yootk@redis-server:6379/0";                    // 连接地址
    public static void main(String[] args) throws Exception {
        RedisURI uri = RedisURI.create(REDIS_ADDRESS);                      // Redis连接地址
        RedisClient client = RedisClient.create(uri);                       // 创建Redis客户端
        StatefulRedisConnection<String, String> connection =
                client.connect();                                           // Redis连接
        RedisAsyncCommands<String, String> commands = connection.async();   // 异步命令
        RedisFuture<String> setFuture = commands.set("yootk:url",
                "www.yootk.com");                                           // 数据保存
        LOGGER.debug("【数据保存】命令处理结果：{}", setFuture.get());
        RedisFuture<String> getFuture = commands.get("yootk:url");
        LOGGER.debug("【数据加载】yootk:url = {}", getFuture.get());
        connection.close();                                                 // 关闭Redis连接
        client.close();                                                     // 关闭客户端实例
    }
}
```

程序执行结果	【数据保存】命令处理结果：OK 【数据加载】yootk:url = www.yootk.com

（2）【lettuce 子模块】使用 RedisConnectionStateListener 监听连接状态。

```
connection.addListener(new RedisConnectionStateListener() {
    @Override
    public void onRedisDisconnected(RedisChannelHandler<?, ?> connection) {
        LOGGER.debug("【Redis连接监听】关闭Redis连接");
    }
    @Override
    public void onRedisExceptionCaught(RedisChannelHandler<?, ?> connection,
            Throwable cause) {
        LOGGER.error("【Redis异常监听】操作出现异常：{}", cause.getMessage());
    }
});                                                                         // 定义Redis连接监听
```

程序执行结果	【Redis连接监听】关闭Redis连接

在 RedisConnectionStateListener 接口中，实际上可以针对 Redis 的连接、关闭连接及异常捕获 3 种操作进行监听，但是由于连接的部分是在获取 StatefulRedisConnection 接口实例的时候完成的，因此 RedisConnectionStateListener 接口中提供的 onRedisConnected()方法在 Lettuce 新版本中已经被废除了。

提问：在数据库连接时是否会有性能问题？

在使用 RedisURI 配置数据库连接信息时，发现其内部提供 timeout 的超时配置，而在 Redis 中允许设置的超时时间单位里也有以“小时”，甚至以“天”为单位的延迟等待。在这样的情况下，如果直接通过 RedisClient 获取连接对象，由于可能存在长时间连接的问题，因此整体的代码必然会导致严重的阻塞问题出现，这样操作会不会产生严重的性能问题？

回答：Lettuce 提供了 ConnectionFuture 来解决此类问题。

RedisClient 本质上相当于工厂类，该工厂类可以构建多个 StatefulRedisConnection 接口实例，但是其构建的对象采用的是同步处理，即使用 RedisClient 类中的 connect()方法会等待连接对象创建完毕后才继续向下执行，那么此处一定会产生较为严重的性能问题。

Lettuce 为了解决该问题，提供了 ConnectionFuture 异步连接处理接口，通过 RedisClient 类提供的 connectAsync()方法可以获取 ConnectionFuture 接口实例，并利用此接口实例获取 Redis 连接对象，以实现最终的数据操作目的。

范例：使用 ConnectionFuture 获取 Redis 连接。

```
package com.yootk.test;
public class TestLettuce {
   private static final Logger LOGGER =
         LoggerFactory.getLogger(TestLettuce.class);
   public static final String REDIS_ADDRESS =
         "redis://default:yootk@redis-server:6379/0"; // 连接地址
   public static void main(String[] args) throws Exception {
      RedisURI uri = RedisURI.create(REDIS_ADDRESS); // Redis连接地址
      RedisClient client = RedisClient.create(); // 创建Redis客户端
      ConnectionFuture<StatefulRedisConnection<String, String>> future =
            client.connectAsync(new StringCodec(), uri);
      StatefulRedisConnection<String, String> connection =
            future.get();           // 获取连接对象
      LOGGER.debug("【数据加载】yootk:url = {}",
            connection.async().get("yootk:url").get()); // Redis数据查询
      client.close();               // 关闭客户端实例
   }
}
```

程序执行结果	【数据加载】yootk:url = www.yootk.com

此时实现了与之前相同的数据处理操作，而且是基于异步的连接管理机制完成的。但是在实际的项目生产环境中，大部分的服务都处于同一个网络环境之中，所以是否使用这样的机制就需要由开发者根据实际的部署环境来决定。本书如无特殊说明，所有的操作以同步获取 Redis 连接实例为主。

4.1.3 Redis 连接池

Redis 连接池

视频名称 0404_【掌握】Redis 连接池

视频简介 为避免重复连接与关闭 Redis，实际开发中会基于连接池的形式实现连接管理。本视频分析传统 Redis 操作连接存在的问题，并且通过实例讲解如何基于 Apache 提供的 commons-pool2 组件实现 Redis 连接池。

使用 Lettuce 组件进行 Redis 连接时，首先需要构建 RedisClient 对象实例，而后创建若干个不同的连接对象，当操作完成后使用 close()方法进行连接的释放。但是如果此时项目运行在高并发场景下，每一个访问线程重复进行 Redis 数据库的连接与关闭，势必造成严重的性能问题，所以常见的做法是将所有的连接交由连接池统一进行调度。Redis 连接池设计结构如图 4-10 所示。

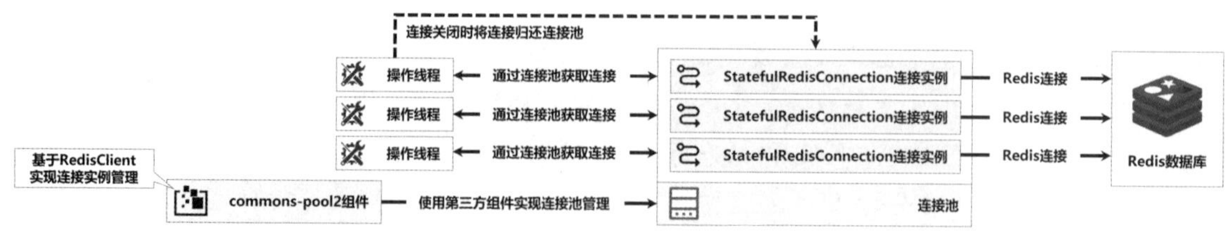

图 4-10　Redis 连接池设计结构

Lettuce 内部并没有直接提供数据库连接池的实现，所以需要借助 Apache 提供的 commons-pool2 组件来实现所有 Redis 连接对象的管理，下面介绍具体的开发步骤。

（1）【redis 项目】修改 build.gradle 配置文件，为 lettuce 子模块添加新的依赖库。

```
implementation('org.apache.commons:commons-pool2:2.11.1')
```

（2）【lettuce 子模块】创建一个 RedisConnectionPoolUtil 工具类，定义连接池管理类。

```
package com.yootk.util;
public class RedisConnectionPoolUtil {
   private static final String REDIS_ADDRESS =
         "redis://default:yootk@redis-server:6379/0";          // 连接地址
   private static final int MAX_IDLE = 2;                       // 最大维持连接数量
   private static final int MIN_IDLE = 2;                       // 最小维持连接数量
   private static final int MAX_TOTAL = 100;                    // 最大可用连接数量
   private static GenericObjectPool<StatefulRedisConnection<String, String>> pool = null;
   static {
      buildObjectPool();                                        // 构建连接池
   }
   private RedisConnectionPoolUtil() {}
   private static void buildObjectPool() {                      // 构建连接池
      RedisURI uri = RedisURI.create(REDIS_ADDRESS);            // Redis连接地址
      RedisClient client = RedisClient.create(uri);             // 创建Redis客户端
      GenericObjectPoolConfig poolConfig = new GenericObjectPoolConfig();
      poolConfig.setMaxIdle(MAX_IDLE);                          // 设置最大维持连接数量
      poolConfig.setMinIdle(MIN_IDLE);                          // 设置最小维持连接数量
      poolConfig.setMaxTotal(MAX_TOTAL);                        // 设置连接池的最大可用数量
      pool = ConnectionPoolSupport.createGenericObjectPool(
            () -> client.connect(), poolConfig);                // 构建连接池
   }
   public static StatefulRedisConnection<String, String> getConnection()
         throws Exception {
      return pool.borrowObject();                               // 返回Redis连接
   }
}
```

（3）【lettuce 子模块】创建测试类测试连接池数据操作。

```
package com.yootk.test;
public class TestLettuce {
   private static final Logger LOGGER =
         LoggerFactory.getLogger(TestLettuce.class);
   public static void main(String[] args) throws Exception {
      StatefulRedisConnection<String, String> connection =
            RedisConnectionPoolUtil.getConnection();    // 通过连接池获取连接
      RedisAsyncCommands<String, String> commands = connection.async(); // 创建数据库对象
      LOGGER.debug("【数据加载】yootk:url = {}", commands.get("yootk:url").get());
      connection.close();                  // 归还Redis连接
   }
}
```

程序执行结果	【数据加载】yootk:url = www.yootk.com

4.1.4　RedisAsyncCommands

RedisAsync-Commands

视频名称　0405_【掌握】RedisAsyncCommands

视频简介　Lettuce 依据不同的命令执行形式，提供了丰富的数据操作接口。本视频通过源代码的继承结构分析这些接口的作用，同时基于 RedisAsyncCommands 接口实现 Redis 中常见数据的操作。

Lettuce 为了便于用户实现 Redis 数据的操作，针对 Redis 数据库中不同的数据类型提供匹配的操作方法，同时提供专属的命令操作接口，所有的接口实例都需要通过 Redis 连接对象进行构建，而可以构建的命令接口实例一共有 3 个：RedisCommands（同步命令执行接口）、RedisAsyncCommands（异步命令执行接口）、RedisReactiveCommands（响应式命令执行接口）。这些实例的创建如图 4-11 所示。

提示：Redis 命令对应的数据类型通过 RedisCodec 接口实例配置。

Lettuce 提供的 3 个 Redis 数据操作接口都有对应的泛型标记，可以明确地定义 key 和 value 的数据类型。默认情况下较为常用的类型为 String（对应 StringCodec 子类），这也是 RedisClient 类中的默认支持类型，而 RedisCodec 接口实现子类还包括字节（ByteArrayCodec 子类）或者压缩（ComposedRedisCodec 子类）类型。

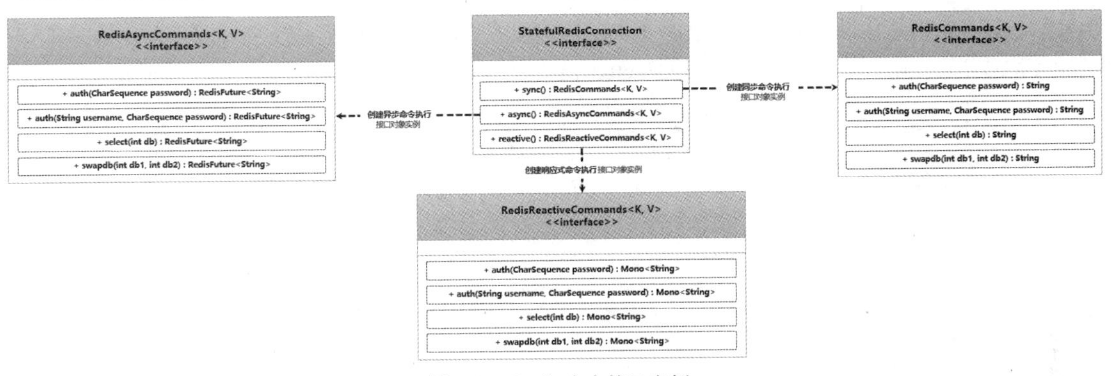

图 4-11 Redis 命令接口实例

通过图 4-11 所示可以清楚地发现，3 个命令接口的方法定义功能较为类似，但是每个方法对应的返回值有所不同，由于在开发中采用异步命令执行的方式较多，因此本次重点分析 RedisAsyncCommands 接口，首先介绍该接口定义。

范例：RedisAsyncCommands 接口定义源代码。

```
public interface RedisAsyncCommands<K, V> extends BaseRedisAsyncCommands<K, V>,
        RedisAclAsyncCommands<K, V>, RedisClusterAsyncCommands<K, V>,
        RedisGeoAsyncCommands<K, V>, RedisHashAsyncCommands<K, V>,
        RedisHLLAsyncCommands<K, V>, RedisKeyAsyncCommands<K, V>,
        RedisListAsyncCommands<K, V>, RedisScriptingAsyncCommands<K, V>,
        RedisServerAsyncCommands<K, V>, RedisSetAsyncCommands<K, V>,
        RedisSortedSetAsyncCommands<K, V>,  RedisStreamAsyncCommands<K, V>,
        RedisStringAsyncCommands<K, V>, RedisTransactionalAsyncCommands<K, V> {}
```

可以发现 RedisAsyncCommands 接口在定义时，同时继承了若干个不同的父接口，每一个父接口对应 Redis 数据库中一种特定数据类型的操作。表 4-2 所示为 Lettuce 命令接口作用，下面通过几个数据操作演示这些接口的使用方法。

表 4-2 Lettuce 命令接口作用

序号	接口名称	描述
1	BaseRedisAsyncCommands<K, V>	基础数据操作
2	RedisAclAsyncCommands<K, V>	ACL 数据操作
3	RedisClusterAsyncCommands<K, V>	Redis Cluster 集群数据操作
4	RedisGeoAsyncCommands<K, V>	GEO 地理数据操作
5	RedisHashAsyncCommands<K, V>	Hash 数据操作
6	RedisHLLAsyncCommands<K, V>	HyperLogLog 数据操作

续表

序号	接口名称	描述
7	RedisKeyAsyncCommands<K, V>	keys 命令
8	RedisListAsyncCommands<K, V>	List 数据操作
9	RedisScriptingAsyncCommands<K, V>	Lua 脚本操作
10	RedisServerAsyncCommands<K, V>	服务端配置命令操作
11	RedisSetAsyncCommands<K, V>	Set 数据操作
12	RedisSortedSetAsyncCommands<K, V>	ZSet 数据操作
13	RedisStreamAsyncCommands<K, V>	Stream 数据操作
14	RedisStringAsyncCommands<K, V>	字符串数据操作
15	RedisTransactionalAsyncCommands<K, V>	事务命令操作

（1）【lettuce 子模块】Redis 提供的 Hash 数据类型利用成员的配置模式可以实现一组关联数据的存取操作，在 Lettuce 中可以使用 RedisHashAsyncCommands 异步数据接口实现对该组数据的操作。

```
package com.yootk.test;
public class TestLettuce {
    private static final Logger LOGGER =
            LoggerFactory.getLogger(TestLettuce.class);
    public static void main(String[] args) throws Exception {
        StatefulRedisConnection<String, String> connection =
                RedisConnectionPoolUtil.getConnection();        // 通过连接池获取连接
        RedisAsyncCommands<String, String> commands = connection.async(); // 数据对象
        commands.flushdb();                                     // 清空数据库
        Map<String, String> map = new HashMap<>();              // 定义Map集合
        map.put("name", "李兴华");                              // 保存数据项
        map.put("corp", "yootk.com");                           // 保存数据项
        map.put("book", "Redis开发实战");                       // 保存数据项
        LOGGER.debug("【Hash数据】设置一组Hash数据：{}",
                commands.hset("member:yootk", map).get());      // 返回数据存储个数
        LOGGER.debug("【Hash数据】姓名：{}",
                commands.hget("member:yootk", "name").get());   // 数据查询
        LOGGER.debug("【Hash数据】机构：{}",
                commands.hget("member:yootk", "corp").get());   // 数据查询
        LOGGER.debug("【Hash数据】图书：{}",
                commands.hget("member:yootk", "book").get());   // 数据查询
        connection.close();                                     // 关闭Redis连接
    }
}
```

程序执行结果

```
【Hash数据】设置一组Hash数据：3
【Hash数据】姓名：李兴华
【Hash数据】机构：yootk.com
【Hash数据】图书：Redis开发实战
```

（2）【lettuce 子模块】List 可以实现双端队列的处理操作，Lettuce 提供了 RedisListAsyncCommands 异步接口实现该处理操作。下面的程序实现了 List 集合数据的双端存储以及数据获取操作。

```
package com.yootk.test;
public class TestLettuce {
    private static final Logger LOGGER =
            LoggerFactory.getLogger(TestLettuce.class);
    public static void main(String[] args) throws Exception {
        StatefulRedisConnection<String, String> connection =
                RedisConnectionPoolUtil.getConnection();    // 通过连接池获取连接
        RedisAsyncCommands<String, String> commands = connection.async(); // 数据对象
        commands.flushdb();                                 // 清空数据库
        commands.lpush("books:yootk", "Java", "JVM", "Spring"); // 数据存储
        commands.rpush("books:yootk", "Redis", "Netty");   // 数据存储
        List<String> result = commands.lrange("books:yootk", 0, -1).get(); // 获取集合数据
```

```
        LOGGER.debug("【List集合】集合数据: {}", result);
        LOGGER.debug("【List集合】集合数据左端弹出: {}", commands.lpop("books:yootk").get());
        LOGGER.debug("【List集合】集合数据右端弹出: {}", commands.rpop("books:yootk").get());
        connection.close();                                    // 关闭Redis连接
    }
}
```

程序执行结果	【List集合】集合数据: [Spring, JVM, Java, Redis, Netty] 【List集合】集合数据左端弹出: Spring 【List集合】集合数据右端弹出: Netty

（3）【lettuce 子模块】Set 集合可以实现不重复元素的存储，Lettuce 提供了 RedisSetAsyncCommands 异步接口实现该类数据的操作，并且可以通过该接口实现数据的集合运算。

```
package com.yootk.test;
public class TestLettuce {
    private static final Logger LOGGER =
            LoggerFactory.getLogger(TestLettuce.class);
    public static void main(String[] args) throws Exception {
        StatefulRedisConnection<String, String> connection =
                RedisConnectionPoolUtil.getConnection();    // 通过连接池获取连接
        RedisAsyncCommands<String, String> commands = connection.async(); // 数据对象
        commands.flushdb();                                    // 清空数据库
        commands.sadd("skill:muyan", "java", "html", "python"); // 数据存储
        commands.sadd("skill:yootk", "java", "python", "golang"); // 数据存储
        LOGGER.debug("【Set集合】skill:muyan数据长度: {}、skill:yootk数据长度: {}",
                commands.scard("skill:muyan").get(), commands.scard("skill:yootk").get());
        LOGGER.debug("【Set集合】交集运算: {}",
                commands.sinter("skill:muyan", "skill:yootk").get());
        LOGGER.debug("【Set集合】差集运算: {}",
                commands.sdiff("skill:muyan", "skill:yootk").get());
        LOGGER.debug("【Set集合】并集运算: {}",
                commands.sunion("skill:muyan", "skill:yootk").get());
        connection.close();                                    // 关闭Redis连接
    }
}
```

程序执行结果	【Set集合】skill:muyan数据长度: 3、skill:yootk数据长度: 3 【Set集合】交集运算: [python, java] 【Set集合】差集运算: [html] 【Set集合】并集运算: [python, html, java, golang]

（4）【lettuce 子模块】ZSet 可以实现数据排序处理，Lettuce 提供了 RedisSortedSetAsyncCommands 异步接口用于此类集合数据的保存以及数据返回操作。

```
package com.yootk.test;
public class TestLettuce {
    private static final Logger LOGGER =
            LoggerFactory.getLogger(TestLettuce.class);
    public static void main(String[] args) throws Exception {
        StatefulRedisConnection<String, String> connection =
                RedisConnectionPoolUtil.getConnection();    // 通过连接池获取连接
        RedisAsyncCommands<String, String> commands = connection.async(); // 数据对象
        commands.flushdb();                                    // 清空数据库
        LOGGER.debug("【ZSet集合】设置ZSet数据: {}",
                commands.zadd("hotkey:919", 8.0, "java").get());
        LOGGER.debug("【ZSet集合】设置ZSet数据: {}",
                commands.zadd("hotkey:919", 3.0, "python").get());
        List<ScoredValue<String>> values = commands.zrevrangebyscoreWithScores(
                "hotkey:919", Range.create(1.0, 9.0), Limit.create(0, 1)).get();
        values.forEach((data) -> {
            LOGGER.debug("【ZSet集合】ZSet数据: {}、成绩: {}", data.getValue(), data.getScore());
        });
        connection.close();                                    // 关闭Redis连接
    }
}
```

程序执行结果	【ZSet集合】设置ZSet数据: 1 【ZSet集合】ZSet数据: java、成绩: 8.0

（5）【lettuce 子模块】Redis 中的位操作可以有效地控制数据存储的长度，本质上也属于一种基

础数据类型，所以 Lettuce 将位操作的方法定义在 RedisStringAsyncCommands 异步接口之中，下面介绍位操作的具体实现。

```
package com.yootk.test;
public class TestLettuce {
    private static final Logger LOGGER =
            LoggerFactory.getLogger(TestLettuce.class);
    public static void main(String[] args) throws Exception {
        StatefulRedisConnection<String, String> connection =
                RedisConnectionPoolUtil.getConnection();    // 通过连接池获取连接
        RedisAsyncCommands<String, String> commands = connection.async(); // 数据对象
        commands.flushdb();                  // 清空数据库
        LOGGER.debug("【位操作】设置位数据：{}",
                commands.setbit("clockin:yootk", 3, 1).get()); // 设置位数据
        LOGGER.debug("【位操作】设置位数据：{}",
                commands.setbit("clockin:yootk", 5, 1).get()); // 设置位数据
        LOGGER.debug("【位操作】获取位数据：{}",
                commands.getbit("clockin:yootk", 3).get());     // 获取位数据
        LOGGER.debug("【位操作】获取位数据：{}",
                commands.getbit("clockin:yootk", 5).get());     // 获取位数据
        connection.close();                  // 关闭Redis连接
    }
}
```

程序执行结果	【位操作】设置位数据：0 【位操作】设置位数据：0 【位操作】获取位数据：1 【位操作】获取位数据：1

（6）【lettuce 子模块】HyperLogLog 实现了基数统计，Lettuce 通过 RedisHLLAsyncCommands 异步接口实现对该数据的操作。

```
package com.yootk.test;
public class TestLettuce {
    private static final Logger LOGGER =
            LoggerFactory.getLogger(TestLettuce.class);
    public static void main(String[] args) throws Exception {
        StatefulRedisConnection<String, String> connection =
                RedisConnectionPoolUtil.getConnection();    // 通过连接池获取连接
        RedisAsyncCommands<String, String> commands = connection.async(); // 数据对象
        commands.flushdb();                  // 清空数据库
        LOGGER.debug("【HLL操作】设置HLL数据：{}",
                commands.pfadd("module:program", "java", "python", "java").get());
        LOGGER.debug("【HLL操作】设置HLL数据：{}",
                commands.pfadd("module:book", "java", "python").get()); // 设置数据
        LOGGER.debug("【HLL操作】获取数据基数：{}",
                commands.pfcount("module:program", "module:book").get()); // 基数统计
        connection.close();                  // 关闭Redis连接
    }
}
```

程序执行结果	【HLL操作】设置HLL数据：1 【HLL操作】设置HLL数据：1 【HLL操作】获取数据基数：2

（7）【lettuce 子模块】为了便于进行地理数据的操作管理，Lettuce 使用 RedisGeoAsyncCommands 异步接口进行封装，本次将通过程序实现两个地理坐标之间的距离计算。

```
package com.yootk.test;
public class TestLettuce {
    private static final Logger LOGGER =
            LoggerFactory.getLogger(TestLettuce.class);
    public static void main(String[] args) throws Exception {
        StatefulRedisConnection<String, String> connection =
                RedisConnectionPoolUtil.getConnection();    // 通过连接池获取连接
        RedisAsyncCommands<String, String> commands = connection.async(); // 数据对象
        commands.flushdb();                                           // 清空数据库
        LOGGER.debug("【GEO操作】设置GEO数据：{}", commands.geoadd("point",
                116.450997, 39.861815, "办公大厦").get());
```

```
        LOGGER.debug("【GEO操作】设置GEO数据：{}", commands.geoadd("point",
                116.453692, 39.863172, "美食广场").get());
        LOGGER.debug("【GEO计算】办公大厦距美食广场的距离：{}", commands.geodist("point",
                "办公大厦", "美食广场", GeoArgs.Unit.m).get());
        connection.close();                                          // 关闭Redis连接
    }
}
```

程序执行结果	【GEO操作】设置GEO数据：1 【GEO操作】设置GEO数据：1 【GEO计算】办公大厦距美食广场的距离：275.1261

（8）【lettuce 子模块】keys 命令在 Redis 管理中较为常用，为便于程序查询，Lettuce 通过 RedisKeyAsyncCommands 异步接口实现对该命令的封装处理，同时提供指定 key 对应数据类型的查询操作。

```
package com.yootk.test;
public class TestLettuce {
    private static final Logger LOGGER =
            LoggerFactory.getLogger(TestLettuce.class);
    public static void main(String[] args) throws Exception {
        StatefulRedisConnection<String, String> connection =
                RedisConnectionPoolUtil.getConnection();    // 通过连接池获取连接
        RedisAsyncCommands<String, String> commands = connection.async(); // 数据对象
        commands.flushdb();                                  // 清空数据库
        LOGGER.debug("【字符串数据】追加普通数据：{}",
                commands.set("yootk", "yootk.com").get());
        LOGGER.debug("【Hash数据】增加Hash数据：{}",
                commands.hset("member:yootk", "name", "李兴华").get());
        LOGGER.debug("【List数据】增加一组List集合：{}",
                commands.lpush("message:yootk", "hello", "nice", "good").get());
        List<String> keys = commands.keys("*").get();      // 查询数据key
        keys.forEach((key) -> {
            try {
                LOGGER.debug("【数据项】key = {}、type = {}",
                        key, commands.type(key).get());    // 获取数据信息
            } catch (Exception e) {}
        });
    }
}
```

程序执行结果	【字符串数据】追加普通数据：OK 【Hash数据】增加Hash数据：true 【List数据】增加一组List集合：3 【数据项】key = message:yootk、type = list 【数据项】key = member:yootk、type = hash 【数据项】key = yootk、type = string

以上的数据操作命令虽然定义在不同的父接口之中，但是在使用时只需要通过 RedisAsyncCommands 接口实例即可进行调用。通过展示可以发现，所有接口中的方法名称与 Redis 中的命令名称一致，所以在使用时只需要注意方法中的参数配置即可通过程序实现 Redis 数据操作。

4.1.5 RedisReactiveCommands

RedisReactive-Commands

视频名称 0406_【掌握】RedisReactiveCommands

视频简介 本视频分析响应式编程模型的特点，以及其应用的开发结构，并讲解响应式命令的执行结果，基于 ScanStream 类实现更加精准的 key 扫描处理。

异步编程模型采用子线程的模式，将数据的更新或查询操作在子线程中完成，而后将数据一次性返回给客户端，如图 4-12 所示。在整个处理机制中，客户端主线程操作不会产生阻塞，而是继续执行后续的程序逻辑。

响应式编程的操作特点是能形成完整的数据流，并且通过该数据流将所获取的数据依次发送给客户端，如图 4-13 所示。在数据流返回过程中有可能会对响应的结果进行一些处理，而这些响应的结果都将直接影响程序结果的接收，下面通过具体的案例进行响应式编程模型的讲解。

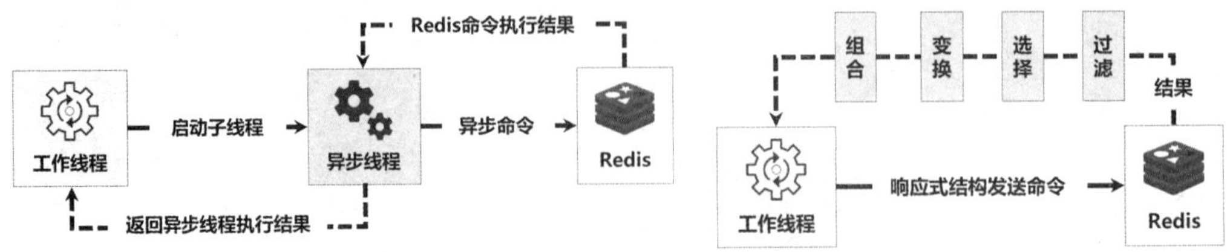

图 4-12　异步编程模型　　图 4-13　响应式编程模型

（1）【lettuce 子模块】设置普通数据。

```
package com.yootk.test;
public class TestLettuce {
   private static final Logger LOGGER =
         LoggerFactory.getLogger(TestLettuce.class);
   public static void main(String[] args) throws Exception {
      StatefulRedisConnection<String, String> connection =
            RedisConnectionPoolUtil.getConnection();    // 通过连接池获取连接
      RedisReactiveCommands<String, String> commands = connection.reactive();
      commands.flushdb().subscribe((result)->{
         LOGGER.debug("【响应式处理】清空Redis数据库：{}", result);
      });
      commands.set("yootk", "yootk.com").subscribe((result)->{
         LOGGER.debug("【响应式处理】Redis数据存储：{}", result);
      });
      TimeUnit.SECONDS.sleep(2);                          // 等待操作执行完毕
      connection.close();                                 // 关闭Redis连接
   }
}
```

程序执行结果	【响应式处理】清空Redis数据库：OK 【响应式处理】Redis数据存储：OK

在响应式编程之中，所有的命令执行完成后的返回结果需要通过 subscribe()方法进行回调处理，该方法可以结合 Consumer 消费型函数式接口使用。

（2）【lettuce 子模块】Redis 的内部虽然提供了 keys 命令，用于获取全部的数据 key，但是该命令在进行匹配时会将满足匹配条件的 key 都加载，这样一来在数据量较大时就有可能造成较为严重的性能问题，所以 Lettuce 又针对此机制提供了 ScanStream 类，该类可以实现指定长度的 key 数据加载。

```
package com.yootk.test;
public class TestLettuce {
   private static final Logger LOGGER =
         LoggerFactory.getLogger(TestLettuce.class);
   public static void main(String[] args) throws Exception {
      RedisReactiveCommands<String, String> commands =
            RedisConnectionPoolUtil.getConnection().reactive(); // 响应式命令
      while (true) {                                          // 持续扫描
         Disposable disposable = ScanStream
               .scan(commands, ScanArgs.Builder.limit(200).match("*yootk*")) // 扫描key
               .filter((key) -> key.contains("yootk"))       // 包含指定字符串
               .doOnNext((key) -> {
                  LOGGER.debug("【数据KEY扫描】key = {}", key);
               }).subscribe();
         TimeUnit.SECONDS.sleep(5);                           // 配置扫描间隔
      }
   }
}
```

程序执行结果	【数据KEY扫描】key = yootk

在执行 ScanStream 类提供的 scan()方法时必须结合 RedisReactiveCommands 接口实例才可以使

用，在进行扫描前需要通过 ScanArgs 进行扫描参数项的配置，主要参数为 limit（加载长度）与 match（匹配字符串）。

4.2 Spring Data Redis

Spring Data Redis 简介

视频名称 0407_【理解】Spring Data Redis 简介

视频简介 Spring 是 Java 项目开发中使用的重要框架，为便于 Redis 整合开发，提供了 Spring Data Redis 工具包。本视频分析该工具包的使用特点。

很多互联网项目中充斥着高并发的设计需求，而为了可以进行有效的互联网技术平台的搭建与维护，Java 这种生态完善的编程语言往往受到互联网“大厂”的青睐。在实际的开发中为了实现有效的代码结构管理，往往基于 Spring 开发框架构建项目。

保存在 Redis 之中的数据大多是与业务相关的处理数据，而所有的业务逻辑都需要提供完善的数据层支持，利用数据层实现传统关系数据库的处理，随后通过控制层将业务逻辑的处理结果交由控制层进行展示。在传统的单 Web 开发实例中，控制层会基于请求重定向的模式进行处理，而在前后端分离架构中，控制层会采用 REST 方式将数据转化为 JSON 或 XML 数据进行响应。前后端分离架构如图 4-14 所示。

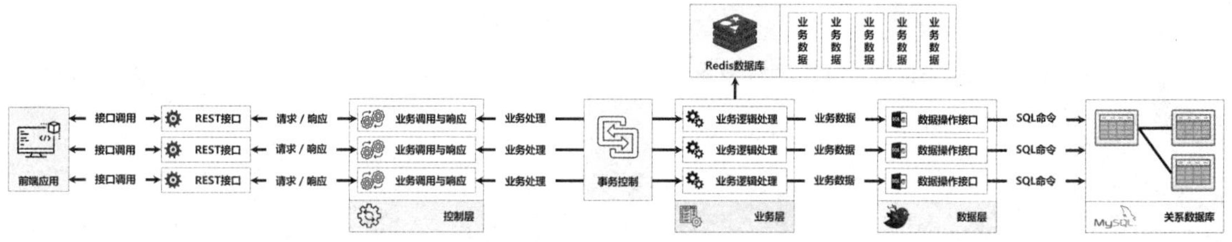

图 4-14　前后端分离架构

Java 使用 Spring 开发框架，核心目的是规范应用中的 Bean 管理机制，同时基于依赖注入实现 Bean 实例的简单应用。对于项目中的事务处理，可以通过 Spring AOP 技术来完成。Spring 提供了强大的扩展性，可以整合各类常见的服务组件。为了与 Redis 进行整合，Spring 提供了 Spring Data Redis 数据处理组件，使用该组件可以对 Redis 或 Jedis 进行有效的封装，从而统一 Spring 项目中的数据处理操作。其设计结构如图 4-15 所示。

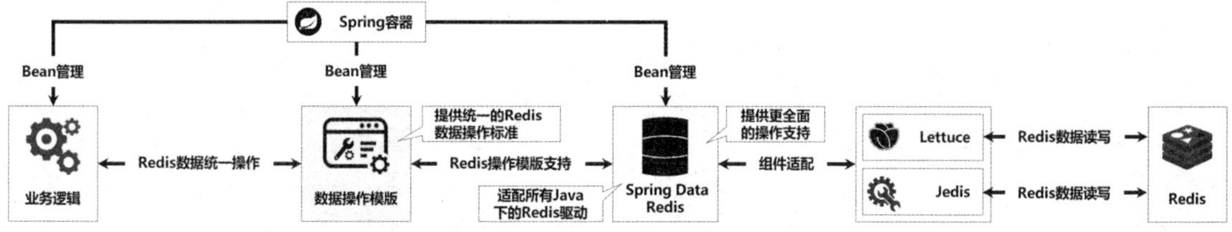

图 4-15　Spring Data Redis 设计结构

4.2.1 Spring Data 连接 Redis 数据库

Spring Data 连接 Redis 数据库

视频名称 0408_【掌握】Spring Data 连接 Redis 数据库

视频简介 为了合理地管理 Redis 连接操作，Spring Data Redis 可以基于 profile 配置文件进行开发。本视频分析 Spring Data Redis 中的核心结构类，并基于 Redis 连接池的配置形式实现 Lettuce 连接工厂对象的创建。

Spring Data Redis 基于 Spring 开发框架开发，所以可以直接集成在已有的 Spring 应用之中。为了便于管理 Redis 的连接，Spring Data Redis 提供了 LettuceConnectionFactory 类，使用该类可以根据配置的 Redis 连接信息以及 Lettuce 连接池来进行连接的分配，以实现最终的 Redis 数据操作。LettuceConnectionFactory 类结构如图 4-16 所示。

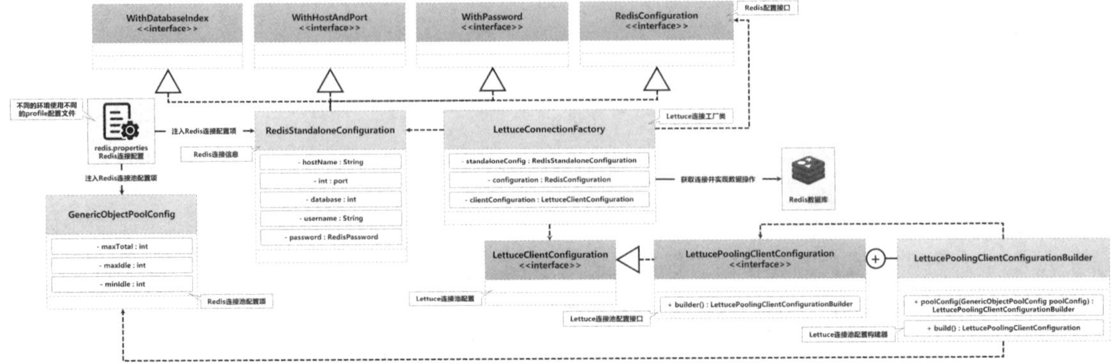

图 4-16　LettuceConnectionFactory 类结构

考虑到实际开发中的代码管理形式，本次将通过 redis.properties 文件进行 Redis 连接信息的配置，而后基于资源文件注入的形式，将该资源文件中定义的内容注入 RedisStandaloneConfiguration 与 GenericObjectPoolConfig 两个类的相关成员属性之中，以实现最终 Lettuce 连接工厂类的对象定义，具体的程序实现步骤如下。

（1）【redis 项目】为便于管理 Spring 的代码，创建一个 spring 子模块，随后修改 build.gradle 配置文件为该模块配置所需依赖。

```
project(":spring") {
    dependencies {                          // 根据需要进行依赖配置
        implementation('io.lettuce:lettuce-core:6.2.1.RELEASE')
        implementation('org.apache.commons:commons-pool2:2.11.1')
        implementation('org.springframework.data:spring-data-redis:3.0.0')
        implementation('ch.qos.logback:logback-classic:1.4.5')    // 日志标准实现
    }
}
```

（2）【spring 子模块】在 src/main/profiles/dev 源代码目录中创建 config/redis.properties 配置文件，通过该配置文件定义 Redis 连接信息与 Redis 连接池大小配置信息。

redis.host=redis-server	Redis主机地址
redis.port=6379	Redis连接端口号
redis.username=default	Redis连接用户名
redis.password=yootk	Redis连接密码
redis.database=0	Redis连接后所使用的数据库索引编号
redis.pool.maxTotal=200	Redis连接池最多允许开放的连接对象实例个数
redis.pool.maxIdle=30	Redis连接池在空闲时最多维持的连接对象实例个数
redis.pool.minIdle=10	Redis连接池在空闲时最少维持的连接对象实例个数
redis.pool.testOnBorrow=true	返回Redis连接时进行可用性测试

（3）【spring 子模块】创建 SpringDataRedisConfig 配置类。

```
package com.yootk.config;
@Configuration                                                    // 配置类
@PropertySource(value = "classpath:config/redis.properties")     // 配置资源
public class SpringDataRedisConfig {
    @Bean
    public RedisStandaloneConfiguration redisStandaloneConfiguration(
            @Value("${redis.host}") String hostName,              // Redis主机地址
            @Value("${redis.port}") int port,        // Redis连接端口
            @Value("${redis.username}") String username,          // 连接用户名
```

```
        @Value("${redis.password}") String password,             // 连接密码
        @Value("${redis.database}") int database                 // 默认数据库索引
    ) {                                                          // Redis连接配置
      RedisStandaloneConfiguration redisConfig =
            new RedisStandaloneConfiguration();                  // Redis配置
      redisConfig.setHostName(hostName);                         // Redis主机
      redisConfig.setPort(port);                                 // Redis端口
      redisConfig.setUsername(username);                         // 用户名
      redisConfig.setPassword(RedisPassword.of(password));       // 密码
      redisConfig.setDatabase(database);                         // 数据库索引
      return redisConfig;
    }
    @Bean
    public GenericObjectPoolConfig genericObjectPoolConfig(
        @Value("${redis.pool.maxTotal}") int maxTotal,           // 最大可用连接
        @Value("${redis.pool.maxIdle}") int maxIdle,             // 最大维持连接数
        @Value("${redis.pool.minIdle}") int minIdle,             // 最小维持连接数
        @Value("${redis.pool.testOnBorrow}") boolean testOnBorrow // 测试后返回
    ) {                                                          // Redis连接池配置
      GenericObjectPoolConfig poolConfig = new GenericObjectPoolConfig(); // 连接池配置
      poolConfig.setMaxTotal(maxTotal);                          // 最大连接数
      poolConfig.setMaxIdle(maxIdle);                            // 最大维持连接数
      poolConfig.setMinIdle(minIdle);                            // 最小连接数
      poolConfig.setTestOnBorrow(testOnBorrow);                  // 测试后返回连接
      return poolConfig;
    }
    @Bean
    public LettuceClientConfiguration clientConfiguration(
        @Autowired
        GenericObjectPoolConfig genericObjectPoolConfig) {       // Redis连接池
      return LettucePoolingClientConfiguration.builder()
            .poolConfig(genericObjectPoolConfig).build();        // 配置连接池
    }
    @Bean
    public LettuceConnectionFactory getLettuceConnectionFactory(
        @Autowired
        RedisStandaloneConfiguration redisStandaloneConfiguration, // Redis配置类
        @Autowired
        LettuceClientConfiguration lettuceClientConfiguration    // Redis连接池
    ) {                       // Lettuce连接工厂
      LettuceConnectionFactory factory = new LettuceConnectionFactory(
            redisStandaloneConfiguration,lettuceClientConfiguration); // Lettuce连接工厂类
      return factory ;
    }
}
```

（4）【spring 子模块】创建 StartRedisApplication 配置类。

```
package com.yootk;
import org.springframework.context.annotation.ComponentScan;
@ComponentScan({"com.yootk.config"})               // 配置扫描包
public class StartRedisApplication {}                  // Spring应用启动类
```

（5）【spring 子模块】编写测试类，验证当前的 Redis 数据库连接是否正确。

```
package com.yootk.test;
@ContextConfiguration(classes = StartRedisApplication.class) // 应用启动类
@ExtendWith(SpringExtension.class)
public class TestLettuceConnectionFactory {
    private static final Logger LOGGER = LoggerFactory
          .getLogger(TestLettuceConnectionFactory.class);    // 日志输出
    @Autowired
    private LettuceConnectionFactory connectionFactory;    // Lettuce连接工厂类
    @Test
    public void testConnection() {                    // 测试连接
       LOGGER.debug("【Redis连接】{}",
             this.connectionFactory.getConnection());    // 获取连接
    }
}
```

程序执行结果	【Redis连接】org.springframework.data.redis.connection.lettuce.LettuceConnection@7fda2001

4.2.2　RedisTemplate

RedisTemplate

视频名称　0409_【掌握】RedisTemplate

视频简介　Spring Data Redis 提供了 RedisTemplate 数据操作模板类。本视频分析该模板类的组成结构，并通过具体的实例分析如何用 RedisTemplate 实例实现 Redis 数据操作。

RedisTemplate 是 Spring Data Redis 提供的一个核心的操作模板类，开发者使用此模板类，可以方便地实现对 Redis 中各类数据的操作。由于 RedisTemplate 在使用时需要 Redis 连接对象，因此在进行配置时需要将 RedisConnectionFactory 接口实例注入该类之中。RedisTemplate 配置结构如图 4-17 所示。

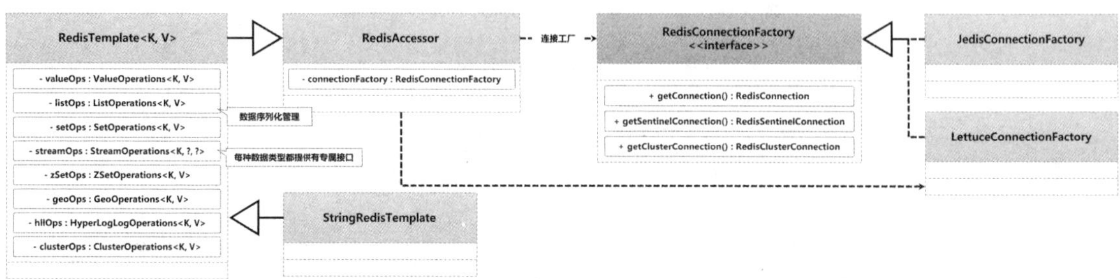

图 4-17　RedisTemplate 配置结构

Spring Data Redis 为便于进行不同的 Redis 数据操作，提供了一系列的数据操作接口实例，同时在 RedisTemplate 类中提供了一系列的 opsXxx()等方法以实现相关接口实例的获取。表 4-3 所示为用 RedisTemplate 类获取数据操作方法，下面通过具体的实例讲解 RedisTemplate 的配置与使用。

表 4-3　用 RedisTemplate 类获取数据操作方法

序号	方法	类型	描述
1	public ValueOperations<K, V> opsForValue()	普通	获取普通数据操作接口实例
2	public <HK, HV> HashOperations<K, HK, HV> opsForHash()	普通	获取 Hash 数据操作接口实例
3	public ListOperations<K, V> opsForList()	普通	获取 List 数据操作接口实例
4	public SetOperations<K, V> opsForSet()	普通	获取 Set 数据操作接口实例
5	public ZSetOperations<K, V> opsForZSet()	普通	获取 ZSet 数据操作接口实例
6	public HyperLogLogOperations<K, V> opsForHyperLogLog()	普通	获取 HLL 数据操作接口实例
7	public GeoOperations<K, V> opsForGeo()	普通	获取 GEO 数据操作接口实例
8	public <HK, HV> StreamOperations<K, HK, HV> opsForStream()	普通	获取 Stream 数据操作接口实例
9	public ClusterOperations<K, V> opsForCluster()	普通	获取集群数据操作接口实例
10	public Boolean hasKey(K key)	普通	判断是否有指定 key
11	public Boolean delete(K key)	普通	删除指定 key
12	public Boolean unlink(K key)	普通	采用惰性机制删除指定 key
13	public Set<K> keys(K pattern)	普通	采用匹配模式查询全部 key
14	public DataType type(K key)	普通	判断指定 key 对应的数据类型
15	public K randomKey()	普通	随意获取一个数据 key
16	public void rename(K oldKey, K newKey)	普通	重命名指定 key
17	public Boolean expire(K key, final long timeout, final TimeUnit unit)	普通	配置数据失效
18	public Boolean expireAt(K key, final Date date)	普通	配置数据在指定时间后失效
19	public Boolean move(K key, final int dbIndex)	普通	数据移动
20	public <T> T execute(RedisCallback<T> action)	普通	Redis 命令执行与回调操作

（1）【spring 子模块】创建 RedisTemplateConfig 配置类。

```
package com.yootk.config;
@Configuration                                                         // 配置类
public class RedisTemplateConfig {                                     // Redis模板配置类
   @Bean
   public RedisTemplate<String, String> redisTemplate(   // Redis模板类
         @Autowired LettuceConnectionFactory connectionFactory) { // 连接工厂类
      RedisTemplate<String, String> template = new StringRedisTemplate();
      template.setConnectionFactory(connectionFactory);           // 配置连接工厂
      return template;
   }
}
```

（2）【spring 子模块】使用 RedisTemplate 进行数据操作。

```
package com.yootk.test;
@ContextConfiguration(classes = StartRedisApplication.class)     // 应用启动类
@ExtendWith(SpringExtension.class)
public class TestRedisTemplate {
   private static final Logger LOGGER = LoggerFactory
         .getLogger(TestRedisTemplate.class);                      // 日志输出
   @Autowired
   private RedisTemplate<String, String> redisTemplate;            // Redis模板
   @Test
   public void testValueData() {                                   // 普通数据操作
      this.redisTemplate.opsForValue().set("yootk", "yootk.com");
      LOGGER.debug("【普通数据】yootk = {}",
            this.redisTemplate.opsForValue().get("yootk"));       // 数据查询
   }
   @Test
   public void testHashData() {                                    // Hash数据操作
      this.redisTemplate.opsForHash().put("member:yootk", "name", "李兴华");
      this.redisTemplate.opsForHash().put("member:yootk", "corp", "沐言科技");
      LOGGER.debug("【Hash数据】姓名：{}、机构：{}",
            this.redisTemplate.opsForHash().get("member:yootk", "name"),
            this.redisTemplate.opsForHash().get("member:yootk", "corp"));
   }
   @Test
   public void testListData() {                                    // List集合操作
      this.redisTemplate.opsForList().leftPushAll(
            "message:yootk", "hello", "good", "nice");
      List<String> result = this.redisTemplate.opsForList().range(
            "message:yootk", 0, -1);                               // 数据查询
      LOGGER.debug("【List数据】{}", result);
   }
}
```

testValueData()测试结果：	【普通数据】yootk = yootk.com
testHashData()测试结果：	【Hash数据】姓名：李兴华、机构：沐言科技
testListData()测试结果：	【List数据】[nice, good, hello]

4.2.3 对象序列化处理

对象序列化处理

视频名称 0410_【掌握】对象序列化处理

视频简介 RedisTemplate 提供了对象序列化存储的支持，这样可以直接基于 Redis 实现二进制对象的读写处理。本视频分析该操作的运行机制，并通过实例分析 JDK 序列化处理与 FastJSON 序列化处理的支持。

在 Redis 数据库底层设计之中，所有的数据存储都是以字节为单位的，所以理论上可以在 Redis 之中保存任何二进制数据。而 Java 是一门面向对象的编程语言，大多数数据都以类对象实例的形式存储，此时可以采用基于对象序列化的处理机制，将保存在堆内存中的对象数据转化为二进制数据流并写入 Redis 缓存之中。为了简化这一处理机制，RedisTemplate 提供了对象序列化处理的支持，设计结构如图 4-18 所示。

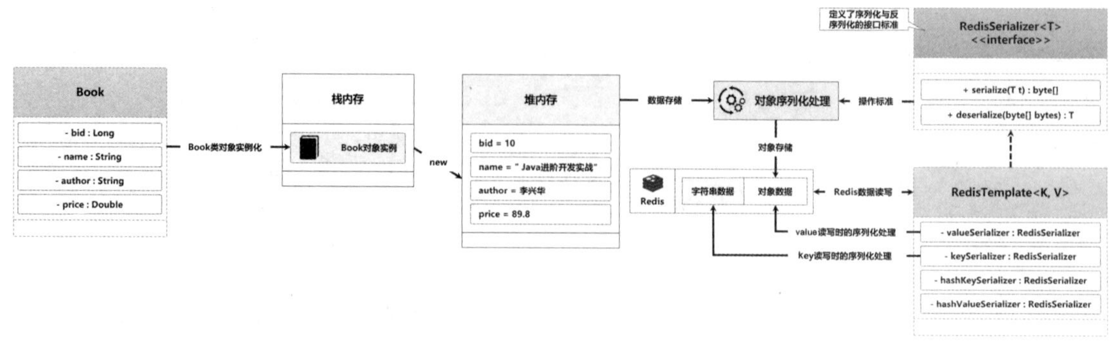

图 4-18 RedisTemplate 对象序列化处理设计结构

RedisTemplate 内部通过 RedisSerializer 接口实现对象读写操作，在对象存储时会自动调用 RedisSerializer 接口提供的 serialize()方法将对象转化为特定的数据结构；在数据读取时也会通过 deserialize()方法将读取到的缓存数据转化为指定的对象类型。Spring Data Redis 考虑了实际开发的需求，除了使用基于字节数组的方式实现序列化处理之外，还提供了 JDK 与 JSON 两种序列化处理支持。Redis 序列化配置管理如图 4-19 所示。

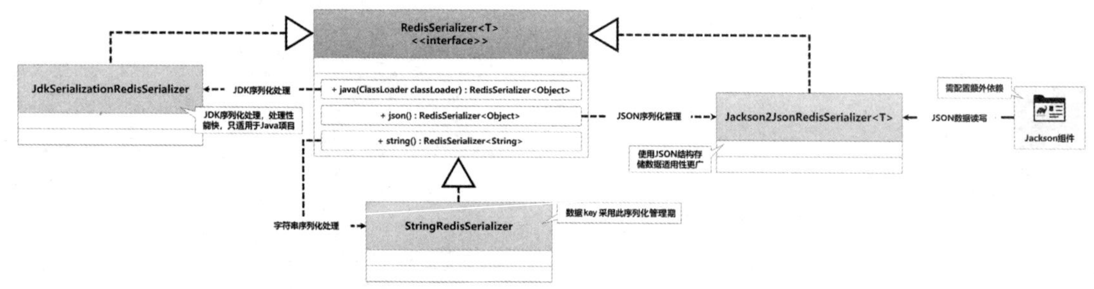

图 4-19 Redis 序列化配置管理

在进行缓存数据操作时，对于数据 key，往往采用 StringRedisSerializer 序列化处理器进行配置，缓存内容的序列化处理可以使用 JDK 序列化处理器（JdkSerializationRedisSerializer）或 JSON 序列化处理器（Jackson2JsonRedisSerializer）进行。下面通过具体的代码说明这两种序列化处理器的配置与使用。

（1）【spring 子模块】修改 RedisTemplateConfig 配置类，为 Redis 模板配置 JDK 序列化处理器。

```
package com.yootk.config;
@Configuration                                          // 配置类
public class RedisTemplateConfig {                      // Redis模板配置类
   @Bean
   public RedisTemplate<String, Object> redisTemplate(  // Redis模板类
         @Autowired LettuceConnectionFactory connectionFactory) { // 连接工厂类
      RedisTemplate<String, Object> template = new RedisTemplate();
      template.setConnectionFactory(connectionFactory); // 配置连接工厂
      // 设置普通数据和Hash数据的key和value序列化处理器
      template.setKeySerializer(new StringRedisSerializer()); // key序列化
      template.setValueSerializer(new JdkSerializationRedisSerializer()); // JDK序列化
      template.setHashKeySerializer(new StringRedisSerializer()); // key序列化
      template.setHashValueSerializer(new JdkSerializationRedisSerializer());
      return template;
   }
}
```

（2）【spring 子模块】创建一个需要进行序列化处理的类，该类需要实现序列化接口。

```
package com.yootk.vo;
public class Book implements java.io.Serializable {          // JDK序列化支持
   private Long bid;                                         // 图书编号
   private String name;                                      // 图书名称
   private String author;                                    // 图书作者
```

```
    private Double price;                                           // 图书价格
    // Setter、Getter、无参构造方法、toString()方法略
}
```

(3)【spring 子模块】创建测试类，实现对象读写操作。

```
package com.yootk.test;
@ContextConfiguration(classes = StartRedisApplication.class)     // 应用启动类
@ExtendWith(SpringExtension.class)
public class TestRedisObject {
    private static final Logger LOGGER = LoggerFactory.getLogger(TestRedisObject.class);
    @Autowired
    private RedisTemplate<String, Object> redisTemplate;           // Redis模板
    @Test
    public void testSaveObject() {                                   // 对象存储
        Book book = new Book();                                      // 对象实例化
        book.setBid(10L);                                            // 设置图书编号
        book.setName("Java进阶开发实战");                              // 设置图书名称
        book.setAuthor("李兴华");                                     // 设置图书作者
        book.setPrice(88.8);                                         // 设置图书价格
        this.redisTemplate.opsForValue().set("yootk:java", book);
    }
    @Test
    public void testLoadObject() {                                   // 对象读取
        Book book = (Book) this.redisTemplate.opsForValue().get("yootk:java");
        LOGGER.debug("【图书】编号：{}、名称：{}、作者：{}、价格：{}",
                book.getBid(), book.getName(), book.getAuthor(), book.getPrice());
    }
}
```

testLoadObject()执行结果	【图书】编号：10、名称：Java进阶开发实战、作者：李兴华、价格：88.8

当前测试程序中，用户一旦执行了 testSaveObject()方法，则会将保存在堆内存中的 Book 对象实例转化为二进制字节流并写入 Redis 之中。由于该二进制数据结构是 Java 定义的，因此只能通过 Java 并结合匹配的 JDK 版本才可以实现正确的对象反序列化处理。

(4)【redis 项目】如果想使用 JSON 实现序列化与反序列化处理，则需要在 spring 子模块中引入 Jackson 相关依赖，修改 build.gradle 配置文件。

```
implementation('com.fasterxml.jackson.core:jackson-core:2.14.0')
implementation('com.fasterxml.jackson.core:jackson-databind:2.14.0')
implementation('com.fasterxml.jackson.core:jackson-annotations:2.14.0')
```

(5)【spring 子模块】修改 RedisTemplateConfig 配置类，为其配置 JSON 序列化实现类。

```
@Bean
public RedisTemplate<String, Object> redisTemplate(           // Redis模板类
        @Autowired LettuceConnectionFactory connectionFactory) { // 连接工厂类
    RedisTemplate<String, Object> template = new RedisTemplate();
    template.setConnectionFactory(connectionFactory);          // 配置连接工厂
    template.setKeySerializer(new StringRedisSerializer());
    template.setValueSerializer(new GenericJackson2JsonRedisSerializer());
    template.setHashKeySerializer(new StringRedisSerializer());
    template.setHashValueSerializer(new GenericJackson2JsonRedisSerializer());
    return template;
}
```

此时的程序采用了 Jackson 组件并基于 JSON 结构实现了对象序列化处理，这样就避免了 JDK 反序列化处理对序列化版本的限制，并且可以通过任意语言实现该数据的读取。

提示：Spring Data Redis 执行 Redis 命令。

最初的 Spring Data Redis 组件，开发者可以使用 RedisConnection 接口以及 RedisTemplate 模板类执行各类的 Redis 服务器命令，例如，flushdb()、flushAll()等。为了规范化管理，Spring Data Redis 3.x 后的版本提供了 RedisCommandsProvider 接口（RedisConnection 为其子接口），通过该接口可以创建不同的 Redis 数据操作命令，例如，创建 RedisCommands 接口实例、创建 RedisServerCommands 接口实例等。RedisServerCommands 接口定义了可以执行的 Redis 服务端命令标准，例如，bgSave()、info()、flushdb()等常见的服务管理命令。

4.2.4　Pipeline 命令流水线

Pipeline 命令流水线

视频名称　0411_【掌握】Pipeline 命令流水线

视频简介　为了进一步提升 Redis 命令处理性能，Spring Data Redis 提供了流水线的处理支持。本视频分析 Pipeline 命令流水线操作机制的特点，并通过实例实现该机制。

在使用 RedisTemplate 处理操作时，每当通过 RedisTemplate 发出一条命令，实际上都需要 Redis 数据库连接对象的支持，所以默认情况下如果此时的应用程序要执行 10 条不同的 Redis 数据操作命令，就需要提供 10 个 Redis 连接对象。在没有 Redis 连接限制的情况下，该类操作机制是可以使用的，但是如果现在某一个 Redis 服务器需要同时为多个不同的应用程序服务，为了达到良好的性能分配目的，需要限制每一个应用连接数量，其应用架构如图 4-20 所示。

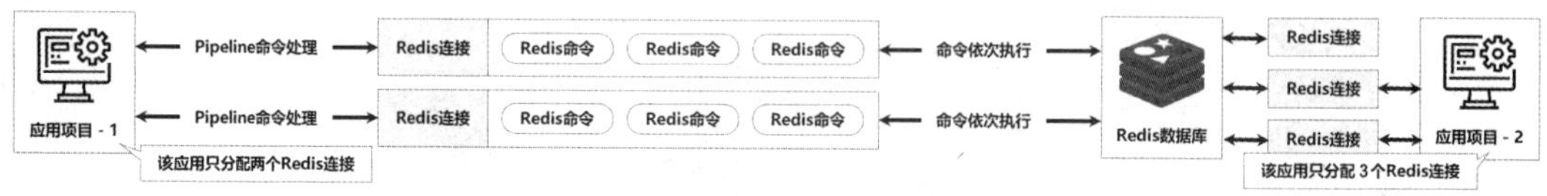

图 4-20　Redis 连接限制应用架构

Redis 本身并没有提供数据批处理的支持，所以 Spring Data Redis 为了解决该类问题，提供了 Pipeline 命令流水线的支持，即可以通过一个连接同时发出多条命令，并统一接收命令的处理结果。为了可以实现 Pipeline 命令流水线的支持，RedisTemplate 提供了 executePipelined()方法，在该方法中需要传递 RedisCallback 接口实例进行待执行命令的配置，最终的流水线命令操作是由 RedisConnection 接口实例发出的。RedisTemplate 实现命令流水线如图 4-21 所示，下面介绍实现命令流水线的具体操作。

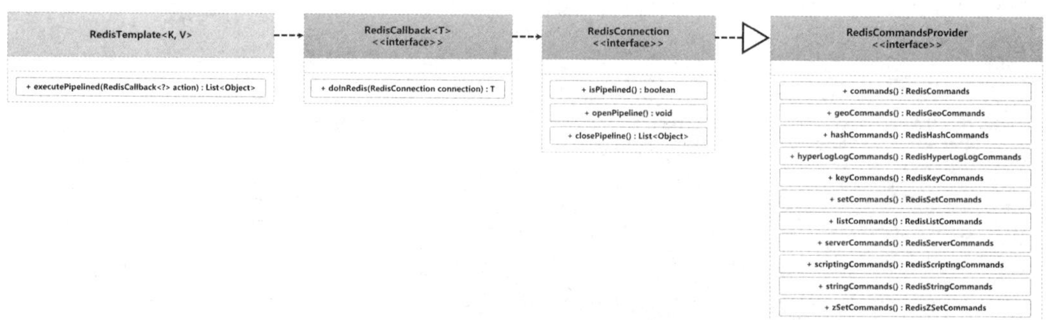

图 4-21　RedisTemplate 实现命令流水线

范例：【spring 子模块】创建 Redis 流水线作业向队列保存数据。

```
package com.yootk.test;
@ContextConfiguration(classes = StartRedisApplication.class)     // 应用启动类
@ExtendWith(SpringExtension.class)
public class TestPipeline {
   private static final Logger LOGGER = LoggerFactory.getLogger(TestPipeline.class);
   @Autowired
   private RedisTemplate<String, Object> redisTemplate;           // Redis模板
   @Test
   public void testPipelinePush() {                               // 命令流水线
      this.redisTemplate.executePipelined(new RedisCallback<Object>() {
         @Override
         public Object doInRedis(RedisConnection redisConnection)
               throws DataAccessException {
            redisConnection.openPipeline();                     // 打开命令流水线
            for (int x = 0; x < 3; x++) {                       // 循环配置命令
               redisConnection.listCommands().lPush("queue:message".getBytes(),
                     ("HelloMessage - " + x).getBytes());
            }
```

```
                LOGGER.debug("【关闭流水线】{}",
                        redisConnection.closePipeline());          // 关闭命令流水线
                return null;                                        // 命令流水线操作必须返回null
            }
        });
    }
    @Test
    public void testPipelinePop() {                                 // 命令流水线
        final List<String> listResult = new ArrayList<>();
        this.redisTemplate.executePipelined(new RedisCallback<Object>() {
            @Override
            public Object doInRedis(RedisConnection redisConnection)
                    throws DataAccessException {
                redisConnection.openPipeline();                     // 打开命令流水线
                for (int x = 0; x < 3; x++) {                       // 循环配置命令
                    redisConnection.listCommands().lPop("queue:message".getBytes());
                }
                List<Object> result = redisConnection.closePipeline(); // 关闭命令流水线
                result.forEach((data)->{
                    listResult.add(new String((byte[]) data));      // 数据保存
                });
                return null;                                        // 命令流水线操作必须返回null
            }
        });
        LOGGER.debug("【List数据】{}", listResult);
    }
}
```

testPipelinePush()测试结果	【关闭流水线】[1, 2, 3]
testPipelinePop()测试结果	【List数据】[HelloMessage - 2, HelloMessage - 1, HelloMessage - 0]

在命令流水线执行批量命令时，需要通过 RedisConnection 接口中的 openPipline()方法开启流水线模式，之后按照顺序依次发出要执行的命令。当命令执行完成后，通过 closePipeline()方法关闭命令流水线模式，同时一次性返回全部命令的执行结果。

4.2.5 Spring Cache 整合 Redis

Spring Cache 整合 Redis

视频名称 0412_【掌握】Spring Cache 整合 Redis

视频简介 Redis 可以提供高性能的缓存服务，所以在实际开发中可以进一步与 Spring Cache 进行整合。本视频分析 Spring Cache 与 Spring Data Redis 配置之间的联系，并通过具体的数据分层加载模式实现 Spring Cache 缓存操作。

为了提升业务数据的处理性能，在项目开发过程中会大量缓存业务数据，而为了简化业务数据的缓存操作，Spring 提供了 Spring Cache 组件，利用该组件可以方便地整合不同的缓存实现组件，如图 4-22 所示。这样，只需要通过特定的注解就可以实现缓存数据的保存、加载、删除以及清空等处理。

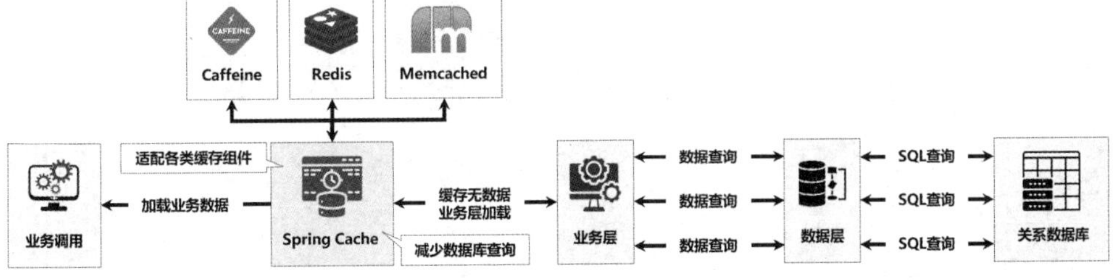

图 4-22 Spring Cache 组件

> **提示：Spring Cache 配置注解。**
>
> 在本套丛书的《Spring 开发实战（视频讲解版）》中已经详细地分析了 Caffeine 单机缓存、Memcached 分布式缓存组件以及 Spring Cache 缓存技术，读者如果对相关概念不熟悉，可以翻阅相关图书进行学习。同时，为了简洁，数据层将不再使用 Spring Data JPA 或 MyBatis 组件进行开发。

为了便于进行各类缓存组件的整合，Spring Cache 提供了 CacheManager 与 Cache 两个核心接口，每一个 Cache 都对应一个具体的缓存实现方案，用户导入的 Spring Data Redis 相关依赖库会提供 RedisCacheManager 与 RedisCache 实现子类，如图 4-23 所示。这样，开发者只需要按照既定的结构进行缓存实现类的配置即可，下面介绍具体实现。

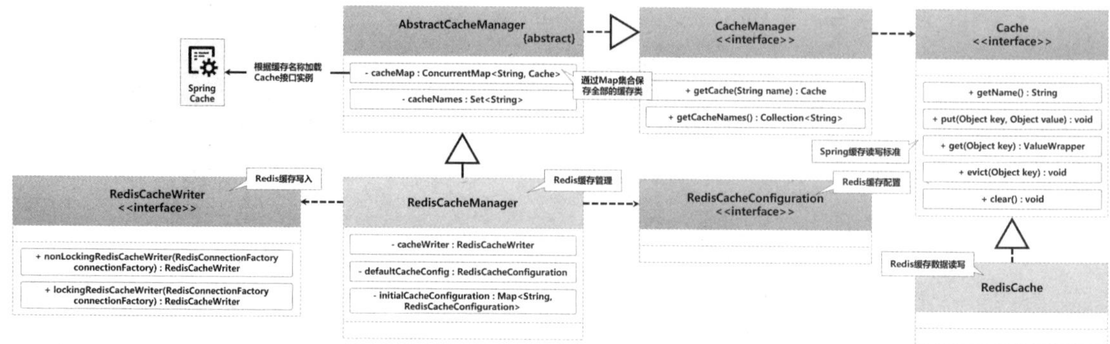

图 4-23　Spring Cache 整合 Redis 组件

（1）【spring 子模块】创建 IMessageDAO 数据层接口。

```
package com.yootk.dao;
import java.util.List;
public interface IMessageDAO {
    public List<String> findAll();                              // 获取全部消息
}
```

（2）【spring 子模块】创建 MessageDAOImpl 接口实现子类。

```
package com.yootk.dao.impl;
@Repository
public class MessageDAOImpl implements IMessageDAO {
    private static final Logger LOGGER = LoggerFactory.getLogger(MessageDAOImpl.class);
    @Override
    public List<String> findAll() {
        LOGGER.debug("【MessageDAO数据层】调用findAll()方法查询消息表全部数据。");
        return List.of("Hello", "Good", "Nice");        // 模拟数据返回
    }
}
```

（3）【spring 子模块】创建 IMessageService 业务接口，并配置 Spring Cache 相关注解。

```
package com.yootk.service;
@CacheConfig(cacheNames = "yootk:message")              // 公共缓存配置
public interface IMessageService {
    @Cacheable                                              // 配置缓存注解
    public List<String> list();                             // 加载全部消息数据
}
```

（4）【spring 子模块】创建 MessageServiceImpl 业务接口实现子类，通过数据接口加载数据。

```
package com.yootk.service.impl;
@Service
public class MessageServiceImpl implements IMessageService { // 业务实现类
    @Autowired
    private IMessageDAO messageDAO;                                // 注入数据层接口实例
    @Override
    public List<String> list() {
        return this.messageDAO.findAll();                          // 数据查询
    }
}
```

（5）【spring 子模块】修改 RedisTemplateConfig 配置类，在该类中添加一个默认的 RedisTemplate 实例。

```
@Bean
public RedisTemplate<String, Object> cacheTemplate(
        @Autowired LettuceConnectionFactory connectionFactory) { // 连接工厂类
    RedisTemplate<String, Object> template = new RedisTemplate<>(); // 定义模板类
```

```
    template.setConnectionFactory(connectionFactory); // 配置连接工厂
    return template;
}
```

（6）【spring 子模块】创建 CacheConfig 配置类。

```
package com.yootk.config;
@Configuration
@EnableCaching // 启用Spring Cache
public class CacheConfig {
    @Bean
    public CacheManager cacheManager(
            @Autowired RedisTemplate<String, Object> cacheTemplate) { // 缓存管理器
        RedisCacheWriter redisCacheWriter = RedisCacheWriter
                .nonLockingRedisCacheWriter(
                        cacheTemplate.getConnectionFactory());   // 非锁定写入
        RedisCacheConfiguration redisCacheConfiguration = RedisCacheConfiguration
                .defaultCacheConfig()           // 获取默认缓存配置
                .serializeValuesWith(RedisSerializationContext
                        .SerializationPair
                        .fromSerializer(cacheTemplate.getValueSerializer()));
        // 创建Redis缓存管理实例，并配置所有要使用的缓存名称，该名称与“@CacheConfig”注解配置对应
        return new RedisCacheManager(
                redisCacheWriter, redisCacheConfiguration, "yootk:message");
    }
}
```

（7）【spring 子模块】修改 Spring 应用启动类，定义数据层与业务层扫描包。

```
Package com.yootk;
@ComponentScan({"com.yootk.config", "com.yootk.dao", "com.yootk.service"}) // 配置扫描包
public class StartRedisApplication {}               // Spring应用启动类
```

（8）【spring 子模块】创建测试类，验证 Spring Cache 配置是否生效。

```
package com.yootk.test;
@ContextConfiguration(classes = StartRedisApplication.class) // 应用启动类
@ExtendWith(SpringExtension.class)
public class TestMessageService {
    private static final Logger LOGGER = LoggerFactory
            .getLogger(TestMessageService.class);              // 日志输出
    @Autowired
    private IMessageService messageService;                    // 业务接口
    @Test
    public void testList() {                                   // 对象存储
        LOGGER.info("【Message业务】获取全部消息数据：{}", this.messageService.list());
    }
}
```

第一次测试结果	【MessageDAO数据层】调用findAll()方法查询消息表全部数据。 【Message业务】获取全部消息数据：[Hello, Good, Nice]
第二次测试结果	【Message业务】获取全部消息数据：[Hello, Good, Nice]

此时的程序在第一次查询数据时，由于 Redis 中没有对应的缓存项，因此会通过数据层进行数据加载，并将该数据层的返回结果保存在 Redis 之中。这样在后续调用业务方法时，就可以通过 Redis 直接加载所需数据。

4.3 分布式锁

分布式锁

视频名称 0413_【掌握】分布式锁

视频简介 随着当今集群服务的架构增多，在访问公共资源时，需要进行多线程数据同步处理。本视频分析分布式锁的作用，并分析分布式锁实现架构。

在 Java 编程中为了保护多线程下的资源操作安全性，往往需要进行统一的同步处理，而考虑到线程死锁以及性能的问题，Java 提供了完整的 J.U.C 并发编程支持包，但是这些操作机制只适合单一 Java 进程下的数据同步处理，如果现在面对多个不同的 JVM 进程所开启的多线程，将无法实

现有效的同步操作，此时可以参考分布式锁实现架构，如图 4-24 所示。

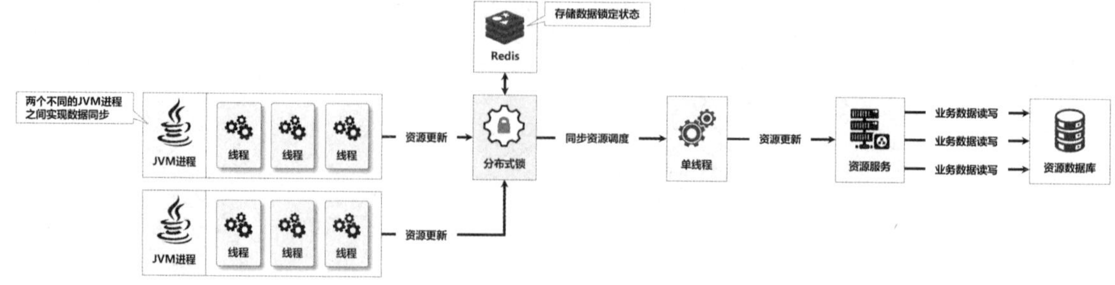

图 4-24　分布式锁实现架构

在分布式的 Java 开发环境中，为了保证资源服务中数据操作的完整性，只允许采用单线程机制处理，所以当存在多线程同时进行资源处理操作时，就需要进行分布式锁控制。分布式锁的本质就是分布式数据存储的操作标记，存储该标记的可以是一个任意的终端，例如，ZooKeeper、Nacos、Redis 或者 SQL 数据库。考虑到性能以及稳定性，应首选 Redis 数据库。

当某一个线程需要进行资源操作时，会先判断当前的资源是否锁定，判断的依据就是检查在 Redis 数据库中是否存在指定的数据 key，如果数据 key 不存在则表示当前没有线程执行资源处理，可以在数据库中保存一个标记后再进行资源处理，如图 4-25 所示。此时，后续执行的线程如果发现资源操作已经被锁定了，则可以直接返回调用失败的信息，或者追加延迟队列等待当前线程释放资源后再继续调用，如图 4-26 所示，下面介绍具体的实现步骤。

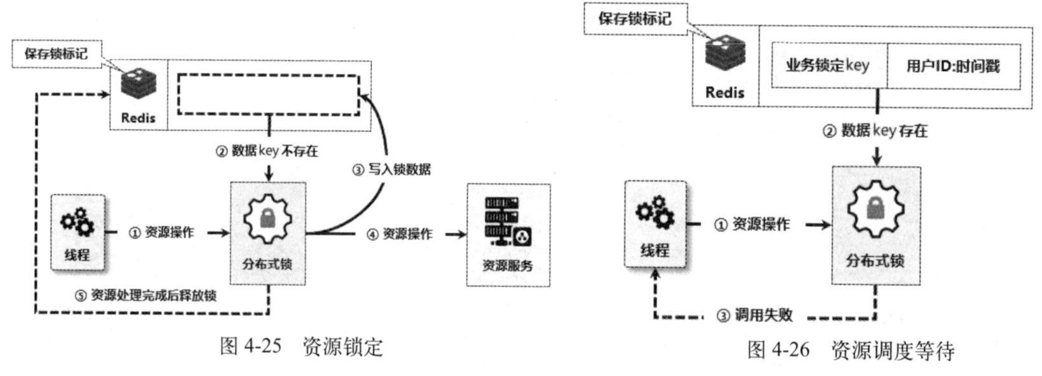

图 4-25　资源锁定

图 4-26　资源调度等待

提示：分布式锁必须定期释放。

分布式锁的核心机制在于标记数据的保存与读取判断，如果操作线程没有及时地删除 Redis 中的锁定标记，则会出现某一资源被锁定的状态，在这样的情况下可以使用 Redis 中的 TTL 淘汰策略，当达到某个时长后将该数据自动删除。如果设计者不希望使用此类自动淘汰机制，也可以设置一个后台的扫描线程，定期进行手动的过期操作（在存放锁定数据时包含时间戳），本次的讲解基于 TTL 的机制实现定时资源释放的处理。

（1）【redis 项目】创建 lock 子模块，随后修改 build.gradle 配置文件为其配置相关依赖。

```
project(":lock") {
    dependencies {                                          // 根据需求进行依赖配置
        implementation('org.springframework.boot:spring-boot-starter-web:3.0.0')
        testImplementation('org.springframework.boot:spring-boot-starter-test:3.0.0')
        compileOnly('org.projectlombok:lombok:1.18.24')        // lombok组件
        annotationProcessor 'org.projectlombok:lombok:1.18.24' // 注解处理支持
        implementation('org.springframework.boot:spring-boot-starter-data-redis:3.0.0')
    }
}
```

spring-boot-starter-data-redis 依赖库的内部会提供一个 RedisAutoConfiguration 自动装配类，该类定义了 RedisTemplate 与 StringRedisTemplate 两个操作模板对象实例，一个可以实现对象数据读写，另一个可以实现字符串数据读写。

（2）【lock 子模块】在 src/main/resources 目录中创建 application.yml 配置文件，并按照如下结构编写文件内容。

```
spring:
  profiles:                                    # profiles配置
    active: env                                # profiles环境标记
  server:                                      # 服务配置
    port: 8080                                 # Web监听端口
  data:                                        # Spring Data Redis配置
    redis:                                     # Redis相关配置
      host: redis-server                       # Redis服务器地址
      port: 6379                               # Redis服务器连接端口
      username: default                        # Redis服务器连接用户名
      password: yootk                          # Redis服务器连接密码
      database: 0                              # Redis数据库索引（默认为0）
      connect-timeout: 200                     # 连接超时时间，不能设置为0
      lettuce:                                 # 配置Lettuce
        pool:                                  # 配置连接池
          max-active: 100                      # 连接池最大连接数（负值表示没有限制）
          max-idle: 29                         # 连接池中的最大空闲连接数
          min-idle: 10                         # 连接池中的最小空闲连接数
          max-wait: 1000                       # 连接池最大阻塞等待时间（负值表示没有限制）
          time-between-eviction-runs: 2000     # 每2秒回收一次空闲连接
logging:                                       # 日志配置
  level:                                       # 日志级别
    root: info                                 # 全局日志级别
    com.yootk: debug                           # 局部日志级别
```

（3）【lock 子模块】考虑到程序并发性的处理问题，应该进行线程池的配置，创建 ThreadPoolConfig 配置类。

```
package com.yootk.config;
@EnableAsync                                                    // 启用异步支持
@Configuration                                                  // 配置类
public class ThreadPoolConfig {                                 // 线程池配置
    @Bean
    public Executor taskExecutor() {                            // 配置线程池
        ThreadPoolTaskScheduler scheduler = new ThreadPoolTaskScheduler(); // 线程池实例
        // 线程池大小，通过Runtime类动态获取当前系统内核数量计算得来
        scheduler.setPoolSize(Runtime.getRuntime().availableProcessors() * 2);
        scheduler.setThreadNamePrefix("LockThread-");           // 线程池前缀
        // 设置线程池关闭的时候等待所有任务都完成再继续销毁其他的Bean
        scheduler.setWaitForTasksToCompleteOnShutdown(true);  // 线程池任务执行完毕后再销毁
        scheduler.setAwaitTerminationSeconds(60);               // 强制性线程销毁等待时间
        scheduler.setRejectedExecutionHandler(
                new ThreadPoolExecutor.CallerRunsPolicy()); // 拒绝策略
        return scheduler;
    }
}
```

（4）【lock 子模块】创建分布式锁的操作工具类，可以实现数据锁定与解锁控制。

```
package com.yootk.util;
@Component
@Slf4j
public class DistributedLockUtil {
    @Autowired
    private RedisTemplate<String, String> stringRedisTemplate; // Redis操作模板
    /** 分布式锁处理操作，当前抢占到资源的线程可以实现数据锁定
     * @param key 分布式锁标记，不同的业务有不同的锁标记
     * @param userid 操作用户ID，依据该数据可以判断是否重复获取锁
     * @param timeout 分布式锁有效时间
     * @param timeUnit 分布式锁有效时间单位
```

```
     * @return 获取分布式锁返回true，否则返回false
     */
    public boolean lock(String key, String userid, Long timeout, TimeUnit timeUnit) {
        // 数据中保存时间戳便于手动清除数据的操作
        String value = userid + ":" + System.currentTimeMillis(); // 保存数据
        // 当不存在key的时候设置value并返回true，如果key存在则返回false，继续执行后续代码
        if (this.stringRedisTemplate.opsForValue()
                .setIfAbsent(key, value, timeout, timeUnit)) {
            return true;                    // 表示已经获取了分布式锁资源
        }
        String executor = this.stringRedisTemplate.opsForValue().get(key);   // 获取数据
        if (StringUtils.hasLength(executor)) {      // 数据不为空，表示还未释放分布式锁
            // 获取原始保存的执行者名称信息，这样做的目的是方便进行内容的重新设置，防止超时
            String oldValue = this.stringRedisTemplate.opsForValue().get(key);
            if (StringUtils.hasLength(oldValue) && oldValue.startsWith(userid)) { // 已抢占
                // 防止数据超时，所以重新进行内容设置，一定要设置好超时时间
                this.stringRedisTemplate.opsForValue().setIfAbsent(
                        key, value, timeout, timeUnit); // 重新设置超时时间
                return true;          // 可以继续等待
            }
        }
        return false;                   // 未抢到分布式锁资源，本次抢夺失败
    }
    /**
     * 解除分布式锁
     * @param key 分布式锁标记，不同的业务由不同的分布式锁标记
     * @param userid 操作用户ID，可以判断当前操作是否已获取分布式锁
     */
    public void unlock(String key, String userid) {
        String value = this.stringRedisTemplate.opsForValue().get(key);
        log.debug("【分布式锁】资源操作完毕，释放锁资源：{}", value);
        if (StringUtils.hasLength(value) && value.startsWith(userid)) { // 已抢占到分布式锁
            this.stringRedisTemplate.opsForValue().getOperations().delete(key); // 删除
        }
    }
}
```

（5）【lock 子模块】编写资源任务处理类。

```
package com.yootk.task;
@Component                                                      // Bean注册
@Slf4j                                                          // 日志记录
public class ResourceTask {                                     // 资源处理类
    public static final String BUSINESS_KEY = "yootk-resource"; // KEY名称
    @Autowired
    private DistributedLockUtil distributedLockUtil;         // 分布式锁
    @Async
    public void handle(String userid) {
        // 资源操作前应获取分布式锁，同时设置每个分布式锁的最大有效时间
        if (this.distributedLockUtil.lock(BUSINESS_KEY, userid, 3L, TimeUnit.SECONDS)) {
            log.debug("【{}】获取分布式锁，开始进行业务处理。",
                    Thread.currentThread().getName());
            try {
                TimeUnit.SECONDS.sleep(1);                      // 模拟业务耗时
            } catch (InterruptedException e) {}
            log.debug("【{}】业务处理完毕，释放分布式锁。",
                    Thread.currentThread().getName());
            this.distributedLockUtil.unlock(BUSINESS_KEY, userid);
        } else {
            log.debug("【{}】未获取分布式锁，无法进行资源处理。",
                    Thread.currentThread().getName());
        }
    }
}
```

（6）【lock 子模块】创建应用程序启动类。

```
package com.yootk;
@SpringBootApplication                       // Spring Boot启动注解
public class StartDistributedLockApplication {
    public static void main(String[] args) {
```

```
        SpringApplication.run(StartDistributedLockApplication.class, args); // 程序启动
    }
}
```

（7）【lock 子模块】编写测试类，启动 3 个线程进行资源调用。

```
package com.yootk.test;
@SpringBootTest(classes = StartDistributedLockApplication.class)
@ExtendWith(SpringExtension.class)
@WebAppConfiguration
public class TestResourceTask {                              // 抢红包测试
    @Autowired
    private ResourceTask task;                               // 资源任务
    @Test
    public void testHandle() {                               // 分布式锁操作测试
        for (int x = 0; x < 3; x++) {                        // 循环任务
            this.task.handle("yootk-" + x);                  // 资源调用
        }
    }
}
```

程序执行结果	【LockThread-3】获取分布式锁，开始进行资源处理。 【LockThread-2】未获取分布式锁，无法进行资源处理。 【LockThread-1】未获取分布式锁，无法进行资源处理。 【LockThread-3】业务处理完毕，释放分布式锁。 【分布式锁】资源操作完毕，释放锁资源：yootk-1:1669267448514

此时的程序启动了 3 个线程，并且通过 ResourceTask 多线程任务类进行了资源调用。由于分布式锁只允许一个线程进行业务处理，因此其他未获取的分布式锁线程将无法进行资源调用，而在某一个线程执行完资源调用后，需要及时地进行分布式锁的释放处理。

4.4 接口幂等性

接口幂等性

视频名称 0414_【掌握】接口幂等性

视频简介 分布式系统设计中，往往会使用 Token 的形式进行服务拦截处理。本视频分析设计接口幂等性的意义，同时基于拦截器与 Redis 实现调用检测处理。

在当今的应用设计之中，考虑到系统的可维护性以及稳定性，往往会进行各类子模块的拆分，于是整个项目除了基本的前台展示之外，还包含许多业务中心，甚至微服务。这样一来调用过程中就不可避免地会出现因为网络延迟造成服务重复调用的问题，而为了解决此类问题需要保证接口幂等性。

接口幂等性指的是用户对同一操作发出的一次或多次请求，其结果是一致的，不会因为多次点击而产生副作用。例如，在进行移动支付时，如果出现了网络异常或者用户多次点击支付的操作现象，就不应该进行重复的扣款处理，这就是接口幂等性的作用。图 4-27 所示为接口幂等性实现方案的常见做法。

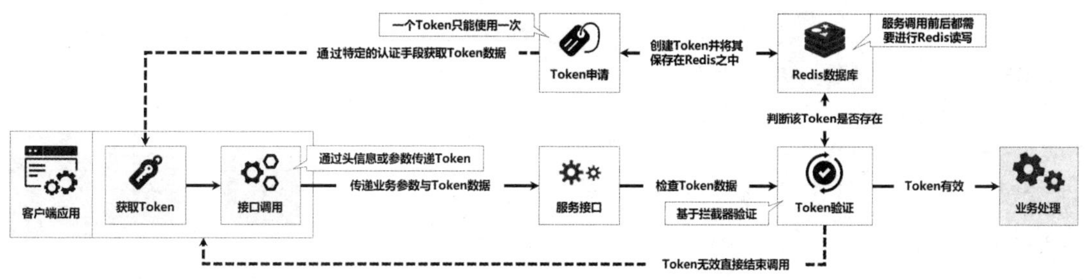

图 4-27　接口幂等性实现方案的常见做法

接口幂等性的实现关键就是有 Token 验证数据，在用户进行接口调用前，应该获取一个 Token

记录，考虑到分布式与高并发的应用场景，此 Token 数据一般会通过 Redis 数据库进行存储。在用户真正发出接口调用请求时，将获取的 Token 记录以头信息或参数的形式发送到服务接口中，并在业务调用之前进行 Token 检查。如果 Token 有效则表示可以进行业务调用，如果无效则直接返回错误信息，下面介绍该操作的具体实现。

（1）【redis 项目】创建一个 idemp 子模块用于实现接口幂等性配置，该模块依赖配置与“lock”子模块的相同。

（2）【idemp 子模块】参考之前的“lock”子模块定义，在 idemp 子模块中定义 application.yml 配置文件。

（3）【idemp 子模块】创建 ITokenService 业务接口。

```
package com.yootk.service;
public interface ITokenService {
    public String createToken(String code);    // 创建Token
    public boolean checkToken(String code);    // 检查Token
}
```

（4）【idemp 子模块】创建 Token 业务接口实现子类。

```
package com.yootk.service.impl;
@Service
public class TokenServiceImpl implements ITokenService {
    private static final String TOKEN_PREFIX = "YootkToken:" ; // 数据前缀
    private static final long EXPIRE_TIME = 30;        // 失效时间
    @Autowired
    private RedisTemplate<String, String> stringRedisTemplate; // Redis模板
    @Override
    public String createToken(String code) {
        // 在实际开发中，code应该是由服务端签发的一组数据，在生成Token前需要检查code是否正确
        String key = TOKEN_PREFIX + code;                   // 生成数据key
        if (this.stringRedisTemplate.hasKey(key)) {    // Token存在
            return null;                                    // 已有的Token未失效
        }
        // 提示：考虑到数据的安全性，也可以使用《SSM开发实战》一书中讲到的雪花算法生成
        String value = UUID.randomUUID().toString();   // UUID生成
        this.stringRedisTemplate.opsForValue().setIfAbsent(
                key, value, EXPIRE_TIME, TimeUnit.SECONDS); // 自动过期数据
        return value;
    }
    @Override
    public boolean checkToken(String code, String token) {
        String key = TOKEN_PREFIX + code;                   // 生成数据key
        String value = this.stringRedisTemplate.opsForValue().get(key); // 获取数据项
        if (value != null) {                                // Token数据有效
            if (value.equals(token)) {
                this.stringRedisTemplate.delete(key);   // 删除Token
                return true;                            // 检查通过
            }
        }
        return false;                               // 检查通过
    }
}
```

考虑到开发中某个获取 Token 操作的客户端暂时取消了接口调用的操作，所以为了保证下次可以申请到正确的 Token 数据，每一个 Token 数据的默认保存时长为 30 秒，即同一个客户端在 30 秒后才可以再次进行接口调用申请。

（5）【idemp 子模块】为便于不同接口实现 Token 数据的检查，创建一个 Token 检测的标记注解。

```
package com.yootk.annotation;
@Target({ElementType.METHOD})                                // 方法上使用该注解
@Retention(RetentionPolicy.RUNTIME)                          // 运行时生效
public @interface Idempontent {}
```

（6）【idemp 子模块】创建用于 Token 检测的拦截器，在请求处理前进行 Token 验证。

```
package com.yootk.interceptor;
@Slf4j
```

```
@Component
public class IdempotentInterceptor implements HandlerInterceptor { // Token检测拦截
    @Autowired
    private ITokenService tokenService;                    // Token操作
    @Override
    public boolean preHandle(HttpServletRequest request, HttpServletResponse response,
                    Object handler) {
        if (!(handler instanceof HandlerMethod)) {
            return true;
        }
        HandlerMethod handlerMethod = (HandlerMethod) handler;
        Method method = handlerMethod.getMethod();
        Idempotent methodAnnotation = method.getAnnotation(Idempotent.class);
        if (methodAnnotation != null) {                    // 存在校验注解
            return check(request);                         // 幂等性校验
        }
        return true;
    }
    private boolean check(HttpServletRequest request) {
        String token = request.getHeader("token");         // 获取Token信息
        if (token == null || "".equals(token)) {           // 头信息中不包含token
            token = request.getParameter("token");         // 通过参数获取Token
            if (token == null || "".equals(token)) {       // Token失效
                log.error("【幂等性检测】检测失败，没有传递Token数据。");
            }
        }
        String code = request.getParameter("code");        // 获取授权码
        if (token != null && code != null) {               // 存在Token信息，对Token信息进行检查
            return this.tokenService.checkToken(code, token); // 检查Token信息是否存在
        }
        return false;
    }
}
```

（7）【idemp 子模块】在应用中配置拦截器。

```
package com.yootk.config;
@Configuration
public class WebInterceptorConfig implements WebMvcConfigurer {
    @Override
    public void addInterceptors(InterceptorRegistry registry) { // 拦截器注册
        registry.addInterceptor(this.handlerInterceptor()).addPathPatterns("/**");
    }
    @Bean
    public HandlerInterceptor handlerInterceptor() {
        return new IdempotentInterceptor();
    }
}
```

（8）【idemp 子模块】创建获取 Token 的控制器处理类。

```
package com.yootk.action;
@Controller
@Slf4j
public class TokenAction {
    @Autowired
    private ITokenService tokenService;
    @RequestMapping("/token")
    @ResponseBody
    public Object token(String code) {             // 根据授权码获取Token
        String token = this.tokenService.createToken(code); // 创建Token
        log.info("【Token】生成客户端Token数据, code = {}、token = {}", code, token);
        return token;
    }
}
```

（9）【idemp 子模块】创建核心业务控制器处理类。

```
package com.yootk.action;
@Controller
public class MessageAction {
    @RequestMapping("/echo")
    @ResponseBody                          // REST响应
    @Idempotent                            // Token检查
```

```
    public Object echo(String msg) {
        return "【ECHO】" + msg;
    }
}
```

（10）【idemp 子模块】创建应用程序启动类。

```
package com.yootk;
@SpringBootApplication                          // Spring Boot启动注解
public class StartIdempotentApplication {
    public static void main(String[] args) {
        SpringApplication.run(StartIdempotentApplication.class, args); // 程序启动
    }
}
```

（11）【浏览器】访问客户端前要获取 Token 数据。

程序访问路径	localhost:8080/token?code=yootk
程序执行结果	72ace8f3-1514-4d24-8727-b06da8c3f031

（12）【浏览器】访问业务控制器，同时传递 Token 数据。

程序访问路径	localhost:8080/echo?msg=www.yootk.com&code=yootk&token=72ace8f3-1514-4d24-8727-b06da8c3f031
程序执行结果	【ECHO】www.yootk.com

在当前 Token 数据正确的情况下，拦截器才会将请求转发给目标业务控制器，从而获取业务处理结果。如果此时传递的 Token 数据不正确或者已经过期，那么不会有任何数据返回。

4.5　响应式数据操作

响应式数据操作

视频名称　0415_【掌握】响应式数据操作

视频简介　Spring Data Redis 支持响应式的开发模板。本视频基于 Spring 提供的 WebFlux 框架模型实现 Redis 命令的处理操作，并采用 Spring MVC 实现数据内容的获取。

在使用 Spring Boot 集成 Spring Data Redis 组件时，spring-boot-starter-data-redis 依赖会提供 RedisAutoConfiguration 自动装配类，而该装配类默认提供 RedisTemplate 与 StringRedisTemplate 两个数据操作模板类，如图 4-28 所示。

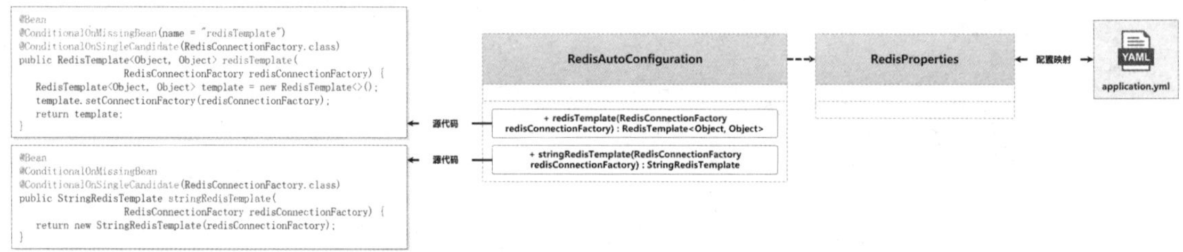

图 4-28　RedisAutoConfiguration 提供的 Redis 模板类

Lettuce 考虑到用户处理数据的需要，提供 3 类命令操作形式，分别是同步命令、异步命令以及响应式命令，而 Spring Data Redis 提供的 RedisTemplate 模板采用的是异步命令执行模式，即基于 RedisAsyncCommands 接口实现命令操作。

提示：观察 LettuceStringCommands 接口实现。

Spring Data Redis 为便于进行不同类型的数据操作，提供多个命令接口，本次以 RedisStringCommands 接口为例，该接口可以实现普通数据的处理。Lettuce 数据操作如图 4-29 所示。

在 LettuceStringCommands 子类内部进行接口方法实现时，所有的命令操作都是通过异步命令接口发出的，所以 RedisTemplate 的默认处理机制为异步结构。

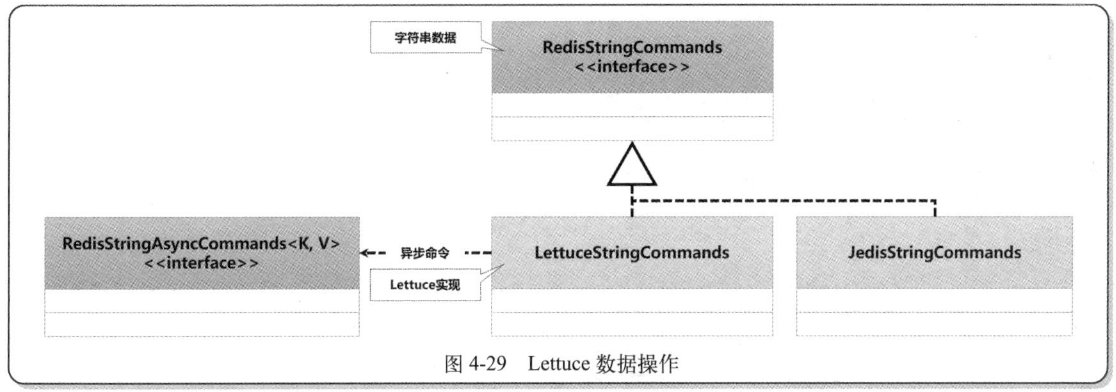

图 4-29 Lettuce 数据操作

使用响应式编程可以极大地提高系统的并发处理性能，但是 Spring Boot 框架如果想启用响应式编程模型，则需要通过 spring-boot-starter-webflux 依赖库构建应用，还要由开发者自行定义 ReactiveRedisTemplate 操作模板类，下面介绍具体的实现。

（1）【redis 项目】创建“reactor”子模块，同时修改 build.gradle 配置文件，为该子模块配置响应式开发包。

```
project(":reactor") {
    dependencies {                // 根据需要进行依赖配置
        implementation('org.springframework.boot:spring-boot-starter-webflux:3.0.0')
        testImplementation('org.springframework.boot:spring-boot-starter-test:3.0.0')
        compileOnly('org.projectlombok:lombok:1.18.24') // lombok组件
        annotationProcessor 'org.projectlombok:lombok:1.18.24' // 注解处理支持
        implementation('org.springframework.boot:spring-boot-starter-data-redis:3.0.0')
    }
}
```

（2）【reactor 子模块】参考之前讲解的“lock”子模块定义方法，在 reactor 子模块中定义 application.yml 配置文件。

（3）【reactor 子模块】创建 LettuceConfig 配置类，定义响应式 Redis 数据操作模板。

```
package com.yootk.config;
@Configuration
public class LettuceConfig {
    @Bean
    public ReactiveRedisTemplate<String, String> reactiveRedisTemplate(
            ReactiveRedisConnectionFactory reactiveRedisConnectionFactory) {
        return new ReactiveRedisTemplate<>(reactiveRedisConnectionFactory,
                RedisSerializationContext.string());
    }
}
```

（4）【reactor 子模块】创建控制器类，基于响应式操作实现 Redis 数据操作。

```
package com.yootk.action;
@RestController                                         // 直接响应
@RequestMapping("/reactor")
public class LettuceAction {
    @Autowired                                          // 注入响应式Redis操作模板
    private ReactiveRedisTemplate<String, String> reactiveRedisTemplate;
    @RequestMapping("/add_value")
    public Mono<Boolean> setValue(String key, String value) {
        return this.reactiveRedisTemplate.opsForValue().set(key, value);
    }
    @RequestMapping("/get_value")
    public Mono<String> getValue(String key) {
        return this.reactiveRedisTemplate.opsForValue().get(key);
    }
    @RequestMapping("/set_hash")
    public Mono<Boolean> setHash(String key, String field, String value) {
        return this.reactiveRedisTemplate.opsForHash().put(key, field, value);
    }
    @RequestMapping("/get_hash")
```

```
    public Flux<Map.Entry<Object, Object>> getHash(String key) {
        return this.reactiveRedisTemplate.opsForHash().entries(key);
    }
}
```

（5）【reactor 子模块】创建应用程序启动类。

```
package com.yootk;
@SpringBootApplication
public class StartReactorApplication {
    public static void main(String[] args) {
        SpringApplication.run(StartReactorApplication.class, args); // 程序启动
    }
}
```

（6）【reactor 子模块】编写测试类，测试控制器中的方法调用。

```
package com.yootk.test;
@SpringBootTest(classes = StartReactorApplication.class)
@ExtendWith(SpringExtension.class)
@WebAppConfiguration
public class TestLettuceAction {
    private static final Logger LOGGER = LoggerFactory.getLogger(TestLettuceAction.class);
    @Autowired
    private LettuceAction lettuceAction;
    @Test
    public void testSetValue() throws Exception {
        Mono<Boolean> result = this.lettuceAction.setValue("muyan-yootk", "yootk.com");
        LOGGER.debug("【普通数据】数据增加：{}", result.toFuture().get());
    }
    @Test
    public void testGetValue() throws Exception {
        Mono<String> result = this.lettuceAction.getValue("muyan-yootk");
        LOGGER.debug("【普通数据】数据获取：{}", result.toFuture().get());
    }
    @Test
    public void testSetHash() throws Exception {
        Mono<Boolean> resultA = this.lettuceAction.setHash(
                "yootk-lixinghua", "name", "李兴华"); // 保存Hash数据项
        LOGGER.debug("【Hash数据】数据增加：{}", resultA.toFuture().get());
        Mono<Boolean> resultB = this.lettuceAction.setHash(
                "yootk-lixinghua", "company", "沐言科技"); // 保存Hash数据项
        LOGGER.debug("【Hash数据】数据增加：{}", resultB.toFuture().get());
    }
    @Test
    public void testGetHash() throws Exception {
        this.lettuceAction.getHash("yootk-lixinghua").subscribe((data) -> {
            LOGGER.debug("【Hash数据】数据获取，成员名称：{}、成员内容：{}",
                    data.getKey(), data.getValue());
        });
    }
}
```

（7）【reactor 子模块】也可以直接启动当前的 Spring Boot 应用，通过浏览器进行访问测试。

程序访问路径	localhost:8080/reactor/get_hash?key=yootk-lixinghua
程序执行结果	[{"name":"李兴华"},{"company":"沐言科技"}]

4.6　Web 集群与分布式 Session 管理

Web 集群架构简介

视频名称　0416_【掌握】Web 集群架构简介

视频简介　服务集群是保证服务高性能与稳定运行的核心设计原则，在互联网架构中使用较多。本视频分析 Web 集群架构的设计意义，并分析 nginx 组件的作用，同时基于 Linux 操作系统实现 nginx 源代码的编译操作与 Linux 操作系统下的服务配置。

单一的 Web 应用开发中，会将业务逻辑与前端代码保存在一台服务器之中，这样应用程序在执行时就会受到服务器本身硬件性能的限制。在并发访问量较高时，就有可能出现服务器系统中断的情况，从而导致整个应用瘫痪。

提示：服务器的连接数量与句柄配置有关。

在 Linux 操作系统中部署的项目受限于 Linux 操作系统，一台服务器上允许创建的最大连接数量是受文件句柄数量限制的。数量限制分为 3 个层面，分别为系统层面、用户层面和进程层面，在 Ubuntu 操作系统中可以使用如下的命令查看。

范例：查看 Linux 句柄数量。

系统层面句柄数量	cat /proc/sys/fs/file-max
用户层面句柄数量	ulimit -n
进程层面句柄数量	cat /proc/进程ID/limits

句柄数量可以由使用者根据实际的情况进行配置，但是句柄仅仅是服务器的连接数量配置，服务器的处理性能如何，还需要看用户编写的程序。所以在实际的开发中往往会先对应用进行有效的压力测试，再进行硬件扩展。

为了保证应用的稳定性与响应速度，在实际的开发中往往会采用集群架构的服务模型，如图 4-30 所示，在该集群中，每一个 Web 服务器上都存有相同的 Web 代码。在用户进行 Web 请求处理时，该集群会根据一定的算法将请求转发到目标主机之中。当用户访问量较高时，也可以通过备用主机对外提供服务，以保证服务的整体应用性能，现在较为常用的 Web 代理服务组件就是 nginx。

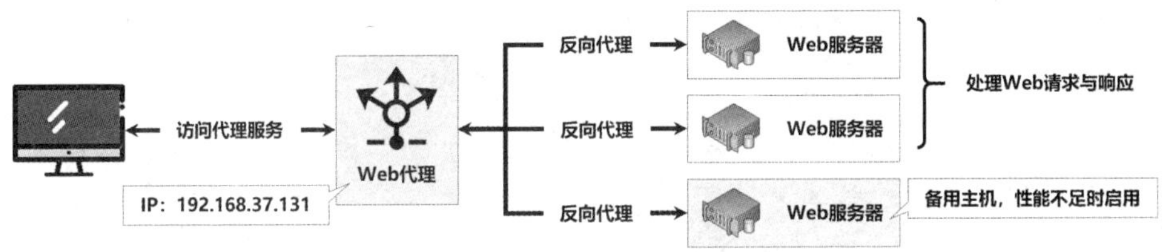

图 4-30　Web 集群架构

nginx 是一款轻量级的 Web 服务器与反向代理服务组件，由伊戈尔 · 赛索耶夫（Igor Sysoev）完全基于 C 语言开发，可以在任意的操作系统上进行编译部署。开发者可以通过“nginx.org”网站获取该组件的源代码。本次使用的 nginx 版本为“nginx-1.23.2”。下面基于 Linux 操作系统介绍 nginx 源代码编译，具体实现步骤如下。

（1）【nginx-master 主机】将下载得到的 nginx-1.23.2.tar.gz 上传到/usr/local/src 目录之中。

（2）【nginx-master 主机】将 nginx 源代码解压缩到/usr/local/src 目录之中。

```
tar xzvf /usr/local/src/nginx-1.23.2.tar.gz -C /usr/local/src/
```

（3）【nginx-master 主机】创建 nginx 编译后的保存目录及相关子目录。

```
mkdir -p /usr/local/nginx/{logs,conf,sbin}
```

（4）【nginx-master 主机】进入 nginx 源代码所在目录。

```
cd /usr/local/src/nginx-1.23.2/
```

（5）【nginx-master 主机】对当前的 nginx 源代码进行编译配置。

```
./configure --prefix=/usr/local/nginx/ --sbin-path=/usr/local/nginx/sbin/ --with-http_ssl_module \
--conf-path=/usr/local/nginx/conf/nginx.conf --pid-path=/usr/local/nginx/logs/nginx.pid \
--error-log-path=/usr/local/nginx/logs/error.log
--http-log-path=/usr/local/nginx/logs/access.log --with-http_v2_module
```

（6）【nginx-master 主机】nginx 代码编译与安装。

```
make && make install
```

（7）【nginx-master 主机】为了检查是否安装成功，可以直接在本地启动 nginx 服务，服务默认监听端口设置为 80。

```
/usr/local/nginx/sbin/nginx
```

nginx 组件只提供了一个“nginx”可执行程序，随后可以根据不同的参数定义实现服务停止、重启等操作。表 4-4 所示为 nginx 参数配置。

表 4-4　nginx 参数配置

序号	nginx 命令	描述
1	nginx [-c nginx.conf]	使用特定的 nginx.conf 配置文件启动 nginx 服务
2	nginx -s reload	重新加载修改后的 nginx.conf 配置文件
3	nginx -s stop	立即停止 nginx 服务
4	nginx -s quit	完整、有序地停止 nginx 服务
5	nginx -v	查看当前所使用的 nginx 组件版本
6	nginx -V	查看 nginx 版本详细信息与配置项
7	nginx -t [-c nginx.conf]	检查特定的 nginx.conf 配置文件是否配置正确
8	nginx -s reopen	重新打开日志文件

（8）【浏览器】通过浏览器访问“192.168.37.131”，可以显示 nginx 默认首页。

（9）【nginx-master 主机】为便于 Linux 操作系统管理 nginx 服务，可以在/usr/lib/systemd/system/目录下创建 nginx.service 配置文件 vi /usr/lib/systemd/system/nginx.service。

```
[Unit]
Description= Yootk nginx High Performance Web Server
After=network.target remote-fs.target nss-lookup.target
[Service]
Type=forking
ExecStart=/usr/local/nginx/sbin/nginx -c /usr/local/nginx/conf/nginx.conf
ExecReload=/usr/local/nginx/sbin/nginx -s reload
ExecStop=/usr/local/nginx/sbin/nginx -s stop
[Install]
WantedBy=multi-user.target
```

（10）【nginx-master 主机】重新加载当前服务配置：systemctl daemon-reload。

（11）【nginx-master 主机】查看 nginx 服务是否配置正确：systemctl list-units --type=service | grep nginx。

```
loaded active running Yootk nginx High Performance Web Server
```

（12）【nginx-master 主机】服务文件配置完成后，可以直接使用如下命令进行 nginx 服务控制。

开机自动启动	systemctl enable nginx.service
取消自动启动	systemctl disable nginx.service
手动启动服务	systemctl start nginx.service
手动关闭服务	systemctl stop nginx.service
服务重新启动	systemctl restart nginx.service
查看服务状态	systemctl status nginx.service

4.6.1　Spring Session

Spring Session

视频名称　0417_【掌握】Spring Session

视频简介　为便于集群服务的配置管理，Spring 框架提供了 Spring Session 机制，可以结合 Redis 实现会话的统一存储。本视频基于 Spring Boot 框架开发及打包 Web 程序，并基于 nginx 实现该程序的反向代理。

Web 集群搭建的目的是提升整体应用的处理性能，用户在访问时会通过 nginx 代理访问集群中的任意一个 Web 节点并进行请求处理，这样一来就需要通过有效的技术手段实现用户分布式 Session 状态的存储。分布式 Session 管理如图 4-31 所示。

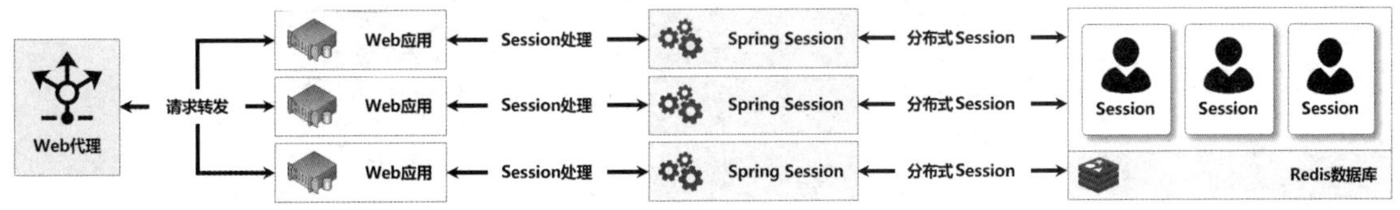

图 4-31 分布式 Session 管理

传统的 Web 会话信息都保存在单一的 Web 容器内，但是在 Web 集群环境下，由于 nginx 代理会将其随机转发到任意的 Web 节点上，因此用户在 Web 节点 A 上保存的会话信息将无法在其他 Web 节点上获取，并且考虑到 Web 会话属于高并发的读写操作，那么此时可以基于 Redis 实现分布式 Session 数据的保存。为了帮助使用者更好地实现分布式 Session 管理，Spring 提供了 Spring Session 组件，该组件可以基于 Spring Data Redis 配置实现会话数据读写处理。

提示：Spring Session 原理。

Spring Session 的核心设计原理就是在进行 Session 数据操作时，将每一组用户信息保存在 Redis 中，不同的 Web 节点只要通过相同的算法就可以通过 Redis 获取数据。相关的实现机制可以参考本套丛书中的《Netty 开发实战（视频讲解版）》一书，该书的手动 Web 服务开发部分会讲解此内容。

考虑到开发与部署应具有简洁性，本次的代码将通过 Spring Boot 框架构建，并基于 Gradle 实现项目的打包，模拟 Web 集群如图 4-32 所示，具体的实现步骤如下。

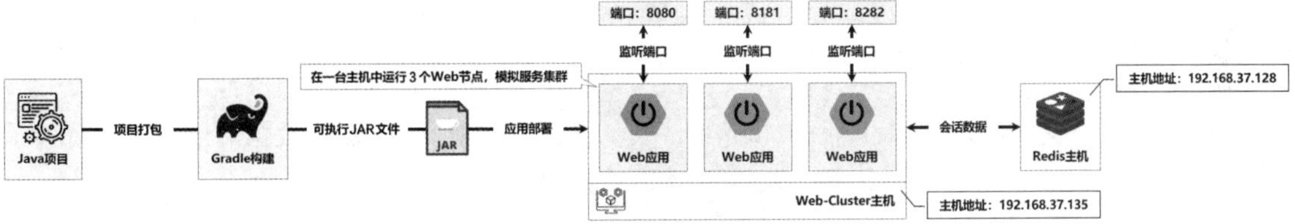

图 4-32 模拟 Web 集群

提示：参考《Spring Boot 开发实战（视频讲解版）》一书。

本书在设计时，需要让读者充分地了解基础原理（Lettuce）、Spring 整合（Spring Data Redis）以及实际开发 3 个方面的知识，所以在后续讲解时会基于 3 种不同的模式进行 Redis 的使用分析。对 Spring Boot 不熟悉的读者可以参考本套丛书中的《Spring Boot 开发实战（视频讲解版）》一书进行系统学习。

（1）【redis 项目】创建一个“web”子模块，随后修改 build.gradle 配置文件为其配置所需依赖。

```
project(":web") {
    dependencies {                                          // 根据需求进行依赖配置
        implementation('org.springframework.boot:spring-boot-starter-web:3.0.0')
        testImplementation('org.springframework.boot:spring-boot-starter-test:3.0.0')
        compileOnly('org.projectlombok:lombok:1.18.24') // lombok组件
        annotationProcessor 'org.projectlombok:lombok:1.18.24' // 注解处理支持
        implementation('org.springframework.session:spring-session-data-redis:3.0.0')
        implementation('org.springframework.boot:spring-boot-starter-data-redis:3.0.0')
    }
}
```

（2）【web 子模块】在 src/main/resources 目录下，创建 application.yml 配置文件。

```
spring:
  profiles:                                      # profiles配置
    active: dev                                  # profiles名称
  data:                                          # Spring Data Redis配置
    redis:                                       # Redis相关配置
```

```
    host: 192.168.37.128                                    # Redis主机地址
    port: 6379                                              # Redis主机连接端口
    username: default                                       # Redis主机连接用户名
    password: yootk                                         # Redis主机连接密码
    database: 0                                             # Redis数据库索引（默认为0）
    connect-timeout: 200                                    # 连接超时时间，不能设置为0
    lettuce:                                                # 配置Lettuce
      pool:                                                 # 配置连接池
        max-active: 100                                     # 连接池最大连接数（负值表示没有限制）
        max-idle: 29                                        # 连接池中的最大空闲连接数
        min-idle: 10                                        # 连接池中的最小空闲连接数
        max-wait: 1000                                      # 连接池最大阻塞等待时间(负值表示没有限制)
        time-between-eviction-runs: 2000                    # 每2秒回收一次空闲连接
# Spring Session匹配全部子域名：server.servlet.session.cookie.domain=yootk.com
server:                                                     # 服务配置
  servlet:
    session:                                                # Session配置
      timeout: 30m                                          # 超时时间
```

最终的应用需要部署在 Linux 服务主机之中，但这些主机上并没有配置 hosts 主机映射列表。为了简化 Linux 配置，此处直接使用 Redis 服务器的 IP 地址。

（3）【web 子模块】在 src/main/resources 目录下，创建 application-dev.yml 配置文件。

```
server:
  port: 8080                                                # 项目运行端口
```

（4）【web 子模块】在 src/main/resources 目录下，创建 application-test.yml 配置文件。

```
server:
  port: 8181                                                # 项目运行端口
```

（5）【web 子模块】在 src/main/resources 目录下，创建 application-product.yml 配置文件。

```
server:
  port: 8282                                                # 项目运行端口
```

（6）【web 子模块】创建 MessageAction 程序类，在该类中定义 Session 数据的读写，同时为了便于区分不同的 profile 环境，将当前的 profile 信息也一并显示。

```
package com.yootk.action;
@RestController // RESTful响应模式
@RequestMapping("/message")
public class MessageAction {
    @Value("${spring.profiles.active}") // application.yml配置
    private String profile; // profile名称
    @Value("${server.port}") // application.yml配置
    private int port; // 监听端口
    @RequestMapping("/set_session")
    public Object set(HttpServletRequest request) { // 设置Session数据
        Map<String, Object> result = new HashMap<>(); // 保存响应结果
        HttpSession session = request.getSession(); // 获取Session实例
        session.setAttribute("yootk", "yootk.com"); // 设置Session属性
        result.put("session-id", session.getId());// 获取Session ID
        result.put("message", "设置Session属性，属性名称为“yootk”");
        result.put("profile", this.profile);
        result.put("port", this.port);
        return result;
    }
    @RequestMapping("/get_session")
    public Object get(HttpServletRequest request) { // 获取Session数据
        Map<String, Object> result = new HashMap<>(); // 保存响应结果
        HttpSession session = request.getSession(); // 获取Session实例
        result.put("session-id", session.getId()); // 获取Session ID
        result.put("message", "获取Session属性，属性名称为“yootk”");
        result.put("yootk", session.getAttribute("yootk")); // 获取Session属性
        result.put("profile", this.profile);
        result.put("port", this.port);
        return result;
    }
}
```

（7）【web 子模块】创建应用程序启动类。

```
package com.yootk;
@SpringBootApplication
@EnableRedisHttpSession // 启用Spring Session
public class StartWebApplication {
    public static void main(String[] args) {
        SpringApplication.run(StartWebApplication.class, args);
    }
}
```

（8）【web 子模块】修改子模块中的 build.gradle 配置文件，添加打包支持插件。

```
buildscript {                                        // 定义脚本使用资源
    repositories {                                   // 脚本资源仓库
        maven { url 'https://maven.aliyun.com/repository/public' }
    }
    dependencies {                                   // 依赖库
        classpath "org.springframework.boot:spring-boot-gradle-plugin:3.0.0"
    }
}
apply plugin: 'java'                                 // 引入之前的插件
apply plugin: 'org.springframework.boot'             // 引入之前的插件
apply plugin: 'io.spring.dependency-management'      // 引入之前的插件
```

（9）【web 子模块】在子模块的 build.gradle 配置文件中定义打包任务。

```
bootJar {
    archiveBaseName = 'yootk-web'                    // 打包文件
    archiveVersion = project_version                 // 打包版本
}
```

（10）【web 子模块】通过 Gradle 打包应用 gradle bootJar，执行完成后可以得到 yootk-web- 1.0.0.jar 打包文件。

（11）【web-cluster 主机】将打包后的 yootk-web-1.0.0.jar 文件上传到该主机的/usr/local/src 目录之中。

（12）【web-cluster 主机】进入/usr/local/src 目录之中，通过 java 命令运行程序。

dev运行	nohup java -jar yootk-web-1.0.0.jar --spring.profiles.active=dev > /dev/null 2>&1 &
test运行	nohup java -jar yootk-web-1.0.0.jar --spring.profiles.active=test > /dev/null 2>&1 &
product运行	nohup java -jar yootk-web-1.0.0.jar --spring.profiles.active=product > /dev/null 2>&1 &

（13）【web-cluster 主机】修改防火墙规则，开放本机的 8080、8181、8282 这 3 个端口。

添加端口规则	firewall-cmd --zone=public --add-port=8080/tcp --permanent
添加端口规则	firewall-cmd --zone=public --add-port=8181/tcp --permanent
添加端口规则	firewall-cmd --zone=public --add-port=8282/tcp --permanent
重新加载配置	firewall-cmd --reload

此时服务集群已经搭建完成，使用者可以根据不同的端口访问主机中的 Web 应用，例如，通过 8080 端口的服务进行 Session 设置，通过 8181 端口的服务获取 Session 数据，可以发现 Session 已经成功地实现了分布式存储。

4.6.2 nginx 负载均衡配置

nginx 负载均衡配置

视频名称 0418_【掌握】nginx 负载均衡配置

视频简介 nginx 负载均衡主要是基于配置文件定义实现的。本视频分析 nginx 配置文件的核心组成、配置文件管理机制以及集群的权重与主备策略。

nginx 组件只提供了请求转发的处理逻辑，当用户将请求提交到 nginx 主机中，主机会根据用户请求的路径找到匹配的集群节点进行请求处理，这些集群节点可以直接通过 nginx.conf 配置文件进行定义。由于在实际的开发中可能存在大量的集群需要通过 nginx 代理，因此往往会创建专属的配置存储目录。该目录会保存具体的集群配置，而 nginx.conf 配置文件需要保存目录路径以及运行环境 nginx 定义。nginx 配置结构如图 4-33 所示，下面介绍具体的集群配置步骤。

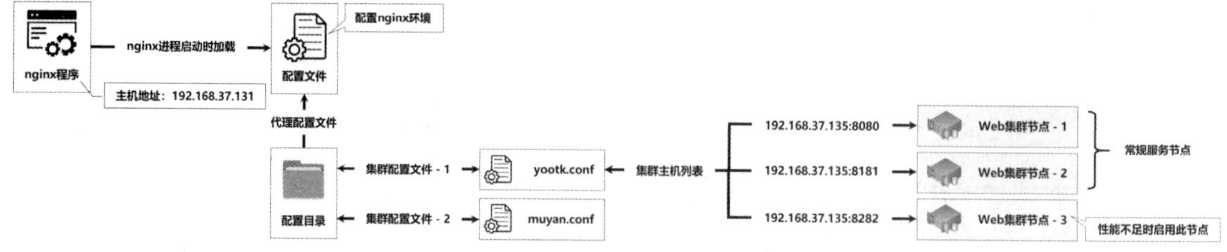

图 4-33　nginx 配置结构

（1）【nginx-master 主机】打开 nginx 配置文件：vi /usr/local/nginx/conf/nginx.conf。

```
worker_processes  4;                                      #  CPU核心数量
events {
   worker_connections  1024;                              # 单进程允许同时建立的连接数量
}
http {
   include           mime.types;
   default_type       application/octet-stream;
   sendfile           on;                                 # 高效文件传输
   keepalive_timeout    65;                               # 默认超时时间
   gzip              on;                                  # 开启压缩传输
   include /usr/local/nginx/conf/proxy/*.conf;            # 配置文件存储目录
}
```

（2）【nginx-master 主机】为便于配置管理，创建一个 nginx 代理配置文件存储目录。

```
mkdir -p /usr/local/nginx/conf/proxy
```

（3）【nginx-master 主机】创建代理配置文件：vi /usr/local/nginx/conf/proxy/yootk.conf。

```
upstream yootk-cluster { # 集群名称
   server 192.168.37.135:8080 weight=5;                            # 服务节点
   server 192.168.37.135:8181 weight=1;                            # 服务节点
   server 192.168.37.135:8282 weight=2 backup;                     # 服务节点
}
server {
   listen      80;                                                 # 监听端口
   server_name localhost;                                          # 域名
   charset utf-8;                                                  # 编码
   access_log  path;                                               # 访问日志路径
   error_log  path;                                                # 错误日志路径
   location / {                                                    # 代理路径
      proxy_pass http://yootk-cluster;                             # 代理集群
      proxy_set_header HOST $host;                                 # 传递主机地址
      proxy_set_header X-Forwarded-Proto $scheme;                  # 传递访问协议
      proxy_set_header X-Real-IP $remote_addr;                     # 传递客户端地址
      proxy_set_header X-Forwarded-For $proxy_add_x_forwarded_for; # 转发原始请求信息
      client_max_body_size 30m;                                    # 上传文件大小
   }
   error_page   500 502 503 504  /50x.html;
   location = /50x.html {                                          # 错误页路径
      root   /usr/share/nginx/html;
   }
}
```

（4）【nginx-master 主机】检查当前的 nginx 配置是否正确。

```
/usr/local/nginx/sbin/nginx -t
```

程序执行结果	nginx: the configuration file /usr/local/nginx/conf/nginx.conf syntax is ok nginx: configuration file /usr/local/nginx/conf/nginx.conf test is successful

（5）【nginx-master 主机】重新启动 nginx 服务：systemctl restart nginx.service。

（6）【浏览器】通过代理主机实现 Session 数据存储。

```
http://192.168.37.131/message/set_session
```

程序执行结果

```
{
  "port": 8080,
  "profile": "dev",
  "message": "设置Session属性，属性名称为"yootk"",
  "session-id": "0b54777f-f857-446e-9be9-121c3e62032e"
}
```

（7）【浏览器】通过代理主机实现 Session 数据获取。

```
http://192.168.37.131/message/get_session
```

程序执行结果

```
{
  "port": 8181,
  "profile": "test",
  "message": "获取Session属性，属性名称为"yootk"",
  "yootk": "yootk.com",
  "session-id": "0b54777f-f857-446e-9be9-121c3e62032e"
}
```

由于当前服务节点所配置的权重不同，因此权重大的节点会被优先调用。通过最终的执行结果可以发现，每次访问时可能被转发到不同的 Web 节点中，但是由于 Spring Session 的作用可以通过 Redis 获取指定 session-id 的数据。

4.6.3 搭建 Keepalived 服务

搭建 Keepalived 服务

视频名称 0419_【理解】搭建 Keepalived 服务

视频简介 为了弥补 nginx 代理的集群架构中存在的单节点设计缺陷，可以采用 HA 机制进行完善。本视频分析 Keepalived 组件的使用特点，并基于 HA 组件实现多个 nginx 节点的服务代理，并演示 nginx 进程自动恢复机制配置。

使用 nginx 进行 Web 集群的代理，可以有效地实现 Web 服务的负载均衡配置，也可以方便地实现故障切换，这样可以极大地提升应用服务的处理性能以及高可用性。但是随着业务量的不断增加，nginx 代理服务器的访问量必然会持续增加，负载也会越来越重，此时需要考虑实现 nginx 负载均衡与高可用机制，可以基于 Keepalived 组件来实现。

Keepalived 是一个基于 VRRP（Virtual Router Redundancy Protocol，虚拟路由冗余协议）实现的服务高可用架构方案，可以用来避免单点服务故障。其核心的实现思想是由多个不同的节点组成一个 Router Group（路由器组），在这个组中存在一个 Master 节点与若干个 Backup 节点，这若干个节点将通过 VIP（Virtual Internet Protocol，虚拟 IP）地址对外提供统一的服务，Keepalived 高可用架构如图 4-34 所示。

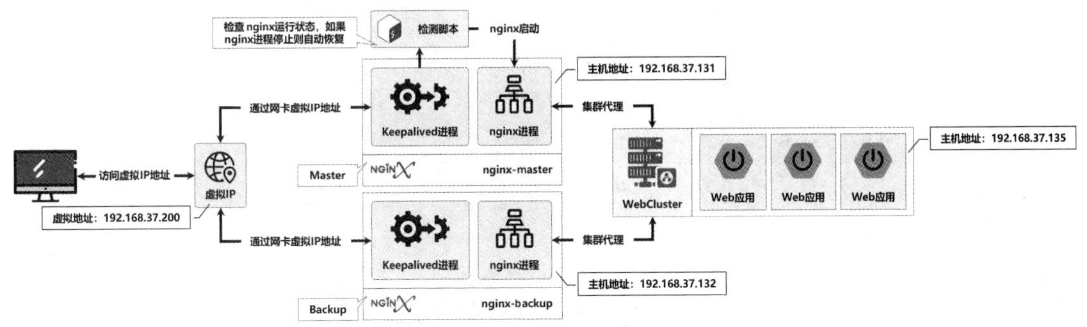

图 4-34 Keepalived 高可用架构

Keepalived 组件在启动时会在网卡上虚拟出一个新的 IP 地址，而后所有的客户端都通过这个虚拟 IP 地址进行访问。在默认情况下由 Master 节点负责转发用户请求，而如果此时的 Master 节点出现问题，则剩余的 Backup 节点会重新推选出新的 Master 节点，从而保证 nginx 服务进程的高可用状态。考虑到在实际的生产环境下，nginx 进程服务可能因故障而退出的问题，可以在 Keepalived 组件中基于特定的 Shell 脚本实现 nginx 状态检查与自启动配置。为了便于理解，下面针对这一架构进行实现，具体配置步骤如下。

（1）【Keepalived 官网】通过 Keepalived 官网下载组件。

（2）【nginx-master 主机】将下载得到的 keepalived-2.2.7.tar.gz 压缩包上传到/usr/local/src 目录之中。

（3）【nginx-master 主机】解压缩 Keepalived 压缩包。

```
tar xzvf /usr/local/src/keepalived-2.2.7.tar.gz -C /usr/local/src/
```

（4）【nginx-master 主机】进入 Keepalived 源代码存储目录：cd /usr/local/src/keepalived-2.2.7/。

（5）【nginx-master 主机】Keepalived 源代码编译配置：./configure --prefix=/usr/local/keepalived。

（6）【nginx-master 主机】编译与安装项目：make && make install。

（7）【nginx-master 主机】创建 nginx 脚本检查文件：vi /etc/keepalived/check_nginx.sh。

```
#!/bin/bash
# nginx进程如果退出，通过该脚本可以重启nginx进程，如果nginx不能启动， 则关闭Keepalived进程
status=`ps -ef|grep -w nginx|grep -v grep|wc -l`
echo ${status}
if [ ${status} -eq 0 ]; then
    systemctl start nginx.service
    sleep 2
    status2=`ps -ef|grep -w nginx|grep -v grep|wc -l`
    echo ${status2}
    if [ ${status2} -eq 0 ]; then
        systemctl stop keepalived.service
    fi
fi
```

（8）【nginx-master 主机】脚本授权：chmod +x /etc/keepalived/check_nginx.sh。

（9）【nginx-master 主机】Keepalived 是通过网卡虚拟 IP 地址的，所以在配置前应获取当前网卡名称：

ifconfig	
程序执行结果	ens33

（10）【nginx-master 主机】创建 Keepalived 配置目录：mkdir -p /etc/keepalived。

（11）【nginx-master 主机】通过模板创建 Keepalived 配置文件。

```
cp /usr/local/keepalived/etc/keepalived/keepalived.conf.sample /etc/keepalived/keepalived.conf
```

（12）【nginx-master 主机】编辑 Keepalived 配置文件：vi /etc/keepalived/keepalived.conf。

```
global_defs {
   notification_email {
     acassen@firewall.loc
     failover@firewall.loc
     sysadmin@firewall.loc
   }
   notification_email_from Alexandre.Cassen@firewall.loc
   smtp_server 192.168.200.1
   smtp_connect_timeout 30
   router_id LVS_DEVEL
   vrrp_skip_check_adv_addr
   # vrrp_strict                                                  # 非严格的VRRP
   vrrp_garp_interval 0
   vrrp_gna_interval 0
}
vrrp_script check_nginx{                                          # nginx检测脚本
    script "/etc/keepalived/check_nginx.sh"                       # nginx进程检测脚本
    interval 2
    weight 2
```

```
}
vrrp_instance VI_1 {                                    # VRRP配置实例
    state MASTER                                        # Master节点
    interface ens33                                     # 网卡名称
    virtual_router_id 51
    priority 200                                        # 优先级
    advert_int 1
    authentication {
        auth_type PASS
        auth_pass 1111
    }
    track_script {                                      # Keepalived检测脚本
      chkeck_nginx                                      # 已配置的检测脚本名称
    }
    virtual_ipaddress {                                 # 虚拟IP地址配置
        192.168.37.200/24 dev ens33
    }
}
```

（13）【nginx-master 主机】为便于管理系统任务，创建一个任务管理文件：vi /lib/systemd/system/keepalived.service。

```
[Unit]
Description=Yootk Keepalived High Availability Component
After=syslog.target network.target remote-fs.target nss-lookup.target
[Service]
Type=forking
PIDFile=/var/run/keepalived.pid
ExecStart=/usr/local/keepalived/sbin/keepalived -D
ExecReload=/bin/kill -s HUP $MAINPID
ExecStop=/bin/kill -s QUIT $MAINPID
PrivateTmp=true
[Install]
WantedBy=multi-user.target
```

（14）【nginx-master 主机】重新加载任务脚本：systemctl daemon-reload。

（15）【nginx-master 主机】任务脚本加载完成后，就可以通过如下命令实现 Keepalived 进程控制。

开机自动启动	systemctl enable keepalived.service
取消自动启动	systemctl disable keepalived.service
手动启动服务	systemctl start keepalived.service
手动关闭服务	systemctl stop keepalived.service
服务重新启动	systemctl restart keepalived.service
查看服务状态	systemctl status keepalived.service

（16）【虚拟机】关闭“nginx-master”虚拟机，并且通过该虚拟机复制一个新的“nginx-backup”虚拟机，在启动新的虚拟机后修改 IP 地址。

（17）【nginx-backup 主机】修改 Keepalived 配置文件：vi /etc/keepalived/keepalived.conf。

```
# 其他重复配置不再重复列出，代码略
vrrp_instance VI_1 {                                    # VRRP配置实例
    state BACKUP                                        # Backup节点
    interface ens33                                     # 网卡名称
    virtual_router_id 51
    priority 100                                        # 优先级
    advert_int 1
    authentication {
        auth_type PASS
        auth_pass 1111
    }
```

```
    track_script {                                          # Keepalived检测脚本
      chkeck_nginx                                          # 已配置的检测脚本名称
    }
    virtual_ipaddress {                                     # 虚拟IP地址配置
        192.168.37.200/24 dev ens33
    }
}
```

（18）【nginx-*主机】启动两台主机的 nginx 服务进程：systemctl start nginx.service。

（19）【nginx-*主机】启动两台主机的 Keepalived 服务进程：systemctl start keepalived.service。

（20）【浏览器】通过虚拟 IP 地址访问应用。

http://192.168.37.200/message/get_session	
程序执行结果	{ "port": 8080, "profile": "dev", "message": "获取Session属性，属性名称为“yootk”", "yootk": null, "session-id": "428c9409-4435-41fb-a463-8df909cd6141" }

（21）【nginx-master 主机】如果此时关闭当前主机中的 nginx 进程，则会通过 check_nginx.sh 脚本自动重启 nginx 进程。

（22）【虚拟机】任何 Keepalived 节点可以随意关闭，而依然正常提供服务。

4.7 本章概览

1．Redis 官方提供各种语言的开发驱动，针对 Java 语言提供 Jedis、Lettuce 以及 Redisson 这 3 类驱动。考虑到性能因素，现代项目以使用 Lettuce 组件为主。

2．Lettuce 中的命令执行接口有 3 类：RedisCommands（同步命令执行接口）、RedisAsyncCommands（异步命令执行接口）、RedisReactiveCommands（响应式命令执行接口）。

3．为了提升 Redis 数据库的处理性能，可以基于 Apache 提供的 commons-pool 2 组件实现连接池配置。

4．Spring Data Redis 支持 Jedis 与 Lettuce 两种驱动组件，在使用时会根据当前所配置的依赖库动态区分。

5．Spring Data Redis 内置了 RedisTemplate 操作模板，以实现不同 Redis 命令的执行。

6．当 Redis 连接数量有限时，可以基于流水线的方式一次性发出多条数据处理指令。

7．Spring Data Redis 可以结合对象序列化机制，将 Java 对象转为二进制数据流或 JSON 数据。

8．Lettuce 提供了响应式的编程机制，可以基于数据流的方式返回 Redis 查询结果。

9．nginx 可以有效地实现 Web 集群的配置，而为了便于集群会话的管理，可以使用 Spring Session 进行分布式 Session 管理，常见的分布式 Session 存储终端为 Redis。

10．为了保证 nginx 服务的高可用性，可以通过 Keepalived 添加一个 VIP 地址，客户端通过 VIP 地址访问指定主机的 nginx 服务。如果某一个 Keepalived 节点出现问题，则会自动切换到 Backup 节点继续提供服务。

第 5 章

Redis 进阶编程

本章节习目标

1. 掌握 Redis 中事务处理支持的使用与程序实现;
2. 掌握发布订阅模式的处理机制，并可以基于程序实现消息传递处理;
3. 掌握 Redis 中 Stream 数据流的操作特点以及编程开发;
4. 掌握 Lua 脚本与 Redis 操作之间的关联，并可以基于 Lua 脚本控制 Redis 处理命令;
5. 掌握 Redis 中 Function 的主要功能，并可以结合该机制实现 Lua 脚本的统一管理;
6. 掌握商品定时抢购、限流访问以及抢红包开发案例的设计与实现;
7. 掌握 OpenResty + nginx + Redis + Lua 开发架构的应用，并实现灰度发布与限流访问设计。

除了各类基础的数据类型之外，Redis 还支持消息处理的设计机制，并且随着技术的完善，提供函数编程的支持。本章将为读者进一步深入分析 Redis 中各类扩展数据类型的使用，以及常见高并发案例的实现。

5.1 Redis 乐观锁

Redis 乐观锁命令

视频名称 0501_【掌握】Redis 乐观锁命令

视频简介 Redis 内部有完整的事务处理机制，并提供了相关的操作命令。本视频分析 Redis 乐观锁的实现原理，同时基于事务命令分析其具体的使用方法与存在的问题。

Redis 虽然提供了高性能的数据读写访问服务，但是在实际的开发中，依然有可能出现同一个数据项被不同的客户端同时修改的问题，如图 5-1 所示。现在假设 Redis 会话-1 在进行业务处理的同时，数据已经被 Redis 会话-2 修改了，那么此时所得到的业务处理结果肯定是不正确的。为了解决这样的问题，就需要增加数据锁。

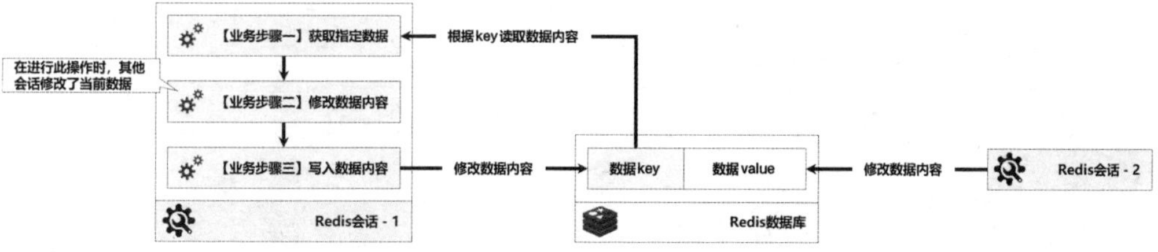

图 5-1　数据并发修改

在现实的开发中，往往会使用两种数据锁，一种是悲观锁（Pessimistic Concurrency Control，PCC），另外一种是乐观锁（Optimistic Concurrency Control，OCC）。在传统的关系数据库开发之中，悲观锁较为常用，例如，在某一行数据被修改时，为防止其他会话修改该数据，可以追加一个行锁，这样就可保证数据并发修改下的一致性。

但是悲观锁并不适用于 Redis 数据库，因为一旦使用了悲观锁，就会产生严重的性能问题，所以 Redis 的内部采用乐观锁进行控制。乐观锁基于算法实现锁机制，在每一个会话进行数据操作时，会在该数据上设置一个版本号，当会话中的版本号与数据项的版本号相匹配的时候，才允许该会话修改数据，而如果不匹配则无法修改，处理流程如图 5-2 所示。

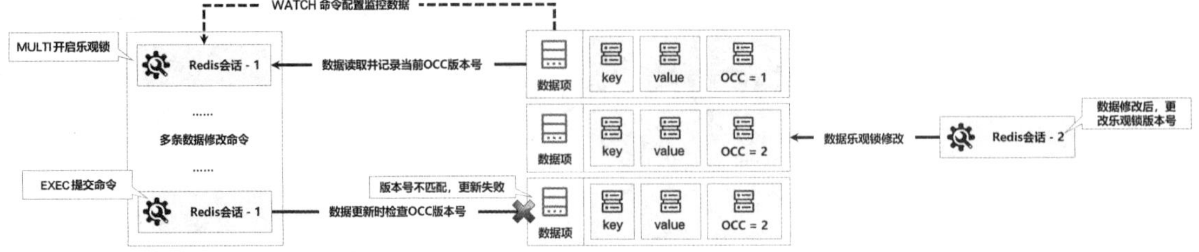

图 5-2　乐观锁处理流程

> **提示：乐观锁基于 CAS 机制。**
>
> *考虑到多线程高并发环境下的数据更新与事务控制问题，Redis 中的乐观锁使用了 CAS（Compare And Swap，比较与交换）机制，所以在每次修改数据前都要进行版本号的比较。*

Redis 内部为了便于乐观锁实现，提供事务处理命令，如表 5-1 所示。需要注意的是，在进行事务处理之前一定要通过 MULTI 命令开启事务，在结束之后通过 EXEC 命令批量执行，下面通过实例说明这些命令的具体使用。

表 5-1　Redis 事务处理命令

序号	事务处理命令	描述
1	WATCH key key …	定义监控数据 key
2	UNWATCH	解除数据 key 监控
3	MULTI	开启 Redis 事务
4	DISCARD	清空事务队列
5	EXEC	批量执行事务队列中的命令

（1）【redis-cli 客户端】保存一个新的数据项。

```
SET message:yootk:access 19
```

程序执行结果	OK

（2）【redis-cli 客户端】对“message:yootk:access”数据开启监听。

```
WATCH message:yootk:access 19
```

程序执行结果	OK

（3）【redis-cli 客户端】开启事务处理。

```
MULTI
```

程序执行结果	OK

（4）【redis-cli 客户端】修改“message:yootk:access”为其他内容。

```
SET message:yootk:access 99
```

程序执行结果	QUEUED　➔　追加到执行队列，此时数据并未修改

（5）【redis-cli 客户端】采用数据自增方式，修改“message:yootk:access”数据。

```
INCRBY message:yootk:access 27
```

程序执行结果	QUEUED　➔　追加到执行队列，此时数据并未修改

（6）【redis-cli 客户端】提交当前事务。

```
EXEC
```

程序执行结果	1) OK　➔　SET命令执行结果 2) (integer) 126　➔　INCRBY命令执行结果

此时的程序表示一个客户端完整地发出事务处理命令，在此期间若没有其他客户端修改“message:yootk:access”数据内容，则在发出最终数据修改操作命令时，被修改数据的乐观锁版本号与当前客户端中所保存的版本号一致，从而实现事务的正确提交。而如果在事务开启期间，有其他用户修改了数据，则在进行乐观锁提交时就会出现“(error) EXECABORT Transaction discarded because of previous errors. ”错误信息（由版本号不匹配造成）。

提示：事务处理不会关注命令的正确性。

当用户开启了 Redis 事务之后，实际上就相当于开启了一个命令队列，在该事务之中每一条执行的命令都会被默认保存在命令队列之中。当执行了 EXEC 命令后会将队列中的命令依次执行，执行结构如图 5-3 所示，该队列仅仅提供了命令的存储，至于该命令是否能够正确执行则是在最终执行时验证的。

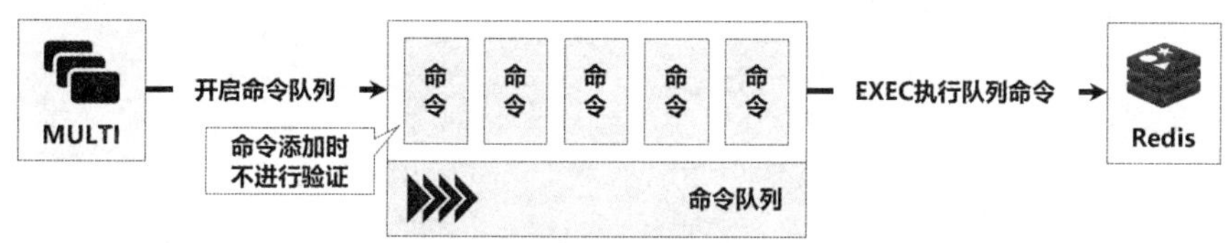

图 5-3 Redis 事务处理执行结构

范例：观察错误的数据命令。

设置数据	`MSET info hello count 10`
数据监控	`WATCH info count`
开启事务	`MULTI`
数据修改	`SET info good`
数据修改	`INCR count`
数据修改	`INCR info`
数据修改	`SET info nice`
命令提交	`EXEC`

执行结果	`1) OK`
	`2) (integer) 11`
	`3) (error) ERR value is not an integer or out of range`
	`4) OK`

此时添加在队列中的命令包含错误的命令，但是在提交最终事务时，并不会像传统的关系数据库那样对所有的数据进行回滚，而是正确的命令全部执行，错误的命令执行后进行提示。

另外需要注意的是，对于在事务中开启的命令队列，如果发现有错误，可以使用 DISCARD 命令进行命令队列的清除，执行此命令后将同时退出事务的操作状态。

5.1.1 Lettuce 乐观锁

Lettuce 实现乐观锁

视频名称 0502_【掌握】Lettuce 实现乐观锁

视频简介 Lettuce 驱动内置了 Redis 事务命令的支持。本视频列出相关方法的定义，并讲解异步编程模型与响应式编程模型下的事务控制，最后通过完整的多线程的模拟机制，分析 Redis 乐观锁更新失败的程序案例。

为了便于事务操作的实现，Lettuce 提供了专属的事务命令接口，以 RedisAsyncCommands 异步命令接口为例，通过观察继承结构，可以发现其继承了一个 RedisTransactionalAsyncCommands 事务命令接口，而在该接口中所定义的方法如表 5-2 所示。

表 5-2 RedisAsyncCommands 继承的事务控制方法

序号	方法	类型	描述
1	public RedisFuture<String> watch(K... keys)	方法	配置监听 key
2	public RedisFuture<String> unwatch()	方法	取消全部的监听 key
3	public RedisFuture<String> multi()	方法	开启 Redis 事务
4	public RedisFuture<TransactionResult> exec()	方法	执行 Redis 事务
5	public RedisFuture<String> discard()	方法	清空 Redis 事务命令队列

为便于用户使用，RedisTransactionalAsyncCommands 接口所提供的方法名称与 Redis 中的事务处理命令相同，在每次提交事务后，实际上都会返回若干个执行结果，为此在 Lettuce 中设计了 TransactionResult 接口，相关类结构如图 5-4 所示。TransactionResult 接口为 Iterable 子接口，可以直接迭代获取每条命令的事务执行结果。

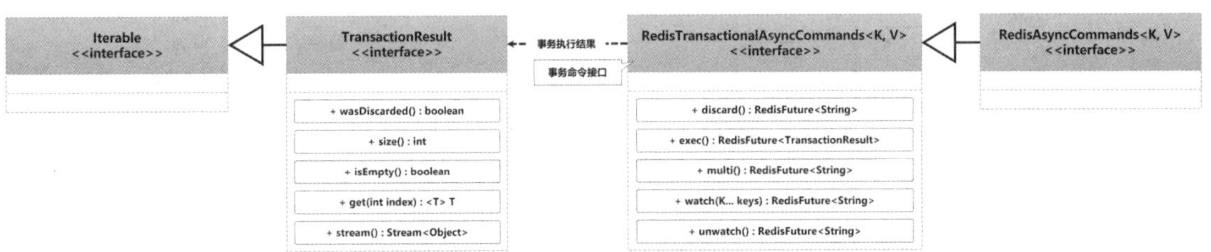

图 5-4 RedisTransactionalAsyncCommands 接口相关类结构

（1）【lettuce 子模块】在 RedisConnectionPoolUtil 类中添加获取 RedisClient 对象的方法。

```
public static RedisClient getRedisClient() {
    RedisURI uri = RedisURI.create(REDIS_ADDRESS); // Redis连接地址
    RedisClient client = RedisClient.create(uri); // 创建Redis客户端
    return client;
}
```

（2）【lettuce 子模块】基于异步命令实现 Lettuce 事务处理。

```
package com.yootk.test;
public class TestLettuce {
    private static final Logger LOGGER = LoggerFactory.getLogger(TestLettuce.class);
    public static void main(String[] args) throws Exception {
        StatefulRedisConnection<String, String> connection =
                RedisConnectionPoolUtil.getConnection();          // 通过连接池获取连接
        RedisAsyncCommands<String, String> commands = connection.async(); // 数据对象
        commands.flushdb();                                       // 清空当前数据库
        commands.multi();                                         // 事务开启
        commands.set("message:yootk", "yootk.com");               // 修改数据
        commands.incr("count:yootk");                             // 修改数据
        TransactionResult result = commands.exec().get();         // 事务提交
        result.forEach((data)->{                                  // 集合迭代
            LOGGER.debug("【事务执行结果】{}", data);
        });
        connection.close();
    }
}
```

程序执行结果	【事务执行结果】OK 【事务执行结果】1

此时的程序基于事务操作模型提交两条数据操作命令，在调用完 exec()方法后，通过 TransactionResult 接口获取事务命令的执行结果。由于该 TransactionResult 接口属于 Iterable 子接口，因此可以直接利用 forEach()方法获取每一条命令的执行结果。

（3）【lettuce 子模块】采用响应式编程模型实现事务操作。

```
package com.yootk.test;
public class TestLettuce {
```

```
    private static final Logger LOGGER = LoggerFactory.getLogger(TestLettuce.class);
    public static void main(String[] args) throws Exception {
        StatefulRedisConnection<String, String> connection =
                RedisConnectionPoolUtil.getConnection();           // 通过连接池获取连接
        RedisReactiveCommands<String, String> commands = connection.reactive();
        commands.flushdb().subscribe();                            // 清空当前数据库
        commands.multi().subscribe(data -> {
            LOGGER.debug("【事务开启】命令执行结果：{}", data);
            commands.set("message:yootk", "yootk.com").subscribe(res -> {
                LOGGER.debug("【数据存储】{}", res);
            });
            commands.incr("count:yootk").subscribe(res -> {
                LOGGER.debug("【数据存储】{}", res);
            });
            commands.exec().subscribe(res -> {
                LOGGER.debug("【事务提交】命令执行数量：{}", res.size());
            });
        });
        TimeUnit.SECONDS.sleep(3);                              // 等待命令执行完毕
        connection.close();        // 关闭连接
    }
}
```

程序执行结果	【事务开启】命令执行结果：OK 【数据存储】OK 【数据存储】4 【事务提交】命令执行数量：2

（4）【lettuce 子模块】使用乐观锁实现开发，也可以进行数据监听操作。这样在事务处理期间，如果其他的线程修改了该数据，将导致数据修改失败，下面介绍具体实现。

```
package com.yootk.test;
public class TestLettuce {
    private static final Logger LOGGER = LoggerFactory.getLogger(TestLettuce.class);
    public static void main(String[] args) throws Exception {
        startTransactionThread();                                  // 启动事务线程
        TimeUnit.SECONDS.sleep(1);                                 // 等待
        startEditThread();                                         // 启动修改线程
        TimeUnit.SECONDS.sleep(10);                                // 等待命令执行完毕
    }
    public static void startTransactionThread() {                  // 子线程
        new Thread(() -> {
            try {
                StatefulRedisConnection<String, String> connection =
                        RedisConnectionPoolUtil.getConnection();   // 通过连接池获取连接
                RedisAsyncCommands<String, String> commands = connection.async();
                commands.flushdb();                                // 清空当前数据库
                commands.set("message:yootk", "Hello Yootk");      // 数据设置
                commands.watch("message:yootk");                   // 数据监控
                commands.multi();                                  // 事务开启
                commands.set("message:yootk", "www.yootk.com");    // 数据修改
                TimeUnit.SECONDS.sleep(3);                         // 操作延迟
                LOGGER.debug("【{}】事务提交：{}", Thread.currentThread().getName(),
                        commands.exec().get().size());             // 事务提交
                connection.close();                                // 关闭连接
            } catch (Exception e) {}
        }, "Redis事务线程").start();                               // 线程启动
    }
    public static void startEditThread() throws Exception {
        new Thread(() -> {
            try {
                StatefulRedisConnection<String, String> connection =
                        RedisConnectionPoolUtil.getConnection();   // 通过连接池获取连接
                RedisAsyncCommands<String, String> commands = connection.async();
                LOGGER.debug("【{}】数据修改：{}", Thread.currentThread().getName(),
                        commands.set("message:yootk", "edu.yootk.com").get());
                connection.close();                        // 关闭连接
            } catch (Exception e) {}
```

```
        }, "Redis修改线程").start();// 线程启动
    }
}
```

程序执行结果	【Redis修改线程】数据修改：OK 【Redis事务线程】事务提交：0

此时的程序启动了两个线程，为了更好地发现事务失败的问题，在 Redis 事务线程的处理类中采用延迟的方式等待 Redis 修改线程执行完毕。由于此时的数据已经发生改变，因此当前事务在发出修改操作后将无法正确更新数据，即最终只保留“Redis 修改线程”的执行结果。多线程下的事务控制执行结构如图 5-5 所示。

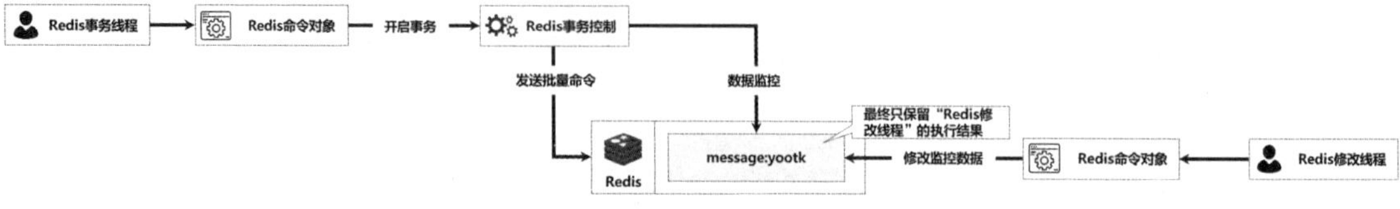

图 5-5　多线程下的事务控制执行结构

5.1.2　Spring Data Redis 乐观锁

Spring Data Redis 事务控制

视频名称　0503_【掌握】Spring Data Redis 事务控制

视频简介　Spring Data Redis 技术进一步规范了 Redis 事务处理模型。本视频通过 Spring 源代码分析 RedisTemplate 模板操作类中存在的问题，以及新版本下的设计分析，并基于 SessionCallableBack 实现同步处理操作。

Spring Data Redis 在进行事务处理时，可以直接利用 RedisTemplate 模板类提供的方法进行操作。该方法本质上基于 RedisConnection 接口发出的事务处理命令进行处理，相关类结构如图 5-6 所示。

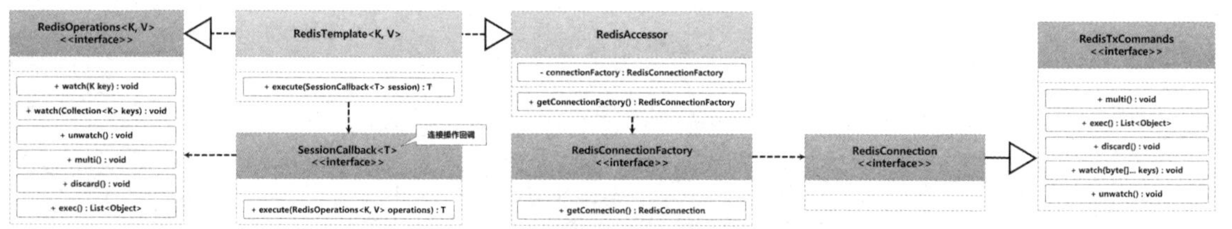

图 5-6　Spring Data Redis 提供的事务操作相关类结构

为了进行事务处理，Spring Data Redis 提供了 RedisTxCommands 命令接口，该接口定义了全部的事务控制方法。应注意的是，在进行事务操作时，需要保证事务的开启连接与数据的操作连接同属于一个连接，所以在 Spring Data Redis 中可以基于 SessionCallable 接口实现操作连接的统一，通过 execute()方法提供的 RedisOperations 接口实例可以实现事务的相关操作，下面介绍具体实现。

注意：不要直接使用 RedisTemplate 实现事务操作。

RedisTemplate 是 RedisOptions 实现子类，在 Spring Data Redis 早期使用阶段，都是通过该类直接实现 Redis 事务操作的。此时为了保证若干条命令同属于一个连接，需要在事务操作开始前，使用其内置的 setEnableTransactionSupport(true)方法，将连接存储到 ThreadLocal 实例之中。但是这样的操作会导致无法回收 Redis 连接的问题，所以在新版本的 Spring Data Redis 中即便用户使用了该方法进行配置，也同样会出现“ERR EXEC without MULTI”错误提示。

范例：【spring 子模块】使用 RedisTemplate 实现事务操作。

```
package com.yootk.test;
@ContextConfiguration(classes = StartRedisApplication.class) // 应用启动类
@ExtendWith(SpringExtension.class)
public class TestRedisTransaction {
    private static final Logger LOGGER = LoggerFactory
            .getLogger(TestRedisTransaction.class);     // 日志输出
    @Autowired
    private RedisTemplate<String, Object> redisTemplate; // Redis模板
    @Test
    public void testTransaction() {
        this.redisTemplate.getConnectionFactory()
                .getConnection().serverCommands().flushdb(); // 清空数据库
        List<Object> result = this.redisTemplate.execute(
                new SessionCallback<List<Object>>() {
            public List<Object> execute(RedisOperations operations)
                    throws DataAccessException {
                operations.watch("message:yootk");      // 监控数据key
                operations.multi();                     // 开启事务
                operations.opsForValue().set("message:yootk", "yootk.com");
                return operations.exec();               // 提交事务
            }
        });
        LOGGER.debug("【Redis事务处理】{}", result);
    }
}
```

程序执行结果	【Redis事务处理】[true]

此时的程序通过 RedisTemplate 中的 execute()方法并结合 SessionCallback 接口实例，实现同一个连接下的 Redis 事务控制，如图 5-7 所示。最终调用 RedisOperations 接口中的 exec()方法，返回事务数据操作命令的执行结果。

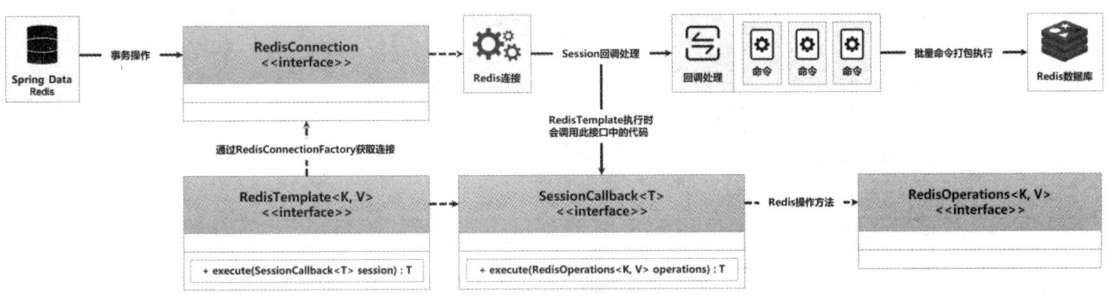

图 5-7 RedisSessionCallback 实现 Redis 事务控制

注意：流水线与事务处理。

在 Java 项目开发中，流水线和事务处理都可以实现命令的批量执行。流水线将操作命令依次发送到服务端执行，而事务处理是将多条操作命令打包在一起执行。

5.2 发布订阅模式

发布订阅模式

视频名称 0504_【掌握】发布订阅模式

视频简介 Redis 提供了良好的消息处理机制，可以基于发布订阅模式实现消息广播的处理。本视频分析该数据类型的作用，并通过 Redis 命令实现消息的传输处理。

发布订阅模式是一种消息传输机制，该机制会根据不同的业务需求创建若干个不同的消息通道。一个消息通道上存在一个或多个订阅者，如图 5-8 所示。每当一个消息发布后，一个消息通道上所有的订阅者都可以接收到相同的内容，并根据自身的需求进行消息处理。

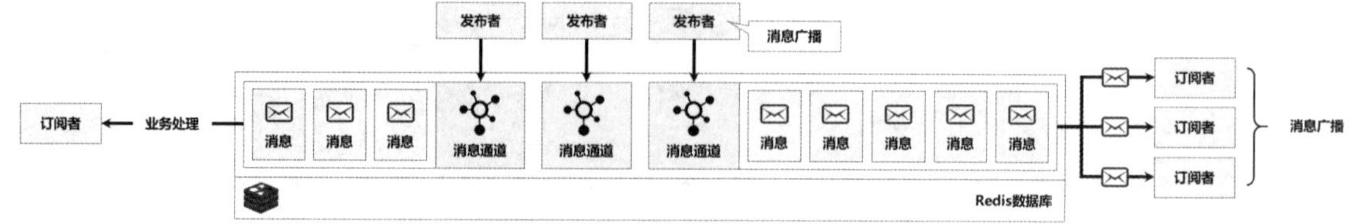

图 5-8　Redis 发布订阅模式

> **提示：发布订阅模式与消息组件。**
>
> 在开发中为了应对高并发下的业务处理机制，往往会引入消息组件，例如，ActiveMQ、RabbitMQ 或者 RocketMQ，这些都是较为成熟的消息组件。消息组件采用的是发布订阅模式，而 Redis 所提供的发布订阅模式能以一种更轻量的方式实现消息的处理，以达到简化项目设计架构目的。
>
> Redis 提供的发布订阅模式并不是一种可靠的消息传输机制，因为所有的消息都不会被持久化存储。如果某一个消息发送时，没有订阅者存在，那么该消息将无法被获取，这一点与消息组件有本质的区别。

Redis 发布订阅命令如表 5-3 所示，可以实现发布订阅模式。在进行消息发布时，需要明确定义消息要发布的通道名称，而订阅者可以同时订阅多个通道的消息内容，下面基于这些命令实现消息的收发操作。

表 5-3　Redis 发布订阅命令

序号	发布订阅命令	描述
1	PUBLISH 通道名称 消息	在指定通道上发布消息内容
2	SPUBLISH 共享通道名称 消息	分片消息发布，可以自动连接集群中的所有节点
3	SUBSCRIBE 通道 [通道 …]	接收指定通道上的消息
4	SSUBSCRIBE 通道 [通道 …]	分片消息订阅
5	UNSUBSCRIBE 通道 [通道 …]	取消通道消息订阅
6	SUNSUBSCRIBE 通道 [通道 …]	取消集群分片消息通道订阅
7	PSUBSCRIBE 正则匹配 [正则匹配 …]	采用正则匹配通道订阅
8	PUNSUBSCRIBE 正则匹配 [正则匹配 …]	取消满足指定正则表达式的消息通道订阅

（1）【redis-cli 客户端-A】开启订阅者，同时监听两个通道的消息。

```
SUBSCRIBE channel:yootk channel:muyan
```

程序执行结果	1) "subscribe" 2) "channel:yootk" 3) (integer) 1	1) "subscribe" 2) "channel:muyan" 3) (integer) 2

（2）【redis-cli 客户端-B】在指定通道上进行消息发送。

```
PUBLISH channel:yootk yootk.com
```

程序执行结果	(integer) 1　➔　有1位订阅者
订阅者输出：	1) "message" 2) "channel:yootk" 3) "yootk.com

5.2.1　Lettuce 实现发布订阅模式

Lettuce 实现发布订阅模式

视频名称　0505_【掌握】Lettuce 实现发布订阅模式

视频简介　Lettuce 提供了发布订阅模式的处理支持。本视频通过完整的响应式编程模型，分析这一机制实现的结构，并实现订阅通道的消息发布与消息接收处理。

发布订阅模式与传统的数据操作不同，所以 Lettuce 组件提供了 StatefulRedisPubSubConnection 连接接口。开发者可以使用 RedisClient 类提供的方法创建该接口的实例化对象，而后基于不同的运行模式，进行同步命令、异步命令以及响应式命令的处理操作。以 RedisPubSubAsyncCommands 接口为例，发布订阅模式异步实现类结构如图 5-9 所示。

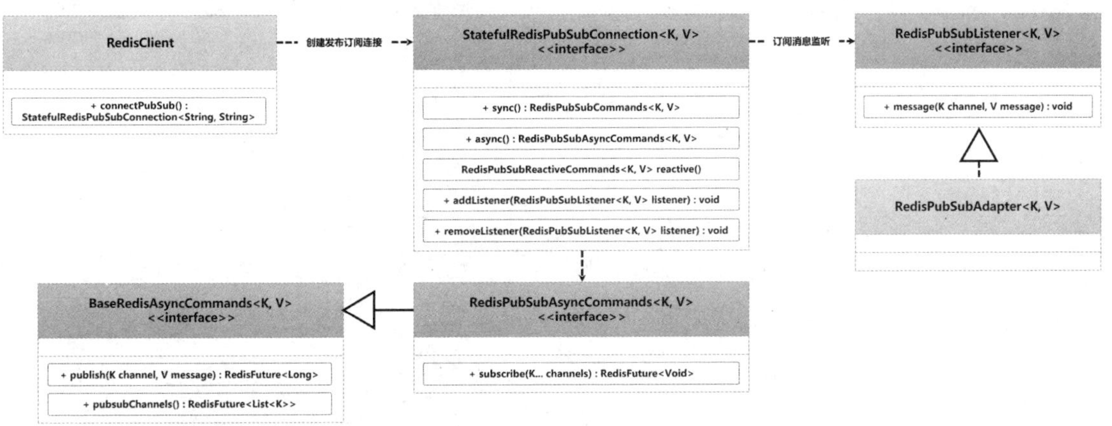

图 5-9 发布订阅模式异步实现类结构

（1）【lettuce 子模块】基于 RedisPubSubListener 监听接口的形式实现订阅消息接收。

```
package com.yootk.test;
public class TestRedisSubscribe {            // 订阅者
   private static final Logger LOGGER =
         LoggerFactory.getLogger(TestRedisSubscribe.class);
   public static void main(String[] args) throws Exception {
      StatefulRedisPubSubConnection<String, String> connection =
            RedisConnectionUtil.getRedisClient().connectPubSub(); // 发布订阅连接
      connection.addListener(new RedisPubSubAdapter<>() { // 消息监听
         @Override
         public void message(String channel, String message) { // 消息接收
            LOGGER.info("【消息订阅】通道：{}、内容：{}", channel, message);
         }});
      RedisPubSubAsyncCommands<String, String> commands = connection.async();
      commands.subscribe("channel:yootk");          // 定义监听通道
      TimeUnit.SECONDS.sleep(Long.MAX_VALUE);       // 长时间休眠
      connection.close();                           // 关闭连接
   }
}
```

程序执行结果	【消息订阅】通道：channel:yootk、内容：www.yootk.com

为了简化消息接收处理，本次直接通过 RedisPubSubAdapter 适配器类实现了消息的监听操作。一旦有消息接收，则自动调用类中的 message()方法进行处理，而消息通道则通过 RedisPubSubAsyncCommands 接口的 subscribe()方法进行绑定。

（2）【lettuce 子模块】创建消息发送程序。

```
package com.yootk.test;
public class TestRedisPublish {              // 发布者
   private static final Logger LOGGER =
         LoggerFactory.getLogger(TestRedisPublish.class);
   public static void main(String[] args) throws Exception {
      StatefulRedisPubSubConnection<String, String> connection =
            RedisConnectionUtil.getRedisClient().connectPubSub(); // 发布订阅连接
      RedisPubSubAsyncCommands<String, String> commands = connection.async();
      commands.publish("channel:yootk", "www.yootk.com"); // 消息发送
      connection.close();             // 关闭连接
   }
}
```

此时程序实现了“channel:yootk”通道消息的发送。发送完成后，在订阅模式开启的情况下可以直接收到发送的信息。为了进一步提升消息数据收发的处理性能，消息处理机制也可以采用响应

式编程模型来实现，如图 5-10 所示。

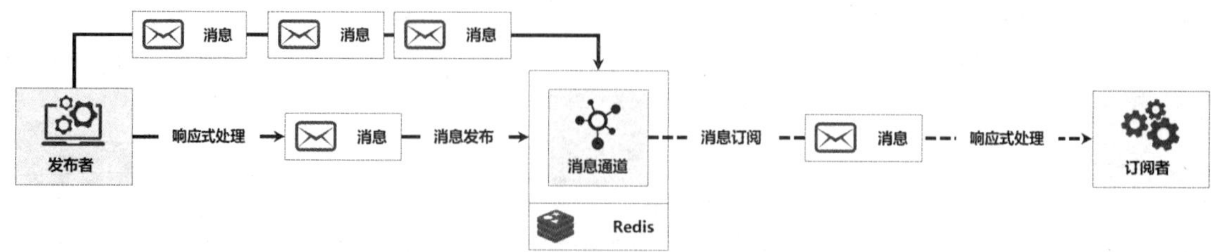

图 5-10　响应式编程模型实现消息处理机制

（3）【lettuce 子模块】基于响应式编程模型实现指定通道的消息订阅。

```
package com.yootk.test;
public class TestRedisSubscribe {           // 订阅者
    private static final Logger LOGGER =
            LoggerFactory.getLogger(TestRedisSubscribe.class);
    public static void main(String[] args) throws Exception {
        StatefulRedisPubSubConnection<String, String> connection =
                RedisConnectionUtil.getRedisClient().connectPubSub(); // 发布订阅连接
        // 根据发布订阅连接对象实例，创建发布订阅响应式命令
        RedisPubSubReactiveCommands<String, String> commands = connection.reactive();
        commands.subscribe("channel:yootk", "channel:muyan").block(); // 订阅通道
        Disposable disposable = commands.observeChannels() // 观察通道
                .doOnNext(message -> {                 // 收到消息
                    LOGGER.info("【接收订阅消息】通道：{}、消息：{}",
                            message.getChannel(), message.getMessage());
                }).subscribe();                        // 接收订阅消息
        System.out.println("开启消息订阅服务，监听"channel:yootk"与"channel:muyan"通道消息");
        Scanner scanner = new Scanner(System.in); // 结束监听
        scanner.nextLine();                            // 接收键盘输入
        commands.unsubscribe("channel:yootk", "channel:muyan");
        disposable.dispose();                          // 关闭订阅处理
        connection.close();                            // 关闭连接
    }
}
```

程序执行结果	【接收订阅消息】通道：channel:yootk、消息：yootk.com

为了便于关闭订阅者应用，此处程序处理时采用了键盘输入的控制模式，用户在键盘上按 Enter 键，将结束当前的消息订阅处理。但只要通过 Redis 客户端进行消息发布，该订阅程序就可以直接接收到完整的消息内容。

（4）【lettuce 子模块】定义发布者程序，使用 Mono 类实现响应式消息发送操作。

```
package com.yootk.test;
public class TestRedisPublish {             // 发布者
    private static final Logger LOGGER =
            LoggerFactory.getLogger(TestRedisPublish.class);
    public static void main(String[] args) throws Exception {
        StatefulRedisPubSubConnection<String, String> connection =
                RedisConnectionUtil.getRedisClient().connectPubSub(); // 发布订阅连接
        RedisPubSubReactiveCommands<String, String> commands = connection.reactive();
        Disposable disposable = Mono.just("www.yootk.com").subscribe((data)->{
            commands.publish("channel:yootk", data).subscribe(); // 创建消息
        });
        Scanner scanner = new Scanner(System.in); // 结束监听
        scanner.nextLine();                            // 接收键盘输入
        disposable.dispose();                          // 关闭发布处理
        connection.close();                            // 关闭连接
    }
}
```

当前程序通过 Mono 类实现消息发布的处理，由于采用了响应式编程模型，因此需要在主线程中完成程序阻塞的操作，为了简化，采用了键盘输入的方式。用户消息发送完成后，可以直接按 Enter 键结束当前应用。

提示：基于 Flux 类发送多条数据。

此时基于响应式编程模型实现了单条数据的发送，如果需要发送多条数据，则可以基于 Flux 类实现。

范例：发送批量数据。

```
Disposable disposable =
    Flux.interval(Duration.ofSeconds(1L))          // 设置一个发送“通量”
        .subscribe(count ->                        // 消息发送处理
            commands.publish("channel:yootk", "yootk.com") // 消息发送
                    .subscribe());                 // 创建消息增量
```

当前程序通过 interval()方法设置了一个发送间隔，每秒发送一次消息给全部订阅者。

5.2.2 Spring Data Redis 实现发布订阅模式

Spring Data Redis 实现发布订阅模式

视频名称 0506_【掌握】Spring Data Redis 实现发布订阅模式

视频简介 Spring Data Redis 提供了发布订阅模式的支持。本视频分析消息监听处理机制中的各个组成结构，并基于 RedisTemplate 实现消息发布处理。

在消息处理机制之中，由于订阅者需要随时监听消息数据的传递，因此 Spring Data Redis 提供了 MessageListener 监听接口。该接口收到消息后会触发 onMessage()方法进行消息处理，相关程序类如图 5-11 所示。

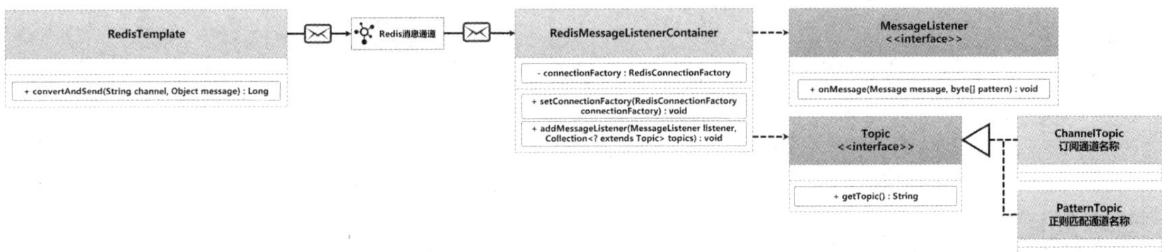

图 5-11　Spring Data Redis 消息订阅相关程序类

订阅消息监听处理类需要通过 RedisMessageListenerContainer 容器类进行绑定，这样在 Spring 容器启动之后，就可以根据绑定的主题（Topic）接口进行订阅消息的接收。在进行消息发送时，可以利用 RedisTemplate 类中的 convertAndSend()方法进行操作，下面通过一个完整的例子实现。

（1）【spring 子模块】创建 Redis 订阅消息监听处理类。

```
package com.yootk.config;
@Configuration
public class RedisSubscribeConfig {                         // 消息订阅配置类
    @Bean
    public RedisMessageListenerContainer listenerContainer(
            RedisConnectionFactory connectionFactory) {
        RedisMessageListenerContainer container = new RedisMessageListenerContainer();
        container.setConnectionFactory(connectionFactory);
        List<Topic> list = new ArrayList<>();               // 监听主题集合
        list.add(new PatternTopic("yootk:*"));              // 正则匹配
        list.add(new ChannelTopic("channel:yootk"));        // 通道名称
        container.addMessageListener(this.messageListener(), list); // 监听配置
        return container;
    }
    @Bean
    public MessageListener messageListener() {              // 消息监听类
        return new MessageListener() {                      // 监听实现类
            @Override
            public void onMessage(Message message, byte[] pattern) { // 消息接收
```

```
                System.out.printf("【消息订阅】通道：%s、内容：%s\n",
                        new String(message.getChannel()), new String(message.getBody()));
            }
        };
    }
}
```

（2）【spring 子模块】消息监听需要持续启动，创建一个测试类，用于启动该应用。

```
package com.yootk.test;
@ContextConfiguration(classes = StartRedisApplication.class) // 应用启动类
@ExtendWith(SpringExtension.class)
public class TestRedisSubscribe {
    private static final Logger LOGGER = LoggerFactory
            .getLogger(TestRedisSubscribe.class);       // 日志输出
    @Test
    public void testSubscribe() throws Exception {      // 启动订阅者
        LOGGER.info("启动消息订阅者应用");
        TimeUnit.SECONDS.sleep(Long.MAX_VALUE);         // 不关闭容器
    }
}
```

程序执行结果	启动消息订阅者应用 【消息订阅】通道：channel:yootk、内容："www.yootk.com"（消息发布后才会输出此信息）

（3）【spring 子模块】创建发布者。

```
package com.yootk.test;
@ContextConfiguration(classes = StartRedisApplication.class) // 应用启动类
@ExtendWith(SpringExtension.class)
public class TestRedisPublish {
    private static final Logger LOGGER = LoggerFactory
            .getLogger(TestRedisPublish.class);     // 日志输出
    @Autowired
    private RedisTemplate<String, Object> redisTemplate; // Redis模板
    @Test
    public void testPublish() {                         // 消息发送
        this.redisTemplate.convertAndSend("channel:yootk", "www.yootk.com");
    }
}
```

5.3　Stream

Stream 简介

视频名称　0507_【掌握】Stream 简介

视频简介　Redis 5.x 之后的版本提供了数据流的支持。本视频讲解数据流与传统发布订阅模式之间的区别，同时分析数据流操作的基本原理。

Redis 本身拥有非常良好的处理性能，所以基于 Redis 实现的消息数据传输成了设计的主流。为了解决传统的发布订阅模式中数据不能持久化的问题，Redis 提供了 Stream 数据流的支持，其设计架构如图 5-12 所示。

图 5-12　Stream 数据流设计架构

提示：Stream 数据流模型与 Kafka。

Redis 提供的数据流开发模型，很大程度上借鉴了 Kafka 的实现原理，这就意味着基于此种机制，可以实现大规模日志数据的采集、处理。

Stream 数据流模型主要在 Redis 中形成一个完整的消息链表，所有新追加的消息都会自动保存在这个链表之中。同时这个链表中的每一个消息都存在唯一的 ID 对应具体的内容，每一个消费者都依据链表上的指针偏移量进行消息处理。Stream 消息链表如图 5-13 所示。

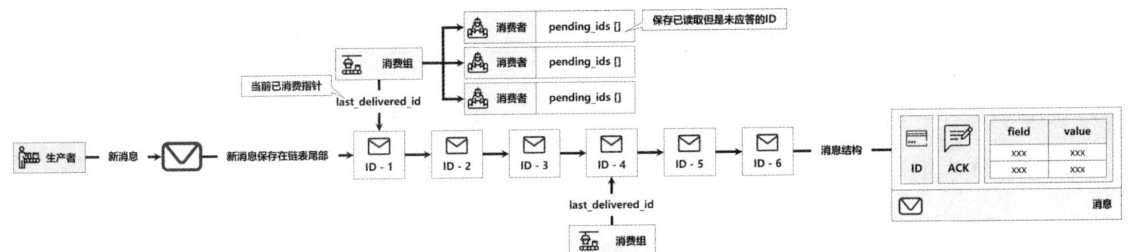

图 5-13 Stream 消息链表

在 Stream 数据流模型的处理机制中，所有的消费组都是独立的，并且互相不会受到影响，这样一来每一个消费组都会消费同样的内容，但是消费组中的消费者属于竞争关系，彼此消费各自的数据。为了保证 Stream 数据流模型中的消息都可以被正确地处理，在每一个消费者中保存一个已读取的消息 ID 列表，该列表会记录那些未应答消息的 ID。如果此时客户端一直没有进行消息应答，则该列表中的数据会持续增加，只有某个消息已经被 ACK（ACKnowledgement，肯定应答）处理后，才会将其 ID 从该列表中清除，这样设计主要是确保消息可以被客户端至少消费一次。

提示：Stream 数据流模型中的 PEL。

每个消费者保存的 pending_ids 数组，官方称为 PEL（Pending Entries List，待处理实体列表），利用此列表可以预防产生网络故障所带来的消息未消费问题，它是 Redis 中的核心数据结构。

5.3.1 Stream 消息处理

Stream基础操作命令

视频名称 0508_【掌握】Stream 基础操作命令

视频简介 Stream 数据流的操作需要与 Redis 中的 listpack 对应。本视频讲解基础的消息生产与消息消费操作，并通过具体的存储状态分析相关命令的作用。

Stream 操作的核心流程在于消息数据的存储和消费。由于 Stream 数据会按照先后顺序，被持久化地保存在 Redis 数据库之中，因此 Redis 内部会通过 listpack 结构进行数据项的保存。Stream 存储结构如图 5-14 所示。

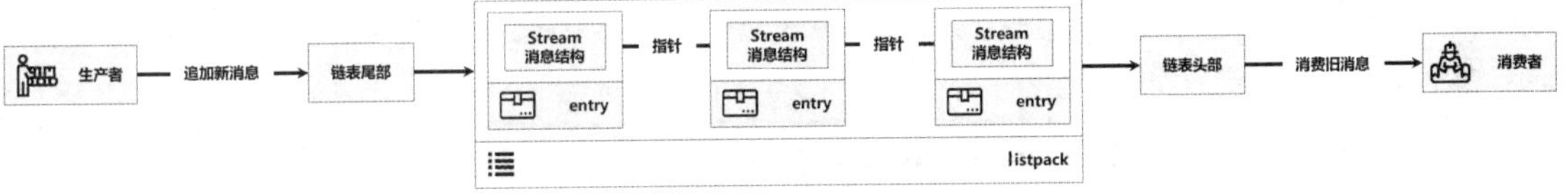

图 5-14 Stream 存储结构

Stream 的所有数据都被保存在 listpack 结构之中，这样在存储时就需要进行存储容量的限制。当消息数据过多时，需要提供旧数据的清除机制。Stream 数据操作命令如表 5-4 所示，下面通过具体的数据操作命令进行分析。

表 5-4 Stream 数据操作命令

序号	数据操作命令	描述
1	XADD key [NOMKSTREAM] [MAXLEN | MINID [= | ~]] 阈值 [LIMIT 数量] * | id 成员 内容 [成员 内容 …]	向指定的数据流中创建消息内容，命令选项作用如下。 ① NOMKSTREAM：当前 key 存在才会追加数据。 ② MAXLEN：设置数据流保存数据的长度，保存数据量过大时，通过此配置项进行数据长度的剪裁，其中剪裁模式有如下两种。 ● "~"：优化精确剪裁，一般使用此模式，效率较高。

续表

序号	数据操作命令	描述
1	XADD key [NOMKSTREAM] [MAXLEN | MINID [= | ~]] 阈值 [LIMIT 数量] * | id 成员 内容 [成员 内容 …]	• “=”：精确剪裁，将存储在 listpack 中的数据，按照数据从旧到新的顺序依次释放，使用此模式删除最后一个数据时比较费时。 ③ MINID：设置数据剪裁的最小 ID，包含“~”和“=”两种模式。 ④ LIMIT：限制数据操作数量。 ⑤ id：可以由用户自己设置或者使用“*”自动生成
2	XRANGE key 开始 ID 结束 ID [COUNT 数量]	查看指定编号访问的数据流信息，使用“-”表示最小 ID，使用“+”表示最大 ID
3	XREVRANGE key 开始ID 结束ID [COUNT 数量]	采用逆序方式获取指定数据流中指定范围的全部数据
	XDEL key id [id …]	删除指定数据流中指定 ID 的数据
4	XREAD [COUNT 数量] [BLOCK 毫秒] STREAM key [key ...] id [id ...]	读取指定数据流中的消息，如果消息为空，则可以通过 BLOCK 配置项设置读取的阻塞时间
5	XINFO STREAM key [FULL [COUNT 数量]]	查询指定数据流的完整信息
6	XLEN key	获取指定数据 key 保存的数据长度

（1）【redis-cli 客户端-A】创建一个“stream:yootk”的数据，采用默认的方式向该数据 key 保存数据项。

```
XADD stream:yootk * title yootk-first content yootk.com
```

程序执行结果	"1669947556089-0"	→ 该消息ID为系统自动生成

此时的程序采用了 ID 自动生成的方式，所以在 XADD 命令中使用“*”进行定义，同时在该数据中配置了“title”与“content”两个成员内容，以便于观察再向指定的数据 key 中保存一条数据项。

提示：MAXLEN 保存长度。

Stream 数据保存在 listpack 之中，如果数据量较大，那么一定会影响到处理性能。此时可以在数据追加时，采用“MAXLEN 阈值”的形式进行长度的限制，达到了此阈值后会删除旧消息。而对于阈值提供了两种方式，如果此时设置的阈值为 100，并且采用“~”剪裁模式，则数据保存量可能会达到 120，而后采用惰性删除的方式进行剪裁；如果此时采用“=”剪裁模式，则表示达到阈值后立即进行剪裁。

（2）【redis-cli 客户端-A】向 stream:yootk 数据流中保存一条新数据，此时使用 NOMKSTREAM 标记 key 必须存在。

```
XADD stream:yootk NOMKSTREAM * title yootk-second content yootk.com
```

程序执行结果	"1669947740321-0"	→ 该消息 ID 为系统自动生成

（3）【redis-cli 客户端-A】观察 stream:yootk 数据流的详细信息。

```
XINFO STREAM stream:yootk
```

程序执行结果		
	1) "length" 2) (integer) 2	当前保存在stream:yootk数据流key中的数量，该数量会持续增加，有可能小幅度超过MAXLEN
	3) "radix-tree-keys" 4) (integer) 1	基数树中保存的key数量
	5) "radix-tree-nodes" 6) (integer) 2	基数树中保存的节点数量
	7) "last-generated-id" 8) "1669947740321-0"	最后一次生成的ID
	9) "max-deleted-entry-id"	最大删除的实体ID

	10) "0-0"	
	11) "entries-added" 12) (integer) 2	已增加的数据实体个数
	13) "recorded-first-entry-id" 14) "1669947556089-0"	记录的第一个实体ID
	15) "groups" 16) (integer) 0	记录消费组的个数
	17) "first-entry" 18) 1) "1669947556089-0" 2) 1) "title" 2) "yootk-first" 3) "content" 4) "yootk.com"	第一个实体信息，包括ID和对应数据项
	19) "last-entry" 20) 1) "1669947740321-0" 2) 1) "title" 2) "yootk-second" 3) "content" 4) "yootk.com"	最后一个实体信息，包括ID和对应数据项

XINFO STREAM 命令会返回指定数据 key 的完整信息，使用者可以通过查询结果获取当前节点的保存数量，生成 ID、节点存储情况及消费信息等。

提示：Radix Tree。

Redis 内部的数据是通过 Hash 存储的，但是 Hash 冲突和 Hash 表的大小控制是令人非常头疼的问题。考虑到 Stream 结构运行在大数据范围下，且依靠 ID 来进行数据流的消费处理，为了便于通过 ID 找到对应数据的指针，Redis 引入了 Radix Tree（基数树）数据结构，使用该结构可以实现 32 位数据的快速路由。

（4）【redis-cli 客户端-A】查看“stream:yootk”中的全部数据。

XRANGE stream:yootk - +		
程序执行结果	1) 1) "1669947556089-0" 2) 1) "title" 2) "yootk-first" 3) "content" 4) "yootk.com"	2) 1) "1669947740321-0" 2) 1) "title" 2) "yootk-second" 3) "content" 4) "yootk.com"

（5）【redis-cli 客户端-B】启动消息消费端读取“stream:yootk”中保存的消息内容。

XREAD COUNT 2 STREAMS stream:yootk streams 0 0	
程序执行结果	1) 1) "stream:yootk" → 读取的数据key 2) 1) 1) "1669947556089-0" → 读取到的消息ID 2) 1) "title" 2) "yootk-first" 3) "content" 4) "yootk.com" 2) 1) "1669947740321-0" → 读取到的消息ID 2) 1) "title" 2) "yootk-second" 3) "content" 4) "yootk.com"

XREAD 命令可以同时从多个数据流中读取数据，在读取时可以设置要读取的消息 ID，此处使用了一个单独的数字表示从第一个保存的数据开始读取，每次读取两个内容。

（6）【redis-cli 客户端-B】如果此时数据流中没有消息，则可以使用 BLOCK 阻塞读取操作，并使用“$”符号标记从队列尾部读取数据。

```
XREAD COUNT 1 BLOCK 0 STREAMS stream:yootk $
```

如果 BLOCK 选项设置为数字 0，表示进入持续阻塞的状态，一直到“stream:yootk”中有消息保存进来，才会解除阻塞并返回读取到的最新数据。

5.3.2　Stream 消费组

Stream 消费组

视频名称　0509_【掌握】Stream 消费组

视频简介　消费组可以提高消费的处理能力，也是 Stream 处理机制的一大特点。在 Redis 中可以通过命令创建消费组，同时提供消息应答的处理服务。本视频列出相关的使用命令，并通过具体的分析讲解这些命令的使用。

在 Stream 消息处理中可以实现消费组的配置，一个消费组的内部有若干个消费者，这些消费者彼此采用竞争的方式进行消费的处理。同时，引入消费组之后可以实现消息的应答机制。Stream 消费组数据操作命令如表 5-5 所示，下面介绍其具体使用方法。

表 5-5　Stream 消费组数据操作命令

序号	数据操作命令	描述
1	XGROUP CREATE key 组名称 id | $ [MKSTREAM] [ENTRIESREAD entries_read]	根据指定数据 key 创建消费组，配置项作用如下。 ①MKSTREAM：数据 key 不存在则自动创建。 ②ENTRIESREAD：设置消费跨过的实体数量
2	XGROUP CREATECONSUMER key 组名称 消费者名称	在指定的消费组中创建消费者
3	XGROUP DELCONSUMER 组名称 消费者名称	从指定的消费组中删除消费者
4	XGROUP DESTROY key 组名称	销毁消费组
5	XGROUP SETID key 组名称 id | $ [ENTRIESREAD entries_read]	为指定消费组设置最后一个消费的 ID
6	XREADGROUP GROUP 组名称 消费者 [COUNT 数量] [BLOCK 毫秒] [NOACK] STREAMS key [key …] id [id …]	消费组消费数据
7	XACK key 组名称 id [id …]	消息应答处理
8	XPENDING key 组名称 [[IDLE 最小空闲时间]] 开始 ID 结束 ID 数量 [消费者]	查询指定消费组中所有已读取但尚未应答的消息
9	XCLAIM key 组名称 消费者 最小空闲时间 id [id …] [IDLE 空闲时间] [TIME 时间戳] [RETRYCOUNT 数量] [FORCE] [JUSTID] [LASTID 消息 ID]	当某一个消费者出现故障后，通过该命令可以认领该消费者的所有权，并继续进行处理，配置项作用如下。 ①IDLE：设置消息的空闲时间。 ②TIME：将空闲时间设置为时间戳。 ③RETRYCOUNT：设置重试次数。 ④FORCE：在 PEL 中创建待处理消息条目。 ⑤JUSTID：只返回认领成功的消息 ID 数组。 ⑥LASTID：最后一个处理消息的 ID
10	XINFO GROUPS key	查询指定数据 key 上的全部消费组
11	XINFO CONSUMERS key 组名称	查询指定数据 key 上指定消费组的全部消费者

（1）【redis-cli 客户端-A】为保证操作的简洁性，建议先清空已有数据库：FLUSHDB。

（2）【redis-cli 客户端-B】创建一个 group:yootk 消费组。

```
XGROUP CREATE stream:yootk group:yootk $ MKSTREAM
```

程序执行结果	OK

（3）【redis-cli 客户端-B】在 group:yootk 消费组中创建消费者，名称以“yootk:consumer-1”开头。

```
XREADGROUP GROUP group:yootk yootk:consumer-1 COUNT 1 BLOCK 0 STREAMS stream:yootk >
```

为便于观察，此时创建一个阻塞的消费者，该消费者每次读取一行数据，并通过“>”设置为从当前消费组的最后一次消费 ID（last_delivered_id）后开始进行数据的读取，如果此时没有消息则返回 nil。

（4）【redis-cli 客户端-C】在 group:yootk 消费组中创建消费者，名称以“yootk:consumer-2”开头。

```
XREADGROUP GROUP group:yootk yootk:consumer-2 COUNT 1 BLOCK 0 STREAMS stream:yootk >
```

（5）【redis-cli 客户端-A】向指定数据 key 中发送两条消息（当前已经启动了两个消费者）。

XADD stream:yootk * title yootk content yootk.com	➔ 命令执行结果："1669962496371-0"
XADD stream:yootk * title edu content edu.yootk.com	➔ 命令执行结果："1669962501225-0"

（6）【redis-cli 客户端-A】查看当前消费组的状态。

XINFO GROUPS stream:yootk		
程序执行结果	1) "name" 2) "group:yootk"	返回消费组名称
	3) "consumers" 4) (integer) 2	返回消费组中消费者的数量
	5) "pending" 6) (integer) 2	消费组中未应答的消息数量
	7) "last-delivered-id" 8) "1669962501225-0"	最后一次消费ID
	9) "entries-read" 10) (integer) 2	已经读取过的实体数量
	11) "lag" 12) (integer) 0	仍在等待消费者消费的消息数量

（7）【redis-cli 客户端-A】查看消费者信息。

XINFO CONSUMERS stream:yootk group:yootk		
程序执行结果	1) 1) "name" 2) "yootk:consumer-1" 3) "pending" 4) (integer) 1 5) "idle" 6) (integer) 285358	2) 1) "name" 2) "yootk:consumer-2" 3) "pending" 4) (integer) 1 5) "idle" 6) (integer) 280504

（8）【redis-cli 客户端-B】消息应答处理。

XACK stream:yootk group:yootk 1669962496371-0 1669962501225-0	
程序执行结果	(integer) 2

消息应答之后再次执行“XINFO GROUPS stream:yootk”命令，可以发现“pending”的内容变为了 0，也就意味着该消息 ID 已经从 PEL 中删除了。

5.3.3 Lettuce 实现 Stream 机制

Lettuce 实现 Stream 机制

视频名称 0510_【掌握】Lettuce 实现 Stream 机制

视频简介 Lettuce 中的 Stream 操作结构严格按照 Redis 提供的命令来实现。本视频分析相关使用类的作用，同时基于多线程的方式实现消费组的定义与消息发送。

Stream 消息类型主要是结合大数据时代的数据采集提供的，所以在实际的开发中，所有的消息基本都来自业务数据，必然与实际的应用程序进行结合。业务数据采集如图 5-15 所示。Lettuce 提供了 Stream 命令的封装，下面通过完整的程序案例进行说明。

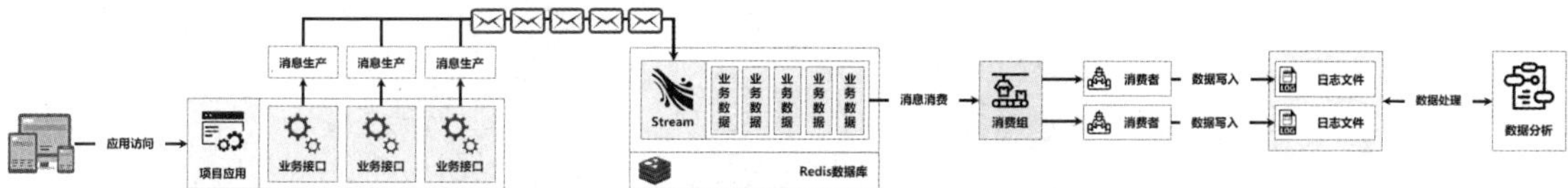

图 5-15 业务数据采集

提示：Stream 的生态有待完善。

Redis 提供了 Stream 支持，理论上讲可以取代独立的消息组件，简化烦琐的项目架构设计。但是对数据的采集组件来讲（例如，Kafka、Pulsar），除了要提供 Stream 操作流之外，实际上还需要提供良好的开发生态。例如，标准的大数据架构要提供日志组件整合服务，这就需要有一组相关的实现类来支撑，而如果使用 Redis 中的 Stream 则需要开发者根据日志的标准进行自定义，所以决定一项应用的最终发展并不是应用本身的功能，而是它的生态的良好程度。

（1）【lettuce 子模块】创建消费组进行消息接收。

```
package com.yootk.test.stream;
public class TestStreamConsumerGroup {                          // 创建消费者
   private static final Logger LOGGER =
         LoggerFactory.getLogger(TestStreamConsumerGroup.class);
   public static final String GROUP_NAME = "group:yootk";     // 组名称
   public static final String KEY = "stream:yootk";           // 数据key
   public static void main(String[] args) throws Exception {
      RedisAsyncCommands<String, String> commands =
            RedisConnectionUtil.getConnection().async();       // 异步命令
      commands.flushdb();                                        // 清空当前数据库
      XReadArgs.StreamOffset<String> groupOffset =
            XReadArgs.StreamOffset.from(KEY, "$");             // 读取偏移量
      LOGGER.debug("【消费组】创建消费组：{}", commands.xgroupCreate(groupOffset,
            GROUP_NAME, XGroupCreateArgs.Builder.mkstream()).get());
      XReadArgs.StreamOffset<String> consumerOffset =
            XReadArgs.StreamOffset.from(KEY, ">");             // 读取偏移量
      XReadArgs block = XReadArgs.Builder.block(Duration.ZERO).count(2); // 读取参数
      for (int x = 0; x < 3; x++) {                             // 创建消费者线程
         new Thread(() -> {                                     // 创建线程
            while (true) {                                      // 不间断消息接收
               RedisFuture<List<StreamMessage<String, String>>> result =
                     commands.xreadgroup(Consumer.from(GROUP_NAME,
                           Thread.currentThread().getName()), block, consumerOffset);
               try { // Stream消费端在每次会批量接收消息
                  for (StreamMessage<String, String> message : result.get()) {
                     LOGGER.info("【{} - 消息接收】ID = {}、BODY = {}",
                           Thread.currentThread().getName(),
                           message.getId(), message.getBody()); // 获取消息内容
                     commands.xack(KEY, GROUP_NAME, message.getId()); // 消息应答
                  }
               } catch (Exception e) {}
            }
         }, "消费者线程 - " + x).start();           // 启动消费者
      }
      TimeUnit.SECONDS.sleep(Long.MAX_VALUE);          // 保持应用运行
   }
}
```

程序执行结果	【消费组】创建消费组：OK 【消费者线程 - 0 - 消息接收】ID = 1669969193690-0、 BODY = {author=李兴华, title=YOOTK-Java系列教程 - 4} 【消费者线程 - 1 - 消息接收】ID = 1669969193696-0、 BODY = {author=李兴华, title=YOOTK-Java系列教程 - 7} 其他输出信息略

（2）【lettuce 子模块】创建 Stream 生产者。

```
package com.yootk.test.stream;
public class TestStreamProducer {                               // 创建生产者
   private static final Logger LOGGER =
         LoggerFactory.getLogger(TestStreamProducer.class);
   public static void main(String[] args) throws Exception {
      RedisAsyncCommands<String, String> commands =
            RedisConnectionUtil.getConnection().async();       // 异步命令
      for (int x = 0; x < 10; x++) {
         Map<String, String> body = new HashMap<>();            // 消息数据
         body.put("title", "YOOTK-Java系列教程 - " + x);       // 数据项
         body.put("author", "李兴华");                          // 数据项
         commands.xadd("stream:yootk", body);                   // 消息发送
```

```
        }
        TimeUnit.SECONDS.sleep(3);                              // 等待消息发送完毕
    }
}
```

5.3.4 Spring Data Redis 实现 Stream 机制

Spring Data Redis 实现 Stream 机制

视频名称 0511_【掌握】Spring Data Redis 实现 Stream 机制

视频简介 RedisTemplate 提供了简化的 Stream 消息接收机制，为了实现持续的消息处理，又提供了完善的消息监听机制。本视频分析这些操作的设计关联，同时基于具体的程序逻辑实现消费组与消费者数据处理的应用的开发。

为了便于进行 Stream 的消息接收操作，Spring Data Redis 提供了专属的消息监听接口，开发者只需要通过监听容器并配置该监听接口的实例即可获取 Stream 消息内容。Spring Data Redis 与 Stream 如图 5-16 所示。

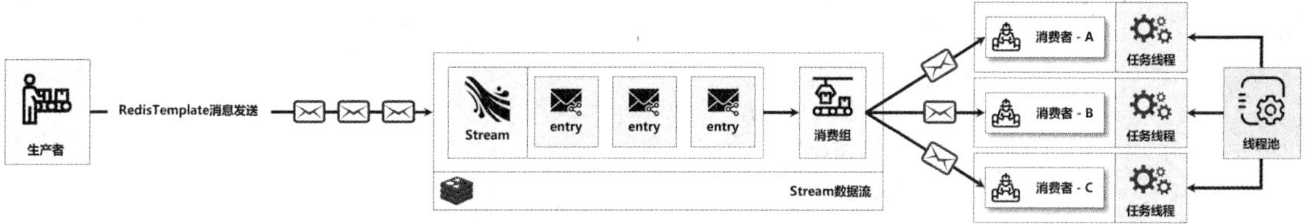

图 5-16　Spring Data Redis 与 Stream

Spring Data Redis 为了保证 Stream 消费处理的操作，每一个消费者都会启动一个专属的任务线程。为了实现更好的线程分配处理，可以在项目中配置专属的线程池，每一个线程中的消费者都对应一个完整的处理监听实例。考虑到 Stream 的消息机制，还需要在此监听实例中进行消息的应答处理，如图 5-17 所示。下面介绍具体实现。

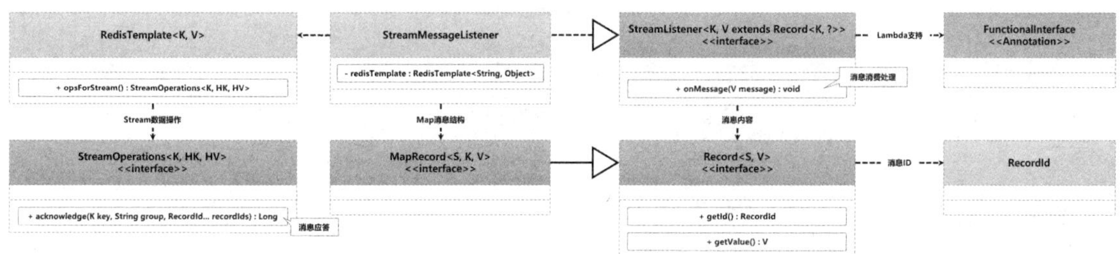

图 5-17　Stream 消息监听与应答

（1）【spring 子模块】定义 YootkStreamType 类，保存 Stream 基础信息。

```
package com.yootk.type;
public class YootkStreamType {
    public static final String STREAM = "stream:yootk";   // Stream数据流
    public static final String GROUP = "group:yootk";      // 组名称
}
```

（2）【spring 子模块】创建消息监听类。

```
package com.yootk.listener;
@Component
public class StreamMessageListener implements
        StreamListener<String, MapRecord<String, String, Object>> { // 消息监听
    private static final Logger LOGGER =
            LoggerFactory.getLogger(StreamMessageListener.class);
    @Autowired
    private RedisTemplate<String, Object> redisTemplate; // Redis模板
    @Override
    public void onMessage(MapRecord<String, String, Object> message) {
```

```
        LOGGER.info("【Stream消息】ID = {}、body = {}、thread = {}", message.getId(),
            message.getValue(), Thread.currentThread().getName()); // 消息输出
        this.redisTemplate.opsForStream().acknowledge(YootkStreamType.STREAM,
                YootkStreamType.GROUP, message.getId());    // 消息应答
    }
}
```

（3）【spring 子模块】创建线程池配置类。

```
package com.yootk.config;
@Configuration
public class ExecutorConfig {                                     // 线程池配置类
    @Bean
    public Executor executor() {                                  // 线程池
        ThreadPoolTaskExecutor executor = new ThreadPoolTaskExecutor(); // 线程池
        int core = Runtime.getRuntime().availableProcessors(); // 内核数量
        executor.setCorePoolSize(core * 2);                       // 内核线程数量
        executor.setAllowCoreThreadTimeOut(true);                 // 允许超时
        executor.setMaxPoolSize(core * 2);                        // 最大线程数
        executor.setQueueCapacity(50);                            // 延迟队列大小
        executor.setThreadNamePrefix("yootk-stream-");            // 名称前缀
        executor.setRejectedExecutionHandler(
                new ThreadPoolExecutor.AbortPolicy());            // 拒绝策略
        executor.initialize();                                    // 初始化线程池
        return executor;
    }
}
```

（4）【spring 子模块】创建测试类，启动消息监听器。

```
package com.yootk.test;
@ContextConfiguration(classes = StartRedisApplication.class)    // 应用启动类
@ExtendWith(SpringExtension.class)
public class TestStreamReceive {
    private static final Logger LOGGER = LoggerFactory
            .getLogger(TestStreamReceive.class);                 // 日志输出
    @Autowired
    private RedisTemplate<String, Object> redisTemplate;         // 操作模板
    @Autowired
    private RedisConnectionFactory connectionFactory;            // 连接工厂
    @Autowired
    private ThreadPoolTaskExecutor executor;                     // 线程池
    @Autowired
    private StreamMessageListener listener;                      // 消息监听
    @Test
    public void testReceiveMessage() throws Exception {          // 消息接收
        this.redisTemplate.opsForStream().destroyGroup(
                YootkStreamType.STREAM, YootkStreamType.GROUP);  // 删除已有消费组
        this.redisTemplate.opsForStream().createGroup(YootkStreamType.STREAM,
                YootkStreamType.GROUP);                          // 创建消费组
        for (int x = 0; x < 3; x++) {                            // 创建3个消费者
            this.redisTemplate.opsForStream().read(
                    Consumer.from(YootkStreamType.GROUP, "Yootk-Consumer-" + x),
                    StreamOffset.create(YootkStreamType.STREAM,
                            ReadOffset.lastConsumed()));          // 创建消费者
        }
        StreamMessageListenerContainer.StreamMessageListenerContainerOptions<String,
                MapRecord<String, String, Object>> options =
                StreamMessageListenerContainer
                        .StreamMessageListenerContainerOptions.builder()
                        .batchSize(10)                            // 每次拉取的数据量
                        .executor(this.executor)                  // 线程池
                        .errorHandler(new ErrorHandler() {        // 错误处理
                            @Override
                            public void handleError(Throwable t) {    // 错误处理
                                LOGGER.error("【消费异常】{}", t.getMessage());
                            }
                        })
                        .pollTimeout(Duration.ZERO)               // 持续接收
                        .keySerializer(new StringRedisSerializer()) // 数据key序列化
                        .hashKeySerializer(new StringRedisSerializer()) // 哈希key序列化
                        .build();                                 // 创建配置对象
        StreamMessageListenerContainer<String,
                MapRecord<String, String, Object>> container =
```

```
            StreamMessageListenerContainer.create(this.connectionFactory, options);
    for (int x = 0 ; x < 3 ; x ++) {
        container.receive(Consumer.from(YootkStreamType.GROUP, "Yootk-Consumer-" + x),
                StreamOffset.create(YootkStreamType.STREAM,
                        ReadOffset.lastConsumed()), this.listener);  // 消息接收
    }
    container.start();                                              // 开启容器
    TimeUnit.SECONDS.sleep(Long.MAX_VALUE);                         // 保持进程运行
    container.stop();                                               // 关闭容器
  }
}
```

此处的测试类要实现监听者的配置处理，所以首先定义了一个 StreamMessageListenerContainer 接口实例。该实例表示定义一个监听容器，需要在其中配置线程池、批量接收数量、序列化 key 管理器等。随后基于该监听容器实现所有消费端的启动，此时每一个启动的消费端实际上都属于一个工作线程。

（5）【spring 子模块】编写测试类实现消息发送。

```
package com.yootk.test;
@ContextConfiguration(classes = StartRedisApplication.class)     // 应用启动类
@ExtendWith(SpringExtension.class)
public class TestStreamSend {
    private static final Logger LOGGER = LoggerFactory
            .getLogger(TestStreamSend.class);                      // 日志输出
    @Autowired
    private RedisTemplate<String, Object> redisTemplate;           // 操作模板
    @Test
    public void testSendMessage() {
        Map<String, String> map = new HashMap<>();                 // Map封装内容
        map.put("name", "Yootk");                                  // 成员数据
        map.put("site", "yootk.com");                              // 成员数据
        this.redisTemplate.opsForStream().add(YootkStreamType.STREAM, map); // 消息发送
    }
}
```

消费端日志:	【Stream消息】ID = 1670206726580-0、body = {site="yootk.com", name="Yootk"}、thread = yootk-stream-2

本程序的生产者通过 RedisTemplate 实现了一条 Stream 数据的发送处理，在发送数据时使用 Map 进行消息内容的定义，而后该消息会交由消费组中的指定消费者进行处理。

5.4 Lua 脚本

Lua 脚本简介

视频名称 0512_【理解】Lua 脚本简介

视频简介 Redis 为了便于一次性执行多条处理命令，其内部基于 Lua 脚本实现程序定义。本视频讲解 Redis 与 Lua 脚本整合的意义，同时讲解 Lua 开发环境的配置。

Redis 在每次执行代码时，都会依据文件事件分派器的单线程运行模式，依次执行每一条客户端的命令。而如果此时某一个客户端需要执行若干条命令，并且不希望被其他用户的命令所打扰，可以基于 Lua 脚本进行封装处理，程序执行结果如图 5-18 所示。

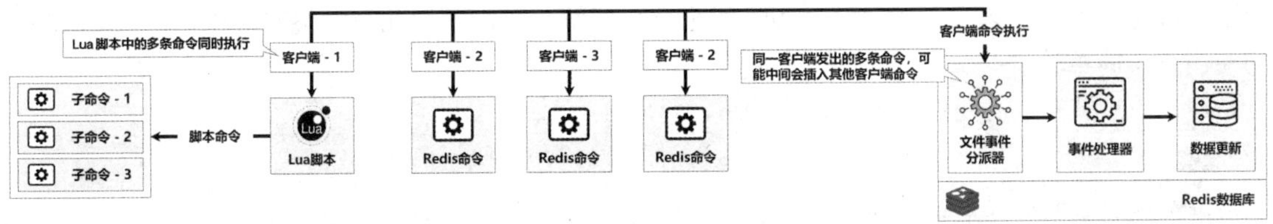

图 5-18　Lua 脚本与程序执行结果

Redis 从 2.6.x 版本后开始支持 Lua 脚本，使用 Lua 脚本可以一次性发送多条命令。这样的处

理方式可以极大地减少网络开销，同时可以实现完整的原子性命令处理。在处理相同的业务逻辑时，该脚本程序也可以被 Redis 重复使用。

Redis 进程内自带 Lua 的程序处理器，同时在各个操作系统中可以进行 Lua 开发环境的配置。为便于读者理解 Lua 的基本使用方法，下面基于 Ubuntu 操作系统搭建 Lua 开发环境，具体步骤如下。

提示：Lua 环境的手动配置。

如果开发者不希望通过 Ubuntu 的仓库获取 Lua 开发工具，可以直接访问 Lua 官方网站获取程序源代码，如图 5-19 所示。

下载得到的程序包为 Lua 的源代码，开发者可以采用手动编译的方式进行处理，考虑到 Lua 编译环境不属于 Redis 的核心重点，所以此处采用自动配置的方式进行安装。

图 5-19　下载 Lua 源代码

（1）【redis-server 主机】在本地系统中安装 Lua 开发环境。

```
apt-get -y install lua5.4
```

（2）【redis-server 主机】进入 lua 交互式编程环境。

（3）【lua 交互式编程环境】进入 lua 交互式编程环境后可以直接输入程序语句。

```
print("www.yootk.com")
```

程序执行结果	www.yootk.com

（4）【redis-server 主机】创建一个 Lua 脚本：vi /usr/local/src/yootk.lua。

```
message = '沐言科技：www.yootk.com'
print(message)
```

（5）【redis-server 主机】通过 Lua 命令执行 Lua 脚本。

```
lua /usr/local/src/yootk.lua
```

程序执行结果	沐言科技：www.yootk.com

5.4.1　Lua 核心语法

Lua 核心语法

视频名称　0513_【理解】Lua 核心语法

视频简介　Lua 基于 C 语言编写而成，内部拥有完善的语法逻辑。本视频通过具体的程序案例分析其常见数据类型、程序逻辑结构、函数与数组等核心语法。

Lua 是一门轻量级的脚本语言，Lua 脚本程序需要按照语法要求进行编写，包括支持标识符、变量、分支、循环、函数、数组等。为了便于读者理解，下面通过几个完整的例子，对 Lua 脚本的使用进行简单的说明。

（1）Lua 脚本中对变量的定义较为灵活，可以在变量未声明时使用。

```
-- Lua可以根据常量的内容推导出变量类型
num = 30
print("数字num = " .. num .. "、变量类型：" .. type(num))
```

程序执行结果	数字num = 30、变量类型：number

（2）使用 if 表达式实现分支逻辑。

```
message = nil                                        -- 定义变量
if (message == nil) then                             -- 条件满足时执行
    message = "沐言科技：www.yootk.com"
end                                                  -- 结束if语句
print("message = " .. message)
```

程序执行结果	message = 沐言科技：www.yootk.com

（3）使用循环实现数字累加处理。

```
sum = 0                    -- 保存数字累加结果
num = 1                    -- 循环计数
while (num <= 100) do      -- 循环主体
    sum = sum + num        -- 数字累加
    num = num + 1          -- 变更循环条件
end                        -- 结束循环
print("1～100的数字累加结果：", sum)
```

```
sum = 0                    -- 保存数字累加结果
-- num变量从1增长到100，每次增长步长为1
for num = 1,100,1 do       -- 循环计数
    sum = sum + num        -- 数字累加
end                        -- 结束循环
print("1～100的数字累加结果：", sum)
```

程序执行结果	1～100的数字累加结果： 5050

（4）函数是程序开发中必不可少的组成单元，Lua 脚本可以使用 function 实现函数的定义。

```
function max(numA, numB)                             -- 定义函数
    local result = 0                                 -- 局部变量，可以不定义直接使用
    if (numA > numB) then                            -- if判断
        result = numA                                -- 变量赋值
    else                                             -- 条件不满足
        result = numB                                -- 变量赋值
    end
    return result                                    -- 返回处理结果
end
print("获取两个数字的最大值：", max(10, 3))           -- 函数调用
```

程序执行结果	获取两个数字的最大值：10

（5）在 Lua 中也可以进行数组的创建，在数组创建之后可以利用循环，并通过索引进行访问。

```
array = {1.1, 2.2, 3.3, 4.4, 5.5}                    -- 定义数组，不含nil
function sum(temp)                                   -- 数组处理函数
    sum = 0.0                                        -- 保存总数
    for index = 1, #temp do                          -- 数组迭代
        sum = sum + temp[index]                      -- 数据累加
    end
    return sum                                       -- 返回结果
end
print("数组累加计算：", sum(array))                    -- 输出结果
```

程序执行结果	数组累加计算： 16.5

（6）使用 Lua 脚本进行处理时，为了简化概念，可以在数组中保存不同的数据内容，此时的数组称为表。

```
tab = {}
tab[1] = {1, 2, 3}
tab['yootk'] = 'www.yootk.com'
print(tab[1])
print('yootk = ' .. tab['yootk'])
```

程序执行结果	table: 0x563e0bca1d90 yootk = www.yootk.com

（7）进行函数定义时，可以通过“...”配置可变参数。

```
function add(...)                                    -- 可变参数
    local sum = 0                                    -- 保存累加结果
    -- ipairs{...}表示由所有变长参数所构成的数组
    for index, value in ipairs{...} do               -- 数据迭代
        sum = sum + value                            -- 数字累加
    end
```

```
    return sum                                              -- 返回结果
end
print(add(1, 2, 3, 4, 5))
```

程序执行结果	15

5.4.2 Redis 执行 Lua 程序

Redis 执行 Lua 程序

视频名称 0514_【掌握】Redis 执行 Lua 程序
视频简介 Redis 内部定义了 Lua 脚本的执行器，同时为了便于执行 Lua 脚本，提供了配套的处理命令。本视频分析这些命令的使用，并在 Redis 中实现单行 Lua 脚本程序的执行分析，以及 Lua 脚本在服务端上的缓存处理。

Redis 服务端自带 Lua 脚本的执行引擎，所以用户可以直接在 Redis 服务器中执行 Lua 脚本程序，直接返回这些脚本的执行结果。Lua 脚本执行命令如表 5-6 所示。

表 5-6　Lua 脚本执行命令

序号	脚本执行命令	描述
1	EVAL 脚本 key 数量 [key [key …]] [arg [arg …]]	每次向服务端发送一个 Lua 脚本程序
2	EVALSHA sha1 key 数量 [key [key …]] [arg [arg …]]	执行缓存在服务器中的 Lua 脚本程序
3	SCRIPT FLUSH	清空 Redis 服务端的所有 Lua 脚本缓存
3	SCRIPT LOAD 脚本	将 Lua 脚本保存在 Redis 服务器的缓存之中
4	SCRIPT EXISTS sha1 [sha1 …]	判断指定的 Lua 脚本缓存是否存在
5	SCRIPT KILL	停止当前正在执行的 Lua 脚本

在 Redis 中可以使用 EVAL 命令执行 Lua 脚本，如果要在 Lua 脚本中调用 Redis 数据库的命令，则可以通过“redis.call()”或者“redis.pcall()”完成。两者在执行命令时效果一样，唯一的区别在于，使用“redis.call()”执行命令发生错误时，会详细地将此错误返回给调用处；而“redis.pcall()”执行命令出错时，并不会抛出错误，只会通过 Lua 表结构保存错误信息。为便于理解，下面通过几个具体的命令来说明。

（1）【redis-cli 客户端】使用 EVAL 命令执行 Lua 脚本。

```
EVAL "return {KEYS[1], KEYS[2], ARGV[1], ARGV[2]}" 2 key:yootk key:muyan www.yootk.com
edu.yootk.com
```

```
程序执行结果
1) "key:yootk"
2) "key:muyan"
3) "www.yootk.com"
4) "edu.yootk.com"
```

本程序只执行了数据的返回操作，在该程序中设置了两个 Key，并且在随后的命令参数中分别配置了这两个 key 的名称以及对应的内容。

（2）【redis-cli 客户端】通过 Lua 脚本执行 Redis 命令。

```
EVAL "return redis.call('SET', 'yootk', 'yootk.com')" 0
```

程序执行结果	OK

此时的命令通过“redis.call()”函数调用了 Redis 提供的 SET 命令，并且以字符串常量的形式定义了数据 key 和 value。由于此时没有设置任何 key 占位数量，因此使用 0 表示，当然也可以动态地进行数据配置。

（3）【redis-cli 客户端】动态配置数据 key。

```
EVAL "return redis.call('SET', KEYS[1], 'yootk.com')" 1 yootk
```

程序执行结果	OK

EVAL 命令在每次执行时，都会向服务端发送一段 Lua 脚本程序，如图 5-20 所示。采用这样的处理模式，在并发量较高的情况下会极大地浪费服务器带宽，所以常见的做法是在 Redis 中缓存指定的

Lua 脚本，随后通过 EVALSHA 命令，并结合生成的缓存 SHA1 的值实现 Lua 脚本的调用，如图 5-21 所示。

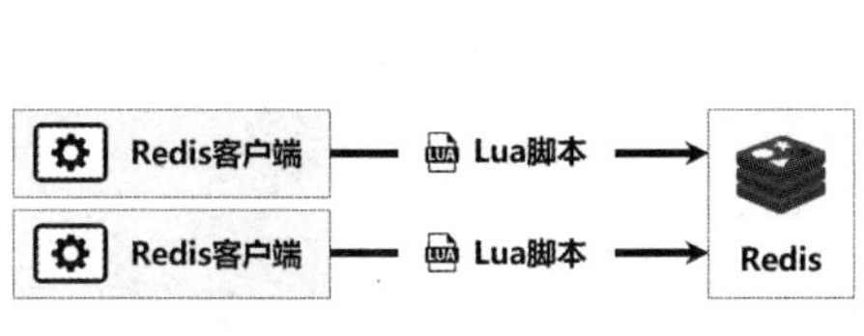

图 5-20 使用 EVAL 命令

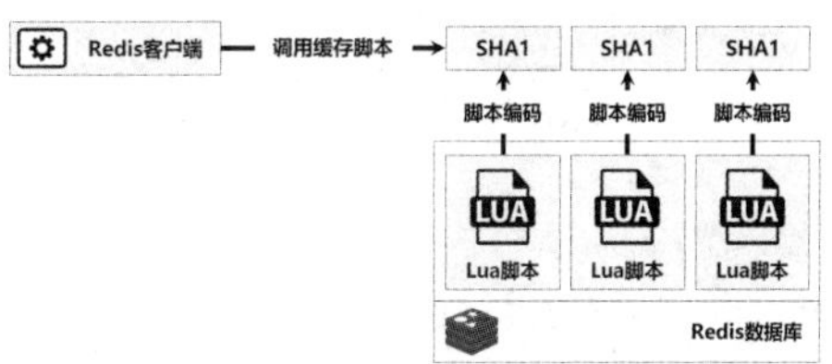

图 5-21 使用 EVALSHA 命令

（4）【redis-cli 客户端】首先通过 SCRIPT LOAD 命令执行 Lua 脚本缓存，此时会返回一个 SHA1 数值，在后续的执行过程中通过该数值即可实现 Lua 脚本调用。

SCRIPT LOAD "return redis.call('GET', KEYS[1])"	
程序执行结果	"d3c21d0c2b9ca22f82737626a27bcaf5d288f99f" ➔ 缓存SHA1数值

（5）【redis-cli 客户端】使用 EVALSHA 命令调用缓存 Lua 脚本。

EVALSHA "d3c21d0c2b9ca22f82737626a27bcaf5d288f99f" 1 yootk	
程序执行结果	"yootk.com"

（6）【redis-cli 客户端】如果此时不再需要执行 Lua 脚本，则可以进行 Lua 脚本的缓存清除处理。

SCRIPT FLUSH	
程序执行结果	OK

5.4.3 Redis 执行 Lua 脚本

Redis 执行 Lua 脚本

视频名称 0515_【掌握】Redis 执行 Lua 脚本

视频简介 为了便于实现更加复杂的功能，可以通过 Redis 采用 redis-cli 命令直接加载一个完整的 Lua 源代码。本视频以抢红包数据存储操作为例，分析具体的实现，以及如何通过--eval 参数实现 Lua 脚本加载与数据的动态传递操作。

Redis 提供的 EVAL 命令可以接收要运行的 Lua 脚本程序，也可以根据用户的需求在字符串中定义多行 Lua 脚本程序。以 SET 命令的调用为例，可以得到如下的 Lua 脚本。

范例：定义多行 Lua 脚本程序。

EVAL "local key = 'yootk' return redis.call('SET', key, 'yootk.com')" 0	
程序执行结果	OK

业务的不同，Lua 脚本的命令复杂度也不同，如果此时采用如上的方式进行编写，不仅会造成代码编写困难，同时会对 Lua 程序的维护不利。为了解决此类问题，Redis 在 redis-cli 命令中提供了外部 Lua 脚本文件的加载支持，如图 5-22 所示，下面介绍具体的操作。

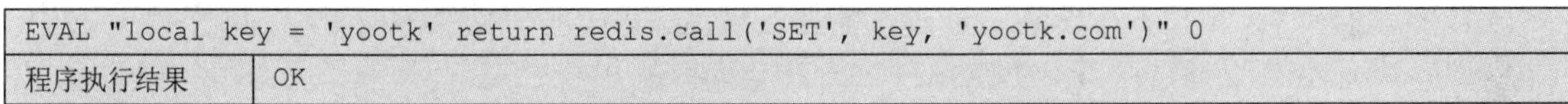

图 5-22 Redis 缓存 Lua 脚本

（1）【redis-server 主机】在本地系统中创建 Lua 脚本程序：vi /usr/local/src/rp.lua。

```
local function log(key)                                              -- 日志记录
    local packet = redis.call('LRANGE', key, 0, -1)                  -- 获取红包数据
    for ind = 1, #packet do                                          -- 红包迭代
        redis.log(redis.LOG_NOTICE, '【' .. key .. '】当前红包数据：' .. packet[ind]) -- 日志记录
    end
end
local userids = {'muyan', 'yootk', 'lixinghua'}                      -- 定义用户ID
for index = 1, #userids do                                           -- 迭代用户ID
```

```
    local key = nil                                          -- 红包数据key
    local ts = redis.call('TIME') [1]                        -- 获取当前时间戳
    redis.log(redis.LOG_NOTICE,  '获取当前时间戳：' .. ts)     -- 日志记录
    for count = 1, 5, 1 do                                   -- 生成5个红包数据
        key = 'Yootk-RedPacket:' .. userids[index] .. ':' .. ts
        local money = math.random(tonumber(KEYS[1]))         -- 随机金额分配
        redis.call('LPUSH', key, money)                      -- 数据保存
    end
    log(key)                                                 -- 日志记录
end
return 'Red_Packet Created Successfully'
```

后台日志记录（抽取一位用户的红包数据）：	【Yootk-RedPacket:muyan:1670482082】当前红包数据：4155 【Yootk-RedPacket:muyan:1670482082】当前红包数据：2412 【Yootk-RedPacket:muyan:1670482082】当前红包数据：448 【Yootk-RedPacket:muyan:1670482082】当前红包数据：19 【Yootk-RedPacket:muyan:1670482082】当前红包数据：1740

本程序实现了指定的 3 个用户 ID 进行红包创建操作，同时基于随机数的方式生成了所需的红包数据（每个用户会保存 5 个红包数据），在每个红包创建完成后通过 log()函数进行日志记录。

提示：使用 redis.log()函数进行日志记录。

在使用 Lua 脚本实现 Redis 业务功能定义时，可以通过 redis.log(级别，内容)函数实现日志的记录，Redis 中一共定义了 4 种日志等级：redis.LOG_DEBUG（调试级别）、redis.LOG_VERBOSE（记录详细日志）、redis.LOG_NOTICE（普通日志）、redis.LOG_WARNING（警告日志）。应用中使用的日志等级需要通过 redis.conf 配置文件中的"loglevel"进行定义，并且会保存在"logfile"定义的日志文件路径之中。

（2）【redis-server 主机】通过命令加载。

redis-cli -h redis-server -a yootk --eval /usr/local/src/rp.lua 1000	
程序执行结果	"Red Packet Created Successfully"

（3）【redis-cli 客户端】命令执行完成后查看当前数据库中的数据项。

keys Yootk-RedPacket:*	
程序执行结果	1) "Yootk-RedPacket:muyan:1670484414" 2) "Yootk-RedPacket:lixinghua:1670484414" 3) "Yootk-RedPacket:yootk:1670484414"

（4）【redis-server 主机】考虑到 Lua 脚本的执行性能问题，可以将其保存在 Redis 的缓存之中，所以 redis-cli 命令可以通过 SCRIPT LOAD 进行命令内容的加载。

redis-cli -h redis-server -a yootk SCRIPT LOAD "$(cat /usr/local/src/rp.lua)"	
程序执行结果	"d19261bac3cbd32051635e58e1131a21acaafa7e"

（5）【redis-cli 客户端】通过 EVALSHA 命令缓存 Lua 脚本。

EVALSHA d19261bac3cbd32051635e58e1131a21acaafa7e 1 1000	
程序执行结果	"Red Packet Created Successfully"

5.4.4　Redis 实现商品定时抢购

Redis 实现商品定时抢购

视频名称　0516_【掌握】Redis 实现商品定时抢购

视频简介　为便于处理程序逻辑，可以直接基于 Lettuce 驱动实现 Lua 命令的发布。本视频分析 Lua 脚本与 Redis 数据关联的处理机制，同时分析商品定时抢购功能的实现。

为了便于执行 Lua 脚本操作，Lettuce 在命令执行接口中提供了 eval()方法，该方法需要以字节数组的方式实现 Lua 脚本字符串的接收，同时利用 ScriptOutputType 枚举类定义所执行的 Lua 脚本的返回类型，结构如图 5-23 所示。

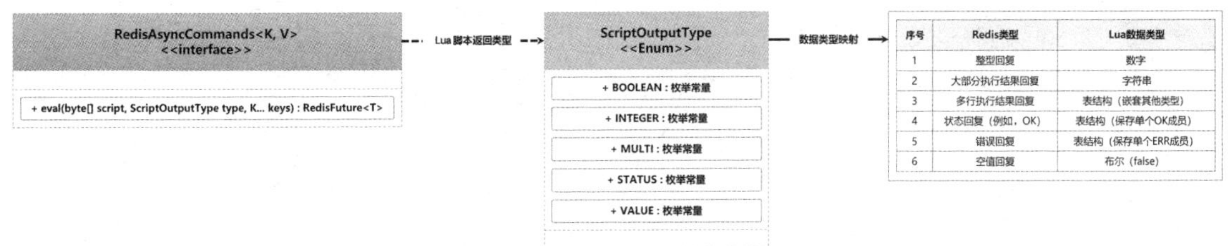

图 5-23　Lettuce 执行 Lua 脚本结构

范例：【lettuce 子模块】通过 Lettuce 发送 Lua 脚本程序。

```
package com.yootk.test;
public class TestLettuceLua {
    private static final Logger LOGGER = LoggerFactory.getLogger(TestLettuceLua.class);
    public static void main(String[] args) throws Exception {
        RedisAsyncCommands<String, String> commands =
                RedisConnectionUtil.getConnection().async();
        String lua = """
            for num=1,10,1 do -- 循环操作
                redis.call('SET', KEYS[1] .. ':message:' .. num, 'yootk.com') -- 数据保存
            end
            return 'Data Created Successfully' """;        // 定义Lua脚本
        LOGGER.info("【Lua脚本执行结果】{}",
                commands.eval(lua.getBytes(), ScriptOutputType.VALUE, "yootk").get());
    }
}
```

程序执行结果	【Lua脚本执行结果】Data Created Successfully

本程序通过字符串定义了多行 Lua 脚本程序，在 Lua 脚本程序中通过循环的方式进行了 10 条数据的设置，最终返回了一个字符串的数据。为了便于接收，使用 ScriptOutputType.VALUE 定义了返回类型。

这样的执行处理方式每次会重复地发送 Lua 脚本数据，在高并发的访问下，一定会产生严重的资源消耗问题，所以常见的做法是在 Redis 中进行 Lua 脚本数据的缓存。为了便于理解，下面以商品定时抢购处理为例进行说明，实现架构如图 5-24 所示。

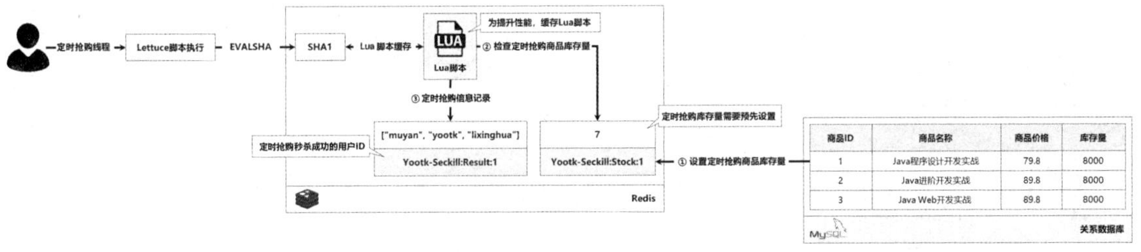

图 5-24　商品定时抢购处理实现架构

在进行商品定时抢购的过程中，由于需要承受较大的并发访问压力，因此常见的做法是通过 Redis 进行定时抢购处理。在定时抢购开始前将所需要定时抢购的商品库存信息保存在指定的数据项之中，而后考虑到用户重复抢购的问题，还需要根据不同的参与定时抢购的商品定义 Set 集合，以保存定时抢购用户 ID 的信息。这样在每次抢购前只需要通过该集合是否存在指定的用户 ID 即可判断该用户是否被允许参加定时抢购。

在进行商品定时抢购时，考虑到修改商品库存量和保存抢购结果属于同一个业务的处理，所以需要通过 Lua 脚本进行定义。而考虑到应用程序的性能问题，还需要将此 Lua 脚本在 Redis 数据库中进行缓存，下面介绍具体实现。

（1）【redis-server 主机】创建实现商品定时抢购的 Lua 脚本：vi /usr/local/src/seckill.lua。

```
local userId = KEYS[1]                                          -- 当前定时抢购用户ID
local goodsId = KEYS[2]                                         -- 参加定时抢购的商品ID
```

```
redis.log(redis.LOG_NOTICE, '定时抢购商品ID: ' .. goodsId .. ', 当前定时抢购用户ID: ' .. userId)
    -- 日志记录
local stockKey = 'Yootk-Seckill:Stock:' .. goodsId                    -- 定时抢购商品库存量
local resultKey = 'Yootk-Seckill:Result:' .. goodsId                  -- 定时抢购用户
local resultExists = redis.call('SISMEMBER', resultKey, userId)       -- 存在指定用户
redis.log(redis.LOG_NOTICE, '【' .. userId .. ' - ' .. goodsId .. '】当前用户参加的定时抢购状态: ' ..
resultExists)
if tonumber(resultExists) == 1 then
      return -1                                                       -- 该用户已经参加过定时抢购
else
    local goodsCount = redis.call('GET', stockKey)                    -- 获取当前商品数量
    redis.log(redis.LOG_NOTICE, '【' .. userId .. ' - ' .. goodsId .. '】当前商品库存量: ' .. goodsCount)
    if tonumber(goodsCount) <= 0 then                                 -- 商品抢光
        redis.log(redis.LOG_NOTICE, '【' .. userId .. ' - ' .. goodsId .. '】用户抢购失败。')
        return 0                                                      -- 抢购失败
    else                                                              -- 商品还有剩余
        redis.call('INCRBY', stockKey, '-1')                          -- 数量减1
        redis.call('SADD', resultKey, userId)
        redis.log(redis.LOG_NOTICE, '【' .. userId .. ' - ' .. goodsId .. '】用户抢购成功。')
        return 1                                                      -- 抢购成功
    end
end
```

考虑到应用程序的设计问题，在本次 Lua 脚本定义时，会返回 3 种抢购状态，分别通过 3 个数字及符号表示：-1（重复抢购）、0（抢购失败）、1（抢购成功）。

（2）【redis-server 主机】考虑到定时抢购应用的性能，需要将 Lua 脚本内容缓存到 Redis 数据库之中。

```
redis-cli -h redis-server -a yootk SCRIPT LOAD "$(cat /usr/local/src/seckill.lua)"
```

程序执行结果	"c06169214bca3f8c43efd649ae10051d9bb71da8"

（3）【redis-server 主机】商品定时抢购前需要设置商品库存量，现在假设要进行定时抢购的商品编号为 1，则应该进行如下操作。

```
redis-cli -h redis-server -a yootk SET Yootk-Seckill:Stock:1 10
```

程序执行结果	OK

（4）【lettuce 子模块】根据给定的 Lua 脚本缓存代码进行定时抢购应用的实现。

```
package com.yootk.test;
public class TestSeckill {
   private static final Logger LOGGER = LoggerFactory.getLogger(TestSeckill.class);
   public static void main(String[] args) throws Exception {
      RedisAsyncCommands<String, String> commands =
              RedisConnectionUtil.getConnection().async();
      LOGGER.info("【Lua脚本执行结果】{}",
              commands.evalsha("091385c59d99aa7e80fda45885056489145a1c6f",
                    ScriptOutputType.INTEGER, "yootk", "1").get());
   }
}
```

程序执行结果	【Lua脚本执行结果】1

此时的 Lettuce 程序会执行缓存的 Lua 脚本，当某一个用户 ID 第一次参与定时抢购且还有库存量时会返回数字 1，如果重复参加定时抢购则会返回-1，当库存量为 0 时将返回数字 0，根据状态的返回结果进行客户端数据的响应。

5.4.5　Redis 流量限制

Redis 流量限制

视频名称　0517_【掌握】Redis 流量限制

视频简介　为了保证业务处理的执行效率，需要对同一客户端发出的业务调用请求进行有效的限制。本视频基于 Lua 脚本的原子性特点，结合 AOP 的实现机制，模拟了一个用户 IP 地址执行业务操作的次数限制。

线上应用经常会受到各种爬虫攻击或者恶意访问，所以在进行业务设计时，往往要限制单个 IP 地址的访问次数。当达到了指定的访问量后，则认为该 IP 地址存在问题，需要短暂地进行限流处理，那么此时可以基于图 5-25 所示的架构进行设计。

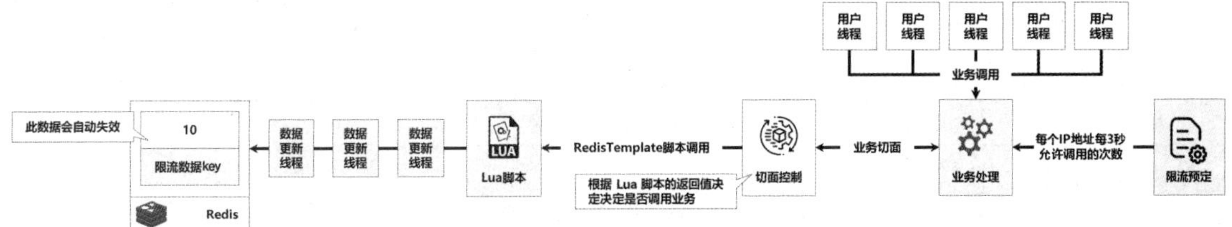

图 5-25　业务限流处理架构

在进行业务开发时，往往需要对某些重要的业务接口进行限流配置，而后在当前 IP 地址每次进行业务访问时，都要在 Redis 中记录访问量。当访问量达到了限定值后就需要进行限流操作。考虑到项目开发结构的要求，该类操作可以基于 AOP 切面方式来进行。

RedisTemplate 模板类提供了 execute()方法，该方法可以执行 Lua 脚本程序。为了便于管理 Lua 脚本程序，Spring Data Redis 提供了一个 RedisScript 接口，在实际使用时，需要通过该接口实例描述 Lua 脚本程序，设计结构如图 5-26 所示。下面基于此架构实现服务限流控制。

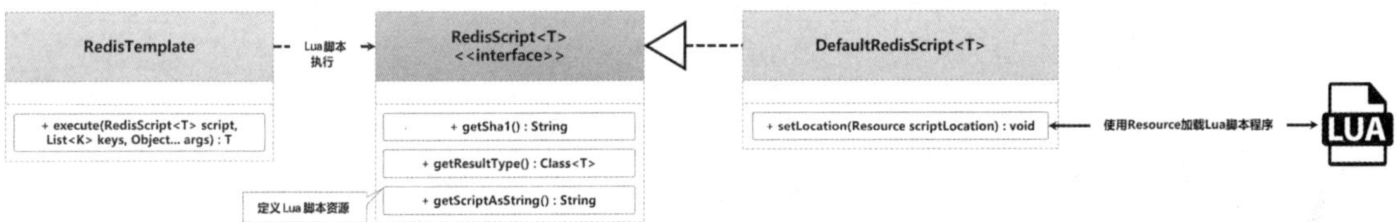

图 5-26　RedisTemplate 执行 Lua 脚本设计架构

（1）【redis 项目】此处需要使用 AOP 切面编程，修改 build.gradle 配置文件，添加 AOP 相关注解。

```
implementation('org.springframework:spring-aop:6.0.0')
implementation('org.springframework:spring-aspects:6.0.0')
```

（2）【spring 子模块】在 src/main/resources 源代码目录中创建 lua/limit.lua 脚本文件。

```
local key = KEYS[1]                                          -- 模块限流key
local limit = tonumber(ARGV[1])                              -- 流量配置
local current = tonumber(redis.call('GET', key) or "0")      -- 当前访问量
if current + 1 > limit then                                  -- 超出限流要求
   return false                                              -- 访问失败
else                                                         -- 修改限流值
   redis.call("INCRBY", key, "1")                            -- 数据增加
   redis.call("EXPIRE", key, "2")                            -- 2秒后过期
end
return true                                                  -- 允许访问
```

（3）【spring 子模块】创建 RedisLuaConfiguration 配置类，定义 Lua 脚本对象，此时的 Lua 脚本保存在 ClassPath 路径中。

```
package com.yootk.config;
@Configuration
public class RedisScriptConfiguration {
   @Bean
   public DefaultRedisScript<Boolean> limitScript() {    // 限流Lua脚本
      DefaultRedisScript<Boolean> script = new DefaultRedisScript<>();
      script.setLocation(new ClassPathResource("lua/limit.lua")); // Lua脚本路径
      script.setResultType(Boolean.class);              // Lua脚本返回类型
      return script;
   }
}
```

（4）【spring 子模块】为便于限流操作，创建一个限流注解。

```
package com.yootk.annotation;
@Target(value = ElementType.METHOD)                  // 方法上使用
@Retention(RetentionPolicy.RUNTIME)                  // 运行时生效
public @interface AccessLimit {
    int limit() default 1000;                        // 请求限制，每秒最多允许1000次
    String module() default "";                      // 模块名称
}
```

（5）【spring 子模块】创建一个 ILimitService 业务接口。

```
package com.yootk.service;
public interface ILimitService {
    @AccessLimit(limit = 5, module = "limit")        // 服务限流
    public String get();                             // 获取消息内容
}
```

（6）【spring 子模块】创建 LimitServiceImpl 业务接口实现子类。

```
package com.yootk.service.impl;
@Service
public class LimitServiceImpl implements ILimitService {
    @Override
    public String get() {
        return "沐言科技：www.yootk.com";
    }
}
```

（7）【spring 子模块】创建限流访问切面类。

```
package com.yootk.aop;
@Aspect
@Component
public class AccessLimitAspect {
    private static final String PREFIX = "Yootk-Limit";   // 标记前缀
    private static final String SPLIT = ":";              // 分隔符
    @Autowired
    private RedisScript<Boolean> limitScript;             // 限流Lua脚本
    @Autowired
    private RedisTemplate<String, Object> redisTemplate;  // Redis模板
    @Pointcut("execution(public * com.yootk..service..*.*(..))")
    private void pointcut() {}                            // 公共切面表达式
    @Around("pointcut()")
    public Object process(ProceedingJoinPoint proceedingJoinPoint) throws Throwable{
        MethodSignature signature = (MethodSignature) proceedingJoinPoint
                .getSignature();                          // 获取调用的方法对象
        AccessLimit accessLimit = signature.getMethod()
                .getDeclaredAnnotation(AccessLimit.class); // 获取注解
        if(ObjectUtils.isEmpty(accessLimit)){             // 注解为空
            return proceedingJoinPoint.proceed();         // 执行目标操作
        }
        // 实际开发中的key组成：前缀:模块名称:IP地址:时间戳
        String key = PREFIX + SPLIT + accessLimit.module() + SPLIT +
                "IP";
        int value = accessLimit.limit();                  // 获取访问限制
        boolean result = this.redisTemplate.execute(
                this.limitScript, List.of(key), value);   // 调用Lua脚本
        if (!result) {                                    // 达到限流规定
            return null;                                  // 直接返回null，或抛出异常
        }
        return proceedingJoinPoint.proceed();             // 执行目标操作
    }
}
```

（8）【spring 子模块】修改应用启动类，启用 Aspect 切面支持。

```
package com.yootk;
@ComponentScan({"com.yootk"})                            // 配置扫描包
@EnableAspectJAutoProxy                                  // 启用AspectJ代理
public class StartRedisApplication {}                    // Spring应用启动类
```

（9）【spring 子模块】创建测试类。

```
package com.yootk.test;
@ContextConfiguration(classes = StartRedisApplication.class)     // 应用启动类
```

```
@ExtendWith(SpringExtension.class)
public class TestLimitService {
    private static final Logger LOGGER = LoggerFactory.getLogger(TestLimitService.class);
    @Autowired
    private ILimitService limitService;                                  // 业务接口
    @Test
    public void testLimit() throws Exception {                           // 对象存储
        for (int x = 0 ; x < 10 ; x ++) {                                // 创建10个线程
            new Thread(()->{
                LOGGER.info("【业务调用】{}", limitService.get());
            }, "用户线程 - " + x).start();                               // 启动线程
        }
        TimeUnit.SECONDS.sleep(5);                                       // 等待子线程执行完毕
    }
}
```

程序执行结果	【业务调用】沐言科技：www.yootk.com（调用成功） 【业务调用】null（调用失败）

本程序模拟了同一 IP 地址下的 10 个线程业务访问，由于限流机制的控制操作，只有 5 个线程能够正常调用业务方法，而其余 5 个线程进行业务调用则返回 null。

提示：RedisTemplate 与 EVALSHA 机制。

当前实现的操作是在每次执行时向 Redis 重复发出 Lua 脚本应用命令，按照之前的分析可知，该类操作性能较差。常见的做法肯定是在 Redis 中进行 Lua 脚本的缓存处理，而要想在 Spring Data Redis 中实现该类操作就只能通过 RedisCallback 接口来实现，参考如下代码。

范例：使用 Spring Data Redis 实现 EVALSHA 命令。

```
public class TestRedisScript {
    @Autowired
    private RedisScript<Boolean> limitScript;      // 业务接口
    @Autowired
    private RedisTemplate<String, Object> redisTemplate;
    @Test
    public void testSha1() throws Exception {      // 对象存储
        Boolean result = this.redisTemplate.execute(
                new RedisCallback<Boolean>() {
            @Override
            public Boolean doInRedis(RedisConnection connection)
                    throws DataAccessException {
                RedisCommands commands = connection.commands();
                String sha1 = commands.scriptLoad(limitScript.
                        getScriptAsString().getBytes()); // Lua脚本缓存
                return connection.commands().evalSha(
                        sha1, ReturnType.BOOLEAN, 1,
                        "key".getBytes(), "value".getBytes());
            }
        });
    }
}
```

此时的程序通过 Spring Data Redis 实现了 Redis 缓存 Lua 脚本的处理，这样在执行时就需要通过 Redis 连接对象手动调用 evalSha()方法。如果采用此类机制，则需要在 Redis 数据库中单独设置一个数据，保存缓存后的 Lua 脚本 SHA1 的数据项。如果发现此数据项为空，则需要进行 Lua 脚本缓存。有兴趣的读者可以依照此机制自行实现。

5.4.6 Function

Function

视频名称 0518_【理解】Function

视频简介 为了实现良好的 Lua 脚本管理操作，Redis 7.x 提供了 Function 支持。本视频分析该功能与 Lua 传统开发之间的关联，并列出相关支持命令，基于实例的方式讲解该操作的使用以及如何通过 RedisTemplate 实现函数调用。

使用 Lua 脚本执行 Redis 数据操作，可以有效地实现业务原子性操作，但是在实际开发中大部分 Lua 脚本都是交由客户端应用维护的，这样一来就会出现项目维护困难的问题。Lua 设计问题分析如图 5-27 所示。所以此时最佳的做法是将所有的 Lua 脚本交由服务端存储，这样可以极大地提升项目维护的效率。

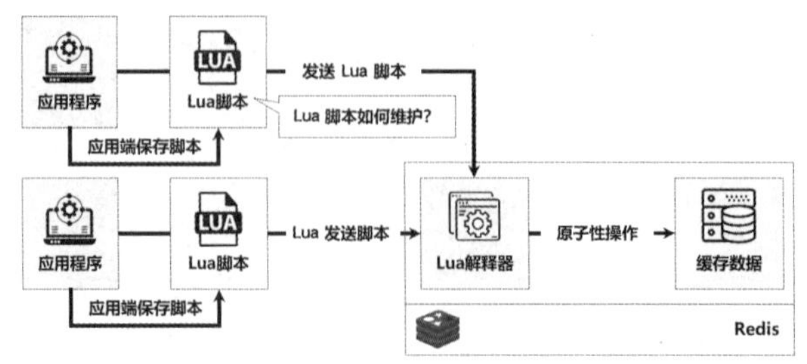

图 5-27　Lua 设计问题分析

在 Redis 7.x 以前的版本中，Lua 脚本可以通过 SCRIPT LOAD 命令进行服务端的缓存，但是在用户调用时却需要使用 SHA1 字符串，虽然该操作可以提升 Lua 脚本的执行性能，但是非常难维护。为了解决此类问题，Redis 提供了函数支持，即可以在服务端通过函数封装 Lua 脚本，用户执行时通过用户自定义的函数名称即可调用与之对应的 Lua 脚本，如图 5-28 所示。

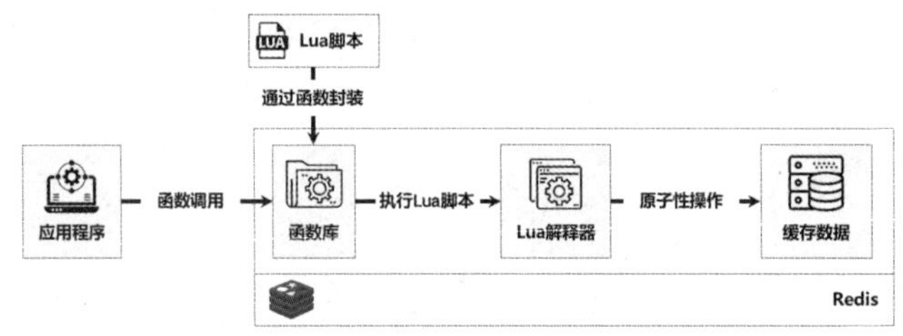

图 5-28　Redis 函数支持

函数的出现极大地有利于 Lua 脚本的管理，由于存在统一的函数名称，因此开发者可以方便地进行相关代码的维护。表 5-7 所示为 Function 函数操作命令。为便于读者理解，下面通过完整的函数定义与调用实例进行说明，具体步骤如下。

表 5-7　Function 函数操作命令

序号	函数操作命令	描述
1	FUNCTION LOAD [REPLACE] 函数代码	向 Redis 之中定义函数代码
2	FUNCTION LIST [LIBRARYNAME 库名称] [WITHCODE]	列出全部函数库，该命令包含如下两个子项。 ① LIBRARYNAME：列出指定名称的函数库。 ② WITHCODE：是否显示函数库中的代码
3	FUNCTION KILL	终止正在执行的只读函数
3	FUNCTION STATS	获取正在执行的函数状态
4	FUNCTION DELETE 函数库名称	删除指定函数库的定义
5	FUNCTION DUMP	序列化已加载的函数
6	FUNCTION RESTORE 序列化内容 [FLUSH | APPEND | REPLACE]	通过序列化数值恢复函数，有 3 种恢复模式。 ① FLUSH：清空已加载的内容再恢复。 ② APPEND：新增内容，不替代同名函数。 ③ REPLACE：新增内容，替代同名函数
7	FUNCTION FLUSH	清空已加载的全部函数
8	FCALL 函数名称 KEY 个数 [key [key …]] [arg [arg …]]	以数据读写方式调用指定名称的函数
9	FCALL_RO 函数名称 KEY 个数 [key [key …]] [arg [arg …]]	以数据只读方式调用指定名称的函数

（1）【redis-server 主机】创建一个 Lua 脚本：vi /usr/local/src/redis.lua。

```
#!lua name=yootklib
redis.register_function('info',
      function(key, value)
            return redis.call('SET', value[1], value[2])
      end)
```

由于此时的 Lua 脚本是作为 Redis 的函数出现的，因此必须在首行使用“#!lua name=库名称”的方式定义函数库。如果不定义此行代码，那么 Lua 脚本加载时将出现错误。

（2）【redis-server 主机】加载 Lua 脚本到 Redis 数据库之中。

```
redis-cli -h redis-server -a yootk FUNCTION LOAD "$(cat /usr/local/src/redis.lua)"
```

程序执行结果	"yootklib"

（3）【redis-server 主机】函数加载完成后，通过 FCALL 命令进行调用。

```
redis-cli -h redis-server -a yootk FCALL info 0 muyan yootk
```

程序执行结果	OK

（4）【spring 子模块】通过 RedisTemplate 调用函数功能。

```
package com.yootk.test;
@ContextConfiguration(classes = StartRedisApplication.class)     // 应用启动类
@ExtendWith(SpringExtension.class)
public class TestFunction {
   private static final Logger LOGGER = LoggerFactory
         .getLogger(TestFunction.class);                          // 日志输出
   @Autowired
   private RedisTemplate<String, Object> redisTemplate;
   @Test
   public void testFunction() throws Exception {                  // 对象存储
      this.redisTemplate.execute(new RedisCallback<String>() {
         @Override
         public String doInRedis(RedisConnection connection)
               throws DataAccessException {                       // Redis回调处理
            Object result = connection.commands().execute("FCALL", "info".getBytes(),
                  "0".getBytes(), "muyan".getBytes(), "yootk".getBytes());
            LOGGER.info("【函数调用】执行结果：{}", new String((byte[]) result));
            return null ;
         }
      });
   }
}
```

程序执行结果	【函数调用】执行结果：OK

由于函数的操作属于 Redis 新的支持，因此当前的 Spring Data Redis 无法通过 RedisTemplate 进行相关操作的直接调用，只能基于 RedisConnection 接口的命令执行方法调用，整体设计结构相比原始的 Lua 调用更加规范。

5.5 抢红包案例分析

抢红包原理分析

视频名称 0519_【掌握】抢红包原理分析

视频简介 抢红包是互联网时代下的常见技术服务，本身也属于高并发的应用场景，所以该项技术可以基于 Redis 数据库实现。本视频分析抢红包的原理，同时分析抢红包在实际应用场景下的实现机制。

抢红包是当前较为流行的一种娱乐方式，根据环境的不同，抢红包的参与者可能是几十人、几百人，甚至几万人到几十万人，同时每天会产生大量的红包数据。为了便于进行抢红包的数据原子性操作，以及满足高并发的读写需求，往往基于 Redis 数据库实现该功能，如图 5-29 所示。

在抢红包的整体运行过程中，红包的数量是有限的，所以在某一个用户发出红包后，系统需要根据红包的数量进行金额的随机拆分，由于拆分后的金额存在重复，因此建议使用 List 集合进行存储。所有用户抢红包的处理过程本质上属于 List 集合数据的弹出操作，只要某一个用户所获取的金额为空，或者 List 集合的长度为 0，则表示红包已经被抢完。为简化机制，本次基于 Spring Boot 进行项目构建，具体配置步骤如下。

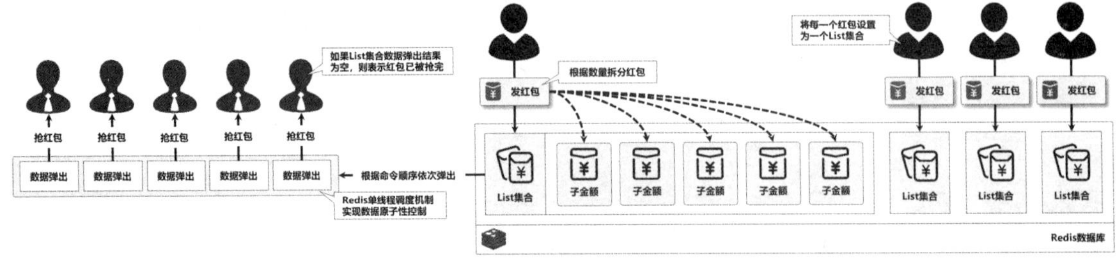

图 5-29　抢红包处理机制

（1）【redis 项目】为了便于讲解案例，同时为了减少项目配置代码的数量，本次基于 Spring Boot 框架进行案例的编写，修改 build.gradle 配置文件，配置 Spring Boot 开发所需要的基础环境。

```
project(":red-packet") {
    dependencies {                                          // 根据需求进行依赖配置
        implementation('org.springframework.boot:spring-boot-starter-web:3.0.0')
        testImplementation('org.springframework.boot:spring-boot-starter-test:3.0.0')
        compileOnly('org.projectlombok:lombok:1.18.24')    // lombok组件
        annotationProcessor 'org.projectlombok:lombok:1.18.24' // 注解处理支持
        implementation('org.springframework.boot:spring-boot-starter-data-redis:3.0.0')
    }
}
```

（2）【red-packet 子模块】在 src/main/resources 目录中创建 application.yml 配置文件，该配置文件与“lock”模块配置相同。

（3）【red-packet 子模块】创建 Spring Boot 应用启动类。

```
package com.yootk;
@SpringBootApplication                              // Spring Boot启动注解
public class StartRedPacketApplication {
    public static void main(String[] args) {
        SpringApplication.run(StartRedPacketApplication.class, args); // 程序启动
    }
}
```

5.5.1　红包拆分

红包拆分

视频名称　0520_【掌握】红包拆分

视频简介　发红包之前需要进行有效的红包拆分操作。本视频分析红包拆分操作的基本流程以及注意事项，同时基于具体的程序实现红包随机拆分的操作机制。

红包数据一般由用户在特定的 App 上产生，在用户发红包时需要设置红包的金额以及拆分的数量。由于用户一般发出的金额是带有小数点的，考虑到红包拆分的准确性以及项目的安全性，就要将以“元”为单位的金额转为以“分”为单位的金额，随后进行红包拆分的处理，流程如图 5-30 所示。为了保证红包拆分的准确性，需要对拆分后的结果进行验证，如果拆分失败则需要重新拆分。

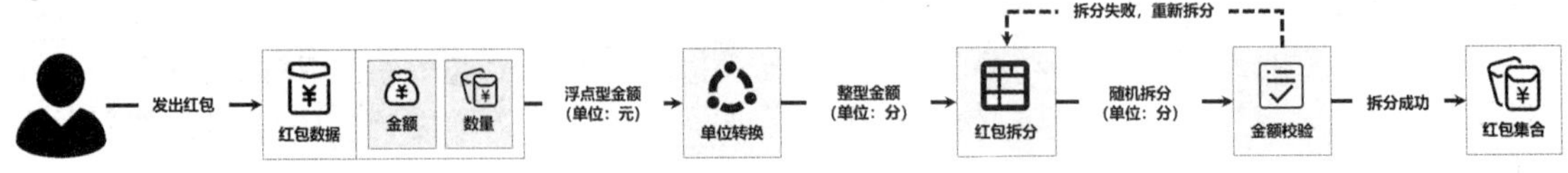

图 5-30　红包拆分流程

考虑到抢红包操作具有一套完整的业务机制，所以在本次案例设计中，需要根据图 5-31 所示的结构进行开发，需要创建专属的业务接口，而后在实现类中，利用专属的工具类实现红包拆分以

及数据校验处理，下面介绍具体实现。

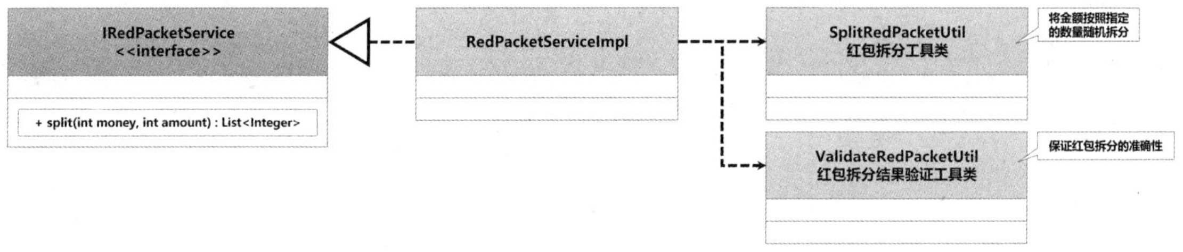

图 5-31 红包业务设计结构

（1）【red-packet 子模块】创建一个红包拆分工具类。

```
package com.yootk.util;
public class SplitRedPacketUtil {                                  // 红包数据拆分
    private static final double DISPERSE = 5;                      // 红包分散基数
    private int money;                                             // 总金额
    private int amount;                                            // 红包拆分数量
    private int currentAmount;                                     // 已拆分次数
    private int surplusMoney;                                      // 剩余金额
    private int currentMoney;                                      // 已处理金额
    private Random rand = new Random();                            // 准备随机拆分
    private List<Integer> allPackages = new ArrayList<>();         // 保存红包信息
    /**
     * 红包拆分程序的构造方法
     * @param amount 红包拆分的数量
     * @param money  操作的总金额
     */
    public SplitRedPacketUtil(int money, int amount) {             // 设置红包数据
        this.money = money;                                        // 预先设置总金额
        this.amount = amount;                                      // 保存红包数量
        this.currentAmount = amount;                               // 当前处理金额
        this.surplusMoney = money;                                 // 剩余金额等于总金额
        if (this.currentAmount == 1) {                             // 不拆分做整体红包
            this.allPackages.add(money);                           // 一个大红包
        } else {
            this.handle();                                         // 拆分处理
        }
    }
    private void handle() {                                        // 处理红包拆分
        int rand = this.randomMoney((int)
                (this.surplusMoney / DISPERSE));                   // 随机返回一个红包数据
        this.surplusMoney -= rand;                                 // 从原本金额之中减少部分数据
        this.allPackages.add(rand);                                // 保存最终红包数据
        this.currentMoney += rand;                                 // 增加已处理金额
        if (--this.currentAmount > 1) {                            // 需要继续拆分
            this.handle();                                         // 继续拆分
        } else {
            if (this.currentAmount == 1) {                         // 余额给最后一个红包
                this.allPackages.add((this.money) - this.currentMoney); // 保存数据
            }
        }
    }
    private int randomMoney(int bound) {                           // 返回一个不为0的随机数
        int result = 0;                                            // 数据结果
        while (result == 0) {                                      // 数据不能为0
            result = this.rand.nextInt(bound);                     // 随机返回数据
        }
        return result;                                             // 返回随机数据
    }
    public List<Integer> getAllPackages() {                        // 得到全部红包数据
        return this.allPackages;
    }
}
```

（2）【red-packet 子模块】创建一个红包金额检测工具类。

```
package com.yootk.util;
public class ValidateRedPacketUtil {                    // 检测红包拆分结果
    /**
     * 定义一个红包的检测操作，如果检测通过则认为该红包可以发布，如果没有通过则需要重新拆分
     * @param packs 所有已经拆分过的红包内容
     * @param money 总金额
     * @return 验证结果
     */
    public static boolean check(List<Integer> packs, int money) {
        if (packs == null || packs.size() == 0) {       // 没有红包数据
            return false;
        }
        int sum = 0;
        Iterator<Integer> iter = packs.iterator();
        while (iter.hasNext()) {
            int data = iter.next();
            if (data == 0) {                            // 拆分失败
                return false;                           // 重新拆分
            }
            sum += data;
        }
        return sum == money;                            // 验证总金额
    }
}
```

（3）【red-packet 子模块】创建红包业务接口。

```
package com.yootk.service;
import java.util.List;
public interface IRedPacketService {            // 红包业务接口
    /**
     * 将传入的金额，按照指定的红包数量进行拆分
     * @param money 要拆分红包的总金额（单位：分）
     * @param amount 红包拆分的数量
     * @return 拆分后的红包集合，如果达到拆分次数后未成功拆分则返回null
     */
    public List<Integer> split(int money, int amount);
}
```

（4）【red-packet 子模块】创建红包业务接口实现子类。

```
package com.yootk.service.impl;
@Service // 业务接口
public class RedPacketServiceImpl implements IRedPacketService { // 红包拆分
    public static final int LOOP_MAX = 3; // 拆分3次
    @Override
    public List<Integer> split(int money, int amount) {
        SplitRedPacketUtil splitUtil = new SplitRedPacketUtil(money, amount);
        List<Integer> result = null; // 保存红包拆分结果
        int count = 0; // 拆分次数
        while (!ValidateRedPacketUtil.check(result, money)) { // 未检测通过
            result = splitUtil.getAllPackages(); // 红包拆分
            log.info("【红包拆分】拆分次数：{}、拆分结果：{}", ++ count, result);
            if (++ count > LOOP_MAX) { // 超过拆分最大次数
                return null; // 返回null或抛出异常
            }
        }
        return result;
    }
}
```

（5）【red-packet 子模块】编写测试类，测试红包拆分业务接口方法。

```
package com.yootk.test;
@SpringBootTest(classes = StartRedPacketApplication.class)
@ExtendWith(SpringExtension.class)
@WebAppConfiguration
public class TestRedPacketService {
    @Autowired
```

```
    private IRedPacketService redPacketService;        // 红包业务
    @Test
    public void testSplit() {                    // 红包拆分测试
        List<Integer> all = this.redPacketService.split(5000, 3); // 红包拆分
    }
}
```

程序执行结果	【红包拆分】拆分次数：1、拆分结果：[96, 837, 4067]

此时程序通过 IRedPacketService 业务处理类实现了红包数据的拆分处理操作，同时在每次拆分完成后进行了红包数据金额的校验。由于最终返回的是一个 List 集合，可以在后续直接基于 RedisTemplate 将整个集合保存在 Redis 提供的 List 数据之中。

5.5.2 红包创建

红包创建

视频名称 0521_【掌握】红包创建

视频简介 为适应高并发访问的需求，红包创建的数据需要保存在 Redis 数据库之中。本视频分析红包数据的存储要求，同时基于 Spring Data Redis 技术实现红包集合的存储。

为了便于用户抢红包，发出的红包数据需要在数据库中进行记录，考虑到抢红包的处理性能以及红包数据的持久化存储，实际的开发中往往采用图 5-32 所示的设计架构。在 Redis 中保存红包信息，此部分数据主要应用于高并发场景，而后为了便于浏览红包信息，可以将红包的详细信息保存在 SQL 数据库之中，这样，后期用户就可以通过 SQL 数据库获取红包数据详情。

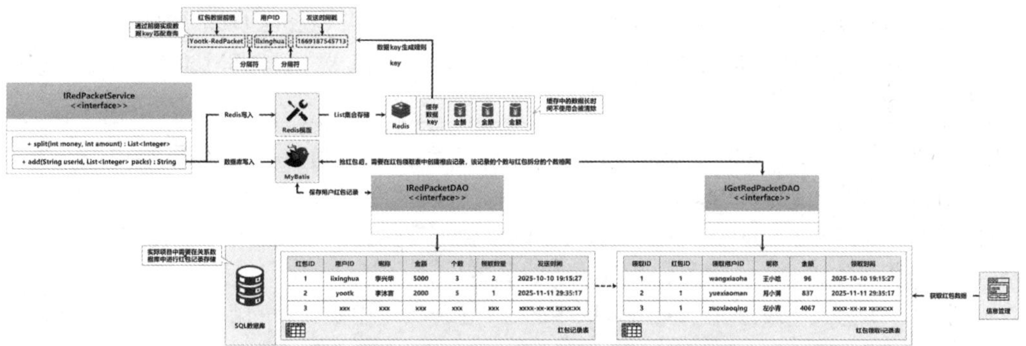

图 5-32 实际应用中的红包创建流程设计架构

提问：关系数据库保存红包数据是否会存在高并发设计问题？

按照图 5-32 所示的设计架构，在用户发送红包数据的同时需要将红包数据同步写入关系数据库之中。如果此时是用户操作的高峰时刻（例如，春节），那么这样的设计机制是否会产生性能问题？在实际的开发中如何解决该类问题呢？

回答：引入消息队列进行数据缓冲。

项目中引入 Redis 数据库的目的主要是实现高速读写，如果仅仅使用 Redis 数据库保存红包数据，那么基本上可以满足高并发的需求。但是在实际开发中需要不断地考虑数据管理的需求，所以引入关系数据库。关系数据库写入的最大特点就是慢，如果直接在业务层进行关系数据库的数据写入，肯定会产生严重的性能问题，甚至有可能导致服务器系统中断。

作为项目架构的设计者需要不断地考虑性能和用户体验度的问题，也就是时间和空间的问题。当数据库性能不足时，可以考虑采用时间换空间的设计方案，即在项目中引入一个消息组件，例如，RabbitMQ 或 RocketMQ。以高并发场景下的发红包为例，可以得到设计架构如图 5-33 所示。

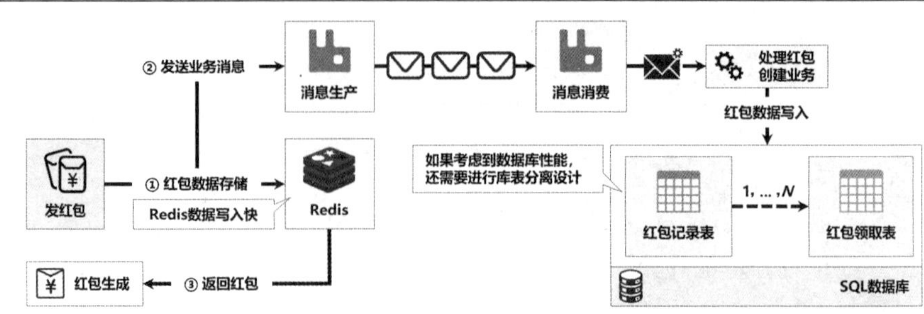

图 5-33 高并发设计架构

每当用户发出一个红包，该数据会立即在 Redis 中进行有效的记录，并且将红包数据返回，而后在应用返回数据的同时利用消息组件发出红包创建的消息。在消息的消费端绑定专属的业务接口，以实现红包数据的写入。由于现实中的数据较多，因此应该有效地设计数据库集群，并基于库表分离的原则进行有效的数据存储结构设计，以实现稳定的存取和高效读写。

以上所涉及的内容，读者可以参考本套丛书中的《Spring 开发实战（视频讲解版）》《Netty 开发实战（视频讲解版）》以及《Spring Cloud 开发实战（视频讲解版）》等图书。需要记住的是，Redis 只是整个项目架构中的一个重要组成部分，要想完成整个应用的开发，还需要掌握更多的开发技能。

另外需要提醒读者的是，本书以讲解 Redis 数据库的使用为主，所以在本案例中不会讲解关系数据库的开发，即不再引入关系数据库，以及 MyBatis 或 Spring Data JPA 之类的开发组件。有需求的读者可以参考《MySQL 开发实战（视频讲解版）》与《SSM 开发实战（视频讲解版）》等图书自行学习。

由于 Redis 中存在大量的缓存数据，因此为了标记发出的红包记录，此处需要在所有的红包数据 key 之前追加一个“Yootk-RedPacket”前缀信息，并且基于“前缀:用户名:时间戳”的形式生成 key。这样就可以方便地查询每一位用户所发出的红包缓存数据。下面基于之前红包拆分的业务处理操作，实现红包创建业务开发操作，具体步骤如下。

（1）【red-packet 子模块】在 IRedPacketService 业务接口中定义新的业务方法，用于实现红包数据的存储。

```
/**
 * 向Redis中保存红包数据
 * @param userid 红包发布者ID
 * @param packs 已经拆分后的红包
 * @return Redis中保存红包集合的key名称
 */
public String add(String userid, List<Integer> packs);
```

（2）【red-packet 子模块】修改 RedPacketServiceImpl 业务实现子类，在该类中注入 RedisTemplate 对象实例，并将拆分后的红包数据保存在 List 集合之中。

```
@Autowired
private StringRedisTemplate stringRedisTemplate;                    // Redis操作模板
public static final String PREFIX = "Yootk-RedPacket";              // 数据前缀
public static final String SPLIT = ":";                             // 分隔符标记
@Override
public String add(String userid, List<Integer> packs) {
    if (packs == null || userid == null) {                          // 数据为空不处理
        return null;                                                // 红包发布失败
    }
    String redPacketKey = PREFIX + SPLIT + userid + SPLIT +
            System.currentTimeMillis();                             // 依据时间戳生成红包key
    log.info("【生成红包数据】key = {}", redPacketKey);
    List<String> rpdata = new ArrayList<>();                        // 红包数据集合
```

```
    packs.forEach((data)->{                                    // 改变集合存储类型
        rpdata.add(String.valueOf(data));                      // 保存红包数据
    });
    if (this.stringRedisTemplate.opsForList().leftPushAll(
            redPacketKey, rpdata) == packs.size()) {            // 保存集合与红包集合个数相同
        return redPacketKey;                                   // 红包数据发布成功
    }
    return null;
}
```

（3）【red-packet 子模块】测试红包发出业务。

```
@Test
public void testAdd() {
    List<Integer> all = this.redPacketService.split(5000, 3); // 红包拆分
    this.redPacketService.add("lixinghua", all);             // 红包发出
}
```

程序执行结果	【生成红包数据】key = Yootk-RedPacket:lixinghua:1669254430299

5.5.3 红包争抢

红包争抢

视频名称 0522_【掌握】红包争抢

视频简介 红包争抢时存在高并发读取以及高并发写入的问题。本视频分析红包争抢的流程机制，并通过线程池模拟高并发下的红包争抢处理机制，同时基于 Hash 数据的操作实现红包争抢结果的查询。

在红包争抢的过程之中，由于有大批用户同时参与，因此这段时间内的数据量较大，对于这样的操作，需要直接基于 Redis 数据库进行处理，其开发结构如图 5-34 所示。用户通过 List 集合进行数据弹出，由于 Redis 内部采用了顺序式的命令调度，这样会基于先到先得的原则进行红包分配，而对于没有抢到红包的用户，则在集合数据弹出时，所获得的内容就是空值。

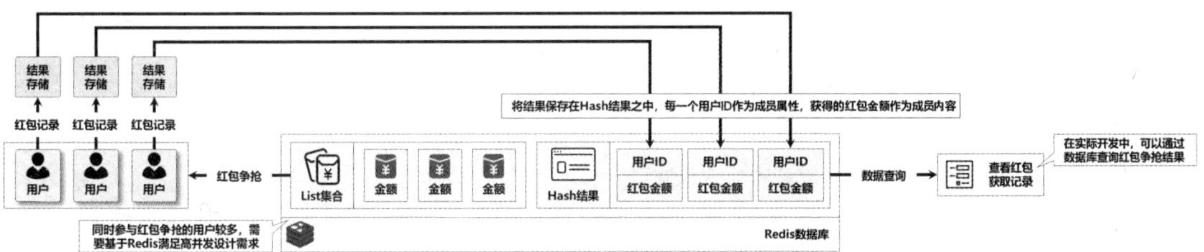

图 5-34 红包争抢操作开发结构

除了红包争抢的操作之外，还需要考虑高并发下红包数据查询的需求。这样，在每次红包争抢后就需要将红包争抢结果保存在一个 Hash 类型的结果中。Hash 结果中的每一个成员属性为用户 ID，对应的成员内容为红包金额。为了便于该类数据的描述，可以在对应数据 key 名称前追加一个"Result:"前缀标记。由于此时的处理涉及两种命令的操作，因此最佳的做法是通过 Redis 保存一个完整的 Function 进行处理，下面介绍具体的实现。

（1）【redis-server 主机】创建红包争抢的 Lua 脚本程序：vi /usr/local/src/red_packet.lua。

```
#!lua name=redpacketlib
redis.register_function('grab',
    function(key, value)
        local resultKey = 'Result:' .. value[1]                        -- 红包结果key
        local userExists = redis.call('HEXISTS', resultKey, value[2])
        if tonumber(userExists) == 1 then                              -- 用户已参加过该活动
            return nil
        end
        local len = redis.call('LLEN', value[1])                       -- 获取List集合长度
        if tonumber(len) == 0 then                                     -- 数据已空
            return nil                                                 -- 返回空数据
        end
```

```
        local money = redis.call('LPOP', value[1])                          -- 弹出金额
        if money ~= nil then
            redis.log(redis.LOG_NOTICE, '【' .. value[2] .. '】获取红包，金额为：' .. money) -- 日志记录
            redis.call('HSET', resultKey, value[2], money)
            return money
        end
        return nil
    end)
```

（2）【redis-server 主机】向 Redis 中保存红包争抢函数。

redis-cli -h redis-server -a yootk FUNCTION LOAD REPLACE "$(cat /usr/local/src/red_packet.lua)"	
程序执行结果	"redpacketlib"

（3）【redis-server 主机】测试红包争抢函数是否正确执行。

redis-cli -h redis-server -a yootk FCALL grab 0 Yootk-RedPacket:lixinghua:1669254430299 lixinghua	
程序执行结果	4067

（4）【red-packet 子模块】修改 IRedPacketService 业务接口，扩展红包争抢与红包分配结果查看的业务方法。

```
/**
 * 红包争抢处理，在每次争抢后需要进行争抢结果的保存
 * @param key 红包争抢集合key
 * @param userid 红包争抢的用户ID
 * @return 返回争抢结果，如果抢到则返回具体的金额（单位：分），如果没抢到则返回null
 */
public Integer grab(String key, String userid);
/**
 * 返回指定红包的争抢结果
 * @param key 红包数据key
 * @return 每一个用户获取的红包金额数据
 */
public Map<String, Integer> result(String key);
```

（5）【red-packet 子模块】在 RedPacketServiceImpl 业务子类中进行业务方法的实现。

```
@Override
public Integer grab(String key, String userid) {
    String money = this.stringRedisTemplate.execute(new RedisCallback<String>() {
        @Override
        public String doInRedis(RedisConnection connection) throws DataAccessException {
            Object result = connection.commands().execute("FCALL", "grab".getBytes(),
                    "0".getBytes(), key.getBytes(), userid.getBytes());
            return result == null ? null : new String((byte[]) result);
        }
    });
    return money == null ? null : Integer.parseInt(money);
}
public static final String RESULT_PREFIX = "Result";          // 结果数据前缀
@Override
public Map<String, Integer> result(String key) {
    Map<String, Integer> resultMap = new HashMap<>();          // 保存结果集
    String resultKey = RESULT_PREFIX + SPLIT + key;            // 红包结果key
    if (this.stringRedisTemplate.hasKey(resultKey)) {          // 内容存在
        Map<Object, Object> map = this.stringRedisTemplate
                .opsForHash().entries(resultKey);              // 获取Hash数据
        if (map != null) {
            for (Map.Entry<Object, Object> entry : map.entrySet()) { // Map迭代
                resultMap.put((String) entry.getKey(),
                        Integer.parseInt((String)entry.getValue())); // 结果保存
            }
        }
    }
    return resultMap;
}
```

（6）【red-packet 子模块】考虑到程序并发性的处理问题，应该进行线程池的配置，创建 ThreadPoolConfig 配置类。

```
package com.yootk.config;
```

```
@EnableAsync                                                    // 启用异步支持
@Configuration                                                  // 配置类
public class ThreadPoolConfig {                                 // 线程池配置
    @Bean
    public Executor taskExecutor() {                            // 配置线程池
        ThreadPoolTaskScheduler scheduler = new ThreadPoolTaskScheduler(); // 线程池实例
        // 线程池大小，通过Runtime类动态获取当前系统内核数量计算得来
        scheduler.setPoolSize(Runtime.getRuntime().availableProcessors() * 2);
        scheduler.setThreadNamePrefix("GrabThread-");           // 线程池前缀
        // 设置线程池关闭的时候等待所有任务都完成再继续销毁其他的Bean
        scheduler.setWaitForTasksToCompleteOnShutdown(true);    // 线程池任务执行完毕后再销毁
        scheduler.setAwaitTerminationSeconds(60);               // 强制性线程销毁等待时间
        scheduler.setRejectedExecutionHandler(
                new ThreadPoolExecutor.CallerRunsPolicy());     // 拒绝策略
        return scheduler;
    }
}
```

(7)【red-packet 子模块】创建红包争抢任务处理类。

```
package com.yootk.task;
@Component                                              // Bean注册
@Slf4j                                                  // 日志记录
public class UserGrabTask {                             // 红包争抢任务
    @Autowired
    private IRedPacketService redPacketService;         // 注入业务实例
    @Async
    public void grabHandle(String key, String userid) {
        log.info("【{}】用户"{}"，抢到的红包金额：{}", Thread.currentThread().getName(),
                userid, this.redPacketService.grab(key, userid));
    }
}
```

(8)【red-packet 子模块】编写测试类，通过 UserGrabTask 任务处理类进行红包争抢处理。

```
package com.yootk.test;
@SpringBootTest(classes = StartRedPacketApplication.class)
@ExtendWith(SpringExtension.class)
@WebAppConfiguration
public class TestUserGrabTask {                         // 红包争抢测试
    @Autowired
    private UserGrabTask task;                          // 红包争抢任务
    @Test
    public void testGrab() {                            // 红包争抢测试
        for (int x = 0; x < 5; x++) {                   // 循环任务
            this.task.grabHandle("Yootk-RedPacket:lixinghua:1669254430299",
                    "YootkUser - " + x);                // 启用异步任务
        }
    }
}
```

程序执行结果	【GrabThread-2】用户"YootkUser - 1"，抢到的红包金额：null 【GrabThread-5】用户"YootkUser - 4"，抢到的红包金额：null 【GrabThread-4】用户"YootkUser - 3"，抢到的红包金额：4067 【GrabThread-3】用户"YootkUser - 2"，抢到的红包金额：837 【GrabThread-1】用户"YootkUser - 0"，抢到的红包金额：96

(9)【red-packet 子模块】查询红包争抢结果。

```
@Test
public void testResult() {
    Map<String, Integer> result = this.redPacketService
            .result("Yootk-RedPacket:lixinghua:1669254430299"); // 查询红包争抢结果
    for (Map.Entry<String, Integer> entry : result.entrySet()) { // 结果迭代
        System.out.println("【抢红包结果】用户ID：" + entry.getKey() +
                "、获得金额：" + entry.getValue());
    }
}
```

程序执行结果	【抢红包结果】用户ID：YootkUser - 2、获得金额：837 【抢红包结果】用户ID：YootkUser - 3、获得金额：4067 【抢红包结果】用户ID：YootkUser - 0、获得金额：96

在高并发的处理中，如果不对用户的线程数量进行有效限制，那么最终将导致应用程序发生系统中断。所以本次采用线程池的管理机制，而后基于 Spring 提供的异步线程机制实现用户线程的有效管理。

5.6　应用灰度发布案例

应用灰度发布

视频名称　0523_【掌握】应用灰度发布

视频简介　线上项目进行代码更新时，考虑到应用的稳定性，往往需要采用灰度发布的方式进行处理。本视频分析灰度发布设计的主要作用，同时分析 OpenResty + nginx + Redis + Lua 设计架构存在的意义。

一个完整的线上应用总是需要不断进行开发版本的升级迭代。为了保证应用的新、旧版本可以平滑地过渡，往往会进行项目的预发布。当新版本的应用稳定后，再进行最终的项目发布处理，设计架构如图 5-35 所示，这种发布模式在实际的开发中称为灰度发布。

在灰度发布的处理逻辑中，所有要发布的应用基于 nginx 实现代理，随后根据一定的程序处理逻辑来选择代理转发的服务处理节点，但是由于 nginx 本身不具备动态逻辑的支持，因此可以基于 OpenResty 组件实现。OpenResty 组件提供了全功能的 Web 应用服务器，其内部打包了标准的 nginx 核心，同时支持大量的第三方模块及 Lua 脚本引擎，这样就可以在每次用户请求时依据一定的用户自定义逻辑规则来实现代理服务的转发。

考虑到高并发访问的需求，可以将所有的访问规则保存在 Redis 数据库之中，这样既可以动态修改，又可以满足高性能读写需求。OpenResty 提供了 resty.redis 模块组件，开发者可以使用 Lua 脚本调用该组件，并且根据用户当前访问的 IP 地址来动态决定访问新接口还是旧接口。

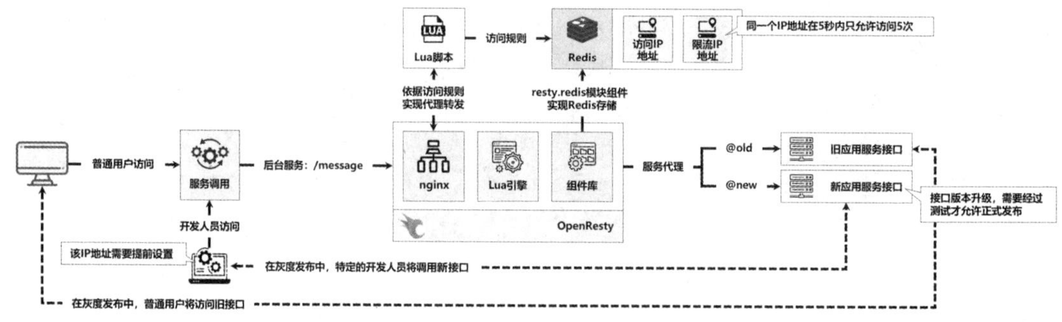

图 5-35　应用灰度发布设计架构

下面通过完整的应用设计为读者实现灰度发布案例的操作，本次案例开发所涉及的服务主机信息如表 5-8 所示，先通过具体的步骤实现 endpoint-server 主机的服务配置。

表 5-8　灰度发布案例服务主机信息

<table>
<tr><th>序号</th><th>主机名称</th><th>IP 地址</th><th>服务端口</th><th>服务信息</th></tr>
<tr><td>1</td><td>redis-server</td><td>192.168.37.128</td><td>6379</td><td>Redis 缓存</td></tr>
<tr><td>2</td><td>openresty-server</td><td>192.168.37.130</td><td>80</td><td>nginx 代理服务、Lua 脚本程序</td></tr>
<tr><td rowspan="2">3</td><td rowspan="2">endpoint-server</td><td rowspan="2">192.168.37.131</td><td>8181</td><td rowspan="2">Web 服务接口，为节约服务配置，在一台主机中绑定两个服务节点，并通过版本号标注</td></tr>
<tr><td>8282</td></tr>
</table>

（1）【redis 项目】创建新的 message 子模块，随后修改 build.gradle 配置文件以定义该模块所需依赖。

```
project(":message") {
    dependencies {                                          // 根据需求进行依赖配置
        implementation('org.springframework.boot:spring-boot-starter-web:3.0.0')
```

```
        testImplementation('org.springframework.boot:spring-boot-starter-test:3.0.0')
        compileOnly('org.projectlombok:lombok:1.18.24')          // lombok组件
        annotationProcessor 'org.projectlombok:lombok:1.18.24' // 注解处理支持
    }
}
```

（2）【message 子模块】在 src/main/resources 源代码目录中创建 application-dev.yml 配置文件。

```
server:
  port: 8181                                        # 项目运行端口
message:                                            # 自定义配置项
  version: v1.0                                     # 应用版本
```

（3）【message 子模块】在 src/main/resources 源代码目录中创建 application-test.yml 配置文件。

```
server:
  port: 8282                                        # 项目运行端口
message:                                            # 自定义配置项
  version: v2.0                                     # 应用版本
```

（4）【message 子模块】在 src/main/resources 源代码目录中创建 application.yml 配置文件，定义使用的名称为 profiles。

```
spring:
  profiles:                              # profiles配置
    active: dev                          # profiles名称
```

（5）【message 子模块】创建 MessageAction 控制器类，基于 REST 方式返回数据信息。

```
package com.yootk.action;
@RestController                                               // REST响应
@RequestMapping("/message/")                                  // 父路径
public class MessageAction {
    @Value("${spring.profiles.active}")                       // application.yml配置文件
    private String profile;                                   // profile名称
    @Value("${server.port}")                                  // application.yml配置文件
    private int port;                                         // 监听端口
    @Value(("${message.version}"))                            // application.yml配置文件
    private String version;                                   // 应用版本
    @RequestMapping("/version")
    public Object version() {
        Map<String, Object> result = new HashMap<>();         // 保存响应结果
        result.put("profile", this.profile);
        result.put("port", this.port);
        result.put("version", this.version);
        return result;
    }
}
```

（6）【message 子模块】创建应用启动类。

```
package com.yootk;
@SpringBootApplication
public class StartMessageApplication {
    public static void main(String[] args) {
        SpringApplication.run(StartMessageApplication.class, args);
    }
}
```

（7）【message 子模块】修改子模块中的 build.gradle 配置文件，添加打包支持插件。

```
buildscript {                                             // 定义脚本使用资源
    repositories {                                        // 脚本资源仓库
        maven { url 'https://maven.aliyun.com/repository/public' }
    }
    dependencies {                                        // 依赖库
        classpath "org.springframework.boot:spring-boot-gradle-plugin:3.0.0"
    }
}
apply plugin: 'java'                                      // 引入之前的插件
apply plugin: 'org.springframework.boot'                  // 引入之前的插件
apply plugin: 'io.spring.dependency-management'           // 引入之前的插件
```

（8）【message 子模块】在子模块的 build.gradle 配置文件中定义打包任务。

```
bootJar {
    archiveBaseName = 'message'                       // 打包文件
    archiveVersion = project_version                  // 打包版本
}
```

（9）【message 子模块】通过 Gradle 打包应用 gradle bootJar，执行完成后可以得到 message-1.0.0.jar 打包文件。

（10）【endpoint-server 主机】将打包得到的 message-1.0.0.jar 文件上传到主机的/usr/local/src 目录之中。

（11）【endpoint-server 主机】使用 java 命令运行 message-1.0.0.jar 文件。

运行dev环境	`nohup java -jar /usr/local/src/message-1.0.0.jar --spring.profiles.active=dev > /dev/null 2>&1 &`
运行test环境	`nohup java -jar /usr/local/src/message-1.0.0.jar --spring.profiles.active=test > /dev/null 2>&1 &`

（12）【endpoint-server 主机】修改防火墙规则，开放本机的 8181 和 8282 两个端口。

添加端口规则	`firewall-cmd --zone=public --add-port=8181/tcp --permanent`
添加端口规则	`firewall-cmd --zone=public --add-port=8282/tcp --permanent`
重新加载配置	`firewall-cmd --reload`

（13）【浏览器】服务配置完成后，通过浏览器访问 8181 端口。

http://192.168.37.131:8181/message/version	
程序执行结果	{"port":8181,"profile":"dev","version":"v1.0"}

（14）【浏览器】服务配置完成后，通过浏览器访问 8282 端口。

http://192.168.37.131:8282/message/version	
程序执行结果	{"port":8282,"profile":"test","version":"v2.0"}

5.6.1　OpenResty 服务安装

OpenResty 服务安装

视频名称　0524_【掌握】OpenResty 服务安装

视频简介　OpenResty 提供了完整的 Web 服务支持，并可以基于 nginx 提供的非阻塞 I/O 模型实现服务的处理。本视频讲解 OpenResty 的特点，并讲解该组件的安装。

nginx 是当今使用最广泛的反向代理组件之一，其可以实现高性能的反向代理支持，并且在国内互联网使用得较多，但是长期以来 nginx 仅仅能够以静态机制对外提供代理服务，这样就导致 nginx 出现灵活性不足的问题。为了解决此问题，由章亦春设计并开发了 OpenResty 组件，该组件的核心就是将 LuaJIT 虚拟机嵌入 nginx 之中，这样开发者就可以基于 Lua 程序进行服务请求的动态处理，如图 5-36 所示。

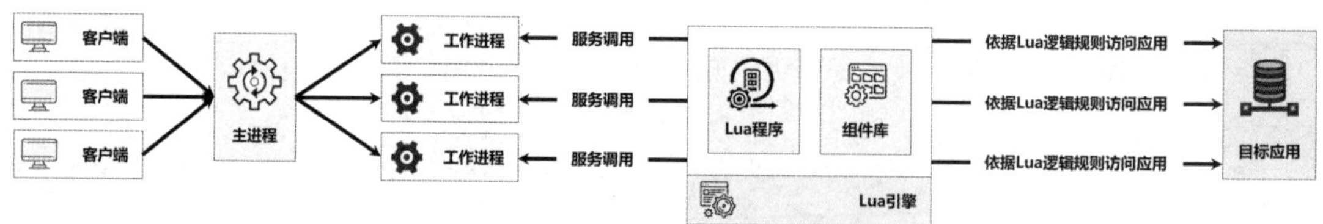

图 5-36　OpenResty 处理机制

OpenResty 充分利用了 nginx 提供的非阻塞 I/O 模型来处理用户请求，其内部集成了大量的优秀 Lua 程序库、第三方模块以及大多数的依赖项，并且可以根据用户的选择进行依赖组件的扩展，这样使得用户可以方便地搭建高并发、可扩展的动态 Web 应用与网关服务。如果想获取该组件，可以访问 OpenResty 官方网站，此处使用的服务版本为“1.21.4.1”，下面介绍服务的具体安装配置。

（1）【openresty-server 主机】进入源代码目录。

```
cd /usr/local/src
```

（2）【openresty-server 主机】下载 OpenResty 源代码。

```
wget https://openresty.org/download/openresty-1.21.4.1.tar.gz
```

（3）【openrestry-server 主机】解压缩 OpenResty 源代码到/usr/local/src 目录之中。

```
tar xzvf /usr/local/src/openresty-1.21.4.1.tar.gz -C /usr/local/src/
```

源代码路径	/usr/local/src/openresty-1.21.4.1

（4）【openrestry-server 主机】由于后续需要将一些额外的模块添加到 OpenResty 源代码之中，建议对此目录进行更名处理。

```
mv /usr/local/src/openresty-1.21.4.1 /usr/local/src/openresty
```

（5）【openresty-server 主机】下载 nginx 缓存清除管理模块。

```
wget http://labs.frickle.com/files/ngx_cache_purge-2.3.tar.gz
```

（6）【openresty-server 主机】解压缩 ngx_cache_purge 源代码到/usr/local/src/openresty/bundle 目录之中。

```
tar xzvf /usr/local/src/ngx_cache_purge-2.3.tar.gz -C /usr/local/src/openresty/bundle
```

（7）【openresty-server 主机】下载 nginx 健康检查模块源代码。

```
wget https://github.com/yaoweibin/nginx_upstream_check_module/archive/v0.4.0.tar.gz
```

（8）【openresty-server 主机】解压缩 nginx_upstream_check_module 源代码到/usr/local/src/openresty/bundle 目录之中。

```
tar xzvf /usr/local/src/v0.4.0.tar.gz -C /usr/local/src/openresty/bundle
```

（9）【openresty-server 主机】进入 OpenResty 源代码所在目录。

```
cd /usr/local/src/openresty/
```

（10）【openresty-server 主机】进行 OpenResty 组件的安装配置。

```
./configure --prefix=/usr/local/openresty --with-luajit --with-http_ssl_module \
    --user=root --group=root --with-http_realip_module \
    --add-module=./bundle/ngx_cache_purge-2.3/ \
    --add-module=./bundle/nginx_upstream_check_module-0.4.0
```

程序执行结果

```
Configuration summary
  + using system PCRE library
  + using system OpenSSL library
  + using system zlib library

  nginx path prefix: "/usr/local/openresty/nginx"
  nginx binary file: "/usr/local/openresty/nginx/sbin/nginx"
  nginx modules path: "/usr/local/openresty/nginx/modules"
  nginx configuration prefix: "/usr/local/openresty/nginx/conf"
  nginx configuration file: "/usr/local/openresty/nginx/conf/nginx.conf"
  nginx pid file: "/usr/local/openresty/nginx/logs/nginx.pid"
  nginx error log file: "/usr/local/openresty/nginx/logs/error.log"
  nginx http access log file: "/usr/local/openresty/nginx/logs/access.log"
  nginx http client request body temporary files: "client_body_temp"
  nginx http proxy temporary files: "proxy_temp"
  nginx http fastcgi temporary files: "fastcgi_temp"
  nginx http uwsgi temporary files: "uwsgi_temp"
  nginx http scgi temporary files: "scgi_temp"
```

（11）【openresty-server 主机】编译、安装 OpenResty 程序。

```
make && make install
```

（12）【openresty-server 主机】OpenResty 组件自带 nginx 服务器，直接启动 nginx 即可，启动后将占用 80 端口。

```
/usr/local/openresty/nginx/sbin/nginx
```

（13）【浏览器】服务启动后通过浏览器即可访问 nginx 首页，访问地址：http://192.168.37.130。

（14）【openresty-server 主机】为便于观察 Lua 的作用，创建一个 Lua 脚本：vi /usr/local/src/hello.lua。

```
ngx.say('<li>主机地址: ' .. ngx.var.host .. '</li>')
ngx.say('<li>请求路径: ' .. ngx.var.request_uri .. '</li>')
ngx.say('<li>请求模式: ' .. ngx.var.request_method .. '</li>')
ngx.say('<li>沐言科技: www.yootk.com</li>')
```

（15）【openresty-server 主机】编辑 nginx 配置文件：vi /usr/local/openresty/nginx/conf/nginx.conf。

```
location /lua {
    proxy_set_header X-Real-IP $remote_addr;
    proxy_set_header X-Forwarded-For $proxy_add_x_forwarded_for;
    proxy_set_header X-Forwarded-Proto $scheme;
    proxy_set_header Host $host;
    proxy_set_header X-Forward-For $remote_addr;
    default_type 'text/html';
    charset UTF-8;
    content_by_lua_file /usr/local/src/hello.lua;
}
```

（16）【openresty-server 主机】检查当前的 nginx 配置是否正确。

```
/usr/local/openresty/nginx/sbin/nginx -t
```

程序执行结果	nginx: the configuration file /usr/local/openresty/nginx/conf/nginx.conf syntax is ok nginx: configuration file /usr/local/openresty/nginx/conf/nginx.conf test is successful

（17）【openresty-server 主机】重新加载 nginx 配置。

```
/usr/local/openresty/nginx/sbin/nginx -s reload
```

（18）【浏览器】访问/lua 路径获取当前响应信息。

```
http://192.168.37.130/lua
```

程序执行结果	主机地址：192.168.37.130 请求路径：/lua 请求模式：GET 沐言科技：www.yootk.com

此时的程序已经可以通过 OpenResty 执行 Lua 脚本，同时在该脚本内部可以通过 ngx 模块实现相关 HTTP 请求信息的获取与 Web 响应。如果有动态返回的需求，也可以添加相关的逻辑控制语句。

5.6.2　resty.redis 模块

resty.redis 模块

视频名称　0525_【掌握】resty.redis 模块

视频简介　在灰度发布处理结构中，Redis 是一个极为重要的数据存储终端，OpenResty 提供了专属的 Redis 模块。本视频通过该模块实现 Redis 数据操作，同时讲解如何采用连接池的模式提升 Redis 数据访问性能。

OpenResty 组件为了便于进行 Redis 数据操作，提供了 resty.redis 组件模块，利用该组件模块提供的函数，可以方便地实现 Redis 的连接、授权以及数据操作。需要注意的是，考虑到性能问题，在每次使用 Redis 连接后应将连接保存在连接池中，这样才可以避免重复的 Redis 连接所带来的性能问题，下面实现 Redis 中 SET 命令的调用，具体步骤如下。

（1）【openresty-server 主机】创建 Redis 数据操作脚本：vi /usr/local/src/redis.lua。

```
local function close(red)                                               -- 通过连接池管理连接
  if not red then                                                       -- 对象为空
    return                                                              -- 结束函数调用
  end
  local pool_max_idle_time = 10000                                      -- 最大空闲时间（毫秒）
  local pool_size = 100                                                 -- 连接池大小
  local ok, err = red:set_keepalive(pool_max_idle_time, pool_size)      -- 创建连接池
  if not ok then                                                        -- 操作失败
    ngx.say("Redis连接池处理失败，错误信息：", err)                          -- 错误提示
```

```
  end
end
local redis = require("resty.redis")                    -- Redis处理模块
local red = redis:new()                                  -- 创建实例
red:set_timeout(2000)                                    -- 设置超时时间（毫秒）
local ip = '192.168.37.128'                              -- Redis地址
local port = 6379                                        -- Redis端口
local db = 1                                             -- 数据库编号
local ok, err = red:connect(ip, port)                    -- 数据库连接
if not ok then                                           -- 连接失败
  ngx.say("Redis数据库连接失败，错误信息：", err)
  return                                                 -- 结束调用
end
local res, err = red:auth('yootk')                       -- 数据库授权
if not res then                                          -- 连接失败
  ngx.say("Redis数据库授权失败，错误信息：", err)
  return
end
res, err = red:set("msg", "yootk.com")                   -- 数据设置
if not res then                                          -- 操作失败
  ngx.say("Redis数据设置失败，错误信息：", err)              -- 错误提示
  return close(red)                                      -- 关闭连接
end
```

（2）【openresty-server 主机】修改 nginx 配置文件：vi /usr/local/openresty/nginx/conf/nginx.conf。

```
location /redis {
    default_type 'text/html';
    charset UTF-8;
    content_by_lua_file /usr/local/src/redis.lua;
}
```

（3）【openresty-server 主机】重新加载 nginx 配置。

```
/usr/local/openresty/nginx/sbin/nginx -s reload
```

（4）【浏览器】通过“192.168.37.130/redis”访问 redis.lua 程序脚本，程序执行完成后在 Redis 中保存相应数据。

提示：Lua 代码调试。

如果此时用户所编写的 Lua 脚本程序出现了错误，可以通过 nginx 提供的 error.log 日志文件中的错误信息进行调试，该文件路径为/usr/local/openresty/nginx/logs/error.log。

5.6.3 灰度发布

灰度发布

视频名称 0526_【掌握】灰度发布

视频简介 灰度发布主要基于 Redis 数据库中的数据来进行判断，而后基于结果实现目标代理的请求转发。本视频分析灰度发布逻辑中的数据存储形式，并且使用 Lua 脚本程序实现限流访问以及定向 IP 地址名单访问的设计实例。

在进行项目灰度发布处理时，一般将不同版本的应用绑定在同一个访问路径之中，随后基于 Lua 脚本进行访问逻辑判断。只有满足特定条件的用户（IP 地址）才能调用新版本应用，而其他的用户只能调用旧版本应用，设计结构如图 5-37 所示。

考虑到服务处理性能的设计要求，此时应该基于 Redis 数据库进行相关数据的存储，所存储的数据主要分为两类，一类是新版本用户访问的 IP 地址白名单，另外一类则是进行限流 IP 地址记录的临时数据（该数据存在保存时效）。所有的用户在访问时都要进行 IP 地址限流控制，只有在白名

单中保存的 IP 地址才被允许实现新版本应用的访问，为了帮助读者更好地理解，下面通过具体的步骤来对这一机制进行实现。

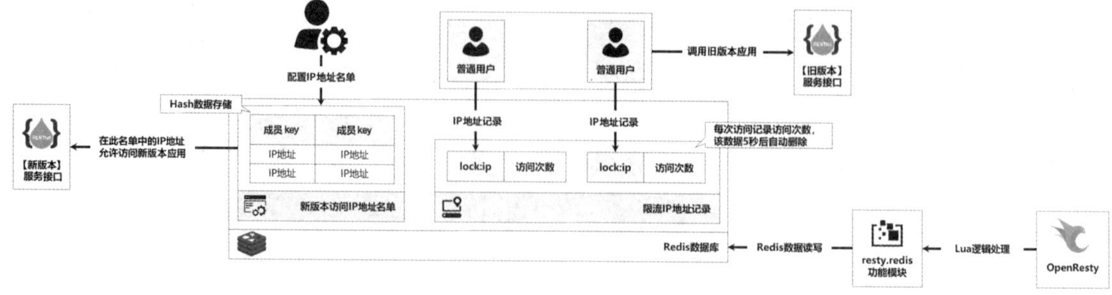

图 5-37 Redis 数据存储设计结构

（1）【redis-server 主机】创建一个 Hash 数据集合，用于保存允许访问的 IP 地址白名单。

HMSET yootk:white:ip 192.168.37.131 192.168.37.131 192.168.37.130 192.168.37.130	
程序执行结果	OK

（2）【openresty-server 主机】创建灰度发布 Lua 脚本：vi /usr/local/src/gray.lua。

```
local function close(red)                                          -- 通过连接池管理连接
    if not red then                                                -- 对象为空
        return                                                     -- 结束函数调用
    end
    local pool_max_idle_time = 10000                               -- 最大空闲时间（毫秒）
    local pool_size = 100                                          -- 连接池大小
    local ok, err = red:set_keepalive(pool_max_idle_time, pool_size)   -- 创建连接池
    if not ok then                                                 -- 操作失败
        ngx.say("Redis连接池处理失败，错误信息：", err)                -- 错误提示
    end
end
local function get_client_ip()                                     -- 获取客户端IP地址
    local clientIP = ngx.req.get_headers()['X-Real-IP']
    if clientIP == nil then
        clientIP = ngx.req.get_headers()['x_forwarded_for']
       end
    if clientIP == nil then
        clientIP = ngx.var.remote_addr
    end
    return clientIP
end
local redis = require("resty.redis")                               -- Redis处理模块
local red = redis:new()                                            -- 创建实例
red:set_timeout(2000)                                              -- 设置超时时间（毫秒）
local ip = '192.168.37.128'                                        -- Redis地址
local port = 6379                                                  -- Redis端口
local db = 1                                                       -- 数据库编号
local ok, err = red:connect(ip, port)                              -- 数据库连接
if not ok then                                                     -- 连接失败
    ngx.say("Redis数据库连接失败，错误信息：", err)
    return                                                         -- 结束调用
end
local res, err = red:auth('yootk')                                 -- 数据库授权
if not res then                                                    -- 连接失败
    ngx.say("Redis数据库授权失败，错误信息：", err)
    return
end
local ip = get_client_ip()                                         -- 获取客户IP地址
```

```
local limit_key = 'lock:' .. ip                                    -- 限流数据key
-- 首先进行限流检查，判断当前Redis中是否存在指定IP地址，如果不存在则保存，如果存在则提示错误信息
if red:setnx(limit_key, 0) == 0 then                               -- 该IP地址已存在
    local times = red:incr(limit_key)                              -- 增加访问次数
    if times >= 5 then                                             -- 超过了限定次数
        ngx.say('403 该用户发出过多请求次数，存在安全隐患。')
        return                                                     -- 结束访问
    end
else
    red:setnx(limit_key, 0)                                        -- 保存数据
    red:expire(limit_key, 5)                                       -- 设置数据失效时间
end
-- 对当前访问用户的IP进行白名单判断
local hash_key = 'yootk:white:ip'                                  -- 白名单数据key
if red:hexists(hash_key, ip) == 1 then                             -- 数据存在
    local allow = red:hget(hash_key, ip)                           -- 获取白名单信息
    close(red)                                                     -- 关闭Redis连接
    if allow == ip then                                            -- IP地址允许访问
        ngx.exec("@messagev2")                                     -- 请求代理
        return
    end
else                                                               -- 白名单数据不存在
    close(red)                                                     -- 关闭Redis连接
    ngx.exec('@messagev1')                                         -- 请求代理
    return
end
```

（3）【openresty-server 主机】修改 nginx 配置文件：vi /usr/local/openresty/nginx/conf/nginx.conf。

```
http {
    # 其他重复配置项略，新增如下代理配置
    upstream message1 {
        server 192.168.37.131:8181;
    }
    upstream message2 {
        server 192.168.37.131:8282;
}
    server {
        listen      80;
        # 其他重复配置项略
        location ^~ /message {
                proxy_set_header X-Real-IP $remote_addr;
                proxy_set_header X-Forwarded-For $proxy_add_x_forwarded_for;
                proxy_set_header X-Forwarded-Proto $scheme;
                proxy_set_header Host $host;
                proxy_set_header X-Forward-For $remote_addr;
                default_type 'application/json';
                charset UTF-8;
                content_by_lua_file /usr/local/src/gray.lua;
        }
        location @messagev1 {
            proxy_pass http://message1;
        }
        location @messagev2 {
            proxy_pass http://message2;
        }
}
}
```

（4）【openresty-server 主机】检查 nginx 配置是否正确。

/usr/local/openresty/nginx/sbin/nginx -t	
程序执行结果	nginx: the configuration file /usr/local/openresty/nginx/conf/nginx.conf syntax

	is ok nginx: configuration file /usr/local/openresty/nginx/conf/nginx.conf test is successful

（5）【openresty-server 主机】重新加载 nginx 配置项：/usr/local/openresty/nginx/sbin/nginx -s reload。

（6）【redis-server 主机】访问服务路径，此时将返回旧版本数据。

curl http://192.168.37.130/message/version	
程序执行结果	{"port":8181,"profile":"dev","version":"v1.0"}

（7）【openresty-server 主机】访问服务路径，此时将返回新版本数据。

curl http://192.168.37.130/message/version	
程序执行结果	{"port":8282,"profile":"test","version":"v2.0"}

通过以上的访问测试可以发现，同样的路径会因 gray.lua 脚本控制的不同而产生不同的结果，使用 OpenResty 可以使 nginx 的代理功能更加丰富，同时可以根据用户需求，追加更多的动态处理逻辑。

5.7　本章概览

1．Redis 提供了乐观锁的支持，可以使用 WATCH 命令进行指定数据的监控。

2．在 Redis 中可以使用 MULTI 命令定义多条执行命令，并通过 EXEC 命令一次性进行命令的提交。

3．发布订阅模式提供了早期的生产者与消费者处理机制，但是需要消费者先启动，否则会产生消息丢失问题。

4．为了提高消息数据的处理能力，Redis-5.x 之后的版本提供了 Stream 数据支持，使用该数据类型可以实现流消息的传输，同时基于索引的方式实现消息的消费处理。

5．为了保证多条 Redis 命令同时执行，可以基于 Lua 脚本进行数据的封装，Redis 内置了 Lua 脚本的执行引擎，可以直接通过 redis.call()函数调用 Redis 处理命令。

6．为了提高 Lua 脚本的执行效率，Redis 提供了 EVALSHA 命令，该命令会将 Lua 脚本缓存并返回 SHA1 编码数据，使用者通过该编码即可执行 Lua 程序。

7．为了方便地实现 Lua 脚本的管理，Redis-7.x 之后的版本提供了 Function 结构，可以由用户自定义 Lua 函数库以及函数名称，避免执行 EVALSHA 命令时产生不确定性。

8．在 nginx 中植入 Lua 脚本引擎就实现了 OpenResty 组件，使用该组件可以方便地实现各类服务的调用，极大地丰富代理操作的功能。

9．灰度发布指的是一个应用的新版本在未正式公布前所采用的机制。灰度发布可以基于特定的客户端版本，或者 IP 地址进行控制。这样可以在解决几乎所有新版本的 bug 后，修改 nginx 配置实现新版本应用的正式发布。

第 6 章

Redis 集群架构

本章节习目标

1. 掌握 Redis 主从架构的配置，并可以基于 Lettuce 与 Spring Data Redis 实现主从架构数据读写处理；
2. 掌握 Redis 哨兵机制的配置以及与主从架构之间的设计关联；
3. 掌握 Redis Cluster 集群方案的使用，并可以动态地追加或删除数据节点；
4. 了解 Redis 发展过程中不同集群架构设计方案与实现特点；
5. 了解 predixy 代理组件的作用以及配置实现。

在互联网项目中，Redis 承担了高并发访问的重要存储支持，为了保证 Redis 服务的稳定性，实际的项目往往会基于数据集群的方式实现。本章将依据 Redis 集群技术的发展背景，为读者讲解主从架构、哨兵机制以及 Redis Cluster 原生集群方案的原理与实现。

6.1 Redis 主从架构

Redis 主从架构

视频名称 0601_【掌握】Redis 主从架构

视频简介 主从架构是一种常见的集群架构，可以方便地实现数据的异步、同步处理。本视频分析主从架构在应用中存在的意义，以及 Redis 对主从架构的设计支持，并且基于虚拟机管理的方式实现主从架构集群服务的搭建。

Redis 由于其本身可实现较好的读写性能，因此经常用于高并发的系统设计之中。如果此时的应用架构只提供一个 Redis 节点，一旦该服务节点出现了故障，就有可能导致缓存击穿，进而造成整个应用发生系统中断，如图 6-1 所示。

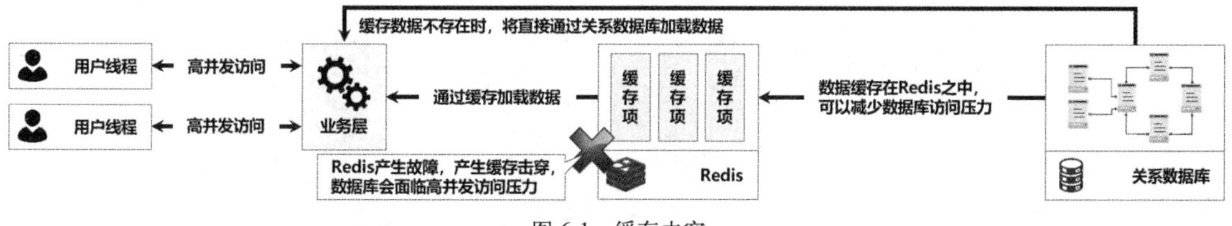

图 6-1 缓存击穿

为了保证服务运行的稳定性，需要提供有效的数据集群服务，Redis 默认支持主从架构，如图 6-2 所示。在此架构中，所有的写入操作由 Master 节点完成，而后采用异步的方式同步到所有的 Slave 节点之中，这样集群中的每一个节点都存有相同的数据，即便此时某一个 Slave 节点出现了故障，在故障解决后也会自动进行数据的部分同步，而发现部分同步无效后，则自动向 Master 节点申请完全同步。

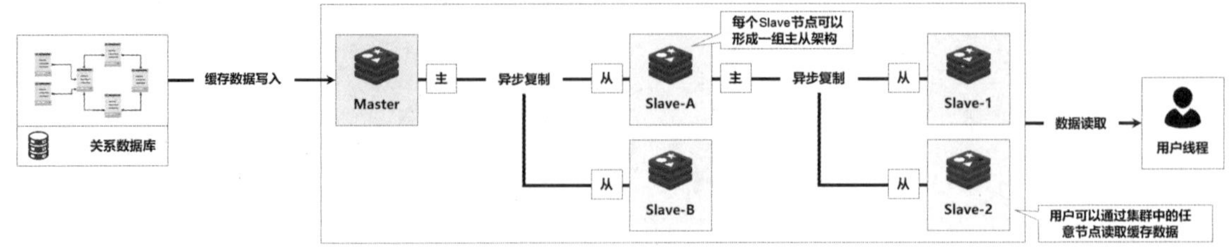

图 6-2　Redis 主从架构

在项目中引入了 Redis 主从架构设计后，用户可以随意地通过其中的任意节点读取所需要的数据内容，即便有一个 Slave 节点出现故障，也不会影响整体程序的稳定运行。本次采用“一主二从”的模式，所使用到的服务主机如表 6-1 所示。

表 6-1　Redis 主从架构服务主机

序号	主机名称	IP 地址	服务端口	服务进程
1	redis-master	192.168.37.150	6379	Redis 进程（主）
2	redis-slave-a	192.168.37.151	6379	Redis 进程（从）
3	redis-slave-b	192.168.37.152	6379	Redis 进程（从）

在主从架构集群模式中，Master 节点只需要对外正常提供服务，所有数据同步的配置均是在 Slave 节点上进行的。此时需要修改 Redis 配置文件，添加 Master 节点 IP 地址与 Master 认证信息即可，下面介绍具体的实现步骤。

提示：采用虚拟机复制方式。

为了减少不必要的重复配置步骤，本章的集群将直接对已有的 Redis-Server 虚拟机进行复制，从而得到 3 个 Redis 节点。如果觉得此方式过于占用主机资源，也可以在同一台服务器上利用不同的端口配置多个 Redis 进程。在实际的项目中，则需要使用者在不同的主机上进行 Redis 服务的配置，或者基于 Docker 的方式实现 Redis 服务构建。关于 Docker 的使用请参考本套丛书的相关内容。

（1）【redis-slave-*主机】修改 redis.conf 配置文件：vi /usr/local/redis/conf/redis.conf。

配置同步节点	`replicaof 192.168.37.150 6379`
配置认证信息	`masterauth yootk`

（2）【redis-*主机】按照先主后从的顺序，启动所有 Redis 进程。

```
redis-server /usr/local/redis/conf/redis.conf
```

（3）【redis-master 主机】通过 Master 节点查看所有的 Slave 节点数据。

```
redis-cli -h redis-master -a yootk info replication
```

程序执行结果

```
# Replication
role:master
connected_slaves:2
slave0:ip=192.168.37.151,port=6379,state=online,offset=616,lag=0
slave1:ip=192.168.37.152,port=6379,state=online,offset=616,lag=1
master_failover_state:no-failover
master_replid:87bf4764f6df7d46bbad104ea9421ffc6dd2b61c
master_replid2:0000000000000000000000000000000000000000
master_repl_offset:616
second_repl_offset:-1
repl_backlog_active:1
repl_backlog_size:1048576
repl_backlog_first_byte_offset:1
repl_backlog_histlen:616
```

（4）【redis-master 主机】在 Master 节点上设置一个新的数据项。

redis-cli -h redis-master -a yootk set message yootk.com	
程序执行结果	OK

（5）【redis-slave-b 主机】查询 message 数据的内容。

redis-cli -h redis-slave-b -a yootk get message	
程序执行结果	"yootk.com"

通过此时的查询结果可以发现，所有的 Slave 节点会自动通过 Master 节点中的数据，这样，同样的数据项就可以通过 Master 节点或所有的 Slave 节点获取。

6.1.1 Lettuce 整合 Redis 主从架构

Lettuce 整合 Redis 主从架构

视频名称 0602_【掌握】Lettuce 整合 Redis 主从架构

视频简介 主从架构的核心实现了数据读写分离的操作模型，Lettuce 驱动整合时，可以基于内置方法有效地实现 Slave 节点读取的配置。本视频基于实例讲解这一机制的实现。

使用 Redis 主从架构实现的数据集群，一般需要通过 Master 节点实现数据写入，通过 Slave 节点实现数据读取，所以在使用 Lettuce 程序开发时，需要开发者在程序中配置全部可能使用到的节点连接信息。应用程序可以根据操作类型的不同，自动匹配合适的数据节点，以完成数据读写的处理，所以 Lettuce 提供了 StatefulRedisMasterReplicaConnection 接口来实现主从连接的配置，其模型如图 6-3 所示。

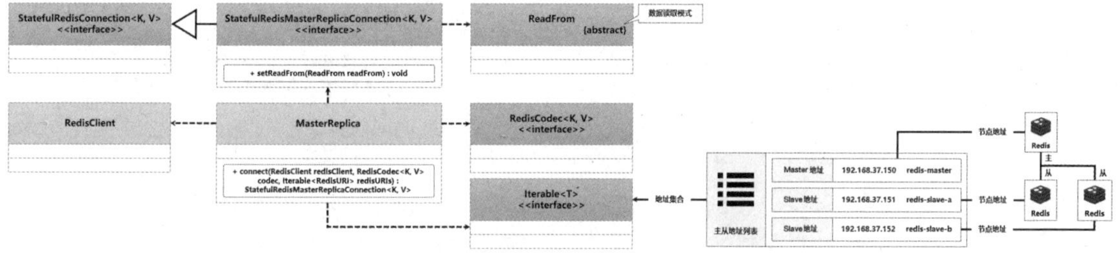

图 6-3 Lettuce 中提供的主从架构连接模型

在主从架构中，所有的 Redis 节点地址需要保存在 Iterable 接口实例之中，当需要获取数据库连接对象时，可以通过 MasterReplica 类提供的 connect() 方法获取。该方法返回一个 StatefulRedisMasterReplicaConnection 接口实例，并且开发者可以依据 ReadFrom 类来实现数据读写方式的配置，该类提供若干个不同的常量，这些常量的作用如表 6-2 所示。

表 6-2 数据读写方式常量的作用

序号	常量名称	类型	描述
1	public static final ReadFrom MASTER	常量	设置通过 Master 节点读取数据
2	public static final ReadFrom MASTER_PREFERRED	常量	首选通过 Master 节点读取数据，如果 Master 节点不可用，则通过 Slave 节点读取数据
3	public static final ReadFrom UPSTREAM	常量	通过上游节点读取数据
4	public static final ReadFrom UPSTREAM_PREFERRED	常量	首选通过上游节点读取数据，如果上游节点不可用，则通过 Slave 节点读取数据
5	public static final ReadFrom REPLICA	常量	通过 Slave 节点读取数据
6	public static final ReadFrom REPLICA_PREFERRED	常量	通过 Slave 节点读取数据，Slave 节点不存在时，通过上游节点读取数据

Lettuce 最初提供的 ReadFrom 常量只包含了 Master 节点与 Slave 节点的相关操作，但是在实际的主从架构中，一个 Slave 节点有可能成为下一个子集群的 Master 节点。为此在新版本的 Lettuce 之中定义了 UPSTREAM 表示上游节点，REPLICA 表示 Slave 节点，下面通过具体的案例讲解 Lettuce 的具体程序实现。

（1）【lettuce 子模块】创建 RedisMasterSlaveClusterConnectionUtil 工具类，基于 Master 节点和 Slave 节点配置连接信息。

```
package com.yootk.util;
public class RedisMasterSlaveClusterConnectionUtil {          // Redis连接工具
   private static final String MASTER_ADDRESS =
         "redis://default:yootk@192.168.37.150:6379/0";      // 连接地址
   private static final String SLAVE_A_ADDRESS =
         "redis://default:yootk@192.168.37.151:6379/0";      // 连接地址
   private static final String SLAVE_B_ADDRESS =
         "redis://default:yootk@192.168.37.152:6379/0";      // 连接地址
   private static RedisClient REDIS_CLIENT = null;
   private static final ThreadLocal<StatefulRedisMasterReplicaConnection>
         CONNECTION_THREAD_LOCAL = new ThreadLocal<>();      // 保存线程数据
   private static final int MAX_IDLE = 2;                    // 最大维持连接数量
   private static final int MIN_IDLE = 2;                    // 最小维持连接数量
   private static final int MAX_TOTAL = 100;                 // 最大可用连接数量
   private static GenericObjectPool<
         StatefulRedisMasterReplicaConnection<String, String>> pool = null; // 连接池
   static {
      buildRedisClient();                                    // 构建Redis客户端
      buildObjectPool();                                     // 构建连接池
   }
   private static void buildObjectPool() {                   // 构建连接池
      GenericObjectPoolConfig poolConfig = new GenericObjectPoolConfig();
      poolConfig.setMaxIdle(MAX_IDLE);                       // 设置最大维持连接数量
      poolConfig.setMinIdle(MIN_IDLE);                       // 设置最小维持连接数量
      poolConfig.setMaxTotal(MAX_TOTAL);                     // 设置连接池的最大可用数量
      pool = ConnectionPoolSupport.createGenericObjectPool( () -> {
            StatefulRedisMasterReplicaConnection connection =
                  MasterReplica.connect(REDIS_CLIENT, new StringCodec(),
 buildRedisURI());
            // 通过Slave节点读取数据，如果Slave节点不可用，则通过上游节点读取数据
            connection.setReadFrom(ReadFrom.REPLICA_PREFERRED);
            return connection;
         }, poolConfig);                                     // 构建连接池
   }
   public static RedisClient getRedisClient() {              // 返回Redis客户端实例
      return REDIS_CLIENT;
   }
   public static StatefulRedisMasterReplicaConnection getConnection() {
      StatefulRedisMasterReplicaConnection connection =
            CONNECTION_THREAD_LOCAL.get();                   // 获取连接对象
      if (connection == null) {                              // 连接对象为空
         try {
            connection = pool.borrowObject();                // 获取连接
            CONNECTION_THREAD_LOCAL.set(connection);         // 对象存储
         } catch (Exception e) {}
      }
      return connection;                                     // 返回连接对象
   }
   public static void close() {                              // 对象关闭
      StatefulRedisMasterReplicaConnection connection =
            CONNECTION_THREAD_LOCAL.get();                   // 获取连接对象
      if (connection != null) {                              // 连接对象不为空
         connection.close();                                 // 关闭连接
         CONNECTION_THREAD_LOCAL.remove();                   // 清除数据
      }
   }
   private static void buildRedisClient() {                  // 构建Redis客户端
      if (REDIS_CLIENT == null) {                            // 实例为空
         REDIS_CLIENT = RedisClient.create();                // 实例构建
```

```
        }
    }
    private static List<RedisURI> buildRedisURI() {              // 构建Redis连接地址
        List<RedisURI> redisURIS = new ArrayList<>();            // 保存全部地址
        redisURIS.add(RedisURI.create(MASTER_ADDRESS));          // 集群地址
        redisURIS.add(RedisURI.create(SLAVE_A_ADDRESS));         // 集群地址
        redisURIS.add(RedisURI.create(SLAVE_B_ADDRESS));         // 集群地址
        return redisURIS;
    }
}
```

（2）【lettuce 子模块】通过 Master 节点实现数据保存。

```
package com.yootk.test;
public class TestMasterSlave {
    private static final Logger LOGGER =
            LoggerFactory.getLogger(TestMasterSlave.class);
    public static void main(String[] args) throws Exception {
        RedisAsyncCommands<String, String> commands =
                RedisMasterSlaveClusterConnectionUtil.getConnection().async(); // 异步命令
        LOGGER.info("【设置数据】{}", commands.set("yootk:message", "yootk.com").get());
        LOGGER.info("【获取数据】{}", commands.get("yootk:message").get());
        RedisMasterSlaveClusterConnectionUtil.close();
    }
}
```

程序执行结果	【设置数据】OK 【获取数据】yootk.com

（3）【redis-master 主机】由于此时的程序已经配置了 Slave 节点优先读取，因此即使当前的 Master 节点已经发生系统中断，程序仍然可以正常地通过 Slave 节点获取数据。

6.1.2 Spring Data Redis 整合 Redis 主从架构

Spring Data Redis 整合 Redis 主从架构

视频名称 0603_【掌握】Spring Data Redis 整合 Redis 主从架构

视频简介 Spring Data Redis 并未提供自动化的读写机制。本视频基于业务功能的划分，采用不同的主从架构创建 RedisTemplate，以实现手动管理下的读写分离数据操作架构。

Spring Data Redis 并没有提供自动化的读写分离处理机制，所以在进行数据操作整合时，需要开发者在项目中手动配置全部节点的 RedisConnectionFactory 实例，再根据用户操作的不同类型手动选择合适的 RedisConnectionFactory 实例，在数据写入时通过 Master 节点完成，在数据读取时通过 Slave 节点完成，如图 6-4 所示。

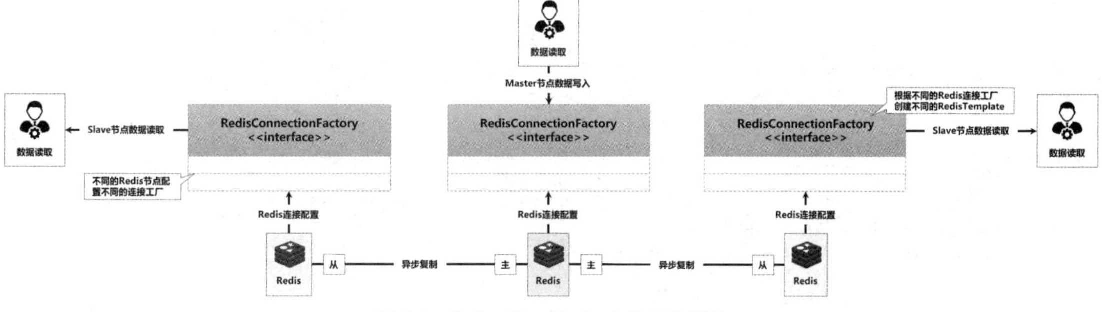

图 6-4 Spring Data Redis 主从开发架构

在本次程序开发中，在应用中配置 3 个 RedisConnectionFactory 实例，而后基于不同的连接创建 RedisTemplate，接着根据读写要求选择合适的 RedisTemplate 对象实例进行操作。为便于理解，本次基于图 6-5 所示的架构，基于业务层实现数据读写操作的定义，下面介绍具体的实现步骤。

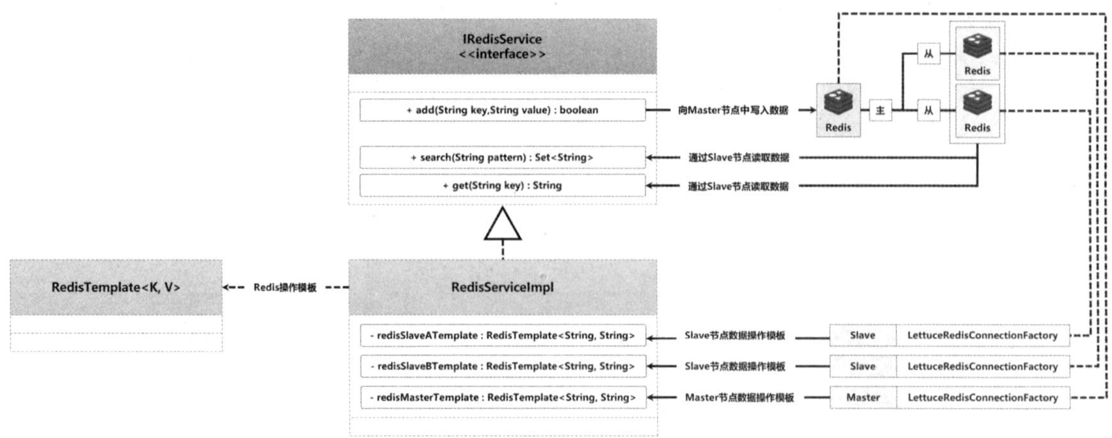

图 6-5 业务数据与 Redis 主从架构

（1）【spring 子模块】创建 redis_master_slave.properties 配置文件。

redis.master.host=192.168.37.150	定义Master节点地址
redis.slave.a.host=192.168.37.151	定义Slave-A节点地址
redis.slave.b.host=192.168.37.152	定义Slave-B节点地址
redis.master.port=6379	定义Master节点连接端口
redis.slave.a.port=6379	定义Slave-A节点连接端口
redis.slave.b.port=6379	定义Slave-B节点连接端口
redis.username=default	定义Redis连接用户名
redis.password=yootk	定义Redis连接密码
redis.database=0	定义数据库索引号
redis.pool.maxTotal=200	Redis连接池最多允许开放的连接对象实例个数
redis.pool.maxIdle=30	Redis连接池在空闲时最多维持的连接对象实例个数
redis.pool.minIdle=10	Redis连接池在空闲时最少维持的连接对象实例个数
redis.pool.testOnBorrow=true	返回Redis连接时进行可用性测试

（2）【spring 子模块】创建 SpringRedisMasterSlaveConfig 配置类。

```
package com.yootk.config;
@Configuration                                                      // 配置类
@PropertySource(value = "classpath:config/redis_master_slave.properties") // 配置资源
public class SpringRedisMasterSlaveConfig {
    @Bean
    public RedisStandaloneConfiguration redisMasterConfiguration(
            @Value("${redis.master.host}") String hostName,    // 连接地址
            @Value("${redis.master.port}") int port,           // 连接端口
            @Value("${redis.username}") String username,       // 连接用户名
            @Value("${redis.password}") String password,       // 连接密码
            @Value("${redis.database}") int database           // 数据库索引
    ) {                                                         // Master节点连接配置
        RedisStandaloneConfiguration configuration = new RedisStandaloneConfiguration();
        configuration.setHostName(hostName);                   // 设置Redis主机名称
        configuration.setPort(port);                           // 设置Redis访问端口
        configuration.setUsername(username);                   // 设置用户名
        configuration.setPassword(RedisPassword.of(password)); // 设置密码
        configuration.setDatabase(database);                   // 设置数据库索引
        return configuration;
    }
    @Bean("redisSlaveAConfiguration")
    public RedisStandaloneConfiguration redisSlaveAConfiguration(
            @Value("${redis.slave.a.host}") String hostName,   // 连接地址
            @Value("${redis.slave.a.port}") int port,          // 连接端口
            @Value("${redis.username}") String username,       // 连接用户名
            @Value("${redis.password}") String password,       // 连接密码
```

```
        @Value("${redis.database}") int database                // 数据库索引
) {                                                              // Slave-A节点连接配置
    RedisStandaloneConfiguration configuration = new RedisStandaloneConfiguration();
    configuration.setHostName(hostName);                        // 设置Redis主机名称
    configuration.setPort(port);                                // 设置Redis访问端口
    configuration.setUsername(username);                        // 设置用户名
    configuration.setPassword(RedisPassword.of(password)); // 设置密码
    configuration.setDatabase(database);                        // 设置数据库索引
    return configuration;
}
@Bean("redisSlaveBConfiguration")
public RedisStandaloneConfiguration redisSlaveBConfiguration(
        @Value("${redis.slave.b.host}") String hostName,    // 连接地址
        @Value("${redis.slave.b.port}") int port,           // 连接端口
        @Value("${redis.username}") String username,        // 连接用户名
        @Value("${redis.password}") String password,        // 连接密码
        @Value("${redis.database}") int database            // 数据库索引
) {                                                              // Slave-B节点连接配置
    RedisStandaloneConfiguration configuration = new RedisStandaloneConfiguration();
    configuration.setHostName(hostName);                        // 设置Redis主机名称
    configuration.setPort(port);                                // 设置Redis访问端口
    configuration.setUsername(username);                        // 设置用户名
    configuration.setPassword(RedisPassword.of(password)); // 设置密码
    configuration.setDatabase(database);                        // 设置数据库索引
    return configuration;
}
@Bean
public GenericObjectPoolConfig masterSlaveGenericObjectPoolConfig(
        @Value("${redis.pool.maxTotal}") int maxTotal,      // 最大可用连接数量
        @Value("${redis.pool.maxIdle}") int maxIdle,        // 最大维持连接数量
        @Value("${redis.pool.minIdle}") int minIdle,        // 最小维持连接数量
        @Value("${redis.pool.testOnBorrow}") boolean testOnBorrow // 测试后返回
) {                                                              // Redis连接池配置
    GenericObjectPoolConfig poolConfig = new GenericObjectPoolConfig(); // 连接池配置
    poolConfig.setMaxTotal(maxTotal);                           // 最大连接数量
    poolConfig.setMaxIdle(maxIdle);                             // 最大维持连接数量
    poolConfig.setMinIdle(minIdle);                             // 最小维持连接数量
    poolConfig.setTestOnBorrow(testOnBorrow);                   // 测试后返回连接
    return poolConfig;
}
@Bean
public LettuceClientConfiguration masterSlaveClientConfiguration(
        @Autowired
        GenericObjectPoolConfig masterSlaveGenericObjectPoolConfig) { // Redis连接池
    return LettucePoolingClientConfiguration.builder()
            .poolConfig(masterSlaveGenericObjectPoolConfig)
            .build();                                           // 配置连接池
}
@Bean
public LettuceConnectionFactory redisMasterConnectionFactory(
        @Autowired RedisStandaloneConfiguration redisMasterConfiguration,
        @Autowired LettuceClientConfiguration masterSlaveClientConfiguration
) {                                                              // Master主机连接工厂
    LettuceConnectionFactory connectionFactory = new LettuceConnectionFactory(
            redisMasterConfiguration, masterSlaveClientConfiguration);
    return connectionFactory;
}
@Bean
public LettuceConnectionFactory redisSlaveAConnectionFactory(
        @Autowired RedisStandaloneConfiguration redisSlaveAConfiguration,
        @Autowired LettuceClientConfiguration masterSlaveClientConfiguration
) {                                                              // Slave-A主机连接工厂
    LettuceConnectionFactory connectionFactory = new LettuceConnectionFactory(
            redisSlaveAConfiguration, masterSlaveClientConfiguration);
    return connectionFactory;
}
@Bean
public LettuceConnectionFactory redisSlaveBConnectionFactory(
```

```
        @Autowired RedisStandaloneConfiguration redisSlaveBConfiguration,
        @Autowired LettuceClientConfiguration masterSlaveClientConfiguration
    ) {                                                         // Slave-B主机连接工厂
        LettuceConnectionFactory connectionFactory = new LettuceConnectionFactory(
                redisSlaveBConfiguration, masterSlaveClientConfiguration);
        return connectionFactory;
    }
}
```

（3）【spring 子模块】创建 RedisTemplateMasterSlaveConfig 配置类。

```
package com.yootk.config;
@Configuration                                                  // 配置类
public class RedisTemplateMasterSlaveConfig {                   // Redis模板配置类
    @Bean
    public RedisTemplate redisMasterTemplate(
            @Autowired RedisConnectionFactory redisMasterConnectionFactory
    ) {                                                         // Master节点操作模板
        RedisTemplate<String,Object> redisTemplate = new RedisTemplate<>() ;
        redisTemplate.setConnectionFactory(redisMasterConnectionFactory);
        redisTemplate.setKeySerializer(
                new StringRedisSerializer());                   // 数据的key通过字符串存储
        redisTemplate.setValueSerializer(
                new Jackson2JsonRedisSerializer(Object.class)); // 保存的value为对象
        redisTemplate.setHashKeySerializer(
                new StringRedisSerializer());                   // 数据的key通过字符串存储
        redisTemplate.setHashValueSerializer(
                new Jackson2JsonRedisSerializer(Object.class)); // 保存的value为对象
        return redisTemplate ;
    }
    @Bean
    public RedisTemplate redisSlaveATemplate(
            @Autowired RedisConnectionFactory redisSlaveAConnectionFactory
    ) {                                                         // Slave-A节点操作模板
        RedisTemplate<String,Object> redisTemplate = new RedisTemplate<>() ;
        redisTemplate.setConnectionFactory(redisSlaveAConnectionFactory);
        redisTemplate.setKeySerializer(
                new StringRedisSerializer());                   // 数据的key通过字符串存储
        redisTemplate.setValueSerializer(
                new Jackson2JsonRedisSerializer(Object.class)); // 保存的value为对象
        redisTemplate.setHashKeySerializer(
                new StringRedisSerializer());                   // 数据的key通过字符串存储
        redisTemplate.setHashValueSerializer(
                new Jackson2JsonRedisSerializer(Object.class)); // 保存的value为对象
        return redisTemplate ;
    }
    @Bean
    public RedisTemplate redisSlaveBTemplate(
            @Autowired RedisConnectionFactory redisSlaveBConnectionFactory
    ) {                                                         // Slave-B节点操作模板
        RedisTemplate<String,Object> redisTemplate = new RedisTemplate<>() ;
        redisTemplate.setConnectionFactory(redisSlaveBConnectionFactory);
        redisTemplate.setKeySerializer(
                new StringRedisSerializer());                   // 数据的key通过字符串存储
        redisTemplate.setValueSerializer(
                new Jackson2JsonRedisSerializer(Object.class)); // 保存的value为对象
        redisTemplate.setHashKeySerializer(
                new StringRedisSerializer());                   // 数据的key通过字符串存储
        redisTemplate.setHashValueSerializer(
                new Jackson2JsonRedisSerializer(Object.class)); // 保存的value为对象
        return redisTemplate ;
    }
}
```

（4）【spring 子模块】为了便于读写分离的测试，编写一个业务接口，该接口包括数据更新和数据查询的方法。

```
package com.yootk.service;
public interface IRedisService {                                // Redis数据读写方法
    public boolean add(String key,String value);                // Master节点数据的写入操作
    public Set<String> search(String pattern);                  // Slave-A节点数据匹配查询key
```

```
    public String get(String key);                          // Slave-B节点数据查询
}
```

（5）【spring 子模块】创建 RedisServiceImpl 业务层实现子类。

```
package com.yootk.service.impl;
@Service                                                      // 业务实例
public class RedisServiceImpl implements IRedisService {
    @Autowired
    private RedisTemplate<String, String> redisMasterTemplate;   // 数据写入操作模板
    @Autowired
    private RedisTemplate<String, String> redisSlaveATemplate;   // 数据读取操作模板
    @Autowired
    private RedisTemplate<String, String> redisSlaveBTemplate;   // 数据读取操作模板
    @Override
    public boolean add(String key, String value) {            // Master节点实现数据的写入操作
        return this.redisMasterTemplate.opsForValue().setIfAbsent(key, value);
    }
    @Override
    public Set<String> search(String pattern) {               // Slave-A节点数据匹配查询key
        return this.redisSlaveATemplate.keys(pattern);
    }
    @Override
    public String get(String key) {                           // Slave-B节点数据查询
        return this.redisSlaveBTemplate.opsForValue().get(key);
    }
}
```

（6）【spring 子模块】编写测试类，测试 IRedisService 业务执行结果是否正确。

```
package com.yootk.test;
@ContextConfiguration(classes = StartRedisApplication.class) // 应用启动类
@ExtendWith(SpringExtension.class)
public class TestRedisService {
    private static final Logger LOGGER = LoggerFactory
            .getLogger(TestRedisService.class);           // 日志输出
    @Autowired
    private IRedisService redisService;                  // 业务接口
    @Test
    public void testMasterSlave() {                      // 主从测试
        LOGGER.info("【数据设置】{}", this.redisService.add("yootk:message:1", "yootk.com"));
        LOGGER.info("【数据获取】{}", this.redisService.get("yootk:message:1"));
        LOGGER.info("【数据查询】{}", this.redisService.search("yootk:*"));
    }
}
```

程序执行结果	【数据设置】true 【数据获取】yootk.com 【数据查询】[yootk:message:1]

此时程序通过 Master 节点保存数据，该数据会自动同步到全部 Slave 节点中，随后就可以基于 Slave 节点实现数据的查询操作及读写分离的运行机制。

6.2 Redis 哨兵机制

Redis 哨兵机制

视频名称 0604_【掌握】Redis 哨兵机制

视频简介 Redis 哨兵机制有效地解决了主从架构中 Master 节点故障切换的问题。本视频通过对主从架构的问题的分析，阐述哨兵机制的主要技术特点以及 Master 节点切换机制。

使用主从架构方案，可以有效地提升缓存数据读写的性能，以及数据存储的稳定性。但是在该方案中，一旦 Master 节点出现故障，那么所有的数据写入处理都无法正常完成，只能通过 Slave 节点实现已有数据的读取处理，如图 6-6 所示。所以主从架构只是 Redis 早期的一种技术架构实现方案，该方案满足高性能（High Performance，HP）的设计需求，但是无法满足高可用（Highly Available，HA）的设计理念。

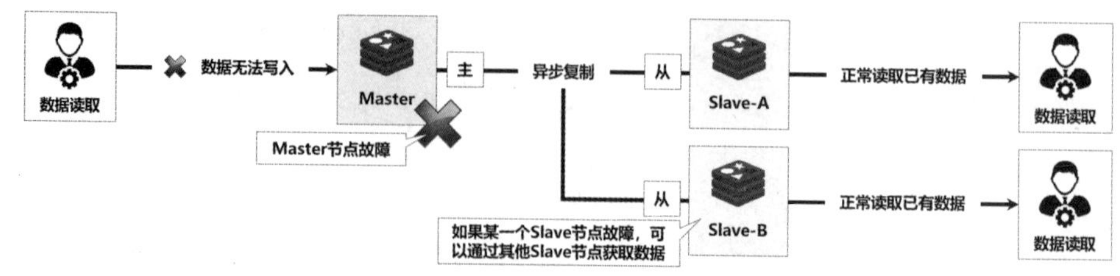

图 6-6　主从架构问题分析

在一个完整的主从架构中，除了 Master 节点之外，还存在若干个 Slave 节点，所以一旦某一个 Master 节点出现故障，最佳的做法就是让剩余的 Slave 节点重新选举出一个新的 Master 节点，如图 6-7 所示。这样所有的 Slavea 节点将与这个新的 Master 节点同步，使整个应用程序实现新的主从架构，如图 6-8 所示。

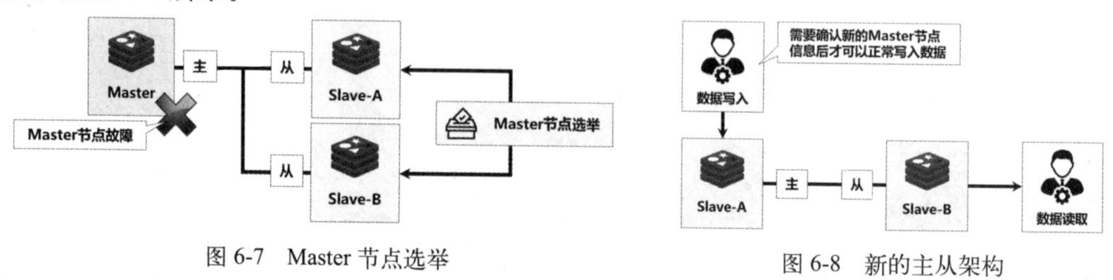

图 6-7　Master 节点选举　　　　图 6-8　新的主从架构

> **提示：Raft 一致性算法。**
>
> 一致性算法的核心意义在于允许多台主机像一个整体一样工作，即使某一个节点出现了故障也可以正常地对外提供服务，所以一致性算法在构建可信赖的分布式系统中有着非常重要的作用。
>
> 在行业发展早期，往往使用 Paxos 一致性算法，但是 Paxos 一致性算法非常难以理解，并且需要进行大幅修改后才可以应用在实际系统之中，这样就需要寻找一种新的算法。Raft 一致性算法应运而生。Raft 一致性算法一共有 4 个核心组成：领导人选举（Leader Election）、日志副本（Log Replication）、日志压缩（Log Compaction）、成员状态变更（Membership Change），即在整个集群中，所有的节点一定要通过 Master 节点实现同步，当 Master 节点出现故障后，可以基于选举机制选举出新的 Master 节点后继续同步。

Redis 原始的主从架构仅仅提供数据同步支持，并没有提供主从架构变更的处理，所以为了解决主从架构的设计问题，Redis-2.8.x 之后的版本开始提供哨兵机制。哨兵是独立的服务进程，可以在集群的每一个节点中配置哨兵，利用哨兵机制去监控 Master 节点，如图 6-9 所示。

> **提示：节点通信机制。**
>
> 哨兵之间的通信主要通过 ping 命令作为心跳检测的依据，以确定其他哨兵是否在线。通过 INFO 命令获取所有的 Slave 节点信息，而哨兵彼此会采用 PUBLISH / SUBSCRIBE 消息订阅模式实现通信。

在哨兵运行过程中，每个哨兵定时检查各个 Redis 实例是否存在异常，如果此时一个 Sentinel 节点发现 Master 节点主观下线，则会向其他的 Sentinel 节点询问是否也检测到了该 Master 节点的主观下线。如果全部的 Sentinel 节点经过检查后都发现该 Master 节点已经下线，则 Sentinel 节点会确认 Master 节点已客观下线，随后进入选举环节，从已有的 Slave 节点中选举出一个新的 Master 节点，并修改剩余 Slave 节点的副本配置，如图 6-10 所示。

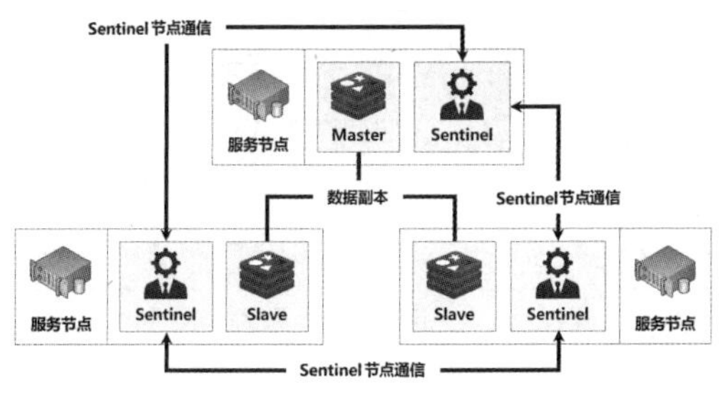

图 6-9 哨兵机制

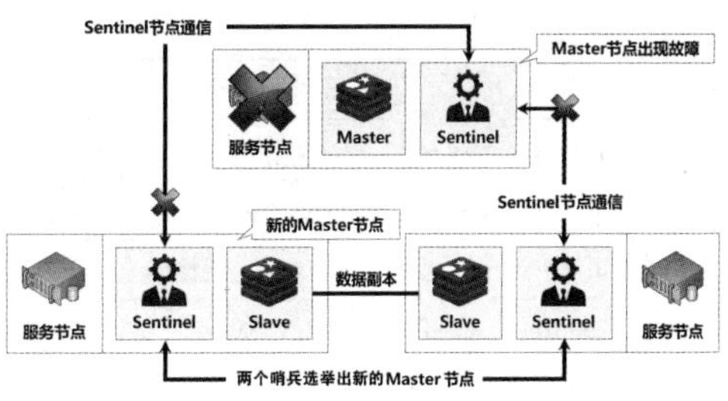

图 6-10 哨兵选举

提示：哨兵脑裂处理。

在哨兵检测到 Master 节点出现故障后，需要对集群进行故障迁移处理，从而选举出新的 Master 节点。如果此时已完成故障切换，并且旧的 Master 节点恢复了，就会产生脑裂问题。为了解决此问题，哨兵机制的做法是让已有的 Master 节点降级为 Slave 节点，从而保证整个集群运行稳定。

6.2.1 配置 Redis 哨兵集群

配置 Redis 哨兵集群

视频名称 0605_【掌握】配置 Redis 哨兵集群

视频简介 Redis 哨兵机制依赖于主从架构。本视频基于已有的主从架构模式扩展为哨兵管理模式，并通过实例讲解哨兵进程的配置，演示 Master 节点的物理下线，哨兵实现新 Master 节点选举以及哨兵核心日志文件的结构分析。

为了保证已有主从架构集群服务的稳定性，需要为该集群中的每一个节点都部署哨兵，这样才可以在出现故障时，实现故障切换处理。此处基于表 6-3 所示的哨兵服务节点进行服务的配置，具体操作步骤如下。

表 6-3 哨兵服务节点

序号	主机名称	IP 地址	服务端口	服务进程
1	redis-master	192.168.37.150	6379、26379	Redis 进程（主）、哨兵进程
2	redis-slave-a	192.168.37.151	6379、26379	Redis 进程（从）、哨兵进程
3	redis-slave-b	192.168.37.152	6379、26379	Redis 进程（从）、哨兵进程

（1）【redis-*主机】创建哨兵所需的数据存储目录。

```
mkdir -p /mnt/data/redis/sentinel/{run,logs,data}
```

（2）【redis-*主机】所有的 Master 节点和 Slave 节点通过 Redis 源代码目录复制哨兵启动程序文件。

```
cp /usr/local/src/redis-7.0.5/src/redis-sentinel /usr/local/redis/bin/
```

（3）【redis-master 主机】复制哨兵配置文件到 Redis 配置目录之中。

```
cp /usr/local/src/redis-7.0.5/sentinel.conf /usr/local/redis/conf/
```

（4）【redis-master 主机】根据表 6-4 所示的配置项，修改 sentinel.conf 配置文件：vi/usr/local/redis/conf/sentinel.conf。

表 6-4 哨兵配置文件配置项

序号	配置项	描述
1	protected-mode no	关闭 Redis 保护模式
2	port 26379	哨兵的服务端口

续表

序号	配置项	描述
3	daemonize yes	采用后台模式启动哨兵
4	pidfile /mnt/data/redis/sentinel/run/redis-sentinel.pid	哨兵 ID 保存路径
5	logfile "/mnt/data/redis/sentinel/logs/sentinel.log"	哨兵日志文件存储路径
6	sentinel announce-ip 192.168.37.150	配置本机 IP 地址，不同的节点 IP 地址不同
7	dir /mnt/data/redis/sentinel/data	设置哨兵数据存储路径
8	sentinel monitor mymaster 192.168.37.150 6379 2	定义 Master 节点信息，当有两个哨兵发现 Master 节点出现故障就进行选举处理，选举出新的 Master 节点
9	sentinel auth-pass mymaster yootk	配置 Master 节点认证信息
10	sentinel down-after-milliseconds mymaster 30000	Master 节点在 30 秒内不活动，则认为已经出现故障
11	sentinel parallel-syncs mymaster 1	Master 节点故障切换期间，Slave 节点并行数据复制的数量
12	sentinel failover-timeout mymaster 180000	3 分钟内没有选举出新的 Master 节点，则认为选举失败

（5）【redis-master 主机】将当前的 sentinel.conf 配置文件发送到两个 Slave 节点中。

发送 Slave-A 节点	scp /usr/local/redis/conf/sentinel.conf root@192.168.37.151:/usr/local/redis/conf
发送 Slave-B 节点	scp /usr/local/redis/conf/sentinel.conf root@192.168.37.152:/usr/local/redis/conf

（6）【redis-slave-*主机】Slave 节点根据自己 IP 地址的配置修改 sentinel.conf 配置文件中的 sentinel announce-ip 配置项。

Slave-A节点	sentinel announce-ip 192.168.37.151
Slave-B节点	sentinel announce-ip 192.168.37.152

（7）【redis-*主机】修改防火墙规则，开放 26379 端口以实现哨兵通信。

增加访问端口	firewall-cmd --zone=public --add-port=26379/tcp --permanent
重新加载配置	firewall-cmd --reload

（8）【redis-*主机】在 Redis 进程启动的前提下，启动所有的哨兵。

```
/usr/local/redis/bin/redis-sentinel /usr/local/redis/conf/sentinel.conf
```

（9）【redis-master 主机】查询 Master 节点中的哨兵日志，观察其他节点的哨兵信息。

```
tail -f /mnt/data/redis/sentinel/logs/sentinel.log
```

核心日志信息

```
Sentinel ID is 95b41154492613ec3bfb06ae6c55ec00310bc073
+monitor master mymaster 192.168.37.150 6379 quorum 2
+slave slave 192.168.37.151:6379 192.168.37.151 6379 @ mymaster 192.168.37.150 6379
+slave slave 192.168.37.152:6379 192.168.37.152 6379 @ mymaster 192.168.37.150 6379
```

```
+sentinel sentinel 412b18451d22389f3efa96614be5bdb3479479be
      192.168.37.151 26379 @ mymaster 192.168.37.150 6379
+sentinel sentinel f13c235facfe5ea2d5a0cd3d43f5ce75f9b0aa43
      192.168.37.152 26379 @ mymaster 192.168.37.150 6379
```

当 Master 节点启动哨兵时，哨兵将通过 INFO 命令获取 Master 节点的全部 Slave 节点，当 Slave 主机的哨兵启动时，将在日志中出现“+sentinel”信息，以表示该集群追加的哨兵信息。

（10）【redis-master 主机】模拟 Master 节点故障，直接切断当前主机电源，此时剩余的两个哨兵在 30 秒后会进行选举，选举出新的 Master 节点，并基于一主一从的架构运行。

（11）【redis-slave-*主机】Master 节点故障切换完成后，观察已存活的 Slave 主机哨兵日志。

```
tail -f /mnt/data/redis/sentinel/logs/sentinel.log
```

核心日志信息

```
+sdown master mymaster 192.168.37.150 6379
+new-epoch 1
+try-failover master mymaster 192.168.37.150 6379
```

```
+vote-for-leader f13c235facfe5ea2d5a0cd3d43f5ce75f9b0aa43 1
+elected-leader master mymaster 192.168.37.150 6379
+failover-state-select-slave master mymaster 192.168.37.150 6379
+selected-slave  slave  192.168.37.152:6379  192.168.37.152  6379  @  mymaster
192.168.37.150 6379
+failover-state-send-slaveof-noone slave 192.168.37.152:6379
           192.168.37.152 6379 @ mymaster 192.168.37.150 6379
+failover-state-wait-promotion slave 192.168.37.152:6379
           192.168.37.152 6379 @ mymaster 192.168.37.150 6379
+promoted-slave  slave  192.168.37.152:6379  192.168.37.152  6379  @  mymaster
192.168.37.150 6379
+failover-state-reconf-slaves master mymaster 192.168.37.150 6379
+slave-reconf-sent  slave  192.168.37.151:6379  192.168.37.151  6379  @  mymaster
192.168.37.150 6379
-odown master mymaster 192.168.37.150 6379
+slave-reconf-inprog slave 192.168.37.151:6379 192.168.37.151 6379 @ mymaster
192.168.37.150 6379
+slave-reconf-done  slave  192.168.37.151:6379  192.168.37.151  6379  @  mymaster
192.168.37.150 6379
+failover-end master mymaster 192.168.37.150 6379
+switch-master mymaster 192.168.37.150 6379 192.168.37.152 6379
+slave slave 192.168.37.151:6379 192.168.37.151 6379 @ mymaster 192.168.37.152
6379
+slave slave 192.168.37.150:6379 192.168.37.150 6379 @ mymaster 192.168.37.152
6379
+sdown slave 192.168.37.150:6379 192.168.37.150 6379 @ mymaster 192.168.37.152
6379
```

通过当前某一 Slave 节点的哨兵日志记录，可以清楚地发现，当 Master 节点出现故障时，会直接产生“+sdown”的主观下线日志信息，随后其他的哨兵会对此 Master 节点进行检测。最终所有哨兵发现其产生故障，则进行客观下线处理，剩余的哨兵会选举出新的 Master 节点并进行故障切换处理。哨兵日志配置项如表 6-5 所示。

表 6-5　哨兵日志配置项

序号	日志参数	描述
1	+reset-master <instance details>	Master 节点已被重置
2	+slave <instance details>	一个新的 Slave 节点已经被哨兵识别并关联
3	+failover-state-reconf-slaves <instance details>	开始进入重新配置状态
4	+failover-detected <instance details>	哨兵开始故障切换操作，或者一个 Slave 节点转为 Master 节点
5	+slave-reconf-sent <instance details>	领头的哨兵为 Slave 节点设置新的 Master 节点
6	+slave-reconf-inprog <instance details>	实例正在将自己设置为 Slave 节点，但未完成数据同步
7	+slave-reconf-done <instance details>	Slave 节点与 Master 节点同步完成
8	-dup-sentinel <instance details>	哨兵出现故障被移除
9	+sentinel <instance details>	增加一个新的哨兵节点
10	+sdown <instance details>	给定实例处于主观下线状态
11	-sdown <instance details>	给定实例不处于主观下线状态
12	+odown <instance details>	给定实例处于客观下线状态
13	-odown <instance details>	给定实例不处于客观下线状态
14	+new-epoch <instance details>	当前纪元已经被更新
15	+try-failover <instance details>	执行新的故障迁移操作
16	+elected-leader <instance details>	赢得指定纪元的选举，可以进行故障迁移处理
17	+failover-state-select-slave <instance details>	哨兵正在寻找可以升级为 Master 节点的 Slave 节点

续表

序号	日志参数	描述
18	no-good-slave <instance details>	哨兵未找到能升级至 Master 节点的合适的 Slave 节点
19	selected-slave <instance details>	哨兵已找到适合升级至 Master 节点的 Slave 节点
20	failover-state-send-slaveof-noone <instance details>	哨兵正在将 Slave 节点升级为 Master 节点
21	failover-end-for-timeout <instance details>	故障迁移操作因超时而终止
22	failover-end <instance details>	故障迁移操作顺利完成
23	+switch-master <master name> <oldip> <oldport> <newip> <newport>	配置变更，Master 节点的 IP 地址发生变化
24	+tilt	进入 TILT 保护模式（只发送必要的命令，不进行其他操作）
25	-tilt	退出 TILT 保护模式

（12）【redis-master 主机】模拟 Master 节点故障恢复，而后重新启动 Redis 与哨兵。由于哨兵已经成功地切换了 Master 节点，故障恢复后的原 Master 节点将作为整个集群的 Slave 节点，这可以通过其他已经存在的节点日志信息查看。

```
-sdown slave 192.168.37.150:6379 192.168.37.150 6379 @ mymaster 192.168.37.152 6379
-sdown sentinel 95b41154492613ec3bfb06ae6c55ec00310bc073 192.168.37.150 26379 @ mymaster 192.168.37.152 6379
+convert-to-slave slave 192.168.37.150:6379 192.168.37.150 6379 @ mymaster 192.168.37.152 6379
```

6.2.2　Lettuce 整合哨兵

Lettuce 整合哨兵

视频名称　0606_【掌握】Lettuce 整合哨兵

视频简介　哨兵内部保存了 Redis 主从架构的核心信息，这样在进行应用程序开发时，就可以基于哨兵实现连接管理。本视频基于已有的 Lettuce 应用进行修改，并利用特定的标志信息实现哨兵连接以及数据操作。

在哨兵监控管理之中，每一个哨兵进程都可以通过 INFO 命令获取 Master 节点对应的配置信息。这样，在进行程序开发时，只需要通过哨兵进程就可以获取对应的 Redis 数据节点信息，所以 Lettuce 实现哨兵机制，主要是改变连接地址，其他的架构与传统的开发架构并没有任何的不同，如图 6-11 所示。

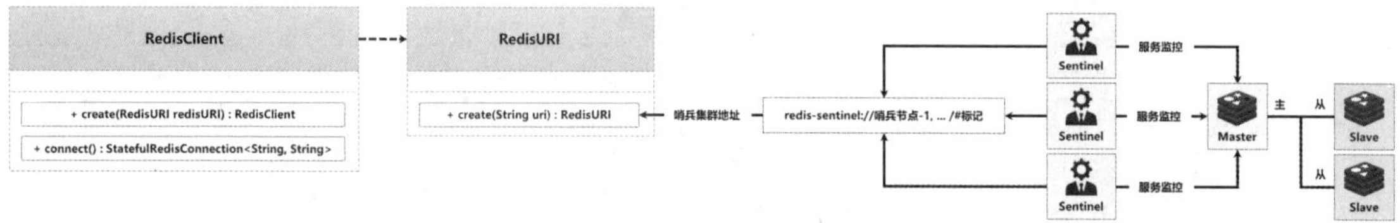

图 6-11　Lettuce 整合哨兵

在进行哨兵地址配置时，需要使用“redis-sentinel://”前缀进行标记，RedisURI.create()方法可以自动根据此前缀配置 Sentinel 节点的连接地址，随后通过 RedisClient 实例创建 StatefulRedisConnection 连接对象，以实现数据操作。下面介绍代码的具体实现。

（1）【lettuce 子模块】创建 RedisSentinelConnectionUtil 连接工具类（通过已有的 RedisConnectionPoolUtil 类修改）。

```
package com.yootk.util;
public class RedisSentinelConnectionUtil {
    private static final String SENTINEL_ADDRESS = "redis-sentinel://" +
            "yootk@192.168.37.150:26379," + "yootk@192.168.37.151:26379," +
            "192.168.37.152:26379/#mymaster";               // 定义哨兵地址
    private static RedisURI buildRedisURI() {               // 构建Redis连接地址
```

```
        return RedisURI.create(SENTINEL_ADDRESS);
    }
    // 数据库连接池配置以及相关操作方法相同，代码略。
}
```

（2）【lettuce 子模块】编写测试类，通过哨兵获取 Redis 连接并实现数据读写操作。

```
package com.yootk.test;
public class TestSentinel {
    private static final Logger LOGGER =
            LoggerFactory.getLogger(TestSentinel.class);
    public static void main(String[] args) throws Exception {
        StatefulRedisConnection<String, String> connection =
                RedisSentinelConnectionUtil.getConnection();    // 获取Redis连接
        RedisAsyncCommands<String, String> commands = connection.async(); // 命令构建
        LOGGER.info("【设置数据】{}", commands.set("yootk:message", "yootk.com").get());
        LOGGER.info("【获取数据】{}", commands.get("yootk:message").get());
        connection.close();                                     // 关闭Redis连接
    }
}
```

程序执行结果	【设置数据】OK 【获取数据】yootk.com

6.2.3 Spring Data Redis 整合哨兵

Spring Data Redis 整合哨兵

视频名称 0607_【掌握】Spring Data Redis 整合哨兵

视频简介 Spring Data Redis 提供了 RedisSentinelConfiguration 配置类。本视频通过实例分析该配置类的使用，并实现 Redis 数据的读写操作。

Spring Data Redis 为了配合哨兵集群模式，提供了 RedisSentinelConfiguration 配置类，其继承结构如图 6-12 所示。该类为 RedisConfiguration 接口子类，在配置时需要定义全部的 Sentinel 节点以及哨兵监控的名称，这样才可以配置 Redis 连接工厂实例，从而通过 RedisTemplate 实现数据操作，下面介绍具体的程序实现。

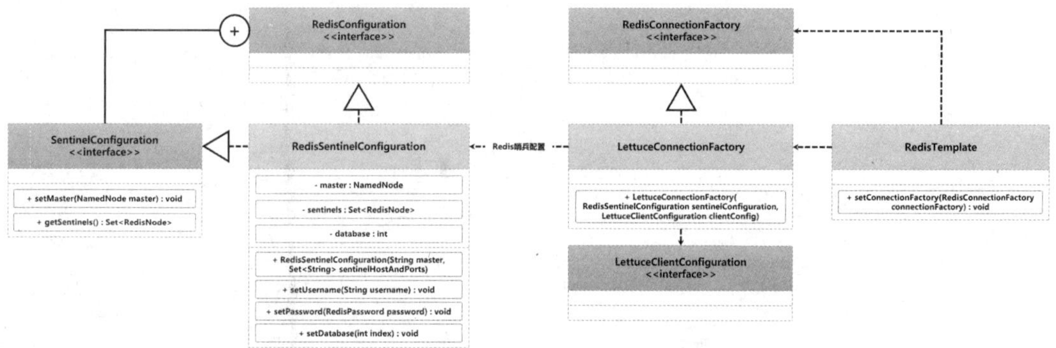

图 6-12 RedisSentinelConfiguration 配置类继承结构

（1）【spring 子模块】创建 redis_sentinel.properties 资源文件。

配置项	说明
redis.sentinel.nodes=192.168.37.150:26379, 192.168.37.151:26379, 192.168.37.152:26379	配置哨兵地址列表，多个地址之间使用“,”分隔
redis.sentinel.master.name=mymaster	定义Master节点配置名称
redis.username=default	Redis连接用户名
redis.password=yootk	Redis连接密码
redis.database=0	数据库索引编号
redis.pool.maxTotal=200	Redis连接池最多允许开放的连接对象实例数量
redis.pool.maxIdle=30	Redis连接池在空闲时最多维持的连接对象实例数量
redis.pool.minIdle=10	Redis连接池在空闲时最少维持的连接对象实例数量

redis.pool.testOnBorrow=true	返回Redis连接时进行可用性测试

（2）【spring 子模块】创建 SpringRedisSentinelConfig 配置类。

```
package com.yootk.config;
@Configuration
@PropertySource(value = "classpath:config/redis_sentinel.properties")
public class SpringRedisSentinelConfig {                         // 哨兵连接配置
   @Bean
   public RedisSentinelConfiguration redisSentinelConfiguration(
         @Value("${redis.sentinel.nodes}") String sentinelNodes, // 哨兵地址列表
         @Value("${redis.username}") String username,        // 用户名
         @Value("${redis.password}") String password,        // 密码
         @Value("${redis.database}") int database,           // 数据库索引
         @Value("${redis.sentinel.master.name}") String masterName) { // 配置名称
      Set<String> nodes = new HashSet<>();
      nodes.addAll(Arrays.asList(sentinelNodes.split(","))); // 地址拆分
      RedisSentinelConfiguration configuration =
            new RedisSentinelConfiguration(masterName, nodes); // Redis哨兵配置
      configuration.setUsername(username);                   // 用户名
      configuration.setPassword(password);                   // 密码
      configuration.setDatabase(database);                   // 数据库索引
      return configuration;
   }
   @Bean
   public GenericObjectPoolConfig sentinelGenericObjectPoolConfig(
         @Value("${redis.pool.maxTotal}") int maxTotal,      // 连接池最大数量
         @Value("${redis.pool.maxIdle}") int maxIdle,        // 连接池最大维持数量
         @Value("${redis.pool.minIdle}") int minIdle,        // 连接池最小维持数量
         @Value("${redis.pool.testOnBorrow}") boolean testOnBorrow) { // 测试后返回
      GenericObjectPoolConfig poolConfig = new GenericObjectPoolConfig(); // 连接池配置
      poolConfig.setMaxTotal(maxTotal);                      // 设置连接池参数
      poolConfig.setMaxIdle(maxIdle);                        // 设置连接池参数
      poolConfig.setMinIdle(minIdle);                        // 设置连接池参数
      poolConfig.setTestOnBorrow(testOnBorrow);              // 设置连接池参数
      return poolConfig;
   }
   @Bean
   public LettuceClientConfiguration sentinelLettuceClientConfiguration(
         @Autowired GenericObjectPoolConfig sentinelGenericObjectPoolConfig) {
      LettucePoolingClientConfiguration build = LettucePoolingClientConfiguration
            .builder().poolConfig(sentinelGenericObjectPoolConfig).build();
      return build;
   }
   @Bean
   public LettuceConnectionFactory sentinelLettuceConnectionFactory(
         @Autowired RedisSentinelConfiguration redisSentinelConfiguration,
         @Autowired LettuceClientConfiguration sentinelLettuceClientConfiguration) {
      LettuceConnectionFactory factory = new LettuceConnectionFactory(
            redisSentinelConfiguration, sentinelLettuceClientConfiguration);
      return factory;
   }
}
```

（3）【spring 子模块】创建基于哨兵连接管理的 RedisTemplate 配置类。

```
package com.yootk.config;
@Configuration                                          // 配置类
public class RedisTemplateSentinelConfig {              // Redis模板配置类
   @Bean
   public RedisTemplate sentinelRedisTemplate(
         @Autowired RedisConnectionFactory sentinelLettuceConnectionFactory) {
      RedisTemplate<String, String> template = new StringRedisTemplate(); // 操作模板
      template.setConnectionFactory(sentinelLettuceConnectionFactory);
      return template;
   }
}
```

（4）【spring 子模块】编写测试类，测试哨兵机制下的数据读写操作。

```
package com.yootk.test;
```

```
@ContextConfiguration(classes = StartRedisApplication.class) // 应用启动类
@ExtendWith(SpringExtension.class)
public class TestSentinelRedisTemplate {
    private static final Logger LOGGER = LoggerFactory
            .getLogger(TestSentinelRedisTemplate.class);       // 日志输出
    @Autowired
    private RedisTemplate<String, String> sentinelRedisTemplate; // Redis模板
    @Test
    public void testSentinel() {                              // 普通数据操作
        this.sentinelRedisTemplate.opsForValue().set("yootk:message", "yootk.com");
        LOGGER.info("【数据获取】yootk:message = {}",
                this.sentinelRedisTemplate.opsForValue().get("yootk:message"));
    }
}
```

程序执行结果	【数据获取】yootk:message = yootk.com

6.3 Redis Cluster

Redis Cluster

视频名称 0608_【理解】Redis Cluster

视频简介 Redis 集群方案除了官方的支持之外，早期还有大量的第三方解决方案。本视频综合分析 Redis 各类集群方案的特点，并讲解 Redis Cluster 的核心概念。

使用 Redis 提供的主从架构实现多副本节点的数据同步，从而实现有效的读写分离设计，但是在开发应用程序时，需要开发者明确地区分写入节点和读取节点，当面对并发量较大的数据读写时，此种架构必然会使数据量激增，从而出现性能问题，所以最佳的解决方案就是使用基于数据分片的方式进行管理，即创建若干个不同的 Redis 数据节点，每一个数据节点只保留整体应用的部分数据，这样不仅可以减少单个 Redis 数据节点存储的数量，也可以实现所有节点的统一管理。但是，在 Redis 的早期没有此种方案的实现，于是就有了 Twemproxy 以及 Codis 的第三方解决方案，而 Redis 3.x 之后的版本才有了官方的 Redis Cluster 解决方案。下面对这 3 种方案进行说明。

1. Twemproxy

Twemproxy 是由 Twitter 开源的一款代理分片组件，在该组件中可以配置若干个不同的 Redis 存储节点。在进行数据读写处理时，Twemproxy 基于特定的数据分片算法，使用户的请求路由到指定的 Redis 存储节点上，从而实现多个 Redis 节点的管理。

考虑到 HA 的设计机制，在使用该组件时往往需要搭建主备关系，在正常情况下由主代理进行数据分片的管理。一旦主代理出现问题，可以通过 HAProxy 实现备用代理的管理，所以在最终使用时，用户必须通过 HAProxy 服务节点进行 Twemproxy 代理的访问，应用架构如图 6-13 所示。

图 6-13 Twemproxy 代理应用架构

使用 Twemproxy 虽然可以实现有效的数据分片操作，但是 Twemproxy 本身没有提供 HA 机制，所以在实际使用中往往需要在代理服务的内部嵌入 Keepalived 组件才可以保证节点出现故障时实现主备切换的支持。除了服务运行环境的配置之外，更重要的是每一个分片的数据安全，所以在实际的生产环境中，对每一个分片还需要配置独立的主从架构，这样就形成了图 6-14 所示的架构。

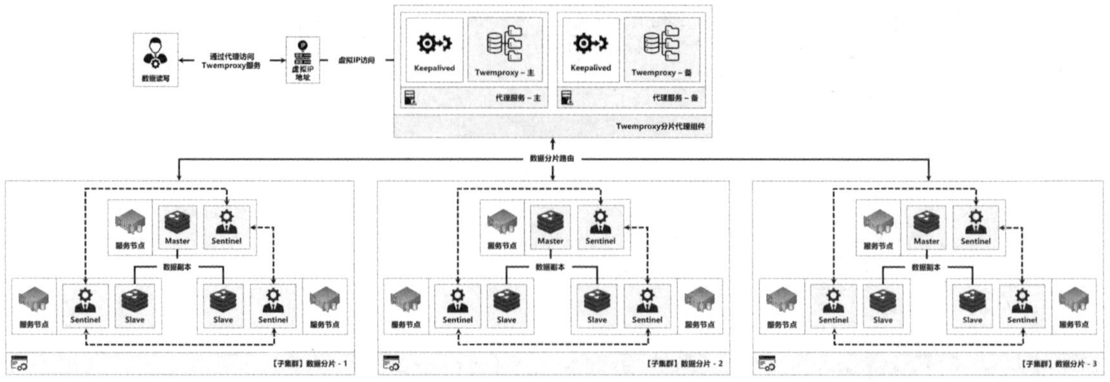

图 6-14　生产环境下的 Twemproxy 服务架构

在每一个数据分片中引入主从架构，可以保证分片数据的安全性，但是考虑到 Master 节点故障迁移问题，那么需要同时进行哨兵的配置。可是当发生了故障迁移后，哨兵会自动修改 Redis 配置文件。为了可以做到服务节点的自动恢复，就需要编写相应的 Shell 脚本（通过 Twemproxy 执行脚本），以保证集群配置的正确性。很明显这样的集群维护成本是相当高的，同时 Twemproxy 组件代码也已经停止维护，所以新的应用中已经很少再见到此类集群方案。

2. Codis

Codis 是豌豆荚提供的 Redis 集群架构开源方案，也是一种比较稳定且性能较好的 Redis 集群方案，该组件使用 Go 语言开发，支持多核 CPU 硬件环境。Codis 采用了中心化的代理设计模型，所有的客户端就像连接 Redis 单节点一样，实现 Redis 的连接以及数据操作。Codis 实现数据集群的思想在于将数据划分为 1024 个数据插槽（Slot），如图 6-15 所示。若干个数据插槽对应一个 Redis 分片节点，在用户进行数据操作时，会依据一定的算法来实现数据插槽的分配，从而找到与之匹配的 Redis 分片节点。

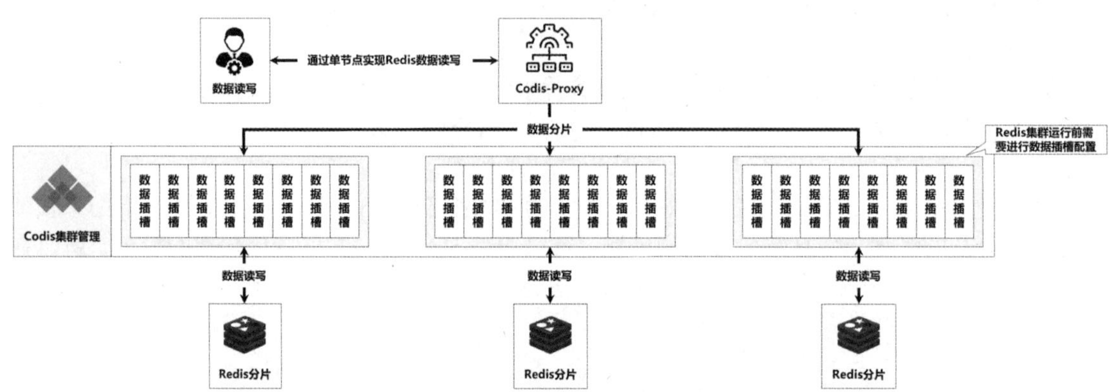

图 6-15　Codis 数据插槽与 Redis 分片存储

考虑到数据分片的安全性，Codis 会对每一个分片采用主从架构，这样即便有一个分片的节点出现问题，也可以选举出新的 Master 节点，从而保证服务的 HA。Codis 为了便于管理分片集群，提供了 Codis-Redis-Group 概念，所有的集群配置信息会保存在 ZooKeeper 之中，若干个 Codis-Proxy 可以共享 ZooKeeper 中的集群数据，这样就使得每一个 Codis-Proxy 都可以实现分片数据的读写操作。考虑到服务的稳定性，客户端可以直接通过 Codis-Proxy 实现数据操作，也可以为若干个 Codis-Proxy 配置 HA 代理组件，通过代理实现数据操作，如图 6-16 所示。虽然 Codis 是一款使用较多的成熟 Redis 方案，但是它的源代码已经不再维护，所以不建议在新的项目中使用该组件。

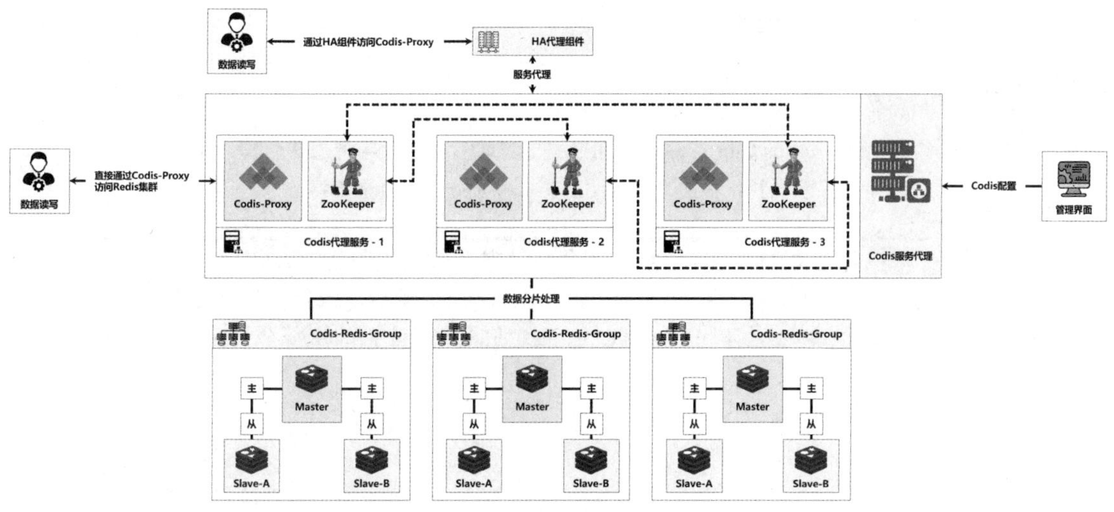

图 6-16 Codis 实现架构

3. Redis Cluster 官方集群方案

不管使用的是 Twemproxy 还是 Codis，这两种集群方案都存在一个核心问题：只允许通过单一的代理地址来实现 Redis 数据读写操作。为了解决这种单一节点服务不稳定的问题，需要追加各种 HA 机制的组件，这就造成整个集群运维的复杂度攀升。为了规范 Redis 集群架构，Redis 在 2015 年推出了 Redis Cluster 官方集群架构。

Redis Cluster 的设计思想：在整个集群中的所有主机可以互为主从关系，并且所有的主从关系不再通过配置文件进行静态配置，而是通过各种配置命令动态分配。客户端可以随意连接集群中的任意一台主机（该主机可能是一个 Master 节点，也可能是一个 Slave 节点），这些主机都可以为用户提供集群数据的读写操作，并且所有的主机自动支持数据分片的处理。Redis Cluster 集群如图 6-17 所示。

Redis Cluster 一共提供了 16384 个 Hash 槽，在 Redis Cluster 集群创建时，会平均分配这些 Hash 槽，若干个 Hash 槽对应一组独立的主从架构，如图 6-18 所示。在进行数据读写操作时，会依据 Hash 槽算法公式“CRC16('key') & 16384”计算每一个 key 保存的 Hash 槽的位置，并匹配相应的 Redis 分片集群。

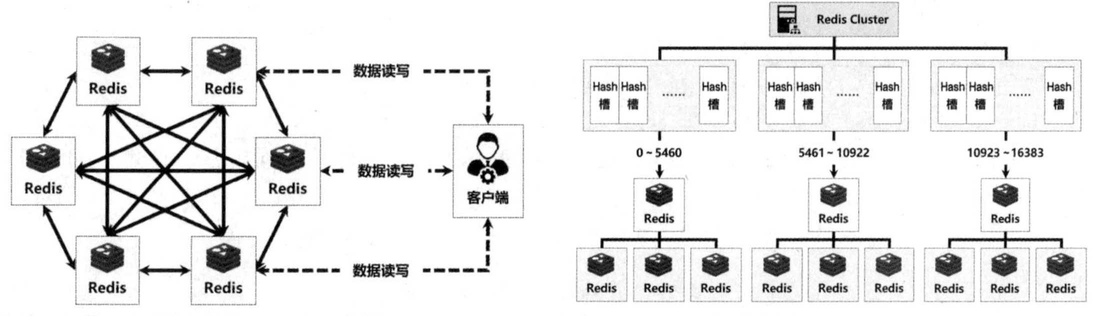

图 6-17 Redis Cluster 集群

图 6-18 Redis Cluster Hash 槽

提示：分片集群选举。

在 Redis 中每一个数据分片都会通过主从架构进行存储，Slave 节点的数量会根据创建时的副本数量来进行分配。当某一个分片集群中的 Master 节点出现故障后，会从所有的 Slave 节点选举出新的 Master 节点，并继续完成该分片数据的读写操作，相较于其他的 Redis 集群方案，Redis Cluster 的配置更加简单。

6.3.1　配置 Redis Cluster 服务

配置 Redis Cluster 服务

视频名称　0609_【掌握】配置 Redis Cluster 服务

视频简介　Redis Cluster 服务采用动态管理的形式进行集群创建。本视频通过详细的步骤，讲解如何基于虚拟机搭建 9 个 Redis 节点的 Redis Cluster 集群。

Redis Cluster 可以将独立的 Redis 节点依据命令动态转化为服务集群，所以在创建 Redis Cluster 集群时，需要根据最终的副本数量来加入 Redis 节点。例如，现在要求每个节点保存两份副本（一主二从），每个分片集群需要 3 台主机，这样在集群构建时需要首先创建 9 个 Redis 节点，如图 6-19 所示。

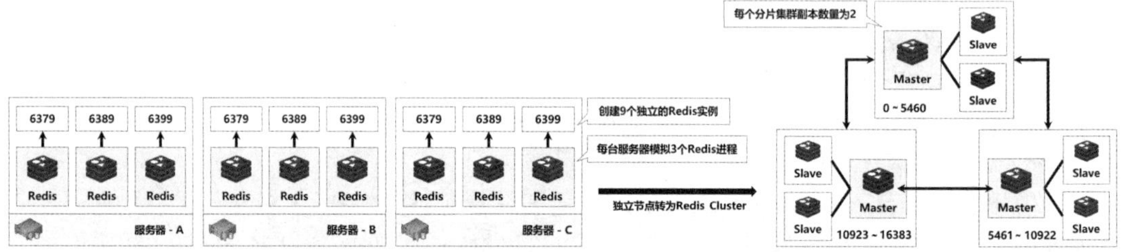

图 6-19　Redis Cluster

为了减少虚拟主机的数量，本次按照表 6-6，在一台主机中启动 3 个 Redis 节点。这 3 个节点分别要创建各自的数据存储目录，并绑定不同的服务端口。下面通过具体的步骤讲解 Redis Cluster 服务配置。

表 6-6　Redis Cluster 集群主机

序号	主机名称	IP 地址	服务进程
1	redis-cluster-a	192.168.37.161	Redis 进程（6379）、Redis 进程（6389）、Redis 进程（6399）
2	redis-cluster-b	192.168.37.162	Redis 进程（6379）、Redis 进程（6389）、Redis 进程（6399）
3	redis-cluster-c	192.168.37.163	Redis 进程（6379）、Redis 进程（6389）、Redis 进程（6399）

（1）【redis-cluster-*主机】一台主机中需要同时运行 3 个 Redis 进程，创建这 3 个 Redis 进程的数据存储目录。

```
mkdir -p /mnt/data/redis/cluster/{redis-6379,redis-6389,redis-6399}/{dbcache,logs,run,config}
```

（2）【redis-cluster-a 主机】通过 Redis 源代码目录复制 Redis 配置文件。

```
Cp /usr/local/src/redis-7.0.5/redis.conf /usr/local/redis/conf/redis-cluster-6379.conf
```

（3）【redis-cluster-a 主机】编辑 redis-cluster-6379.conf 配置文件：vi /usr/local/redis/conf/redis-cluster-6379.conf。

（4）【redis-cluster-a 主机】根据表 6-7 配置 redis-cluster-6379.conf 配置文件。

表 6-7　Redis Cluster 配置项

序号	配置项	描述
1	bind 0.0.0.0	绑定本机 IP 地址（本次只配置 IPv4 地址）
2	protected-mode no	临时关闭 Redis 保护模式
3	port 6379	Redis 进程监听端口
4	daemonize yes	以后台进程形式运行 Redis 服务
5	pidfile /mnt/data/redis/cluster/redis-6379/run/redis_6379.pid	定义 Redis 进程 ID 存储路径
6	logfile "/mnt/data/redis/cluster/redis-6379/logs/redis_6379.log"	定义 Redis 进程日志数据存储路径

续表

序号	配置项	描述
7	dir /mnt/data/redis/cluster/redis-6379/dbcache	定义 Redis 进程数据存储路径
8	cluster-enabled yes	开启 Redis Cluster
9	cluster-config-file /mnt/data/redis/cluster/redis-6379/config/nodes-6379.conf	Redis Cluster 配置存储目录（自动维护）
10	cluster-node-timeout 15000	集群主机通信超时时间（15 秒）

（5）【redis-cluster-a 主机】将 redis-cluster-6379.conf 文件复制两份。

```
cp /usr/local/redis/conf/redis-cluster-6379.conf /usr/local/redis/conf/redis-cluster-6389.conf
cp /usr/local/redis/conf/redis-cluster-6379.conf /usr/local/redis/conf/redis-cluster-6399.conf
```

（6）【redis-cluster-a 主机】修改 redis-cluster-6389.conf 配置文件：vi /usr/local/redis/conf/redis-cluster-6389.conf。

（7）【redis-cluster-a 主机】利用 vi 命令将 redis-cluster-6389.conf 配置文件中的 6379 信息修改为 6389："`:%s/6379/6389/g`"。

（8）【redis-cluster-a 主机】修改 redis-cluster-6399.conf 配置文件：vi /usr/local/redis/conf/redis-cluster-6399.conf。

（9）【redis-cluster-a 主机】利用 vi 命令将 redis-cluster-6399.conf 配置文件中的 6379 信息修改为 6399："`:%s/6379/6399/g`"。

（10）【redis-cluster-a 主机】将 redis-cluster-*.conf 配置文件复制到 redis-cluster-b 主机之中的相应目录。

```
scp /usr/local/redis/conf/redis-cluster-*.conf 192.168.37.162:/usr/local/redis/conf/
```

（11）【redis-cluster-a 主机】将 redis-cluster-*.conf 配置文件复制到 redis-cluster-c 主机之中的相应目录。

```
scp /usr/local/redis/conf/redis-cluster-*.conf 192.168.37.163:/usr/local/redis/conf/
```

（12）【redis-cluster-*主机】启动 3 台服务器上的 9 个 Redis 节点。

```
/usr/local/redis/bin/redis-server /usr/local/redis/conf/redis-cluster-6379.conf
/usr/local/redis/bin/redis-server /usr/local/redis/conf/redis-cluster-6389.conf
/usr/local/redis/bin/redis-server /usr/local/redis/conf/redis-cluster-6399.conf
```

（13）【redis-cluster-*主机】除了 Redis 中的 6379、6389、6399 这 3 个服务端口之外，额外启动 16379、16389、16399 这 3 个集群节点通信端口，此时需要修改防火墙规则，开放这 3 个端口的访问权限。

添加端口规则	`firewall-cmd --zone=public --add-port=6389/tcp --permanent`
添加端口规则	`firewall-cmd --zone=public --add-port=6399/tcp --permanent`
添加端口规则	`firewall-cmd --zone=public --add-port=16379/tcp --permanent`
添加端口规则	`firewall-cmd --zone=public --add-port=16389/tcp --permanent`
添加端口规则	`firewall-cmd --zone=public --add-port=16399/tcp --permanent`
重新加载规则	`firewall-cmd --reload`

（14）【redis-cluster-a 主机】创建 Redis Cluster 集群环境，为每个 Master 节点配置两个 Slave 节点（数据副本为 2）。

```
redis-cli --cluster create 192.168.37.161:6379 192.168.37.161:6389 192.168.37.161:6399 \
    192.168.37.162:6379 192.168.37.162:6389 192.168.37.162:6399 \
    192.168.37.163:6379 192.168.37.163:6389 192.168.37.163:6399 --cluster-replicas 2
```

程序执行结果	>>> Performing hash slots allocation on 9 nodes... **Master[0] -> Slots 0 - 5460**

	Master[1] -> Slots 5461 - 10922 **Master[2] -> Slots 10923 - 16383** Adding replica 192.168.37.162:6389 to **192.168.37.161:6379** Adding replica 192.168.37.163:6389 to **192.168.37.161:6379** Adding replica 192.168.37.161:6399 to **192.168.37.162:6379** Adding replica 192.168.37.163:6399 to **192.168.37.162:6379** Adding replica 192.168.37.162:6399 to **192.168.37.163:6379** Adding replica 192.168.37.161:6389 to **192.168.37.163:6379** M: e02b1a8ec5a701b8aa457217216d0c395e483766 **192.168.37.161:6379** 　　**slots:[0-5460] (5461 slots) master** S: 251354fd22eb6685cb0c986e534ab5f1b031fcfc 192.168.37.161:6389 　　replicates 373863830fc4705071a0cce68467002abaacbf08 S: dd0a3ca786db4c71cb0e52e66c900f1d93283dbc 192.168.37.161:6399 　　replicates a6ad8526a7d2e7365f69d0c04b40b2ed4dd5b2cc M: a6ad8526a7d2e7365f69d0c04b40b2ed4dd5b2cc **192.168.37.162:6379** 　　**slots:[5461-10922] (5462 slots) master** S: 9fc04aa6f792a445ff5e5ca13165d98f2560d7f7 192.168.37.162:6389 　　replicates e02b1a8ec5a701b8aa457217216d0c395e483766 S: a057a0ea24b2c4b43e8942d65e5db89c1a33d1d7 192.168.37.162:6399 　　replicates 373863830fc4705071a0cce68467002abaacbf08 M: 373863830fc4705071a0cce68467002abaacbf08 **192.168.37.163:6379** 　　**slots:[10923-16383] (5461 slots) master** S: 12636d007cf4e7c24307d3d486c0bbbfaadf6a74 192.168.37.163:6389 　　replicates e02b1a8ec5a701b8aa457217216d0c395e483766 S: 141d6be04b4eabe6275d0210b9eccd5ff6cdc57e 192.168.37.163:6399 　　replicates a6ad8526a7d2e7365f69d0c04b40b2ed4dd5b2cc Can I set the above configuration? (type 'yes' to accept): ***yes***

	>>> Nodes configuration updated
	>>> Assign a different config epoch to each node
	>>> Sending CLUSTER MEET messages to join the cluster
	Waiting for the cluster to join
	.
	>>> Performing Cluster Check (using node 192.168.37.161:6379)
	M: e02b1a8ec5a701b8aa457217216d0c395e483766 192.168.37.161:6379
	　　slots:[0-5460] (5461 slots) master
	　　2 additional replica(s)
	S: dd0a3ca786db4c71cb0e52e66c900f1d93283dbc 192.168.37.161:6399
	　　slots: (0 slots) slave
	　　replicates a6ad8526a7d2e7365f69d0c04b40b2ed4dd5b2cc
	S: a057a0ea24b2c4b43e8942d65e5db89c1a33d1d7 192.168.37.162:6399
	　　slots: (0 slots) slave
	　　replicates 373863830fc4705071a0cce68467002abaacbf08

```
M: 373863830fc4705071a0cce68467002abaacbf08 192.168.37.163:6379
   slots:[10923-16383] (5461 slots) master
   2 additional replica(s)
S: 9fc04aa6f792a445ff5e5ca13165d98f2560d7f7 192.168.37.162:6389
   slots: (0 slots) slave
   replicates e02b1a8ec5a701b8aa457217216d0c395e483766
S: 141d6be04b4eabe6275d0210b9eccd5ff6cdc57e 192.168.37.163:6399
   slots: (0 slots) slave
   replicates a6ad8526a7d2e7365f69d0c04b40b2ed4dd5b2cc
S: 12636d007cf4e7c24307d3d486c0bbbfaadf6a74 192.168.37.163:6389
   slots: (0 slots) slave
   replicates e02b1a8ec5a701b8aa457217216d0c395e483766
M: a6ad8526a7d2e7365f69d0c04b40b2ed4dd5b2cc 192.168.37.162:6379
   slots:[5461-10922] (5462 slots) master
   2 additional replica(s)
S: 251354fd22eb6685cb0c986e534ab5f1b031fcfc 192.168.37.161:6389
   slots: (0 slots) slave
   replicates 373863830fc4705071a0cce68467002abaacbf08
[OK] All nodes agree about slots configuration.
>>> Check for open slots...
>>> Check slots coverage...
[OK] All 16384 slots covered.
```

redis-cli --cluster create 命令实现了集群节点配置，可以通过给出的服务列表以及“--cluster-replicas 2”副本数量，将 9 个 Redis 节点拆分为 3 个子集群（一主二从），同时为每一个不同的节点分配唯一的 ID 编号，后续基于这些 ID 实现节点的增加与删除管理。

> **提示：Redis Cluster 早期基于 Ruby 实现。**
>
> 在 Redis 6.x 以前的版本中，如果要配置 Redis Cluster 集群，则需在主机中安装 Ruby 相关的使用环境。在 Redis 6.x 以后的版本中，Ruby 已经被弃用了，而直接基于 C 程序重写相关命令。

（15）【redis-cluster-a 主机】通过 Redis 客户端连接 Redis Cluster 中的任意节点：redis-cli -h 192.168.37.161 -p 6379。

（16）【redis-cluster-a 客户端】通过表 6-8 所示的命令进行 Redis Cluster 配置。

表 6-8　Redis Cluster 配置命令

序号	Redis Cluster 配置命令	描述
1	CONFIG SET protected-mode yes	启用 Redis 安全模式
2	CONFIG SET requirepass yootk	配置 Redis 连接密码
3	AUTH yootk	用户认证
4	CONFIG SET masterauth yootk	Slave 节点配置 Master 节点认证密码
5	CONFIG REWRITE	将配置项写回配置文件之中
6	SHUTDOWN	关闭 Redis 进程

（17）【redis-cluster-*主机】Redis 集群中的所有主机都执行如上的配置命令。

（18）【redis-cluster-*主机】重新启动所有主机的 Redis 进程。

（19）【redis-cluster-c 主机】通过任意的节点连接 Redis Cluster 并查询集群状态。

redis-cli --cluster check 192.168.37.163:6379 -a yootk	

程序执行结果	**192.168.37.163:6399 (141d6be0...) -> 0 keys | 5462 slots | 2 slaves.**
	192.168.37.162:6399 (a057a0ea...) -> 0 keys | 5461 slots | 2 slaves.
	192.168.37.162:6389 (9fc04aa6...) -> 0 keys | 5461 slots | 2 slaves.
	[OK] 0 keys in 3 masters.
	0.00 keys per slot on average.
	>>> Performing Cluster Check (using node 192.168.37.163:6379)
	S: 373863830fc4705071a0cce68467002abaacbf08 192.168.37.163:6379
	slots: (0 slots) slave
	replicates a057a0ea24b2c4b43e8942d65e5db89c1a33d1d7
	M: 141d6be04b4eabe6275d0210b9eccd5ff6cdc57e **192.168.37.163:6399**
	slots:[5461-10922] (5462 slots) master
	2 additional replica(s)
	S: a6ad8526a7d2e7365f69d0c04b40b2ed4dd5b2cc 192.168.37.162:6379
	slots: (0 slots) slave
	replicates 141d6be04b4eabe6275d0210b9eccd5ff6cdc57e
	S: e02b1a8ec5a701b8aa457217216d0c395e483766 192.168.37.161:6379
	slots: (0 slots) slave
	replicates 9fc04aa6f792a445ff5e5ca13165d98f2560d7f7
	M: a057a0ea24b2c4b43e8942d65e5db89c1a33d1d7 **192.168.37.162:6399**
	slots:[10923-16383] (5461 slots) master
	2 additional replica(s)
	S: 12636d007cf4e7c24307d3d486c0bbbfaadf6a74 192.168.37.163:6389
	slots: (0 slots) slave
	replicates 9fc04aa6f792a445ff5e5ca13165d98f2560d7f7
	S: dd0a3ca786db4c71cb0e52e66c900f1d93283dbc 192.168.37.161:6399
	slots: (0 slots) slave
	replicates 141d6be04b4eabe6275d0210b9eccd5ff6cdc57e
	M: 9fc04aa6f792a445ff5e5ca13165d98f2560d7f7 **192.168.37.162:6389**
	slots:[0-5460] (5461 slots) master
	2 additional replica(s)
	S: 251354fd22eb6685cb0c986e534ab5f1b031fcfc 192.168.37.161:6389
	slots: (0 slots) slave
	replicates a057a0ea24b2c4b43e8942d65e5db89c1a33d1d7
	[OK] All nodes agree about slots configuration.
	>>> Check for open slots...
	>>> Check slots coverage...
	[OK] All 16384 slots covered.

此时执行了集群节点检测后，可以发现该节点的分配与初始化的分配有所区别，主要的原因在于进行 Redis 服务配置时，设置访问认证和关闭服务都会导致 Redis Cluster 主从关系变更。Redis Cluster 分片集群节点结构如图 6-20 所示。

图 6-20　Redis Cluster 分片集群节点结构

（20）【redis-cluster-b 主机】向 Redis Cluster 中的任意节点设置数据，此时由于在集群环境下使用，要在命令上配置“-c”的执行参数，如果不配置则表示只连接单个 Redis 节点，由此导致数据无法被其他节点访问。

redis-cli -h 192.168.37.162 -p 6379 -a yootk -c set yootk:message yootk.com	
程序执行结果	OK

（21）【redis-cluster-c 主机】通过 Redis Cluster 中的任意节点获取数据。

redis-cli -h 192.168.37.163 -p 6379 -a yootk -c get yootk:message	
程序执行结果	-> Redirected to slot [7729] located at 192.168.37.163:6399 "yootk.com"

此时就实现了集群主机的数据处理操作，在进行数据保存的时候，所有的数据内容一定要根据固定算法来计算数据的 Hash 槽，从而保存在不同的 Redis 主从主机上。但是在进行查询的时候，有可能出现主机多次跳转的情况，如果当前登录的主机上正好有这个数据，就不会执行跳转，只通过本主机进行数据的显示，如果本主机上没有内容，那么会根据提供的算法，找到不同的处理插槽获取数据。

6.3.2　Lettuce 整合 Redis Cluster

Lettuce 整合
Redis Cluster

视频名称　0610_【掌握】Lettuce 整合 Redis Cluster

视频简介　Lettuce 中通过 StatefulRedisClusterConnection 接口描述 Redis Cluster 集群连接结构。本视频分析该结构的使用，并通过具体案例实现 Redis 集群数据的读写操作。

Redis Cluster 在设计时采用了去中心化的架构模型，并且所有配置节点的主从关系有可能因为故障而发生迁移。所以当用户要通过程序进行数据操作时，需要在项目中定义全部的 Redis 节点地址，通过 RedisClusterClient 集群客户端类创建 StatefulRedisClusterConnection 连接实例，随后就可以利用该连接实例执行数据操作命令，如图 6-21 所示，下面通过具体的代码进行实现。

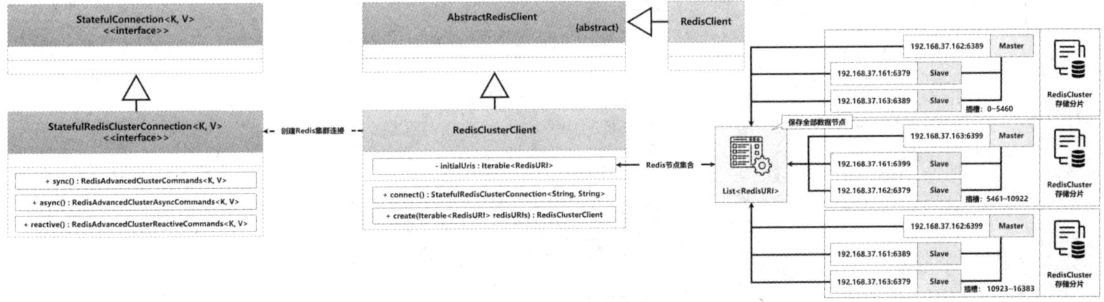

图 6-21　Lettuce 整合 Redis Cluster

（1）【lettuce 子模块】创建 RedisClusterConnectionUtil 连接工具类。

```
package com.yootk.util;
public class RedisClusterConnectionUtil {
    private static final String REDIS_NODE_A = "redis://yootk@192.168.37.161:6379/0";
    private static final String REDIS_NODE_B = "redis://yootk@192.168.37.161:6389/0";
    private static final String REDIS_NODE_C = "redis://yootk@192.168.37.161:6399/0";
    private static final String REDIS_NODE_D = "redis://yootk@192.168.37.162:6379/0";
```

```
    private static final String REDIS_NODE_E = "redis://yootk@192.168.37.162:6389/0";
    private static final String REDIS_NODE_F = "redis://yootk@192.168.37.162:6399/0";
    private static final String REDIS_NODE_G = "redis://yootk@192.168.37.163:6379/0";
    private static final String REDIS_NODE_H = "redis://yootk@192.168.37.163:6389/0";
    private static final String REDIS_NODE_I = "redis://yootk@192.168.37.163:6399/0";
    private static final int MAX_IDLE = 2;                          // 最大维持连接数量
    private static final int MIN_IDLE = 2;                          // 最小维持连接数量
    private static final int MAX_TOTAL = 100;                       // 最大可用连接数量
    private static RedisClusterClient REDIS_CLIENT = null;
    private static final ThreadLocal<StatefulRedisClusterConnection<String, String>>
            CONNECTION_THREAD_LOCAL = new ThreadLocal<>();      // 保存线程数据
    private static GenericObjectPool
            <StatefulRedisClusterConnection<String, String>> pool = null;
    static {
        buildRedisClient();                                         // 构建Redis客户端
        buildObjectPool();                                          // 构建连接池
    }
    private RedisClusterConnectionUtil() {}
    private static void buildObjectPool() {                     // 构建连接池
        GenericObjectPoolConfig poolConfig = new GenericObjectPoolConfig();
        poolConfig.setMaxIdle(MAX_IDLE);                        // 设置最大维持连接数量
        poolConfig.setMinIdle(MIN_IDLE);                        // 设置最小维持连接数量
        poolConfig.setMaxTotal(MAX_TOTAL);                      // 设置连接池的最大可用数量
        pool = ConnectionPoolSupport.createGenericObjectPool(
                () -> getRedisClient().connect(), poolConfig); // 构建连接池
    }
    public static StatefulRedisClusterConnection<String, String>
            getConnection() throws Exception {
        StatefulRedisClusterConnection<String, String> connection
                = CONNECTION_THREAD_LOCAL.get();                // 获取连接对象
        if (connection == null) {                               // 连接对象为空
            try {
                connection = pool.borrowObject();               // 获取连接
                CONNECTION_THREAD_LOCAL.set(connection);        // 对象存储
            } catch (Exception e) {}
        }
        return connection;                                      // 返回连接对象
    }
    public static void close() {                                // 对象关闭
        StatefulRedisClusterConnection<String, String> connection
                = CONNECTION_THREAD_LOCAL.get();
        if (connection != null) {                               // 连接对象不为空
            connection.close();                                 // 关闭连接
            CONNECTION_THREAD_LOCAL.remove();
        }
    }
    private static void buildRedisClient() {                    // 构建Redis客户端
        if (REDIS_CLIENT == null) {                             // 实例为空
            REDIS_CLIENT = RedisClusterClient.create(buildRedisURI()); // 实例构建
        }
    }
    public static RedisClusterClient getRedisClient() {         // 返回Redis客户端实例
        return REDIS_CLIENT;
    }
    private static List<RedisURI> buildRedisURI() {             // 构建Redis连接地址
        List<RedisURI> clusterNodes = new ArrayList<>();        // 保存节点列表
        clusterNodes.add(RedisURI.create(REDIS_NODE_A));        // 集群节点
        clusterNodes.add(RedisURI.create(REDIS_NODE_B));        // 集群节点
        clusterNodes.add(RedisURI.create(REDIS_NODE_C));        // 集群节点
        clusterNodes.add(RedisURI.create(REDIS_NODE_D));        // 集群节点
        clusterNodes.add(RedisURI.create(REDIS_NODE_E));        // 集群节点
        clusterNodes.add(RedisURI.create(REDIS_NODE_F));        // 集群节点
        clusterNodes.add(RedisURI.create(REDIS_NODE_G));        // 集群节点
        clusterNodes.add(RedisURI.create(REDIS_NODE_H));        // 集群节点
        clusterNodes.add(RedisURI.create(REDIS_NODE_I));        // 集群节点
        return clusterNodes;
    }
}
```

（2）【lettuce 子模块】实现 Redis Cluster 数据读写。

```
package com.yootk.test;
public class TestRedisCluster {
    private static final Logger LOGGER =
```

```
        LoggerFactory.getLogger(TestRedisCluster.class);
    public static void main(String[] args) throws Exception {
        StatefulRedisClusterConnection<String, String> connection =
                RedisClusterConnectionUtil.getConnection();      // 获取Redis连接
        RedisAdvancedClusterAsyncCommands<String, String> commands
                = connection.async();                             // 构建Redis命令
        LOGGER.info("【设置数据】{}", commands.set("yootk:message", "yootk.com").get());
        LOGGER.info("【获取数据】{}", commands.get("yootk:message").get());
        RedisClusterConnectionUtil.close();                       // 关闭Redis连接
    }
}
```

程序执行结果	【设置数据】OK 【获取数据】yootk.com

此时程序通过 StatefulRedisClusterConnection 连接实例，创建了 RedisAdvancedClusterAsyncCommands 异步命令接口对象，从而实现 Redis Cluster 集群数据的读取。即便此时缺少了某些节点，只要 Redis Cluster 集群存在，就可以正常地获取数据，所以 Redis Cluster 是一种结构稳定且易于维护的集群实现方案。

6.3.3 Spring Data Redis 整合 Redis Cluster

Spring Data Redis 整合 Redis Cluster

视频名称 0611_【掌握】Spring Data Redis 整合 Redis Cluster

视频简介 Spring Data Redis 提供了 RedisClusterConfiguration 集群配置接口以实现全部数据节点的存储。本视频依据已有的程序进行修改并实现集群数据的读写操作。

Spring Data Redis 与 Redis Cluster 整合处理需要开发者在项目中配置全部的 Redis 节点。每一个 Redis 节点都使用 RedisNode 类进行包装，而后就可以基于 RedisClusterConfiguration 配置类定义集群环境信息，如图 6-22 所示。

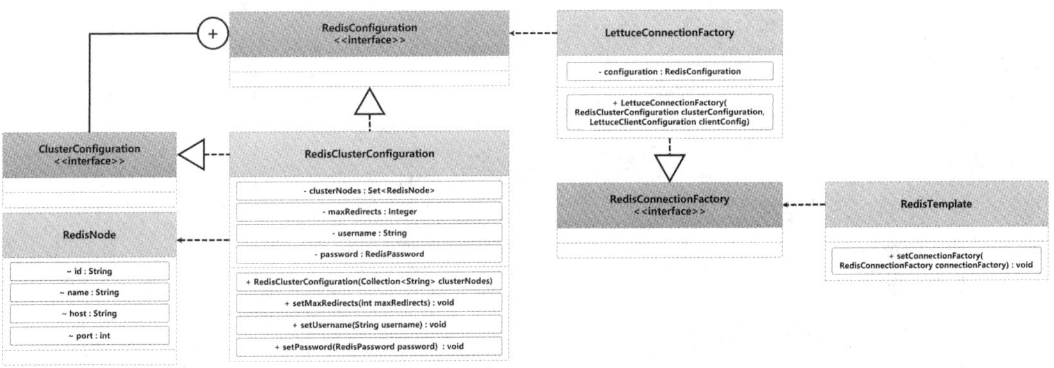

图 6-22 Spring Data Redis 整合 Redis Cluster

为了便于配置 Redis Cluster 节点，RedisClusterConfiguration 配置类提供了一个构造方法，该方法可以将接收到的 Redis 地址集合（Collection<String>实例保存）自动地转化为 RedisNode 对象实例。同时考虑到 Redis Cluster 中节点跳转的影响，应该规范节点的跳转次数，下面介绍具体的实现。

（1）【spring 子模块】创建 redis_cluster.properties 资源文件。

```
redis.cluster.nodes=
    192.168.37.161:6379,192.168.37.161:6389,192.168.37.161:6399,
    192.168.37.162:6379,192.168.37.162:6389,192.168.37.162:6399,
    192.168.37.163:6379,192.168.37.163:6389,192.168.37.163:6399
redis.cluster.max.redirect=2
redis.username=default
redis.password=yootk
redis.database=0
redis.pool.maxTotal=200
redis.pool.maxIdle=30
```

```
redis.pool.minIdle=10
redis.pool.testOnBorrow=true
```

（2）【spring 子模块】创建 SpringRedisClusterConfig 配置类。

```
package com.yootk.config;
@Configuration
@PropertySource(value = "classpath:config/redis_cluster.properties")
public class SpringRedisClusterConfig {
    @Bean
    public RedisClusterConfiguration redisClusterConfiguration(
            @Value("${redis.cluster.nodes}") String clusterNodes, // 集群地址列表
            @Value("${redis.username}") String username,        // 用户名
            @Value("${redis.password}") String password,        // 密码
            @Value("${redis.cluster.max.redirect}") int maxRedirect) { // 配置名称
        Set<String> nodes = new HashSet<>();
        nodes.addAll(Arrays.asList(clusterNodes.split(","))); // 地址拆分
        RedisClusterConfiguration configuration =
                new RedisClusterConfiguration(nodes);          // Redis集群配置
        configuration.setMaxRedirects(maxRedirect);            // 重定向次数
        configuration.setUsername(username);                   // 用户名
        configuration.setPassword(password);                   // 密码
        return configuration;
    }
    @Bean
    public GenericObjectPoolConfig clusterGenericObjectPoolConfig(
            @Value("${redis.pool.maxTotal}") int maxTotal, // 连接池最大可用数量
            @Value("${redis.pool.maxIdle}") int maxIdle,   // 连接池最大维持数量
            @Value("${redis.pool.minIdle}") int minIdle,   // 连接池最小维持数量
            @Value("${redis.pool.testOnBorrow}") boolean testOnBorrow) { // 测试后返回
        GenericObjectPoolConfig poolConfig = new GenericObjectPoolConfig(); // 连接池配置
        poolConfig.setMaxTotal(maxTotal);                      // 设置连接池参数
        poolConfig.setMaxIdle(maxIdle);                        // 设置连接池参数
        poolConfig.setMinIdle(minIdle);                        // 设置连接池参数
        poolConfig.setTestOnBorrow(testOnBorrow);              // 设置连接池参数
        return poolConfig;
    }
    @Bean
    public LettuceClientConfiguration clusterLettuceClientConfiguration(
            @Autowired GenericObjectPoolConfig clusterGenericObjectPoolConfig) { // 连接池
        LettucePoolingClientConfiguration build = LettucePoolingClientConfiguration
                .builder().poolConfig(clusterGenericObjectPoolConfig).build();
        return build;
    }
    @Bean
    public LettuceConnectionFactory clusterConnectionFactory(
            @Autowired RedisClusterConfiguration redisClusterConfiguration,
            @Autowired LettuceClientConfiguration clusterLettuceClientConfiguration) {
        LettuceConnectionFactory factory = new LettuceConnectionFactory(
                redisClusterConfiguration, clusterLettuceClientConfiguration); // 连接工厂
        return factory;
    }
}
```

（3）【spring 子模块】创建 RedisTemplateClusterConfig 配置类。

```
package com.yootk.config;
@Configuration                          // 配置类
public class RedisTemplateClusterConfig {             // Redis模板配置类
    @Bean
    public RedisTemplate clusterRedisTemplate(
            @Autowired RedisConnectionFactory clusterConnectionFactory) {
        RedisTemplate<String, String> template = new StringRedisTemplate();
        template.setConnectionFactory(clusterConnectionFactory);
        template.setEnableTransactionSupport(true);        // 开启事务支持
        return template;
    }
}
```

（4）【spring 子模块】编写测试类实现数据读写。

```
package com.yootk.test;
@ContextConfiguration(classes = StartRedisApplication.class) // 应用启动类
@ExtendWith(SpringExtension.class)
public class TestClusterRedisTemplate {
```

```
    private static final Logger LOGGER = LoggerFactory
            .getLogger(TestClusterRedisTemplate.class);    // 日志输出
    @Autowired
    private RedisTemplate<String, String> clusterRedisTemplate; // Redis模板
    @Test
    public void testCluster() {                      // 普通数据操作
        this.clusterRedisTemplate.opsForValue().set("yootk:message", "yootk.com");
        LOGGER.info("【数据获取】yootk:message = {}",
                this.clusterRedisTemplate.opsForValue().get("yootk:message"));
    }
}
```

程序执行结果	【数据获取】yootk:message = yootk.com

6.3.4 动态追加 Redis Cluster 数据节点

动态追加 Redis Cluster 数据节点

视频名称 0612_【理解】动态追加 Redis Cluster 数据节点

视频简介 Redis Cluster 可以实现节点的动态扩展。本视频通过完整的集群节点架构分析，并使用 Redis Cluster 配置命令，将已有的“三主二从”架构扩展为“三主三从”架构。

使用 Redis Cluster 可以提升 Redis 整体应用的读写性能，但是随着并发量的增加，也有可能会产生性能不足的问题。所以 Redis Cluster 提供节点的动态扩展支持，在扩展时只要知道 Master 节点地址以及编号即可自动完成。下面按照图 6-23 所示的架构实现 Slave 节点的扩展，具体实现步骤如下。

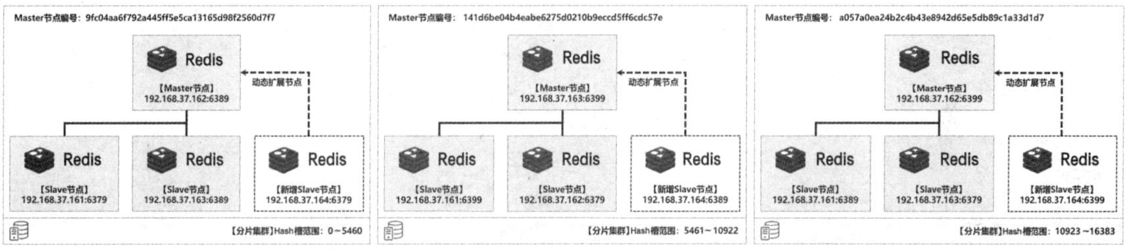

图 6-23 动态追加数据节点架构

> **提示：“三主三从”架构是官方推荐方案。**
>
> Redis 官方推荐采用的 Redis Cluster 集群节点为“三主三从”架构，即需要 12 个数据节点，按照每个 Redis 节点可以承受每秒 10 万并发量，此时的 Redis Cluster 集群可以承受百万级的数据读取（30 万并发写入支持）。

（1）【redis-cluster-a 主机】查看当前集群中的所有 Redis 节点信息，找到全部 Master 节点 ID。

redis-cli -h 192.168.37.161 -p 6379 -a yootk -c cluster nodes	
程序执行结果	12636d007cf4e7c24307d3d486c0bbbfaadf6a74 192.168.37.163:6389@16389 slave 9fc04aa6f792a445ff5e5ca13165d98f2560d7f7 0 1672961741000 10 connected a6ad8526a7d2e7365f69d0c04b40b2ed4dd5b2cc 192.168.37.162:6379@16379 slave 141d6be04b4eabe6275d0210b9eccd5ff6cdc57e 0 1672961742303 11 connected **a057a0ea24b2c4b43e8942d65e5db89c1a33d1d7 192.168.37.162:6399@16399 master - 0** 1672961741291 15 connected 10923-16383 e02b1a8ec5a701b8aa457217216d0c395e483766 192.168.37.161:6379@16379 myself,slave 9fc04aa6f792a445ff5e5ca13165d98f2560d7f7 0 1672961736000 10 connected **9fc04aa6f792a445ff5e5ca13165d98f2560d7f7 192.168.37.162:6389@16389 master - 0** 1672961739000 10 connected 0-5460 **141d6be04b4eabe6275d0210b9eccd5ff6cdc57e 192.168.37.163:6399@16399 master - 0** 1672961739000 11 connected 5461-10922 373863830fc4705071a0cce68467002abaacbf08 192.168.37.163:6379@16379 slave a057a0ea24b2c4b43e8942d65e5db89c1a33d1d7 0 1672961739277 15 connected

	251354fd22eb6685cb0c986e534ab5f1b031fcfc 192.168.37.161:6389@16389 slave a057a0ea24b2c4b43e8942d65e5db89c1a33d1d7 0 1672961741000 15 connected dd0a3ca786db4c71cb0e52e66c900f1d93283dbc 192.168.37.161:6399@16399 slave 141d6be04b4eabe6275d0210b9eccd5ff6cdc57e 0 1672961740000 11 connected

（2）【redis-cluster-b 主机】查看任意 Master 节点的全部副本信息，此时的架构为“一主二从”。

```
redis-cli -c -h 192.168.37.162 -p 6399 -a yootk info replication
```

程序执行结果	role:master connected_slaves:2 slave0:ip=192.168.37.161,port=6389,state=online,offset=4228,lag=0 slave1:ip=192.168.37.163,port=6379,state=online,offset=4228,lag=0

（3）【VMWare 虚拟机】创建一台新的 Redis 主机，主机地址为 192.168.37.164（主机名称：redis-cluster-d）。

（4）【redis-cluster-d 主机】创建 Redis 数据存储目录。

```
mkdir -p /mnt/data/redis/cluster/{redis-6379,redis-6389,redis-6399}/{dbcache,logs,run,config}
```

（5）【redis-cluster-a 主机】将 redis-cluster-*.conf 配置文件复制到 redis-cluster-d 主机的相关目录之中。

```
scp /usr/local/redis/conf/redis-cluster-*.conf 192.168.37.164:/usr/local/redis/conf/
```

（6）【redis-cluster-d 主机】启动新主机中的 3 个 Redis 进程。

```
/usr/local/redis/bin/redis-server /usr/local/redis/conf/redis-cluster-6379.conf
/usr/local/redis/bin/redis-server /usr/local/redis/conf/redis-cluster-6389.conf
/usr/local/redis/bin/redis-server /usr/local/redis/conf/redis-cluster-6399.conf
```

（7）【redis-cluster-d 主机】除了 Redis 中的 6379、6389、6399 这 3 个服务端口之外，额外启动 16379、16389、16399 这 3 个集群节点通信端口。此时需要修改防火墙规则，开放这 3 个端口的访问权限。

添加端口规则	firewall-cmd --zone=public --add-port=6389/tcp --permanent
添加端口规则	firewall-cmd --zone=public --add-port=6399/tcp --permanent
添加端口规则	firewall-cmd --zone=public --add-port=16379/tcp --permanent
添加端口规则	firewall-cmd --zone=public --add-port=16389/tcp --permanent
添加端口规则	firewall-cmd --zone=public --add-port=16399/tcp --permanent
重新加载规则	firewall-cmd --reload

（8）【redis-cluster-d 主机】将“192.168.37.164:6379”加入“192.168.37.162:6389”集群之中，在添加 Slave 节点的时候除了需要 Master 节点的地址之外，还需要提供 Master 节点的 ID。

```
redis-cli --cluster add-node 192.168.37.164:6379 192.168.37.162:6389 --cluster-slave -a yootk
    --cluster-master-id 9fc04aa6f792a445ff5e5ca13165d98f2560d7f7
```

程序执行结果	>>> **Adding node 192.168.37.164:6379 to cluster 192.168.37.162:6389**
	>>> Performing Cluster Check (using node 192.168.37.162:6389)
	… 已有的节点信息，略 …
	[OK] All nodes agree about slots configuration.
	>>> Check for open slots...
	>>> Check slots coverage...
	[OK] All 16384 slots covered.
	Automatically selected master 192.168.37.162:6389
	>>> **Send CLUSTER MEET to node 192.168.37.164:6379 to make it join the cluster.**
	Waiting for the cluster to join
	>>> Configure node as replica of 192.168.37.162:6389.
	[OK] New node added correctly.

（9）【redis-cluster-d 主机】将“192.168.37.164:6389”加入“192.168.37.163:6399”集群之中。

```
redis-cli --cluster add-node 192.168.37.164:6389 192.168.37.163:6399 --cluster-slave -a yootk
--cluster-master-id 141d6be04b4eabe6275d0210b9eccd5ff6cdc57e
```

程序执行结果	>>> **Adding node 192.168.37.164:6389 to cluster 192.168.37.162:6399**
	>>> Performing Cluster Check (using node 192.168.37.162:6399)
	… 已有的节点信息，略 …
	[OK] All nodes agree about slots configuration.
	>>> Check for open slots...
	>>> Check slots coverage...
	[OK] All 16384 slots covered.
	>>> **Send CLUSTER MEET to node 192.168.37.164:6389 to make it join the cluster.**
	Waiting for the cluster to join
	>>> **Configure node as replica of 192.168.37.162:6399**.
	[OK] New node added correctly.

（10）【redis-cluster-d 主机】将“192.168.37.164:6399”加入“192.168.37.162:6399”集群之中。

redis-cli --cluster add-node 192.168.37.164:6399 192.168.37.162:6399 --cluster-slave -a yootk --cluster-master-id **a057a0ea24b2c4b43e8942d65e5db89c1a33d1d7**	

程序执行结果	>>> Adding node 192.168.37.164:6399 to cluster 192.168.37.162:6399
	>>> Performing Cluster Check (using node 192.168.37.162:6399)
	… 已有的节点信息，略 …
	[OK] All nodes agree about slots configuration.
	>>> Check for open slots...
	>>> Check slots coverage...
	[OK] All 16384 slots covered.
	>>> **Send CLUSTER MEET to node 192.168.37.164:6399 to make it join the cluster.**
	Waiting for the cluster to join
	>>> **Configure node as replica of 192.168.37.162:6399.**
	[OK] New node added correctly.

（11）【redis-cluster-b 主机】查看任意 Master 节点的全部副本信息。

redis-cli -c -h 192.168.37.162 -p 6399 -a yootk info replication	
程序执行结果	connected_slaves:3 slave0:ip=192.168.37.161,port=6389,state=online,offset=6636,lag=1 slave1:ip=192.168.37.163,port=6379,state=online,offset=6636,lag=0 slave2:ip=192.168.37.164,port=6399,state=online,offset=6636,lag=1

（12）【redis-cluster-a 主机】查看当前集群节点信息。

redis-cli -h 192.168.37.161 -p 6379 -a yootk -c cluster nodes	
程序执行结果	12636d007cf4e7c24307d3d486c0bbbfaadf6a74 192.168.37.163:6389@16389 slave 9fc04aa6f792a445ff5e5ca13165d98f2560d7f7 0 1672963764383 10 connected **7a206be6a3e2de24a99e4516400b2d94542940e9 192.168.37.164:6389@16389 slave** 141d6be04b4eabe6275d0210b9eccd5ff6cdc57e 0 1672963764000 11 connected **0873fa7429cb39440c959b66155253287ae94234 192.168.37.164:6379@16379 slave** 9fc04aa6f792a445ff5e5ca13165d98f2560d7f7 0 1672963759344 10 connected a6ad8526a7d2e7365f69d0c04b40b2ed4dd5b2cc 192.168.37.162:6379@16379 slave 141d6be04b4eabe6275d0210b9eccd5ff6cdc57e 0 1672963761360 11 connected **a057a0ea24b2c4b43e8942d65e5db89c1a33d1d7 192.168.37.162:6399@16399 master - 0** 1672963760353 15 connected 10923-16383 e02b1a8ec5a701b8aa457217216d0c395e483766 192.168.37.161:6379@16379 myself,slave

	9fc04aa6f792a445ff5e5ca13165d98f2560d7f7 0 1672963761000 10 connected **9fc04aa6f792a445ff5e5ca13165d98f2560d7f7 192.168.37.162:6389@16389 master - 0** 1672963765000 10 connected 0-5460 **141d6be04b4eabe6275d0210b9eccd5ff6cdc57e 192.168.37.163:6399@16399 master - 0** 1672963761000 11 connected 5461-10922 373863830fc4705071a0cce68467002abaacbf08 192.168.37.163:6379@16379 slave a057a0ea24b2c4b43e8942d65e5db89c1a33d1d7 0 1672963762368 15 connected 251354fd22eb6685cb0c986e534ab5f1b031fcfc 192.168.37.161:6389@16389 slave a057a0ea24b2c4b43e8942d65e5db89c1a33d1d7 0 1672963763000 15 connected **11b357a2fdd18e31d6b2af833b0a9883a1278194 192.168.37.164:6399@16399 slave** a057a0ea24b2c4b43e8942d65e5db89c1a33d1d7 0 1672963765393 15 connected dd0a3ca786db4c71cb0e52e66c900f1d93283dbc 192.168.37.161:6399@16399 slave 141d6be04b4eabe6275d0210b9eccd5ff6cdc57e 0 1672963759000 11 connected

此时的 Redis Cluster 分片集群已经实现了“三主三从”架构的配置，这样的架构已经足以应付大部分的高并发应用场景，保证缓存数据的快速读写。

6.3.5　动态删除 Redis 数据节点

动态删除 Redis 数据节点

视频名称　0613_【了解】动态删除 Redis 数据节点

视频简介　Redis Cluster 的 Hash 槽可以根据需求动态地修改。本视频讲解 Redis Cluster 集群管理中的 reshard 操作的原理与实例，并实现 Redis 分片数据的删除操作。

Redis Cluster 在集群创建时，会自动地根据当前节点与副本的数量平均实现所有 Hash 槽的分配，从而保证每一个存储到 Redis Cluster 中的数据都可以保存在指定的数据分片之中。但是如果此时需要删除某一个集群分片，首先要根据图 6-24 所示的方式将 Hash 槽全部移动给已有的分片集群，在形成了图 6-25 所示的存储结构后删除节点，下面介绍该操作的具体实现。

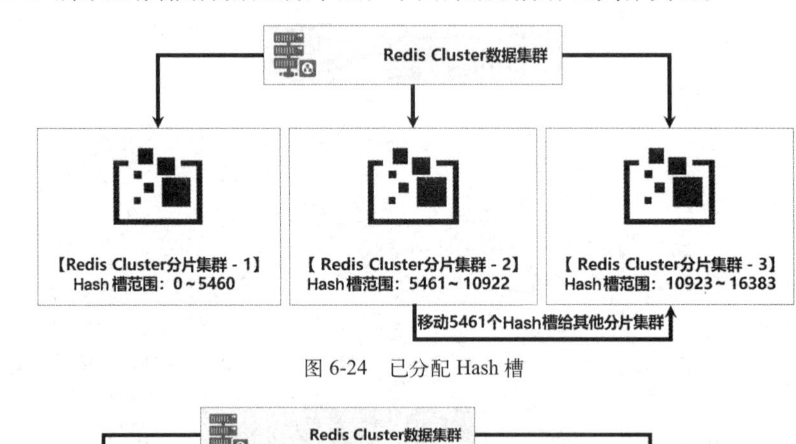

图 6-24　已分配 Hash 槽

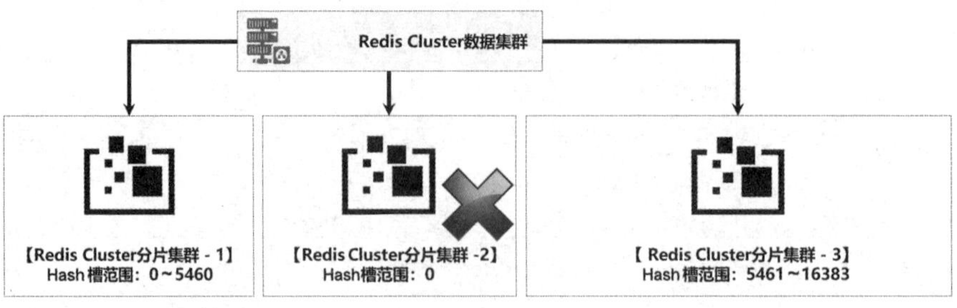

图 6-25　动态调整后的 Hash 槽

（1）【redis-cluster-b 主机】本次删除的节点为“192.168.37.163:6389”，查询删除节点对应的 Master 节点。

<table>
<tr><td colspan="2">redis-cli -h 192.168.37.162 -p 6379 -a yootk -c cluster nodes</td></tr>
<tr><td>Master 节点</td><td>9fc04aa6f792a445ff5e5ca13165d98f2560d7f7 192.168.37.162:6389@16389 master - 0
1672971446576 10 connected 0-5460
141d6be04b4eabe6275d0210b9eccd5ff6cdc57e 192.168.37.163:6399@16399 master - 0
1672971448797 11 connected 5461-10922
a057a0ea24b2c4b43e8942d65e5db89c1a33d1d7 192.168.37.162:6399@16399 master - 0
1672971447000 15 connected 10923-16383</td></tr>
</table>

此时要将 192.168.37.163:6399（编号为 141d6be04b4eabe6275d0210b9eccd5ff6cdc57e）中的 5461 个 Hash 槽转移到编号为“a057a0ea24b2c4b43e8942d65e5db89c1a33d1d7”的分片集群之中。

（2）【redis-cluster-b 主机】调整 Redis Cluster 节点分片。

<table>
<tr><td colspan="2">redis-cli --cluster reshard 192.168.37.163:6389 -a yootk</td></tr>
<tr><td>移走插槽数量</td><td>How many slots do you want to move (from 1 to 16384)? 5462</td></tr>
<tr><td>目标插槽 ID</td><td>What is the receiving node ID? a057a0ea24b2c4b43e8942d65e5db89c1a33d1d7</td></tr>
<tr><td>数据源 ID</td><td>Please enter all the source node IDs.
Type 'all' to use all the nodes as source nodes for the hash slots.
Type 'done' once you entered all the source nodes IDs.
Source node #1: 141d6be04b4eabe6275d0210b9eccd5ff6cdc57e
Source node #2: done</td></tr>
</table>

（3）【redis-cluster-b 主机】查看当前节点 Hash 槽。

<table>
<tr><td colspan="2">redis-cli --cluster check 192.168.37.163:6379 -a yootk</td></tr>
<tr><td rowspan="2">程序执行结果</td><td>192.168.37.162:6389 (9fc04aa6...) -> 0 keys | 5461 slots | 3 slaves.
192.168.37.162:6399 (a057a0ea...) -> 1 keys | 10923 slots | 3 slaves.</td></tr>
<tr><td>S: 141d6be04b4eabe6275d0210b9eccd5ff6cdc57e 192.168.37.163:6399
slots: (0 slots) slave
replicates a057a0ea24b2c4b43e8942d65e5db89c1a33d1d7
M: 9fc04aa6f792a445ff5e5ca13165d98f2560d7f7 192.168.37.162:6389
slots:[0-5460] (5461 slots) master
3 additional replica(s)
M: a057a0ea24b2c4b43e8942d65e5db89c1a33d1d7 192.168.37.162:6399
slots:[5461-16383] (10923 slots) master
7 additional replica(s)
S: dd0a3ca786db4c71cb0e52e66c900f1d93283dbc 192.168.37.161:6399
slots: (0 slots) slave
replicates a057a0ea24b2c4b43e8942d65e5db89c1a33d1d7
S: a6ad8526a7d2e7365f69d0c04b40b2ed4dd5b2cc 192.168.37.162:6379
slots: (0 slots) slave
replicates a057a0ea24b2c4b43e8942d65e5db89c1a33d1d7
S: 7a206be6a3e2de24a99e4516400b2d94542940e9 192.168.37.164:6389
slots: (0 slots) slave
replicates a057a0ea24b2c4b43e8942d65e5db89c1a33d1d7</td></tr>
</table>

此时由于分片中的 Hash 槽已经全部移走了（Hash 槽数量为 0），因此当前的全部数据节点成为移动目标分片的 Slave 节点。这些新进的 Slave 节点上不保留任何数据插槽，所以可以直接删除节点。

（4）【redis-cluster-c】此时的 Master 节点对应 3 个 Slave 节点，需要将这些信息删除。

```
redis-cli --cluster del-node 192.168.37.161:6399 dd0a3ca786db4c71cb0e52e66c900f1d93283dbc -a yootk
redis-cli --cluster del-node 192.168.37.162:6379 a6ad8526a7d2e7365f69d0c04b40b2ed4dd5b2cc -a yootk
redis-cli --cluster del-node 192.168.37.164:6389 7a206be6a3e2de24a99e4516400b2d94542940e9 -a yootk
redis-cli --cluster del-node 192.168.37.163:6399 141d6be04b4eabe6275d0210b9eccd5ff6cdc57e -a yootk
```

程序执行结果	>>> Removing node 节点 ID from cluster Redis 主机:端口
	>>> Sending CLUSTER FORGET messages to the cluster...
	>>> Sending CLUSTER RESET SOFT to the deleted node.

原始的分片集群主从节点的数量一共有 4 个，所以分别输入 4 个要删除的节点的 ID，成功删除后会返回相应的提示信息，此时的集群就变为“二主三从”架构。

提示：慎用动态删除。

Redis 集群中所保存的并不是持久化数据，而是临时的缓存数据，同时 Redis 在实际的应用环境中会承受大量的并发访问压力，如果轻易删除节点，有可能造成性能下降，甚至整个应用发生系统中断，所以运维中尽量谨慎使用。另外需要提醒读者的是，此时的 Hash 槽数量并不均匀，为了解决此类问题，可以采用“redis-cli --cluster rebalance”命令平均分配 Hash 槽。

6.3.6　predixy 集群代理

predixy 集群代理

视频名称　0614_【了解】predixy 集群代理

视频简介　为了方便 Redis Cluster 集群节点的访问，同时让其他语言更方便地使用 Redis，往往需要结合代理应用。本视频讲解 predixy 集群代理组件的配置及使用。

Redis Cluster 官方集群架构虽然提供了良好的高可用特性，并且解决了单一节点的访问受限问题，但是不同的客户端可能有不同的实现。如果现在某些语言不支持 Redis Cluster 多节点访问，就需要为使用这些语言的开发者提供简化的集群访问操作，所以可以在 Redis Cluster 上再追加一层 predixy 集群代理，如图 6-26 所示，这样就方便所有的应用程序进行 Redis 数据处理。

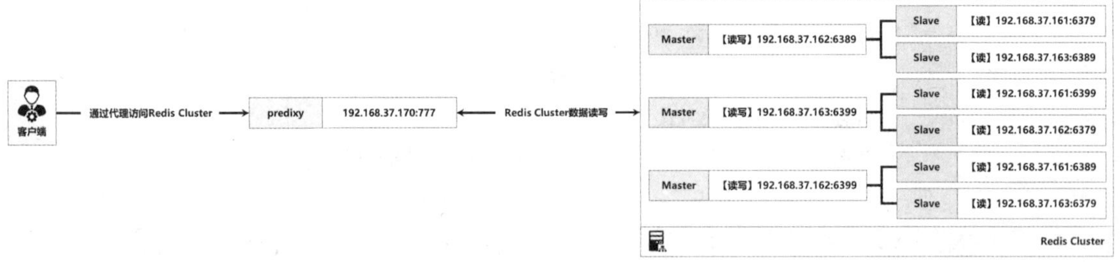

图 6-26　predixy 集群代理

提示：Redis-Cluster-Proxy。

推出 Redis 6.x 时，同步出品了一个 Redis-Cluster-Proxy 集群代理服务组件，可以实现同样的集群代理操作。但是该组件并没有随着 Redis 7.x 的出现而维护，所以它在 Redis 7.x 集群中无法正常使用。

predixy 是一个高性能且轻量化的开源组件，其可以方便地实现 Redis 中的主从、哨兵以及 Redis Cluster 集群代理，同时可以支持大部分的 Redis 数据操作。本次基于此组件实现代理功能的配置，具体的配置步骤如下。

（1）【redis-cluster-proxy 主机】进入源代码保存路径：cd /usr/local/src/。

（2）【redis-cluster-proxy 主机】通过 GitHub 克隆 predixy 项目源代码。

```
git clone https://github.com/joyieldInc/predixy.git
```

（3）【redis-cluster-proxy 主机】进入 predixy 源代码目录：cd /usr/local/src/predixy。

（4）【redis-cluster-proxy 主机】编译 predixy 源代码：make。

（5）【redis-cluster-proxy 主机】创建 predixy 程序目录：mkdir -p /usr/local/predixy/{bin,conf}。

（6）【redis-cluster-proxy 主机】复制 predixy 主程序：cp /usr/local/src/predixy/src/predixy/usr/local /predixy/bin/。

（7）【redis-cluster-proxy 主机】复制 predixy 配置模板：cp /usr/local/src/predixy/conf/cluster.conf /usr/local/predixy/conf/。

（8）【redis-cluster-proxy 主机】打开 predixy 配置文件：vi /usr/local/predixy/conf/cluster.conf。

```
ClusterServerPool {
    Password yootk                          # Redis Cluster访问密码
    MasterReadPriority 50                   # Master节点读取优先级
    StaticSlaveReadPriority 30              # 静态Slave节点读取优先级
    DynamicSlaveReadPriority 30             # 动态Slave节点读取优先级
    RefreshInterval 5s                      # 每5秒刷新一次配置
    ServerTimeout 20s                       # 服务连接超时时间
    ServerFailureLimit 5                    # 服务失败次数
    ServerRetryTimeout 3s                   # 服务失败重连配置
    KeepAlive 120                           # TCP存活时间
    Servers {                               # RedisCluster服务列表
        + 192.168.37.161:6379
        + 192.168.37.161:6389
        + 192.168.37.161:6399
        + 192.168.37.162:6379
        + 192.168.37.162:6389
        + 192.168.37.162:6399
        + 192.168.37.163:6379
        + 192.168.37.163:6389
        + 192.168.37.163:6399
    }
}
```

（9）【redis-cluster-proxy 主机】采用后台模式启动 predixy 服务进程。

```
nohup /usr/local/predixy/bin/predixy /usr/local/predixy/conf/cluster.conf > predixy.out 2>&1 &
```

（10）【redis-cluster-proxy 主机】Predixy 服务进程启动后会占用 7617 端口，修改防火墙规则开放此端口。

添加端口规则	firewall-cmd --zone=public --add-port=7617/tcp -permanent
重新加载规则	firewall-cmd -reload

（11）【redis-cluster-a 主机】随意找到一台主机利用 redis-cli 访问 predixy 服务进程。

```
redis-cli -h 192.168.37.170 -p 7617
```

此时任意的客户端都可以登录到 predixy 集群代理，并且直接实现缓存数据的读写处理。但是由于单节点访问限制，在要求严格的开发环境下，还需要考虑 HA 机制的配置。

6.4 本章概览

1．Redis 使用主从架构，可以实现读写分离的机制，全部 Slave 节点通过 Master 节点可以自动地实现数据同步处理。

2．Lettuce 在进行主从架构程序开发时，可以利用设置使其尽量通过 Slave 节点读取数据。

3．主从架构的缺点在于 Master 节点故障后，所有的 Slave 节点无法进行集群数据写入和同步处理，为了解决此架构问题，Redis 提供了哨兵机制。

4．哨兵机制需要额外在服务器中配置哨兵，哨兵会持续监控 Master 节点，当 Master 节点故障后，其余的哨兵会重新通过已有的 Slave 节点选举出新的 Master 节点，以保证主从架构集群正常工作。

5．哨兵机制在进行主从架构变更时，会自动修改 Redis 配置文件，导致运维管理工作困难。

6．Redis Cluster 是官方提供的 Redis 集群架构，该集群架构采用了去中心化的设计思想，通过任意节点连接后都可以实现集群数据操作。

7．Redis Clsuter 采用 Hash 槽分片处理算法，通过命令创建子分片集群，并且每个子分片集群可以获得若干个数据插槽的数据操作支持。

8．Redis Cluster 可以实现动态节点扩展，当一个分片节点中没有任何的 Hash 槽时，该节点才允许被删除。

9.为了解决某些编程语言不支持 Redis Cluster 访问的问题,可以通过 predixy 实现 Redis Cluster 节点的统一代理，但是该代理操作存在单节点风险，实际开发中可以通过 Keepalived 实现主备环境配置。

第7章 Redis Stack

本章节习目标

1. 掌握 RedisJSON 的存储操作，并可以使用 JSONPath 实现指定数据的获取；
2. 掌握 RediSearch 的作用与操作形式，并可以整合 RedisJSON 实现数据存储；
3. 掌握 RedisBloom 模块的工作原理，并可以结合 Redis 提供的命令，使用其内置的各种过滤器算法提高应用性能；
4. 理解 Redis 位操作与 Redis RoaringBitmap 存储结构之间的差别；
5. 理解 RedisTimeSeries 存储的主要特点与应用场景；
6. 理解 RedisGraph 模块的主要作用，并可以通过关联机制查询所需数据；
7. 理解 Redis-Cell 服务限流的原理与具体操作命令的使用方法；
8. 了解 RedisAI 机器学习模块的作用与基本使用方法。

Redis 凭借其自身的强大处理性能得到了行业的广泛使用，为了进一步完善其自身的技术生态（Redis Stack），Redis 提供了模块化的扩展功能，基于不同的配置模块可以极大地丰富 Redis 可操作数据的类型。在 Redis 官方站点中可以查询到模块信息，如图 7-1 所示，它会按照流行程度进行降序排列，本章将为读者分析这些常用模块的安装与使用方法。

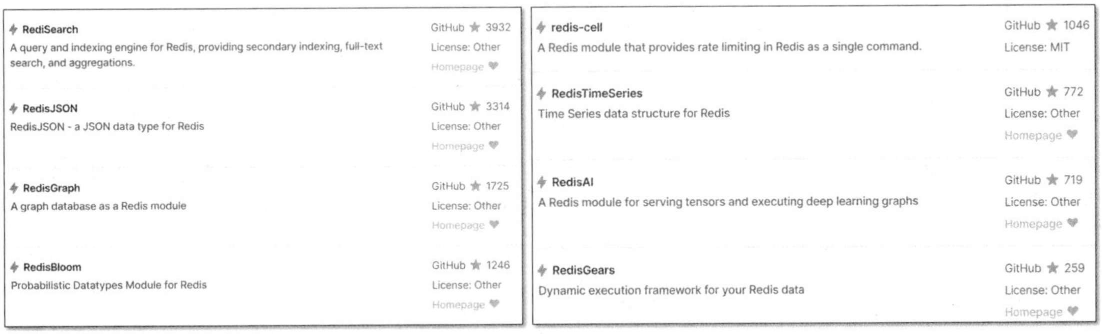

RediSearch
A query and indexing engine for Redis, providing secondary indexing, full-text search, and aggregations.
GitHub 3932 License: Other Homepage

RedisJSON
RedisJSON - a JSON data type for Redis
GitHub 3314 License: Other Homepage

RedisGraph
A graph database as a Redis module
GitHub 1725 License: Other Homepage

RedisBloom
Probabilistic Datatypes Module for Redis
GitHub 1246 License: Other Homepage

redis-cell
A Redis module that provides rate limiting in Redis as a single command.
GitHub 1046 License: MIT

RedisTimeSeries
Time Series data structure for Redis
GitHub 772 License: Other Homepage

RedisAI
A Redis module for serving tensors and executing deep learning graphs
GitHub 719 License: Other Homepage

RedisGears
Dynamic execution framework for your Redis data
GitHub 259 License: Other Homepage

图 7-1 Redis Stack 模块信息

> **提示：基于源代码编译方式配置 Redis Stack。**
>
> Redis Stack 技术栈为了开发者使用方便，提供大量的 Docker 镜像，开发者基于 Docker 镜像即可实现服务的启动。但是考虑到技术学习层次以及技术的理解问题，本书并未采用 Docker 这种简化模式，而是使用原生的部署模式，所以对模块的讲解将按照图 7-2 所示的流程。通过 GitHub 下载所需 Redis Stack 相关模块代码，并基于手动方式进行编译，最终将其整合到 Redis 主服务之中，这种做法有利于模块的统一管理，也可满足 Redis 集群环境的使用需求。

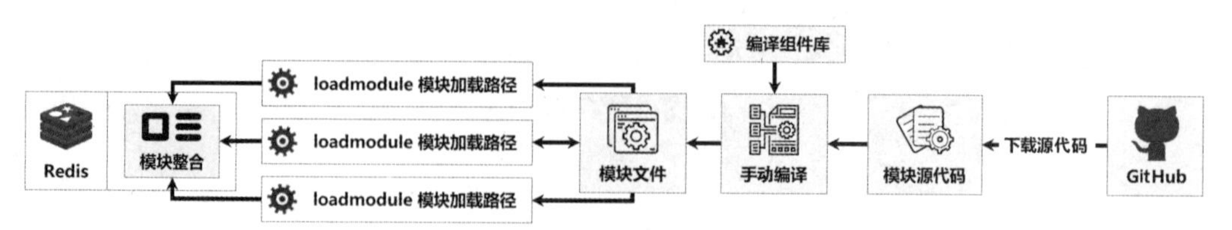

图 7-2　Redis 模块配置流程

由于模块的开发环境不同，有的模块基于 GCC 编译，有的模块需要 Python 的支持，或者 Rust 开发环境的支持，请读者一定要按照本书第 8 章的要求配置 Linux 操作系统组件。

考虑到“长城”防火墙的影响，在下载代码以及依赖环境时可能会受到极大的挑战，所以本书附带的工具软件为读者提供了这些模块组件的源代码以及编译后的模块文件，读者可以直接使用这些模块与 Redis 主服务进行整合。

7.1　RedisJSON

RedisJSON 简介

视频名称　0701_【掌握】RedisJSON 简介

视频简介　为了合理实现结构化文本存储，Redis Stack 提供了 RedisJSON 模块支持。本视频分析该模块存在的意义，并基于 Linux 操作系统实现该模块的手动编译与服务配置。

JSON 是项目开发中较为常用的一种数据格式，利用 JSON 可以结构化存储很多的数据内容。传统的 Redis 只提供文本数据支持，所以在数据存储时只能将 JSON 数据转化为文本数据进行存储，如图 7-3 所示。

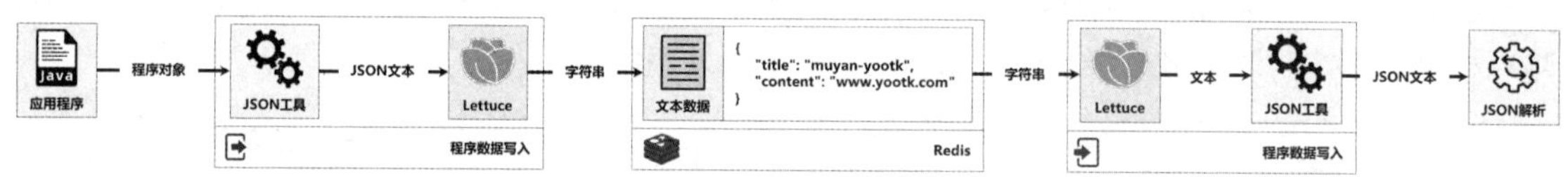

图 7-3　传统 JSON 数据存储方案

虽然使用 Redis 内置的数据类型可以实现 JSON 文本的存储，但是在进行数据获取时，需要将文本中的数据取出，再通过程序将文本转化为 JSON 文本，才可以对 JSON 数据进行解析处理。如果只读取整体 JSON 数据中的部分内容，在已有的 Redis 环境下就无法满足了，此时就需要通过 RedisJSON 模块进行功能扩展。

提示：RedisJSON 与 MongoDB 数据库。

在 NoSQL 数据库蓬勃发展的早期，MongoDB 数据库主要用来存放 JSON 文档数据，这样开发者通过特定的查询命令就可以获取整个文档中指定的数据项，RedisJSON 的设计也借鉴了这样的思路。

RedisJSON 扩展了 Redis 中的数据类型，可以直接在内存中实现 JSON 数据的存储、更新以及检索，同时支持每秒百万次的数据处理操作，下面通过具体的步骤来实现该模块的配置。

（1）【redis-server 主机】由于 Redis 扩展模块包含大量的程序代码，并且编译时所产生的文件体积较大，因此本次在数据磁盘中创建一个代码存储目录。

```
mkdir -p /mnt/src/
```

（2）【redis-server 主机】进入源代码目录用于保存 RedisJSON 代码：cd /mnt/src/。

（3）【redis-server 主机】通过 GitHub 获取 RedisJSON 源代码。

```
git clone --recursive https://github.com/RedisJSON/RedisJSON.git
```

RedisJSON 模块实现需要其他子模块的支持，所以在执行时使用“--recursive”参数，以同步下载全部子模块所需源代码。如果在下载过程中发现缺少子模块，则可以进入源代码目录，通过 git submodule update --init --recursive 命令重新下载。

（4）【redis-server 主机】进入 RedisJSON 目录：cd /mnt/src/RedisJSON/。

（5）【redis-server 主机】下载 RedisJSON 所需依赖：make setup。

（6）【redis-server 主机】编译 RedisJSON 组件：make build，此时可以得到“rejson.so”模块文件。

（7）【redis-server 主机】为便于模块管理，在 Redis 目录中创建一个模块存储目录：mkdir -p /usr/local/redis/modules。

（8）【redis-server 主机】复制 rejson.so 模块到 Redis 模块目录之中。

```
cp /mnt/src/RedisJSON/bin/linux-x64-release/rejson.so /usr/local/redis/modules/
```

（9）【redis-server 主机】打开 Redis 配置文件添加模块配置：vi /usr/local/redis/conf/redis.conf。

```
loadmodule /usr/local/redis/modules/rejson.so
```

该配置可以直接写在 redis.conf 文件的底部，这样在 Redis 服务启动时就可以自动地加载模块，同时当前的 Redis 也可以直接使用 RedisJSON 提供的命令进行数据操作。

提示：动态加载 rejson.so 模块

此处在 redis.conf 配置文件中实现了 RedisJSON 模块的配置，如果读者觉得此种方式不方便，可以通过命令的方式动态加载。

- 方式一：Redis 进程启动的时候通过“--loadmodule rejson.so 路径”命令进行加载。
- 方式二：在 redis-cli 客户端通过“MODULE LOAD rejson.so 路径”命令加载。

虽然使用以上命令可以实现灵活的模块加载，但是考虑到实际开发的模块管理，以及服务的稳定性，本书建议读者还是基于 redis.conf 配置文件实现模块加载。

（10）【redis-server 主机】启动 Redis 进程。

```
/usr/local/redis/bin/redis-server /usr/local/redis/conf/redis.conf
```

（11）【redis-server 主机】通过 redis-cli 客户端工具连接 RediSearch 服务。

```
redis-cli -h redis-server -p 6379 -a yootk
```

（12）【redis-cli 客户端】查看全部模块。

```
MODULE LIST
```

程序执行结果

```
1) 1) "name"
   2) "ReJSON"
   3) "ver"
   4) (integer) 999999
   5) "path"
   6) "/usr/local/redis/modules/rejson.so"
   7) "args"
   8) (empty array)
```

此时的程序执行结果中已经出现了“ReJSON”模块名称，这样就表示当前的 Redis 进程已经允许进行 JSON 数据读写处理。需要注意的是，模块一旦安装就不要轻易卸载，因为在 Redis 启动时，如果发现数据类型没有正确的支持模块，那么将导致服务启动失败。

提示：RedisJSON 与同类组件的性能比较。

RedisJSON 实现了文档数据的读写操作，支持同样功能的还有 MongoDB 与 ElasticSearch，而通过官方的测试报告可知 RedisJSON 的性能要比这两个组件的更加出色。

在混合数据操作场景下，实时更新不会影响到 RedisJSON 的搜索和读取性能，但是 ElasticSearch（简称“ES”）会受到影响。同时 RedisJSON 支持的操作数量要比 MongoDB 高出约 50 倍，比 ES 高出约 7 倍，而在延迟测试中 RedisJSON 的延迟约为 MongoDB 的 1/90、ES 的 1/24。

> RedisJSON 读取、写入和负载搜索延迟在更高的百分位数中远比 ES 和 MongoDB 的稳定。当增加写入比例时，RedisJSON 还能处理越来越高的整体吞吐量；当写入比例增加时，ES 会降低它可以处理的整体吞吐量。

7.1.1　RedisJSON 命令

RedisJSON 命令

视频名称　0702_【理解】RedisJSON 命令

视频简介　RedisJSON 提供了专属的 JSON 操作命令。本视频通过官方文档讲解这些命令的作用，并结合 JSONPath 的配置，实现局部数据的查询以及更新操作。

RedisJSON 支持数字、字符串以及布尔数据类型的存储，当 Redis 整合了 RedisJSON 模块后，可以直接使用表 7-1 所示的命令进行 JSON 数据的处理。

表 7-1　RedisJSON 命令

序号	命令	描述
1	JSON.SET key path value [NX | XX]	设置 JSON 数据
2	JSON.GET key [INDENT indent] [NEWLINE newline] [SPACE space] [paths [paths ...]]	获取 JSON 数据，该命令包含如下可选配置项。 ① IDENT：设置嵌套结构的缩进。 ② NEWLINE：设置每行末尾的字符串。 ③ SPACE：设置 key 和 value 之间的字符串
3	JSON.MGET key [key ...] path	返回路径匹配的多个数据项
4	JSON.DEL key [path]	删除 JSON 数据
5	JSON.NUMINCRBY key path value	对指定的数字内容进行加法计算
6	JSON.NUMMULTBY key path value	对指定的数字内容进行乘法计算
7	JSON.STRAPPEND key [path] value	对指定的字符串实现内容追加操作
8	JSON.STRLEN key [path]	返回指定字符串的长度
9	JSON.ARRAPPEND key [path] value [value ...]	为指定的 JSON 数组添加新的元素
10	JSON.ARRINDEX key path value [start [stop]]	查找指定路径下第一个元素的出现位置
11	JSON.ARRINSERT key path index value [value ...]	在指定路径下的指定索引位置处追加元素
12	JSON.ARRLEN key [path]	查找指定路径下数组对象的元素个数
13	JSON.ARRPOP key [path [index]]	从指定路径的尾部弹出并删除数组元素
14	JSON.ARRTRIM key path start stop	修剪数组使其只包含指定范围内的元素
15	JSON.OBJKEYS key [path]	返回指定路径下所有 key
16	JSON.OBJLEN key [path]	返回指定路径下 key 的个数
17	JSON.TYPE key [path]	返回指定路径元素的类型
18	JSON.DEBUG MEMORY key [path]	返回指定路径元素的内存占用信息
19	JSON.FORGET key [path]	删除 JSON 数据，等价于 JSON.DEL 命令
20	JSON.RESP key [path]	使用 RESP 序列化 JSON 数据
21	JSON.CLEAR key [path]	清除数据并将数值设置为 0
22	JSON.TOGGLE key path	切换指定路径中的布尔值

RedisJSON 命令支持普通数据和数组结构的存储，为便于标注模块命令，所有的操作命令统一由“JSON.”开头，下面通过几个简单的例子进行使用说明。

（1）【redis-cli 客户端】设置一组 JSON 数据，在数据追加时需要通过“$”定义 JSON 路径。

JSON.SET yootk:message $ '{"title": "muyan-yootk", "content": "www.yootk.com"}'	
程序执行结果	OK

（2）【redis-cli 客户端】获取指定 key 对应的 JSON 数据。

JSON.GET yootk:message	
程序执行结果	"{\"title\":\"muyan-yootk\",\"content\":\"www.yootk.com\"}"

（3）【redis-cli 客户端】获取元素中的全部 key。

JSON.OBJKEYS yootk:message	
程序执行结果	1) "title" 2) "content"

（4）【redis-cli 客户端】查看指定 key 中的元素类型。

JSON.TYPE yootk:message	
程序执行结果	"object"

（5）【redis-cli 客户端】使用 RESP 序列化 JSON 数据。

JSON.RESP yootk:message	
程序执行结果	1) { 2) "title" 3) "muyan-yootk" 4) "content" 5) "www.yootk.com"

以上实现了 JSON 数据的基本操作，但是要想实现数据的查询以及更新操作，就需要通过 JSONPath 进行标记，这些路径的标记如表 7-2 所示，下面介绍具体的使用。

表 7-2　JSONPath 标记

序号	元素匹配标记	描述
1	$	选择根路径（最外层的 JSON 元素）
2	. or []	选择子元素
3	..	JSON 文档递归处理
4	*	通配符，表示返回所有元素
5	[]	定义数组元素的访问下标
6	[,]	并集计算，同时选择多个元素
7	[start:end:step]	数组切片
8	?()	过滤 JSON 对象或数组，支持比较运算符（==、!=、<、<=、>、>=、=~）、逻辑运算符（&&、||）和括号运算符
9	()	定义脚本表达式
10	@	在过滤器或脚本表达式中用于表示当前元素的标记

（6）【redis-cli 客户端】设置一组 JSON 数据。

```
JSON.SET yootk:books $ '{"books": [{"id": 1, "name": "Java Programming", "price": 7980, "status": true, "author": {"company": "muyan-yootk", "teacher": "lixinghua"}, "item": ["JavaBase", "Object Oriented", "Thread"]}, {"id": 2, "name": "Spring Boot", "price": 7980, "status": true, "author": {"company": "muyan-yootk", "teacher": "mayuntao"}, "item": ["Gradle", "Lombok", "RSocket", "WebService"]},{"id": 3, "name": "Spring Cloud", "price": 9980, "status": true, "author": {"company": "muyan-yootk", "teacher": "wangyueqing"}, "item": ["RESTful", "Nacos", "Sentinel", "RocketMQ"]}]}'
```

本次使用数组定义了要存储的多本图书数据，每组图书数据包括编号（id）、名称（name）、价格（price）、出版状态（status）、作者（author），以及技术项（item），author 由公司（company）和教师（teacher）两个子标记组成。图书数据组成结构如图 7-4 所示。由于该数据为最外层定义，因此使用“$”进行根路径标记。

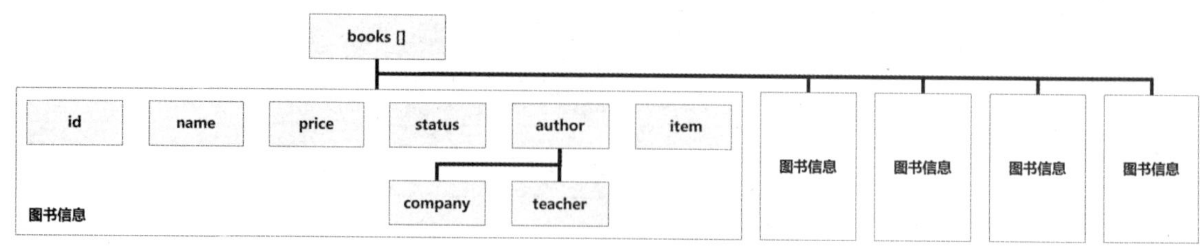

图 7-4　图书数据组成结构

（7）【redis-cli 客户端】获取 JSON 中的所有 name 数据项信息。

JSON.GET yootk:books $..name	
程序执行结果	"[\"Java Programming\",\"SpringBoot\",\"SpringCloud\"]"

（8）【redis-cli 客户端】获取 JSON 中的 teacher 数据项信息。

路径匹配一	JSON.GET yootk:books $.books[*].author.teacher
路径匹配二	JSON.GET yootk:books $..teacher
程序执行结果	"[\"lixinghua\",\"mayuntao\",\"wangyueqing\"]"

（9）【redis-cli 客户端】查询图书价格大于 80 元（需要转换货币单位为分）的数据，此时需要逐个判断数据，所以使用“@.属性”的形式标记要使用的属性名称，并进行判断条件的编写。

JSON.GET yootk:books $..books[?(@.price>8000)]	
程序执行结果	"[{\"id\":3,\"name\":\"Spring Cloud\",\"price\":9980,\"status\":true,\"author\":{\"company\":\"muyan-yootk\",\"teacher\":\"wangyueqing\"},\"item\":[\"RESTful\",\"Nacos\",\"Sentinel\",\"RocketMQ\"]}]"

（10）【redis-cli 客户端】在每一本图书的 item 数组中追加“IDEA”信息。

JSON.ARRAPPEND yootk:books $..books[*].item '"IDEA"'	
程序执行结果	1) (integer) 4 2) (integer) 5 3) (integer) 5

7.1.2　Spring Boot 整合 RedisJSON

Spring Boot 整合 RedisJSON

视频名称　0703_【掌握】Spring Boot 整合 RedisJSON

视频简介　实际开发中的 JSON 数据一般是通过程序生成的。本视频基于 Spring Boot 框架实现对象与 JSON 转换操作，并基于 RedisTemplate 实现 JSON 数据的写入与读取处理。

Redis 中的缓存数据一般需要结合具体的业务逻辑来进行读写处理，当 RedisJSON 出现之后，可以将传统关系数据库中的数据处理后以 JSON 的形式保存在 Redis 数据库中。这样在进行数据读取时，就可以直接根据 JSONPath 的定位进行所需数据的加载，从而实现更加丰富的数据缓存操作。数据缓存操作形式如图 7-5 所示。

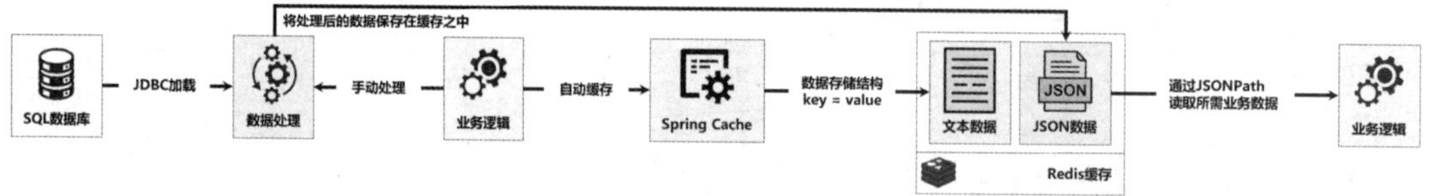

图 7-5　数据缓存操作形式

RedisJSON 作为 Redis 扩展模块，本身无法直接与 Spring Cache 缓存服务进行整合，同时 Spring Data Redis 没有提供与之相关的操作结构。这就需要开发者通过 RedisConnection 手动执行相关的操作命令，为便于读者理解其完整的应用，此处基于 Spring Boot 框架实现 JSON 数据的读写操作，具体实现步骤如下。

（1）【redis 项目】创建一个新的“json”子模块，用于实现 RedisJSON 代码的开发。

（2）【redis 项目】修改 build.gradle 配置文件，为 json 子模块添加所需依赖。

```
project(":json") {
   dependencies {                                              // 根据需求进行依赖配置
      implementation('org.springframework.boot:spring-boot-starter-web:3.0.0')
      testImplementation('org.springframework.boot:spring-boot-starter-test:3.0.0')
      compileOnly('org.projectlombok:lombok:1.18.24')          // lombok组件
      annotationProcessor 'org.projectlombok:lombok:1.18.24'   // 注解处理支持
      implementation('org.springframework.boot:spring-boot-starter-data-redis:3.0.0')
   }
}
```

（3）【json 子模块】在 application.yml 配置文件中定义 Redis 连接信息。

（4）【json 子模块】此处基于 Jackson 依赖库生成 JSON，首先创建一个 VO 类用于保存每个数据对象。

```
package com.yootk.vo;
@Data                                                     // 生成Getter和Setter方法
@NoArgsConstructor                                        // 生成无参构造
@AllArgsConstructor                                       // 生成全参构造
public class Book {
   private Long id;                                       // 图书编号
   private String name;                                   // 图书名称
   private Integer price;                                 // 图书价格（单位：分）
   private String author;                                 // 图书作者
}
```

（5）【json 子模块】创建 Spring Boot 程序启动类。

```
package com.yootk;
@SpringBootApplication
public class StartRedisJSONApplication {
   public static void main(String[] args) {
      SpringApplication.run(StartRedisJSONApplication.class, args); // 程序启动
   }
}
```

（6）【json 子模块】创建测试类存储 JSON 数据。

```
package com.yootk.test;
@SpringBootTest(classes = StartRedisJSONApplication.class)
@ExtendWith(SpringExtension.class)
@WebAppConfiguration
public class TestRedisJSON {
   private static final Logger LOGGER = LoggerFactory.getLogger(TestRedisJSON.class);
   @Autowired
   private StringRedisTemplate stringRedisTemplate;            // Redis操作模板
   @Autowired
   private ObjectMapper objectMapper;                          // Jackson序列化
   @Test
   public void testJSONSet() {
      List<Book> all = new ArrayList<>();                      // 数据存储集合
      all.add(new Book(1L, "Java程序设计开发实战",7980, "李兴华"));
      all.add(new Book(2L, "Spring Boot开发实战",7980, "李兴华"));
      all.add(new Book(3L, "Spring Cloud开发实战",9980, "李兴华"));
      this.stringRedisTemplate.execute(new RedisCallback<Object>() {
         @Override
         public Object doInRedis(RedisConnection connection)
               throws DataAccessException {
            try {
               connection.execute("JSON.SET", "books".getBytes(), "$".getBytes(),
                     objectMapper.writeValueAsBytes(all));
            } catch (JsonProcessingException e) {}
            return null;
         }
      });
   }
}
```

（7）【json 子模块】查询全部图书名称。

```
@Test
public void testJSONGet() {
```

```
    List<String> result = this.stringRedisTemplate.execute(
            new RedisCallback<List<String>>() {
        @Override
        public List<String> doInRedis(RedisConnection connection)
                throws DataAccessException {
            byte data [] = (byte[]) connection.execute("JSON.GET",
                    "books".getBytes(), "$..name".getBytes());
            String result = new String(data);                // 接收返回结果
            LOGGER.info("【JSON.GET查询结果】字符串数据：{}", result);
            List<String> names = new ArrayList<>();          // 保存结果信息
            for (String str : result.split(",")) {           // 数据拆分
                names.add(str.replaceAll("\\[|\\\"", ""));
            }
            return names;
        }
    });
    LOGGER.info("【图书名称】{}", result);
}
```

程序执行结果	【JSON.GET查询结果】字符串数据：["Java程序设计开发实战","Spring Boot开发实战","Spring Cloud开发实战"] 【图书名称】[Java程序设计开发实战, Spring Boot开发实战, Spring Cloud开发实战]]

此时的程序通过 JSONPath 可以直接进行 RedisJSON 数据的检索，而随着业务的不同以及存储数据结构的不同，只需要修改 JSONPath 的定义即可实现所需内容的查询，整体的实现较为简单。

7.2　RediSearch

RediSearch 简介

视频名称　0704_【掌握】RediSearch 简介

视频简介　RediSearch 是专门的检索功能模块，可以实现比 ES 更高性能的数据检索支持。本视频分析该组件的主要特点与存储结构，并依据源代码方式实现模块配置。

RediSearch 是由 Redis Labs 团队开发的高性能全文搜索引擎模块，可以直接与 Redis 已有服务进行整合，十分适用于运行在内存和存储空间有限且数据量不是很大的业务场景之中。在 RediSearch 2.x 之后它不再使用基于 RDB 基础数据结构，而是采用一种全新的文件存储结构实现数据索引，性能也得到了成倍的提升。RediSearch 的主要特点：多字段联合检索、高性能增量索引、提前指定索引文档中的可排序字段、复杂的布尔查询、基于管道的查询子句、基于前缀的数据检索、支持字段权重设置、自动完成建议、精确的短语搜索、基于词干分析的查询扩展、支持自定义评分函数、搜索字段限制、数字过滤器和范围、支持 Redis 地理数据实现过滤、Unicode 支持（需要 UTF-8 字符集）、检索完整的文档内容或只进行 ID 检索、支持文档删除和更新与索引垃圾收集、支持部分更新和条件更新、支持拼写纠错、支持高亮显示、支持聚合分析、支持配置停用词和同义词、支持向量存储与 KNN（K-Nearest Neighbor，k 近邻）查询等。

> **提示：RediSearch 与同类组件的性能比较。**
>
> 在 NoSQL 系统中实现数据文档存储、检索以及分析的 NoSQL 数据库主要有 MongoDB 与 ES 两种。在 RediSearch 推出时，官方做过这 3 类组件的性能比较。在隔离写入时，RedisJSON 比 MongoDB 快 5 倍，比 ES 快 200 倍；而在读取隔离数据时，RediSearch 比 MongoDB 快 12 倍，比 ES 快 500 倍以上。

RediSearch 提供 Docker 部署和源代码手动部署两种形式，考虑到与已有 Redis 服务的整合，此处基于源代码编译的模式进行模块的安装，具体的配置步骤如下。

（1）【redis-server 主机】进入源代码目录：cd /mnt/src/。

（2）【redis-server 主机】通过 GitHub 获取 RediSearch 源代码，需要注意的是，此时的代码克

隆需要追加“--recursive”参数，以同步下载全部子项目的代码。

```
git clone --recursive https://github.com/RediSearch/RediSearch.git
```

（3）【redis-server 主机】进入 RediSearch 源代码目录：cd /mnt/src/RediSearch。

（4）【redis-server 主机】安装程序所需依赖：make setup。

（5）【redis-server 主机】项目构建：make build。

> **提示：使用“make run”可以直接启动 Redis 进程。**
>
> RediSearch 编译完成后，本身就是一个可以独立运行的 Redis 组件，开发者直接在源代码目录中输入“make run”即可采用前台的方式启动 Redis 服务。但是由于该服务没有进行配置，并且使用了保护模式，因此未授权的用户将无法进行任何的数据操作。

（6）【redis-server 主机】将编译完成的 redisearch.so 模块复制到 Redis 模块目录之中。

```
cp /mnt/src/RediSearch/bin/linux-x64-release/search/redisearch.so /usr/local/redis/modules/
```

（7）【redis-server 主机】打开 redis.conf 配置文件，加载 RediSearch 模块：vi /usr/local/redis/conf/redis.conf。

```
loadmodule /usr/local/redis/modules/redisearch.so
```

（8）【redis-server 主机】启动 Redis 进程。

```
/usr/local/redis/bin/redis-server /usr/local/redis/conf/redis.conf
```

（9）【redis-server 主机】通过 redis-cli 客户端工具连接 RediSearch 服务。

```
redis-cli -h redis-server -p 6379 -a yootk
```

（10）【redis-cli 客户端】查看全部模块。

<table>
<tr><td colspan="3">MODULE LIST</td></tr>
<tr><td>程序执行结果</td><td><pre>1) 1) "name"
   2) "ReJSON"
   3) "ver"
   4) (integer) 999999
   5) "path"
   6)
"/usr/local/redis/modules/rejson.so"
   7) "args"
   8) (empty array)</pre></td><td><pre>2) 1) "name"
   2) "search"
   3) "ver"
   4) (integer) 999999
   5) "path"
   6)
"/usr/local/redis/modules/redisearch.so"
   7) "args"
   8) (empty array)</pre></td></tr>
</table>

此时的 Redis 提供 RedisJSON 和 RediSearch 两个模块，按照 Redis Stack 的设计，这两个模块可以结合在一起使用，随着 Redis Stack 的深入，也会有更多的模块被整合到 Redis 之中。

7.2.1 RediSearch 命令

RediSearch 命令

视频名称 0705_【理解】RediSearch 命令

视频简介 RediSearch 模块内置了大量的服务命令。本视频分析 RediSearch 索引和数据的关联处理，同时基于索引操作命令实现索引数据的查询操作。

在使用 RediSearch 时首先需要创建索引，随后依据所创建索引的形式进行数据的填充。为了进一步简化索引数据的管理，RediSearch 直接使用已有的 Hash 数据进行索引数据的配置，这样不仅简化了其内部的设计结构，同时便于用户维护数据。RediSearch 设计结构如图 7-6 所示。

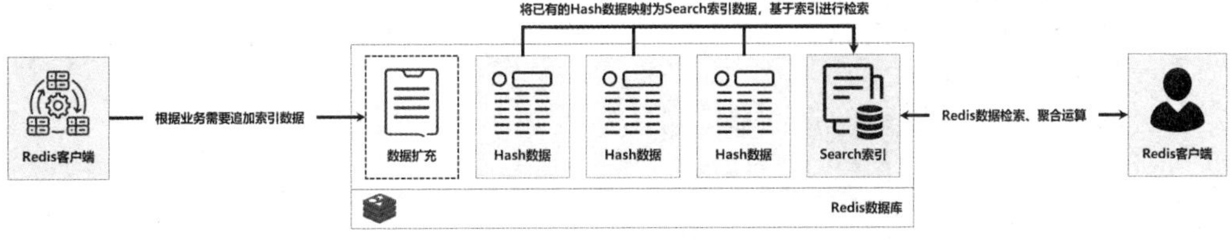

图 7-6　RediSearch 设计结构

RediSearch 模块整合到 Redis 主服务中之后，就可以使用表 7-3 所示的操作命令实现索引的创建与维护操作。这些命令统一使用“FT.”进行前缀标记，同时包含多项配置项，可以通过 Redis 官方网站获取更加详细的配置项内容。

表 7-3 RediSearch 操作命令

序号	操作命令	描述
1	FT.CREATE 索引名称 [ON HASH | JSON] [PREFIX count prefix [prefix ...]] [FILTER {filter}] [LANGUAGE default_lang] [LANGUAGE_FIELD lang_attribute] [SCORE default_score] [SCORE_FIELD score_attribute] [PAYLOAD_FIELD payload_attribute] [MAXTEXTFIELDS] [TEMPORARY seconds] [NOOFFSETS] [NOHL] [NOFIELDS] [NOFREQS] [STOPWORDS count [stopword ...]] [SKIPINITIALSCAN] SCHEMA field_name [AS alias] TEXT | TAG | NUMERIC | GEO | VECTOR [SORTABLE [UNF]] [NOINDEX] [field_name [AS alias] TEXT | TAG | NUMERIC | GEO | VECTOR [SORTABLE [UNF]] [NOINDEX] ...]	创建 RediSearch 索引，该命令包含如下配置项。 ① ON：配置索引类型，默认为 HASH 存储。 ② PREFIX：配置索引前缀标记，默认为“*”。 ③ FILTER：设置筛选器表达式。 ④ LANGUAGE：定义创建索引文档语言，默认为英语。 ⑤ LANGUAGE_FIELD：定义指定成员的语言。 ⑥ SCORE：定义索引文档分数。 ⑦ SCORE_FIELD：定义指定成员的分数。 ⑧ PAYLOAD_FIELD：定义有效的二进制载荷数据。 ⑨ MAXTEXTFIELDS：文本数据存储 32 字节以上和以下的编码方式不同，数据超过 32 字节时，应该启用该配置项以提高索引效率。 ⑩ TEMPORARY：创建临时索引，在指定时间后过期。 ⑪ NOOFFSETS：不存储文档术语偏移量。 ⑫ NOHL：不启用高亮标记（“<b>”）。 ⑬ NOFIELDS：禁用成员属性过滤。 ⑭ NOFREQS：不保存术语频率，以节省内存。 ⑮ STOPWORDS：设置索引时忽略的一组词。 ⑯ SKIPINITIALSCAN：不扫描索引。 ⑰ SCHEMA：设置成员名称以及数据类型。 ⑱ NOINDEX：配置不进行索引的字段。 ⑲ SORTABLE：配置是否进行数据排序
2	FT.AGGREGATE index query [VERBATIM] [LOAD count field [field ...]] [TIMEOUT timeout] [LOAD *] [GROUPBY nargs property [property ...] [REDUCE function nargs arg [arg ...] [AS name] [REDUCE function nargs arg [arg ...] [AS name] ...]] [GROUPBY nargs property [property ...] [REDUCE function nargs arg [arg ...] [AS name] [REDUCE function nargs arg [arg ...] [AS name] ...]] ...]] [SORTBY nargs [property ASC | DESC [property ASC | DESC ...]] [MAX num]] [APPLY expression AS name [APPLY expression AS name ...]] [LIMIT offset num] [FILTER filter] [WITHCURSOR [COUNT read_size] [MAXIDLE idle_time]] [PARAMS nargs name value [name value ...]] [DIALECT dialect]	索引数据聚合统计处理，配置项作用如下。 ①VERBATIM：采用逐字搜索查询。 ② LOAD：要读取的文档属性名称。 ③ TIMEOUT：数据读取超时时间。 ④ GROUPBY：实现数据分组。 ⑤ REDUCE：定义分组数据处理函数。 ⑥ SORTBY：定义数据排序。 ⑦ APPLY：对结果进行一对一转换。 ⑧ LIMIT：限制查询结果的返回数量。 ⑨ FILTER：查询结果过滤。 ⑩ WITHCURSOR：扫描部分数据，比 LIMIT 性能好。 ⑪ DIALECT：定义查询方言版本

续表

序号	操作命令	描述
3	FT.SEARCH index query [NOCONTENT] [VERBATIM] [NOSTOPWORDS] [WITHSCORES] [WITHPAYLOADS] [WITHSORTKEYS] [FILTER numeric_field min max [FILTER numeric_field min max ...]] [GEOFILTER geo_field lon lat radius m | km | mi | ft [GEOFILTER geo_field lon lat radius m | km | mi | ft ...]] [INKEYS count key [key ...]] [INFIELDS count field [field ...]] [RETURN count identifier [AS property] [identifier [AS property] ...]] [SUMMARIZE [FIELDS count field [field ...]] [FRAGS num] [LEN fragsize] [SEPARATOR separator]] [HIGHLIGHT [FIELDS count field [field ...]] [TAGS open close]] [SLOP slop] [TIMEOUT timeout] [INORDER] [LANGUAGE language] [EXPANDER expander] [SCORER scorer] [EXPLAINSCORE] [PAYLOAD payload] [SORTBY sortby [ASC | DESC]] [LIMIT offset num] [PARAMS nargs name value [name value ...]] [DIALECT dialect]	根据索引查询数据，该命令包含如下配置项。 ① NOCONTENT：只返回文档 ID（不包含内容）。 ② VERBATIM：采用逐字搜索查询术语。 ③ NOSTOPWORDS：不跳过索引创建时的忽略词组。 ④ WITHSCORES：返回每个文档的分数。 ⑤ WITHPAYLOADS：检索可选文档的有效载荷。 ⑥ WITHSORTKEYS：根据 key 进行排序。 ⑦ FILTER：过滤指定范围的数据项。 ⑧ GEOFILTER：过滤 GEO 数据。 ⑨ INKEYS：只返回给定键值列表的数据。 ⑩ INFIELDS：仅对特定的属性列表进行过滤。 ⑪ RETURN：限制文档的返回属性。 ⑫ SUMMARIZE：仅返回属性中包含匹配文本的部分。 ⑬ HIGHLIGHT：设置匹配文本的高亮显示。 ⑭ SLOP：设置术语项之间最大的 N 个不匹配偏移量。 ⑮ TIMEOUT：查询超时。 ⑯ INORDER：按照顺序保存术语项。 ⑰ LANGUAGE：定义查询语言。 ⑱ EXPANDER：自定义查询扩展器。 ⑲ SCORER：使用自定义评分函数。 ⑳ EXPLAINSCORE：返回分数的计算描述信息。 ㉑ PAYLOAD：添加二进制有效数据载荷。 ㉒ SORTBY：结果排序。 ㉓ LIMIT：定义查询结果返回数量。 ㉔ PARAMS：定义查询参数的名称和内容。 ㉕ DIALECT：定义查询方言版本
4	FT._LIST	返回已经存在的索引列表
5	FT.ALIASADD alias index	为索引追加别名
6	FT.ALIASDEL alias	移除索引别名
7	FT.ALIASUPDATE alias index	为索引添加别名，如果别名已存在则自动清除已有关联
8	FT.ALTER {index} [SKIPINITIALSCAN] SCHEMA ADD {attribute} {options} ...	向已存在的索引中添加新属性
9	FT.CONFIG SET option value	定义配置项
10	FT.CONFIG GET option	获取指定配置项
11	FT.CURSOR DEL index cursor_id	删除光标
12	FT.CURSOR READ index cursor_id [COUNT read_size]	通过已存在光标读取下一条数据
13	FT.DICTADD dict term [term ...]	向字典中添加术语
14	FT.DICTDEL dict term [term ...]	删除字典中的术语
15	FT.DICTDUMP dict	抛弃字典中的全部术语
16	FT.DROPINDEX index [DD]	删除索引
17	FT.EXPLAIN index query [DIALECT dialect]	返回查询的执行分析

续表

序号	操作命令	描述
18	FT.EXPLAINCLI index query [DIALECT dialect]	返回格式化查询结果的执行分析
19	FT.INFO index	返回指定索引信息
20	FT.PROFILE index SEARCH | AGGREGATE [LIMITED] QUERY query	执行 FT.SEARCH 或 FT.AGGREGATE 命令并返回性能信息
21	FT.SPELLCHECK index query [DISTANCE distance] [TERMS INCLUDE | EXCLUDE dictionary [terms [terms ...]]] [DIALECT dialect]	对查询结果进行拼写更正，包含如下配置项。 ① DISTANCE：拼写建议差别，默认为 1，最大为 4。 ② TERMS：指定包含或排除的字典术语。 ③ DIALECT：定义查询方言版本
22	FT.SUGADD key string score [INCR] [PAYLOAD payload]	添加自动补全信息
23	FT.SUGDEL key string	删除自动补全信息
24	FT.SUGGET key prefix [FUZZY] [WITHSCORES] [WITHPAYLOADS] [MAX max]	获取前缀的补全建议，包含如下配置项。 ① FUZZY：执行模糊前缀搜索。 ② WITHSCORES：返回每个建议的分数。 ③ WITHPAYLOADS：返回补全建议的有效载荷。 ④ MAX：限制返回结果的最大值
25	FT.SUGLEN key	获取自动补全字典的长度
26	FT.SYNDUMP index	丢弃同义词组的内容
27	FT.SYNUPDATE index synonym_group_id [SKIPINITIALSCAN] term [term ...]	更新同义词组，SKIPINITIALSCAN 表示不扫描索引
28	FT.TAGVALS index field_name	返回指定字段索引中的不同数据

RediSearch 索引在创建时，如果要使用 Hash 数据进行关联，则需要明确地设计出匹配 key 的前缀。在用户进行数据检索时，主要针对索引进行操作，下面通过几个具体的案例进行说明。

（1）【redis-cli 客户端】创建数据索引，采用 Hash 数据存储，并且只定义一个 key 匹配前缀，名称为 muyan:book:。

```
FT.CREATE yootk:book:index ON HASH PREFIX 1 muyan:book: LANGUAGE english SCHEMA name TEXT WEIGHT
5.0 author TEXT price NUMERIC
```

程序执行结果

```
OK
```

（2）【redis-cli 客户端】为 bookIndex 索引添加数据，利用 HSET 命令进行数据设置，在定义数据 key 时需要注意名称的前缀必须为 muyan:book:，数据成员的组成也尽量按照 bookIndex 索引的结构进行配置。

```
HSET muyan:book:1 name "Java Programming" author "lixinghua" price 7980
HSET muyan:book:2 name "Java Advanced" author "lixinghua" price 8980
HSET muyan:book:3 name "Java Web" author "lixinghua" price 8980
HSET muyan:book:4 name "Spring Boot" author "mayuntao" price 7980
HSET muyan:book:5 name "Spring Cloud" author "wangyueqing" price 9980
```

程序执行结果

```
(integer) 3
```

（3）【redis-cli 客户端】查询 RediSearch 索引，匹配包含 spring 关键字的数据。

```
FT.SEARCH yootk:book:index "spring" LIMIT 0 10
```

程序执行结果

```
1) (integer) 2
2) "muyan:book:4"
3) 1) "name"
   2) "Spring Boot"
   3) "author"
   4) "mayuntao"
   5) "price"
   6) "7980"
4) "muyan:book:5"
5) 1) "name"
   2) "Spring Cloud"
   3) "author"
   4) "wangyueqing"
   5) "price"
   6) "9980"
```

此时的 Redis 服务已经成功地实现了索引数据的创建以及数据查询的处理，在进行数据检索时，将依据输入内容的名称进行模糊匹配，同时可以通过 LIMIT 限定数据返回行数。

（4）【redis-cli 客户端】查询图书价格大于 9000（单位：分）的图书信息，使用+inf 表示到正无穷大。

```
FT.SEARCH yootk:book:index "@price:[9000 +inf]"
```

程序执行结果

```
1) (integer) 1
2) "muyan:book:5"
3) 1) "name"
   2) "Spring Cloud"
   3) "author"
   4) "wangyueqing"
   5) "price"
   6) "9980"
```

RediSearch 保存数据的主要目的是进行数据查询，查询往往需要结合大量的条件，因此 RediSearch 提供了与 SQL 类似的查询语法标记，如表 7-4 所示。

表 7-4　SQL 查询与 RediSearch 查询对等

序号	SQL 条件	RediSearch 对等定义
1	WHERE x='muyan' AND y='yootk'	@x:muyan @y:yootk
2	WHERE x='muyan' AND y!='yootk'	@x:muyan -@y:yootk
3	WHERE x='muyan' OR y='yootk'	(@x:muyan)|(@y:yootk)
4	WHERE x IN ('muyan', 'yootk','hello world')	@x:(muyan|yootk|"hello world")
5	WHERE y='muyan' AND x NOT IN ('muyan','yootk')	@y:muyan (-@x:muyan) (-@x:yootk)
6	WHERE x NOT IN ('muyan','yootk')	-@x:(muyan|yootk)
7	WHERE num BETWEEN 10 AND 20	@num:[10 20]
8	WHERE num >= 10	@num:[10 +inf]
9	WHERE num > 10	@num:[(10 +inf]
10	WHERE num < 10	@num:[-inf (10]
11	WHERE num <= 10	@num:[-inf 10]
12	WHERE num < 10 OR num > 20	@num:[-inf (10] | @num:[(20 +inf]
13	WHERE name LIKE 'Li%'	@name:Li*

（5）【redis-cli 客户端】对索引进行分组计算，统计每个作者所出版的图书数量和图书总价。

```
FT.AGGREGATE yootk:book:index * GROUPBY 1 @author REDUCE COUNT 0 AS count REDUCE SUM 1 price AS sum
```

程序执行结果

```
1) (integer) 3
2) 1) "author"
   2) "mayuntao"
   3) "count"
   4) "1"
   5) "sum"
   6) "7980"
3) 1) "author"
   2) "lixinghua"
   3) "count"
   4) "3"
   5) "sum"
   6) "25940"
4) 1) "author"
   2) "wangyueqing"
   3) "count"
   4) "1"
   5) "sum"
   6) "9980"
```

除了基本的查询操作之外，RediSearch 还提供了自动补全的支持。但是在进行自动补全之前，首先需要开发者定义相关的补全信息，才可以根据关键字进行匹配。

（6）【redis-cli 客户端】添加补全建议。

```
FT.SUGADD yootk:book:sug "Java Programming" 3
FT.SUGADD yootk:book:sug "Java Advanced" 2
FT.SUGADD yootk:book:sug "Java Web" 1
FT.SUGADD yootk:book:sug "Spring Boot" 1
FT.SUGADD yootk:book:sug "Spring Cloud" 1
```

（7）【redis-cli 客户端】输入关键字检索补全建议，此时会根据分数降序排列。

FT.SUGGET yootk:book:sug "java" WITHSCORES	
程序执行结果	1) "Java Programming" 2) "0.83205032348632812" 3) "Java Advanced" 4) "0.63245552778244019" 5) "Java Web" 6) "0.44721359014511108"

7.2.2　RediSearch 整合 RedisJSON

RediSearch 整合 RedisJSON

视频名称　0706_【掌握】RediSearch 整合 RedisJSON

视频简介　RedisJSON 提供了比 Hash 数据更加优秀的存储支持，所以在 RediSearch 中可以直接利用 JSON 定义结构。本视频通过实例分析这两个模块之间的整合操作。

在实际项目开发中，JSON 结构的使用范围更加广泛，并且在 RedisJSON 中可以结合 JSONPath 实现指定数据的获取，这样就可以方便地与 RediSearch 的索引字段进行有效的匹配，如图 7-7 所示。

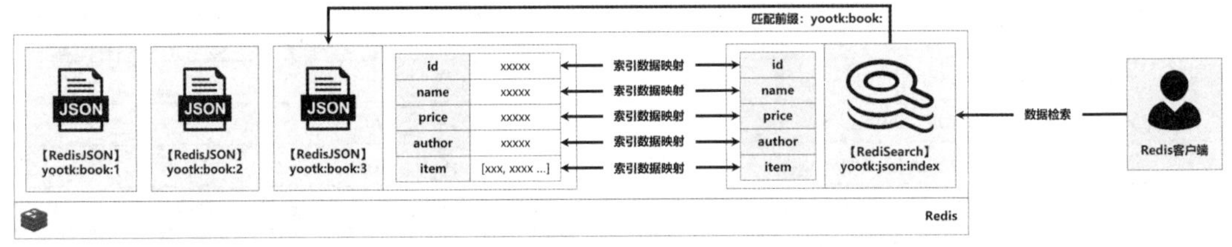

图 7-7　RediSearch 整合 RedisJSON

RediSearch 与 RedisJSON 两者都具有较高的处理性能，这样两者结合后就可以轻松地应付高并发查询与修改操作，下面通过几个具体的案例进行使用说明。

（1）【redis-cli 客户端】创建一些 JSON 数据。

```
JSON.SET yootk:book:1 $ '{"id": 1, "name": "Java Programming", "price": 7980, "author": "lixinghua", "item": ["JavaBase", "Object Oriented", "Thread"]}'
JSON.SET yootk:book:2 $ '{"id": 2, "name": "Java Advanced", "price": 8980, "author": "mayuntao", "item": ["Java API", "JavaIO", "Collection", "J.U.C", "JVM", "JDBC"]}'
JSON.SET yootk:book:3 $ '{"id": 3, "name": "Java Web", "price": 8980, "author": "lixinghua", "item": ["JSP", "Servlet", "MVC", "Ajax", "JSON", "XML", "HTTPS"]}'
JSON.SET yootk:book:4 $ '{"id": 4, "name": "Spring Boot", "price": 7980, "author": "wangyueqing", "item": ["Gradle", "Lombok", "RSocket", "WebService"]}'
JSON.SET yootk:book:5 $ '{"id": 5, "name": "Spring Cloud", "price": 9980, "author": "lixinghua", "item": ["RESTful", "Nacos", "Sentinel", "RocketMQ", "Cluster"]}'
```

（2）【redis-cli 客户端】对已经存在的图书信息建立索引，此时会将 JSON 中的数组转换为文本形式。

FT.CREATE yootk:json:index ON JSON PREFIX 1 "yootk:book:" LANGUAGE english SCHEMA $.id AS id NUMERIC $.name AS name TEXT $.price AS price NUMERIC SORTABLE $.author AS author TAG $.item AS item TEXT	
程序执行结果	OK

（3）【redis-cli 客户端】以图书价格降序返回部分数据。

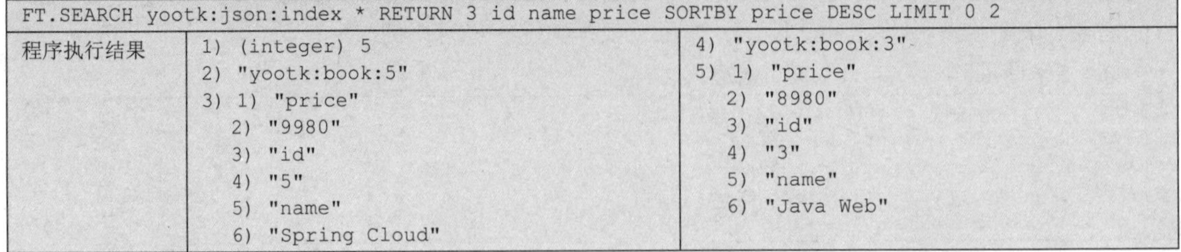

FT.SEARCH yootk:json:index * RETURN 3 id name price SORTBY price DESC LIMIT 0 2		
程序执行结果	1) (integer) 5 2) "yootk:book:5" 3) 1) "price" 　2) "9980" 　3) "id" 　4) "5" 　5) "name" 　6) "Spring Cloud"	4) "yootk:book:3" 5) 1) "price" 　2) "8980" 　3) "id" 　4) "3" 　5) "name" 　6) "Java Web"

（4）【redis-cli 客户端】查询图书价格范围为 7000～8000（单位：分）的数据。

```
FT.SEARCH yootk:json:index '@price:[7000 8000]' RETURN 2 name price
```

程序执行结果

```
1) (integer) 2
2) "yootk:book:1"
3) 1) "name"
   2) "Java Programming"
   3) "price"
   4) "7980"
4) "yootk:book:4"
5) 1) "name"
   2) "Spring Boot"
   3) "price"
   4) "7980"
```

（5）【redis-cli 客户端】查询指定作者出版的图书信息。

```
FT.SEARCH yootk:json:index '@author:{wangyueqing | mayuntao}' RETURN 2 name price
```

程序执行结果

```
1) (integer) 2
2) "yootk:book:4"
3) 1) "name"
   2) "Spring Boot"
   3) "price"
   4) "7980"
4) "yootk:book:2"
5) 1) "name"
   2) "Java Advanced"
   3) "price"
   4) "8980"
```

（6）【redis-cli 客户端】查询图书名称以 Java 开头的信息。

```
FT.SEARCH yootk:json:index '@name:java' RETURN 2 name price
```

程序执行结果

```
1) (integer) 3
2) "yootk:book:2"
3) 1) "name"
   2) "Java Advanced"
   3) "price"
   4) "8980"
4) "yootk:book:3"
5) 1) "name"
   2) "Java Web"
   3) "price"
   4) "8980"
6) "yootk:book:1"
7) 1) "name"
   2) "Java Programming"
   3) "price"
   4) "7980"
```

7.2.3 RediSearch 中文检索

RediSearch中文检索

视频名称 0707_【掌握】RediSearch 中文检索

视频简介 RediSearch 与 JSON 的组合，除了提供良好的可扩展的数据存储结构之外，也提供强大的处理性能。本视频基于 Spring Boot 开发框架，整合 spring-redisearch 依赖库，实现基于中文数据的检索操作。

RediSearch 主要用于数据的检索处理，在实际的项目中，所有的实际数据往往都会保存在关系数据库之中。这样就需要通过一定的业务逻辑将所需数据以 JSON 结构的形式存储到 Redis 数据库之中，从而实现高性能的检索操作，设计架构如图 7-8 所示。

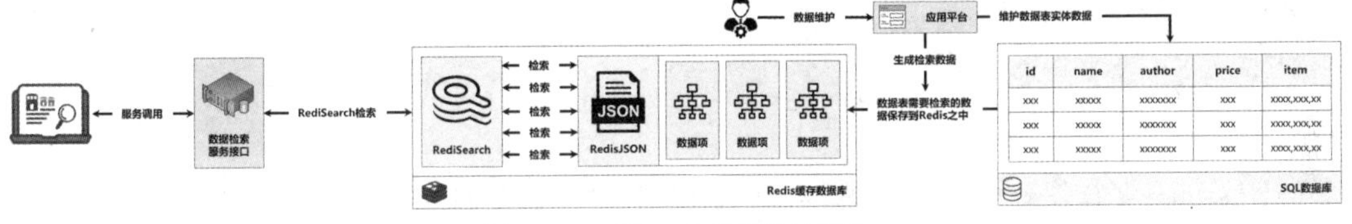

图 7-8　RediSearch 检索设计架构

在实际的数据搜索处理中，由于只进行了词条的模糊匹配，用户只需要输入要搜索数据的关键词即可，这样一来就需要在程序之中引入分词器，以实现数据的匹配操作。现在假设当前的数据为“Java 程序设计开发实战”，经过分词器的处理后数据就会变为“Java”“Java 程序”“程序”“程序设计”“设计”“设计开发”“开发”“开发实战”的词组形式，在进行结果匹配时，只要有匹配的数据项就表示该数据满足查询要求。

提示：Friso 为 RediSearch 内置分词器。

RediSearch 在设计时充分考虑了对中文的支持，所以当用户进行源代码编译时，可以获得 Friso 组件的支持。Friso 是基于 C 语言开发的一款开源高性能中文分词器，基于模块化设计和实现，可以很方便地植入各类程序之中，该组件为由蔡志浩提出的 MMseg（Maximum Matching Segment，最大匹配分词）中文分词算法的实现组件。

考虑到核心功能的设计需求，此处的程序将不再基于关系数据库实现数据管理，而是采用模拟的方式在 Redis 中保存一组 JSON 数据，随即通过程序创建索引与检索操作。下面介绍具体的实现步骤。

（1）【redis 项目】在项目中创建 search 子模块，随后修改 build.gradle 配置文件，添加项目所需依赖库。

```
project(":search") {
    dependencies {                                                   // 根据需求进行依赖配置
        implementation('org.springframework.boot:spring-boot-starter-web:3.0.0')
        testImplementation('org.springframework.boot:spring-boot-starter-test:3.0.0')
        compileOnly('org.projectlombok:lombok:1.18.24')              // lombok组件
        annotationProcessor 'org.projectlombok:lombok:1.18.24'       // 注解处理支持
        implementation('org.springframework.boot:spring-boot-starter-data-redis:3.0.0')
        implementation('com.redislabs:spring-redisearch:3.1.2')
        implementation('org.apache.commons:commons-pool2:2.11.1')
    }
}
```

本次的程序开发引入了 Redis Labs 提供的 spring-redisearch 开发组件，利用该组件可以直接使用面向对象的编程方式，实现 RediSearch 索引命令的调用。虽然该组件提供了与 Spring Boot 的整合，但是无法直接与 Spring Data Redis 一起使用，需要使用其内部提供的特定类和方法进行操作。

（2）【search 子模块】在 application.yml 配置文件中定义 Redis 连接信息，此时 spring-redisearch 组件与 Spring Data Redis 所需要的配置项定义结构相同。

（3）【search 子模块】创建描述图书信息的类，该类主要用于生成 JSON 数据。

```
package com.yootk.vo;
@Data                                                       // 生成Getter和Setter方法
@NoArgsConstructor                                          // 生成无参构造
@AllArgsConstructor                                         // 生成全参构造
public class Book {
    private Long id;                                        // 图书编号
    private String name;                                    // 图书名称
    private Integer price;                                  // 图书价格（单位：分）
    private String author;                                  // 图书作者
    private String[] item;                                  // 核心内容
}
```

（4）【search 子模块】创建 Spring Boot 应用启动类。

```
package com.yootk;
@SpringBootApplication
// spring-redisearch组件内置了自动装配类，如果此装配类不生效，则可以采用手动的方式配置扫描包
@ComponentScan({"com.yootk", "com.redislabs.springredisearch"})
public class StartRediSearchApplication {
    public static void main(String[] args) {
        SpringApplication.run(StartRediSearchApplication.class, args); // 程序启动
    }
}
```

（5）【search 子模块】创建测试类用于生成 JSON 数据，此时的操作基于 RedisTemplate 回调操作完成。

```
package com.yootk.test;
@SpringBootTest(classes = StartRediSearchApplication.class)
@ExtendWith(SpringExtension.class)
@WebAppConfiguration
public class TestCreateRediSearchData {
    private static final Logger LOGGER =
        LoggerFactory.getLogger(TestCreateRediSearchData.class);
    @Autowired
    private StringRedisTemplate redisTemplate;                      // Redis操作模板
    @Autowired
    private ObjectMapper objectMapper;                              // Jackson序列化
    @Test
    public void testCreateSearchData() {                            // 创建检索数据
        long ids[] = new long[]{1, 2, 3, 4, 5};                     // 图书编号集合
        String names[] = new String[]{"Java程序设计开发实战", "Java进阶开发实战",
                "JavaWeb开发实战", "Spring Boot开发实战",
                "Spring Cloud开发实战"};                              // 图书名称集合
        int prices[] = new int[]{7980, 8980, 8980, 7980, 9980};     // 图书价格集合
        String authors[] = new String[]{"李兴华", "马云涛", "李兴华",
```

```
            "王月清", "李兴华"};                                    // 图书作者集合
    String[][] items = new String[][]{
            new String[]{"Java基础", "Java面向对象", "Java多线程", "IDEA开发工具"},
            new String[]{"Java常用类库", "JavaIO编程", "Java类集框架",
                    "Java数据库编程", "J.U.C并发编程", "深入Java虚拟机"},
            new String[]{"JSP编程", "Servlet编程", "MVC设计模式", "Ajax异步交互",
                    "XML编程语言", "JSON数据传输", "HTTPS证书配置"},
            new String[]{"Gradle构建工具", "Lombok插件",
                    "RSocket编程", "WebService编程"},
            new String[]{"RESTful开发架构", "Nacos注册中心", "Sentinel限流防护",
                    "RocketMQ消息组件", "微服务集群架构"}};              // 图书内容集合
    for (int index = 0; index < ids.length; index++) {             // 循环创建数据
        Book book = new Book();                                    // 实例化VO对象
        book.setId(ids[index]);                                    // 设置图书编号
        book.setName(names[index]);                                // 设置图书名称
        book.setPrice(prices[index]);                              // 设置图书价格
        book.setAuthor(authors[index]);                            // 设置图书作者
        book.setItem(items[index]);                                // 设置图书内容项
        final long tempId = ids[index];                            // 便于内部类访问
        this.redisTemplate.execute(new RedisCallback<Object>() {
            @Override
            public Object doInRedis(RedisConnection connection)
                    throws DataAccessException {             // 保存JSON数据
                try {
                    connection.execute("JSON.SET",
                            ("yootk:search:book:" + tempId).getBytes(),
                            "$".getBytes(),
                            objectMapper.writeValueAsString(book).getBytes());
                } catch (JsonProcessingException e) {}
                return null;
            }
        });
    }
  }
}
```

（6）【redis-server 主机】此时的数据包含中文数据，Redis 客户端登录时需要使用--raw 参数才可以正确显示。

```
redis-cli -h redis-server -p 6379 -a yootk --raw
```

（7）【redis 客户端】查看当前 Redis 数据库中是否已经成功存储了所需要的数据项。

keys *	
程序执行结果	1) "yootk:search:book:2" 2) "yootk:search:book:5" 3) "yootk:search:book:4" 4) "yootk:search:book:3" 5) "yootk:search:book:1"

（8）【redis 客户端】查看当前 Redis 数据库里面的任意一条 JSON 记录。

JSON.GET yootk:search:book:2	
程序执行结果	{"id":2,"name":"Java进阶开发实战","price":8980,"author":"马云涛","item":["Java常用类库","JavaIO编程","Java类集框架","Java数据库编程","J.U.C并发编程","深入Java虚拟机"]}

（9）【search 子模块】创建图书索引。

```
package com.yootk.test;
@SpringBootTest(classes = StartRediSearchApplication.class)
@ExtendWith(SpringExtension.class)
@WebAppConfiguration
public class TestCreateRediSearchIndex {
    private static final Logger LOGGER =
            LoggerFactory.getLogger(TestCreateRediSearchIndex3.class);
    @Autowired
    private StringRedisTemplate redisTemplate;          // Redis操作模板
    @Test
    public void testCreateIndex() throws Exception {  // 创建索引
        this.redisTemplate.execute(new RedisCallback<Object>() {
            @Override
            public Object doInRedis(RedisConnection connection)
                    throws DataAccessException {
```

```
            return connection.execute("FT.CREATE",
                    "yootk:search:book:index".getBytes(Charset.forName("UTF-8")),
                    "ON".getBytes(Charset.forName("UTF-8")),
                    "JSON".getBytes(Charset.forName("UTF-8")),
                    "PREFIX".getBytes(Charset.forName("UTF-8")),
                    "1".getBytes(Charset.forName("UTF-8")),
                    "yootk:search:book:".getBytes(Charset.forName("UTF-8")),
                    "LANGUAGE".getBytes(Charset.forName("UTF-8")),
                    "chinese".getBytes(Charset.forName("UTF-8")),
                    "SCHEMA".getBytes(Charset.forName("UTF-8")),
                    "$.id".getBytes(Charset.forName("UTF-8")),
                    "AS".getBytes(Charset.forName("UTF-8")),
                    "id".getBytes(Charset.forName("UTF-8")),
                    "NUMERIC".getBytes(Charset.forName("UTF-8")),
                    "$.name".getBytes(Charset.forName("UTF-8")),
                    "AS".getBytes(Charset.forName("UTF-8")),
                    "name".getBytes(Charset.forName("UTF-8")),
                    "TEXT".getBytes(Charset.forName("UTF-8")),
                    "$.price".getBytes(Charset.forName("UTF-8")),
                    "AS".getBytes(Charset.forName("UTF-8")),
                    "price".getBytes(Charset.forName("UTF-8")),
                    "NUMERIC".getBytes(Charset.forName("UTF-8")),
                    "SORTABLE".getBytes(Charset.forName("UTF-8")),
                    "$.author".getBytes(Charset.forName("UTF-8")),
                    "AS".getBytes(Charset.forName("UTF-8")),
                    "author".getBytes(Charset.forName("UTF-8")),
                    "TAG".getBytes(Charset.forName("UTF-8")),
                    "$.item".getBytes(Charset.forName("UTF-8")),
                    "AS".getBytes(Charset.forName("UTF-8")),
                    "item".getBytes(Charset.forName("UTF-8")),
                    "TEXT".getBytes());                       // 创建索引
            }
        });
    }
}
```

本程序通过 RedisTemplate 中的回调操作实现了 RediSearch 索引的创建，由于 RedisConnection.execute()方法的执行要求，因此需要将每一个操作步骤都通过字节数组的形式进行配置。

提示：Hash 索引可以通过 spring-redisearch 依赖库创建。

使用 RedisTemplate 可以执行各类的 Redis 命令，但是在执行过程中会发现，当命令较长时所需要处理的转换部分会较多，因此可以通过 spring-redisearch 创建索引。

范例：使用 spring-redisearch 创建 Hash 索引。

```
public class TestCreateRediSearchIndex2 {
    private static final Logger LOGGER =
            LoggerFactory.getLogger(TestCreateRediSearchIndex2.class);
    @Autowired
    private StatefulRediSearchConnection<String, String>
            rediSearchConnection;
    @Test
    public void testCreateIndex() throws Exception { // 创建索引
        CreateOptions<String, String> options =
                CreateOptions.<String, String>builder().build(); // 配置项
        // 配置索引的相关结构信息，例如，语言、存储类型、匹配前缀
        options.setOn(CreateOptions.Structure.HASH); // 存储结构
        options.setDefaultLanguage(SearchOptions.Language.Chinese);
        options.setPrefixes(Arrays.asList("yootk:search:book:"));
        // 配置索引数据列，需要同时定义索引列的名称以及类型
        Field.Numeric<String> id = Field.numeric("id").build();
        Field.Text<String> name = Field.text("name").build(); // 配置索引属性
        Field.Numeric<String> price = Field.numeric("price").build();
        price.setSortable(true);               // 设置数据排序
        Field.Tag<String> author = Field.tag("author").build();
        Field.Text<String> item = Field.text("item").build();
        RediSearchAsyncCommands<String, String> commands =
                this.rediSearchConnection.async();  // 创建异步命令
        LOGGER.info("【RediSearch】创建Redis索引：{}",
                commands.create("yootk:search:book:index23",
                        options, id, name, price, author, item).get());
    }
}
```

spring-redisearch 中的所有操作都需要通过 StatefulRediSearchConnection 连接接口进行创建，每一条索引的处理命令都会提供专属的支持类。但是在 RediSearch 中默认支持的数据类型并不是 JSON，而是 Hash 存储，所以 spring-redisearch 依赖库在设计时，并没有提供 JSON 结构的数据映射，因为不符合当前案例的设计需求，所以暂时无法使用，期待后续的版本更新。

（10）【search 子模块】查询图书名称中包含“开发”关键字的图书信息。

```
package com.yootk.test;
@SpringBootTest(classes = StartRediSearchApplication.class)
@ExtendWith(SpringExtension.class)
@WebAppConfiguration
public class TestRediSearch {
    private static final Logger LOGGER =
            LoggerFactory.getLogger(TestRediSearch.class);
    @Autowired
    private StatefulRediSearchConnection<String, String> rediSearchConnection;
    @Test
    public void testSearch() throws Exception {                       // 创建索引
        SearchOptions.Limit limit = SearchOptions.Limit.builder().build();
        limit.setOffset(0);                                           // 开始位置
        limit.setNum(2);                                              // 加载数量
        SearchOptions options = SearchOptions.builder().build();
        options.setLimit(limit);                                   // 配置查询参数
        options.setLanguage(SearchOptions.Language.Chinese);       // 中文检索
        options.setReturnFields(Arrays.asList("id", "name", "author")); // 返回字段
        RediSearchAsyncCommands<String, String> commands =
                this.rediSearchConnection.async();                 // 创建异步命令
        Object result = commands.search("yootk:search:book:index",
                "@name:开发", options).get();                      // 获取查询结果
        if (result instanceof SearchResults) {                     // 类型判断
            SearchResults<String, String> searchResults =
                    (SearchResults<String, String>) result;        // 结果集转换
            LOGGER.info("【RediSearch检索结果】数据匹配数量：{}", searchResults.getCount());
            for (int x = 0; x < limit.getNum(); x++) {             // 循环输出结果
                Document<String, String> document = searchResults.get(x); // 获取数据
                LOGGER.info("【RediSearch检索结果】ID：{}、名称：{}、作者：{}",
                        document.get("id"),document.get("name"),document.get("author"));
            }
        }
    }
}
```

程序执行结果	【RediSearch检索结果】数据匹配数量：5 【RediSearch检索结果】ID：5、名称：Spring Cloud开发实战、作者：李兴华 【RediSearch检索结果】ID：1、名称：Java程序设计开发实战、作者：李兴华

本程序通过 spring-redisearch 组件提供的类库结构，实现了索引检索命令的发出，通过最终的执行结果发现，可以成功匹配信息中带有“开发”关键词的数据项，并且使用了 LIMIT 命令限制了返回数据的长度。

7.3 RedisBloom

RedisBloom 模块简介

视频名称 0708_【理解】RedisBloom 模块简介

视频简介 在互联网项目开发中，经常需要判断各种操作的状态，在高并发处理下，往往会基于 Redis 进行状态数据的存储。本视频分析 Redis 内置 Hash 数据存储的问题，同时解释布隆过滤器的设计目的，并通过源代码方式配置 Redis Bloom 模块。

在实际的应用场景中，除了围绕数据库和缓存实现高并发下的数据加载机制之外，还有可能存在各类数据校验处理，例如，文章浏览记录、访问地址拦截或者程序黑名单校验等。然而，这些操

作在传统的 Redis 实现中往往会采用图 7-9 所示的结构，即利用 Hash 结构实现数据的存储。

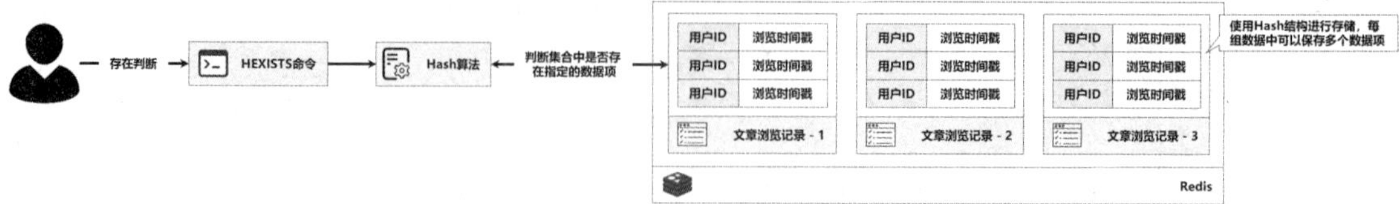

图 7-9　用户文章浏览记录设计结构

提示：常见数据结构的时间复杂度。

在不同的编程语言实现中，往往会采用自定义集合的结构进行数据的存储，所以在开发中经常会出现线性结构、平衡二叉树、哈希表以及布隆过滤器等。为便于让读者有直观的认识，下面将这些结构中的数据查询性能进行简单的汇总。

- 线性结构（例如，数组、链表），查询时间复杂度为"$O(N)$"，N 为元素个数。
- 平衡二叉树（例如，AVL 树、红黑树），查询时间复杂度为"$O(\log N)$"，N 为元素个数。AVL（Athena Vortex Lattice，雅典娜旋涡晶格）软件由美国麻省理工学院的 Mark Drela（马克·德雷拉）博士及其学生开发，可用于亚声速飞机气动特性和操稳特性的分析。AVL 树是最先发明的自平衡二叉查找树，在 AVL 树中任何节点的两棵子树的高度最大差为 1，所以它也被称为高度平衡树。
- 哈希表，考虑到哈希碰撞，查询时间复杂度计算公式为"$O[\log(N/M)]$"。在最好的情况下时间复杂度为"$O(1)$"，最差的情况下时间复杂度为"$O(N)$"。
- 布隆过滤器，查询时间复杂度为"$O(k)$"，k 为哈希函数的个数。

虽然可以通过哈希结构满足数据查询的设计需求，但是从空间占用率上来讲，哈希结构并不是一个良好的选择，同时如果不提供这样的机制，有可能造成缓存穿透的设计缺陷。为此 Redis Stack 提供了 RedisBloom 模块，该模块实现了一组数据算法，可以实现集合数据的空间占用率与查询时间复杂度的处理平衡，本次通过源代码编译的方式进行此模块的安装，具体的配置步骤如下。

（1）【redis-server 主机】进入源代码保存目录：cd /mnt/src/。

（2）【redis-server 主机】通过 GitHub 克隆模块代码。

```
git clone --recursive https://github.com/RedisBloom/RedisBloom.git
```

（3）【redis-server 主机】进入 RedisTimeSeries 代码目录：cd /mnt/src/RedisBloom/。

（4）【redis-server 主机】更新 RedisBloom 全部子模块：git submodule update --init --recursive。

（5）【redis-server 主机】下载模块编译所需依赖库：make setup。

（6）【redis-server 主机】编译 RedisBloom 程序代码：make。

（7）【redis-server 主机】复制 redisbloom.so 模块到 Redis 模块目录之中。

```
cp /mnt/src/RedisBloom/bin/linux-x64-release/redisbloom.so /usr/local/redis/modules/
```

（8）【redis-server 主机】打开 Redis 配置文件，添加模块配置：vi /usr/local/redis/conf/redis.conf。

```
loadmodule /usr/local/redis/modules/redisbloom.so
```

（9）【redis-server 主机】为 redisbloom.so 模块分配权限：chmod 777 /usr/local/redis/modules/redisbloom.so。

（10）【redis-server 主机】启动 Redis 进程：redis-server /usr/local/redis/conf/redis.conf。

此时的 RedisBloom 模块已经成功地整合到了 Redis 主服务之中，需要注意的是，RedisBloom 并不仅仅包含布隆过滤器，还包含布谷鸟过滤器、Top-K、T-Digest 以及 Count-Min Sketch 算法实现的过滤器，下面针对这些算法和过滤器的使用进行说明。

7.3.1 布隆过滤器

布隆过滤器

视频名称 0709_【掌握】布隆过滤器

视频简介 RedisBloom 内置了布隆过滤器。本视频分析布隆过滤器的工作原理，并解释错误率，再基于 RedisBloom 给定的命令实现该过滤器存储结构相关的操作。

布隆过滤器（Bloom Filter）是 1970 年由 Burton Howard Bloom（伯顿 • 霍华德 • 布隆）提出的存储结构，它本身包含一个位数较多的二进制向量和一系列哈希函数，如图 7-10 所示。该过滤器主要用于判断某一个数据是否在某一个集合之中，其最大的优点在于空间占用率低并且查询性能好，缺点是有一定的错误率并且无法删除数据。

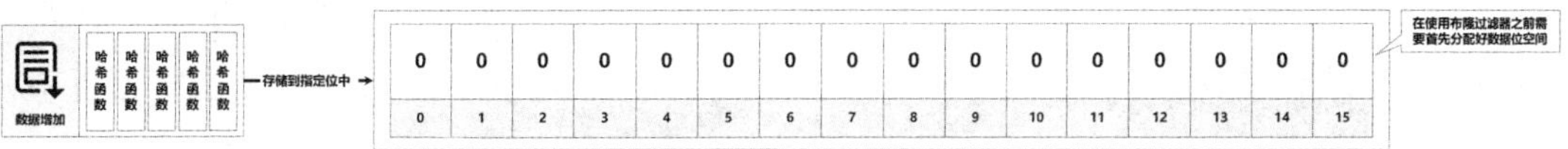

图 7-10 布隆过滤器存储结构

> **提示：哈希表与布隆过滤器的性能比较。**
>
> 从性能上来讲，哈希表和布隆过滤器两者的查询性能接近。由于哈希表会存储完整的数据内容，数据存储空间复杂度为“$O(N)$”（N 为数据个数）；而布隆过滤器会利用多种 Hash 函数将数据转换为 0 和 1 的内容，最终的存储空间复杂度为“$O(M)$”（M 为布隆过滤器长度）。因为布隆过滤器可以带来更加经济的存储环境，所以在互联网项目的开发中使用得较多。

当用户需要向布隆过滤器中增加一个新的数据时，该数据会使用多个不同的哈希函数生成多个哈希值，而后每一个生成的哈希值都代表布隆过滤器中的位索引，这样就可以将该位中的内容由 0 变为 1，操作结构如图 7-11 所示。在进行哈希计算的时候，有可能会出现不同数据存储在同一索引位上的情况，对于这类问题，布隆过滤器并不会进行纠正，所以就有可能存在错误率问题。

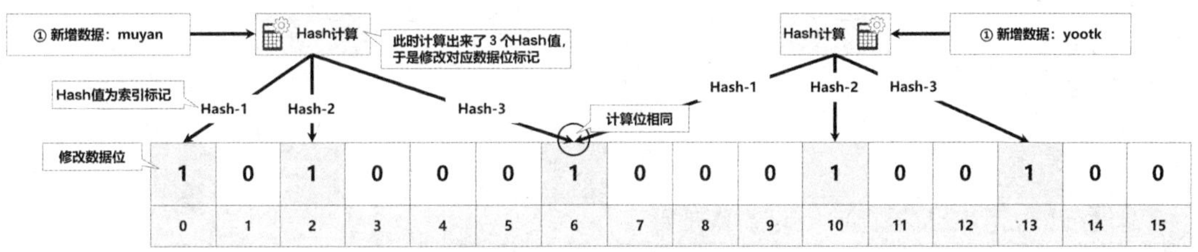

图 7-11 布隆过滤器存储操作结构

在整个布隆过滤器中，本质上并不会保存具体的数据内容，而只是通过内容计算出几个哈希值，以确定数据是否存在，例如，现在要查询“yootk”数据是否存在，则会采用同样的若干个哈希算法，返回索引值“6、10、13”的数据信息，此时的数据信息为 1，代表该数据可能存在（需要考虑到哈希值相同的情况）；而如果此时要查询一个不存在的数据（例如，happy），经过若干次哈希计算的结果得出的索引值为“6、10、13”（正好与“yootk”的内容重复），那么最终也会判断该数据存在。表 7-5 所示为布隆过滤器命令，下面介绍具体使用方法。

表 7-5 布隆过滤器命令

序号	操作命令	描述
1	BF.ADD key item	添加布隆过滤器数据
2	BF.MADD key item [item ...]	添加多项布隆过滤器数据
3	BF.MEXISTS key item [item ...]	判断布隆过滤器中是否存在指定数据
4	BF.CARD key	返回布隆过滤器中的基数

续表

序号	操作命令	描述
5	BF.EXISTS key item	判断布隆过滤器中是否包含指定的数据
6	BF.INFO key [CAPACITY | SIZE | FILTERS | ITEMS | EXPANSION]	获取布隆过滤器数据，包括如下配置项。 ① CAPACITY：布隆过滤器预设容量。 ② SIZE：为此数据分配的内存字节数。 ③ FILTERS：子过滤器。 ④ ITEMS：添加到布隆过滤器中的数据个数。 ⑤ EXPANSION：子过滤器扩展率（默认为 2）
7	BF.RESERVE key 错误率 数据量 [EXPANSION expansion] [NONSCALING]	创建一个空的布隆过滤器，其中包含一个子过滤器，并配置错误率上限，该命令包含如下配置项。 ① EXPANSION：保存数据达到初始化容量后，将创建一个新的子过滤器（大小为最后一个子过滤器乘以该配置项的数量），默认扩展率为 2。 ② NONSCALIN：采用非缩放模式，防止布隆过滤器在达到初始容量后扩展子过滤器，容量已满后返回错误
8	BF.INSERT key [CAPACITY capacity] [ERROR error] [EXPANSION expansion] [NOCREATE] [NONSCALING] ITEMS item [item ...]	BF.ADD 与 BF.RESERVE 两个命令的组合
9	BF.SCANDUMP key iterator	设置布隆过滤器的增量保存
10	BF.LOADCHUNK key iterator data	恢复以前使用 SCANDUMP 命令保存的布隆过滤器

（1）【redis-cli 客户端】创建一个名为 bloom:yootk:goods 的布隆过滤器，该过滤器初始容量为 100 万（允许保存 100 万件商品的 ID 数据），并设置允许的错误率为 0.0001（允许出现 100 个错误）。

```
BF.RESERVE bloom:yootk:goods 0.0001 1000000
```

程序执行结果	OK

（2）【redis-cli 客户端】向“yootk:goods”布隆过滤器中添加多个商品 ID。

```
BF.MADD bloom:yootk:goods 971567 971586 976732
```

程序执行结果

```
1) (integer) 1
2) (integer) 1
3) (integer) 1
```

（3）【redis-cli 客户端】判断商品 ID 是否存在。

```
BF.EXISTS bloom:yootk:goods 971567
```

程序执行结果	(integer) 1 ➔ 存在返回“1”，不存在返回“0”

（4）【redis-cli 客户端】查看 yootk:goods 数据存储状态。

```
BF.INFO bloom:yootk:goods
```

程序执行结果

```
 1) Capacity
 2) (integer) 1000000
 3) Size
 4) (integer) 2576704
 5) Number of filters
 6) (integer) 1
 7) Number of items inserted
 8) (integer) 3
 9) Expansion rate
10) (integer) 2
```

一旦在 Redis 中引用布隆过滤器之后，那么每一次进行具体的缓存数据加载前，都需要首先通过布隆过滤器进行数据是否存在的判断，如果存在则加载，不存在则通过数据库加载。正是因为有了此类高性能且空间小的数据存储形式，所以可以有效地避免在缓存开发中出现的缓存穿透问题。

7.3.2 布谷鸟过滤器

布谷鸟过滤器

视频名称 0710_【掌握】布谷鸟过滤器

视频简介 布谷鸟过滤器改良了布隆过滤器的存储结构。本视频分析布隆过滤器存在的缺点，随后分析布谷鸟哈希算法以及布谷鸟过滤器的设计结构，最后通过 Redis 提供的布谷鸟过滤器操作命令，实现布谷鸟数据的处理。

在允许一定错误率的检索环境中可以使用布隆过滤器，虽然布隆过滤器较为成熟，但是布隆过滤器存在数据无法删除的问题，这样的数据结构是无法满足管理需求的。在使用布隆过滤器时由于需要计算多个哈希函数获得多个存储位，因此会出现 CPU 命中率低的问题。

2014 年出现了一篇解决布隆过滤器存在问题的文章“Cuckoo Filter：Better Than Bloom”，该文章提出了基于布谷鸟哈希算法实现布谷鸟过滤器的设计方案。相较于布隆过滤器，布谷鸟过滤器提出了更易实现的过滤器设计方案，拥有如下技术特点：

- 支持动态添加和删除元素，适用于动态地进行数据维护；
- 即使在空间占用率接近满员时，仍能提供比布隆过滤器更高的查找性能；
- 如果要求数据查找的错误率低于 3%，可以获得比布隆过滤器更低的空间开销。

如果想理解布谷鸟过滤器的实现机制，就需要理解布谷鸟哈希算法，该算法是一种解决哈希冲突的方法，其目的是使用简单的哈希函数来提高哈希表的利用率。该算法是在 2001 年由 Rasmus Pagh（拉斯穆斯·帕格）和 Flemming Friche Rodler（弗莱明·弗里什·罗德勒）提出的，其核心思想与我国“鸠占鹊巢”的成语典故相同。

> **提示：布谷鸟与“鸠占鹊巢”。**
>
> 布谷鸟（Cuckoo）又称大杜鹃，其具有狡猾且懒惰的习性，当雌鸟准备产蛋时，往往不会自己筑巢，而是飞到那些比它小的鸟类巢中，将其巢中未孵化出的鸟蛋踢走，并用自己的蛋取而代之。由于布谷鸟的蛋体积较小，且蛋身上的花纹与其他鸟类的蛋非常相似，因此不易被其他鸟类察觉。

在布谷鸟哈希算法中，需要创建一个数据位的存储空间，该空间被称为布谷鸟哈希表。所有保存的数据项都要同时使用两个哈希函数进行计算，计算的结果就是该数据在数据桶中的存储位置。此时根据已有的数据存储和哈希计算结果，会产生如下几种情况。

情况一： 如果计算出的两个哈希位的数据为空，则会随机存入其中一个位置，如图 7-12 所示。

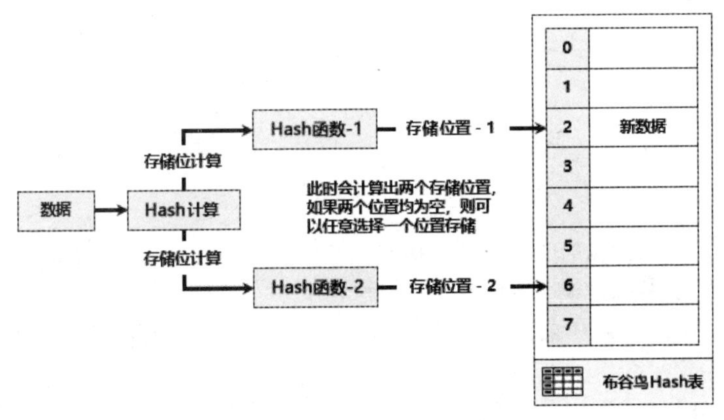

图 7-12 两个哈希位均为空

情况二： 如果计算出的一个哈希位已经存在数据，则会保存在另一个哈希位，如图 7-13 所示。

情况三： 如果此时计算出的两个哈希位都存在数据，如图 7-14 所示，那么随机将其中一个哈希位的数据踢出，用该位存储新的数据，如图 7-15 所示。被踢出的数据会再次进行哈希计算，得到一个新的保存位并存储。

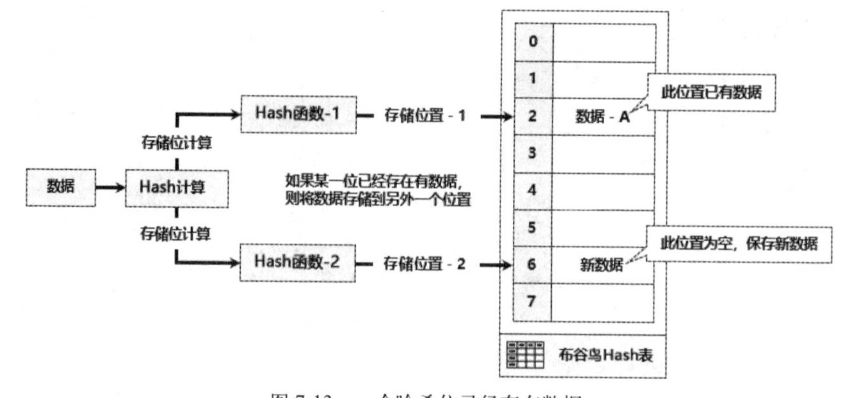

图 7-13　一个哈希位已经存在数据

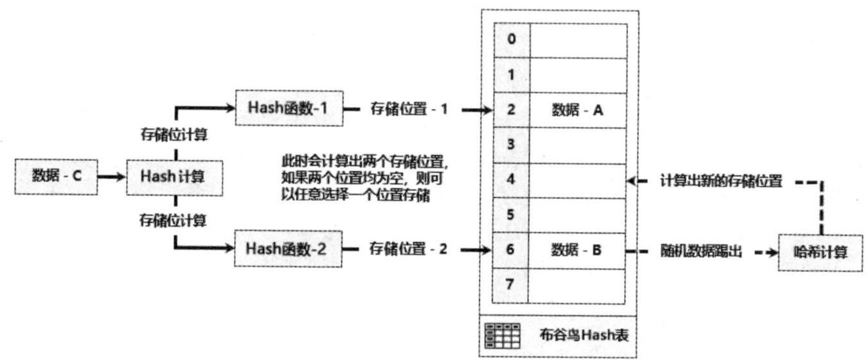

图 7-14　数据踢出

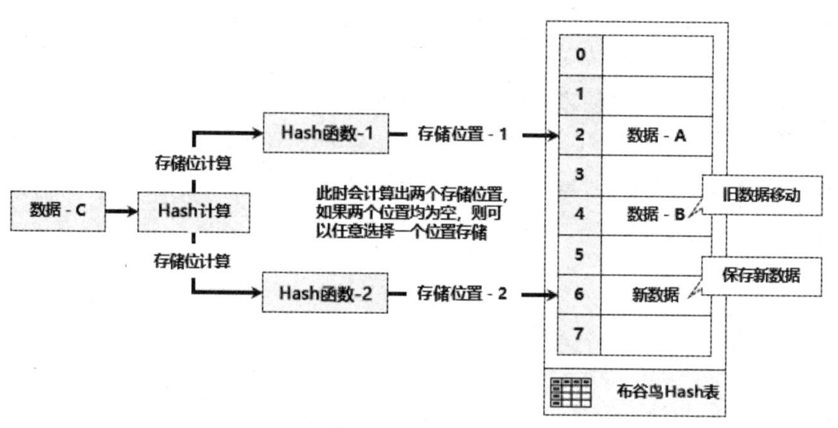

图 7-15　数据踢出后存储

如果此时被踢出元素计算后的哈希位上依然存在其他的元素，则该位上的数据也将被踢出，并重新计算出一个新的哈希位，以此往复直到找到新的存储位置。但总是踢出也是不可行的，所以一般会设置一个踢出阈值，如果在某次数据增加时所执行的数据踢出次数超过了该阈值，就需要进行扩容处理。

布谷鸟过滤器（Cuckoo Filter）是在布谷鸟哈希表的基础上扩展的，其基本结构如图 7-16 所示。为了便于数据存储，布谷鸟过滤器提供了多个数组桶（Bucket），每一个数组桶都是一维数组。每个数组的保存内容为条目（Entry），每一个条目可以保存一个指纹（Fingerprint）数据。指纹数据就是原始数据经过哈希计算得到的一个 n 位数据标记。除了指纹数据之外，还会同时得到一个保存位置 P1。

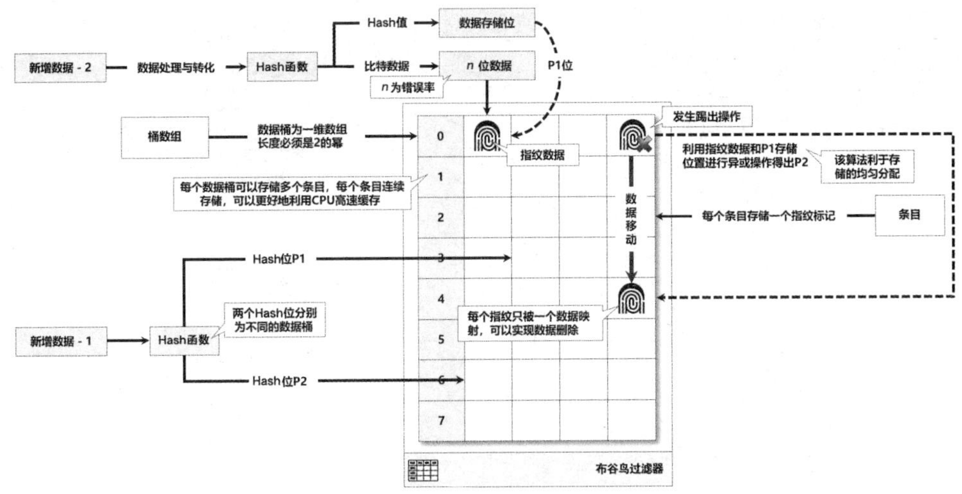

图 7-16　布谷鸟过滤器

如果 P1 上已经存在其他指纹数据，则需要进行该指纹数据的踢出，踢出的方式就是使用该数据的 P1 和指纹数据进行异或计算，从而得到新的保存位置 P2，以此类推一直到数据存放成功为止。布谷鸟过滤器主要用于保存无重复的数据，因为一旦保存重复数据就会导致指纹计算的结果相同，从而无法实现数据的正常存储。

由于指纹数据是根据保存数据生成的，具有唯一性，因此可以实现数据的删除。但是在指纹计算中，也有可能出现不同数据计算得到相同指纹的问题，所以删除数据后有可能造成数据的“假删除”。这是布谷鸟过滤器可能产生查找错误的主要原因。布谷鸟过滤器命令如表 7-6 所示，通过这些命令可以基于布谷鸟过滤器实现数据操作，下面介绍这些命令的具体使用。

表 7-6　布谷鸟过滤器命令

序号	操作命令	描述
1	CF.ADD key item	向布谷鸟过滤器中添加数据项
2	CF.ADDNX key item	向布谷鸟过滤器中添加数据项，数据项不存在时允许保存
3	CF.COUNT key item	获取布谷鸟过滤器中可能匹配的数据项个数
4	CF.DEL key item	从布谷鸟过滤器中删除数据项
5	CF.EXISTS key item	判断布谷鸟过滤器中是否存在指定数据项
6	CF.MEXISTS key item [item ...]	判断布谷鸟过滤器中是否存在若干个指定数据项
7	CF.INFO key	获取指定布谷鸟过滤器的信息
8	CF.INSERT key [CAPACITY capacity] [NOCREATE] ITEMS item [item ...]	添加多个数据项到布谷鸟过滤器之中，如果布谷鸟过滤器不存在，则允许使用自定义容量创建新的布谷鸟过滤器
9	CF.INSERTNX key [CAPACITY capacity] [NOCREATE] ITEMS item [item ...]	如果数据项已存在则不进行添加，如果数据项不存在则进行添加，并且在布谷鸟过滤器不存在时，可以自动创建新的布谷鸟过滤器
10	CF.SCANDUMP key iterator	设置布谷鸟过滤器的增量保存
11	CF.LOADCHUNK key iterator data	恢复增量保存之前的布谷鸟过滤器
12	CF.RESERVE key capacity [BUCKETSIZE bucketsize] [MAXITERATIONS maxiterations] [EXPANSION expansion]	创建指定容量的布谷鸟过滤器，命令参数作用如下。 ① BUCKETSIZE：每个数据桶中的数据量。 ② MAXITERATIONS：数据踢出阈值。 ③ EXPANSION：设置新布谷鸟过滤器的扩展倍数

（1）【redis-cli 客户端】创建一个布谷鸟过滤器，名称为 cuckoo:yootk:goods，容量为 100 万。

```
CF.RESERVE cuckoo:yootk:goods 1000000
```

程序执行结果	OK

（2）【redis-cli 客户端】向 cuckoo:yootk:goods 中添加数据项，不要保存重复数据。

```
CF.ADD cuckoo:yootk:goods 831767
CF.ADD cuckoo:yootk:goods 831868
CF.ADD cuckoo:yootk:goods 831969
```

程序执行结果	(integer) 1

（3）【redis-cli 客户端】从 cuckoo:yootk:goods 中删除指定数据项。

```
CF.DEL cuckoo:yootk:goods 831868
```

程序执行结果	(integer) 1

（4）【redis-cli 客户端】判断是否存在指定的商品 ID。

```
CF.EXISTS cuckoo:yootk:goods 831767
```

程序执行结果	(integer) 1

7.3.3　Top-K

Top-K

视频名称　0711_【理解】Top-K

视频简介　Top-K 是在大数据处理中较为常用的算法，主要目的是获取指定的前 *K* 项数据。本视频分析传统数据排序中的缺陷，同时讲解 Top-K 原理和 Redis 实现。

在海量数据的处理之中，经常需要查询某一个集合之中的前 *N* 项数据内容，例如，现在需要选出热门的评论（评论数量），以及当前软件开发中热门的编程语言。很明显这类操作往往都要通过排序的方式来完成。为了实现更高效的数据排序处理操作，可以使用 Top-K 算法。

Top-K 算法本质上是数组的堆排序操作，可以将其当作完全的二叉树结构来看待，树上的每一个节点对应数组中的一个元素，所有的数据按层进行排序，除了最底层的节点外，其他节点都会存满数据，如图 7-17 所示。当然这种二叉树结构的图形仅仅为了便于读者理解而展示，实际上的堆数据结构如图 7-18 所示。

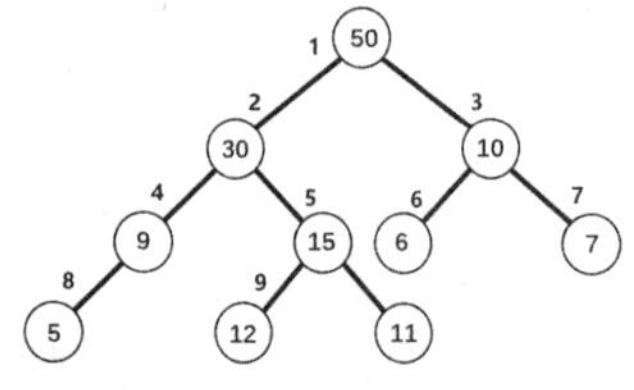

图 7-17　二叉树结构

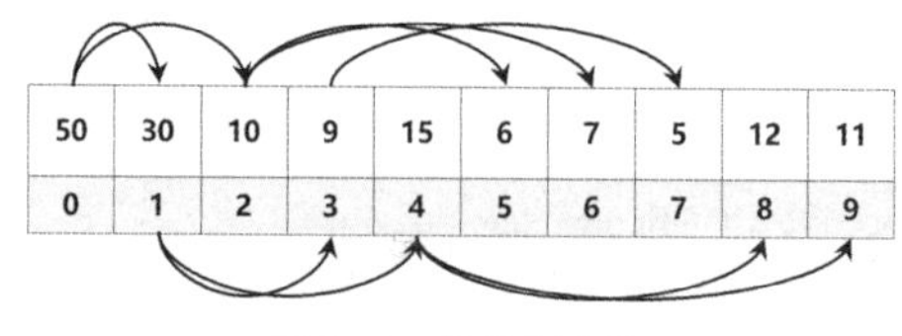

图 7-18　堆数据结构

在进行堆数据存储时，一般会经历数据建堆后排序的处理步骤，这样在堆中所保存的数据就属于有序的集合。在进行新数据添加时，会根据数值的比较结果以确定其保存的位置。在存储节点时，兄弟节点或者不同子树中的节点是不存在大小关系的，大小关系只存在于父子节点之中，所以根据堆排序需求的不同，有如下两种排序方式。

- **最大顶堆**：该排序方式的特点是每一个节点都比它对应的两个子节点大，主要用于数据的升序排列，可以获取前 *K* 个最小元素，如图 7-19 所示。

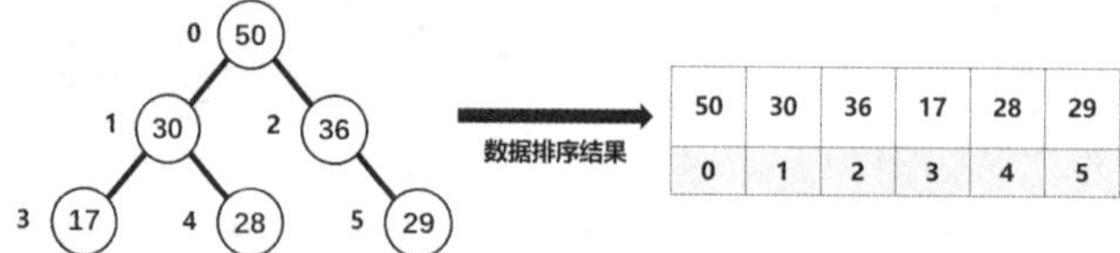

图 7-19　最大顶堆

- **最小顶堆**：该排序方式的特点是每一个节点都比它对应的两个子节点小，主要用于数据的降序排列，可以获取前 *K* 个最大元素，如图 7-20 所示。

图 7-20　最小顶堆

在堆排序的处理中，主要进行顶点的判断与处理，所以堆排序的时间复杂度为“$O(N)$”。Redis 为了提高前 *N* 个元素的排序内容获取，提供了 Top-K 的算法支持（最小顶堆存储），并提供了表 7-7 所示的操作命令，下面介绍这些命令的具体使用。

表 7-7　Top-K 数据操作命令

序号	操作命令	描述
1	TOPK.ADD key items [items ...]	向 Top-K 集合中追加若干项元素
2	TOPK.INCRBY key item increment [item increment ...]	修改指定集合元素的数据内容
3	TOPK.INFO key	获取 Top-K 集合的信息
4	TOPK.LIST key [WITHCOUNT]	Top-K 集合列表
5	TOPK.QUERY key item [item ...]	查询 Top-K 集合数据
6	TOPK.RESERVE key topk [width depth decay]	初始化 Top-K 集合，可以选择的配置项作用如下。 ① width：设置集合的宽度，默认为 8。 ② depth：设置集合的深度，默认为 7。 ③ decay：设置集合的衰减率（丧失精确度）

（1）【redis-cli 客户端】创建一个保存评论信息的 Top-K 集合，并设置保留的数据量为 5。

```
TOPK.RESERVE yootk:program:language 5
```

程序执行结果

```
OK
```

（2）【redis-cli 客户端】向 Top-K 集合中添加数据。

```
TOPK.ADD yootk:program:language java python rust golang node.js javascript c c++
```

程序执行结果

```
1) (nil)
2) (nil)
3) (nil)
4) (nil)
5) (nil)
6) rust
7) node.js
8) javascript
```

（3）【redis-cli 客户端】查看 yootk:program:language 的信息。

```
TOPK.LIST yootk:program:language WITHCOUNT
```

程序执行结果

```
1) c
 2) (integer) 1
 3) c++
 4) (integer) 1
 5) golang
 6) (integer) 1
 7) java
 8) (integer) 1
 9) python
10) (integer) 1
```

（4）【redis-cli 客户端】增加数据项的内容。

```
TOPK.INCRBY yootk:program:language java 6 python 5 rust 7
```

程序执行结果	1) (nil) 2) (nil) 3) c

（5）【redis-cli 客户端】查询此时的 Top-K 集合数据。

```
TOPK.LIST yootk:program:language WITHCOUNT
```

程序执行结果	1) rust 2) (integer) 8 3) java 4) (integer) 7 5) python 6) (integer) 6 7) c++ 8) (integer) 1 9) golang 10) (integer) 1

7.3.4　T-Digest

T-Digest

视频名称　0712_【理解】T-Digest

视频简介　百分位数是聚合分析的常见算法。本视频分析该算法的使用特点，随后分析 T-Digest 算法的核心设计思想，并基于 Redis 命令实现该类数据集合的操作。

在进行数据聚合分析时会经常使用百分位数分析方法，其结构如图 7-21 所示，百分位数的结构清晰地展示了所需数据集的分布情况。例如，24 小时订单成交量、24 小时服务器访问量等都可以基于这样的百分位数结构进行分析。对于该结构中的某一项数据，可以使用“*P*%”的形式进行标记。

在数据量较小时使用该类分析方法很容易实现，但随着数据量不断增加，对于数据的聚合分析就需要在数据量、精确度和实时性 3 个方面进行取舍，实际的开发中往往只能满足其中两项要求，如图 7-22 所示。

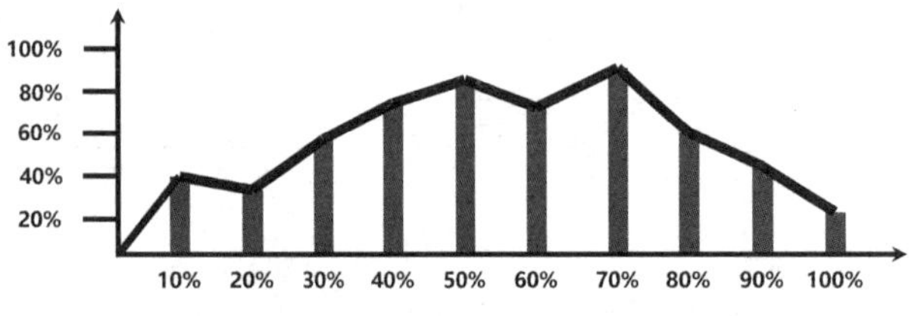

图 7-21　百分位数分析方法结构

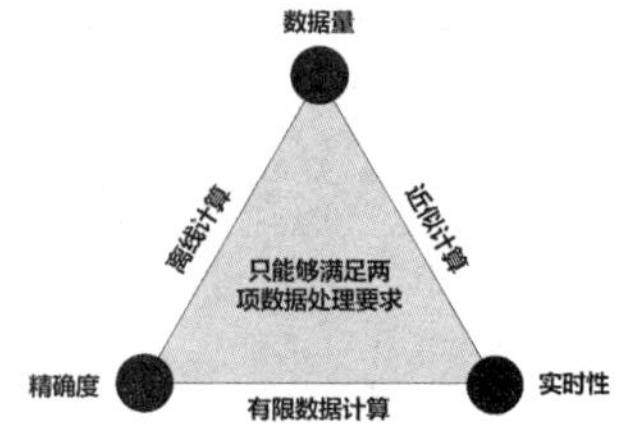

图 7-22　聚合分析取舍

提示：数据聚合分析的 3 种方式。

① 有限数据计算（精确度+实时性）：不能处理海量级的数据，例如，使用 MySQL 或者 MongoDB 实现的数据统计处理。

② 离线计算（数据量+精确度）：实时性较差，例如，Hadoop 可以处理 PB 级数据的精确分析。

③ 近似计算（数据量+实时性）：会损失数据的部分精度度，但提供相对准确的分析。

T-Digest 是一种简单、运行快速、处理精确度高、可并行化的近似百分位数算法，其核心的设计思想是近似算法常用的 Sketch（中文翻译为“素描”或“草图”），用一部分数据来刻画整体数据集的特征，虽然无法做到与最终的精确数据完全吻合，但是可以提供用户所需的基本特征。

在使用 T-Digest 算法时，往往使用 PDF（Probability Density Function，概率密度函数）来表示所要处理的数据集。通过该函数可以得到一个完整的统计曲线，曲线中有若干个数据点对应数据集中的数据。当数据量较小时，可以使用数据集中的所有数据点来进行计算；但是当数据量较大时，只能通过少量数据来代替数据集中的所有数据。

在 T-Digest 算法中，为了可以得到准确的 PDF 结果，引入质心数（Centroid）的概念。质心数指的是将数据集按照相邻的数据点进行分组，用平均数（Mean）和个数（Weight）来代替这一组数，这两个数字的核数称为质心数。质心数越少则代表参与聚合的数据越多，可以得到较为准确的统计结果；而质心数越大，则代表丢失的信息量越大，所以精确度会有所不足，如图 7-23 所示。

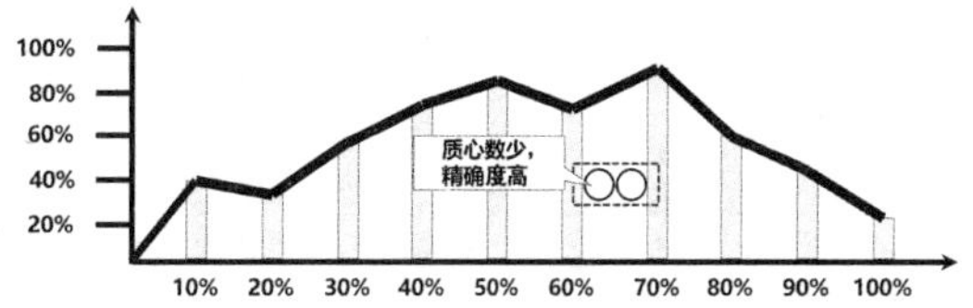

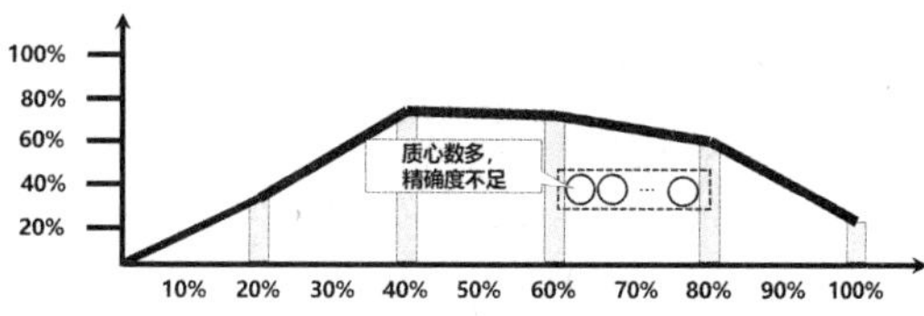

图 7-23　质心数与精确度

T-Digest 为了描述质心数的作用，提供了压缩比的概念，压缩比越大，质心数的数量就越多，不仅会严重占用内存，同时会影响最终的计算性能。Redis 数据库中的 Redis Bloom 模块提供了 T-Digest 算法的实现，开发者可以通过表 7-8 所示的命令进行操作，下面介绍这些命令的使用。

表 7-8　T-Digest 数据操作命令

序号	操作命令	描述
1	TDIGEST.ADD key value [value ...]	向 T-Digest 集合中添加数据项
2	TDIGEST.RANK key value [value ...]	获取匹配的观察值
3	TDIGEST.REVRANK key value [value ...]	采用逆序方式获取匹配的观察值
4	TDIGEST.BYRANK key rank [rank ...]	返回指定索引位上的观察值
5	TDIGEST.BYREVRANK key reverse_rank [reverse_rank ...]	采用返回指定索引位上的观察值
6	TDIGEST.CDF key value [value ...]	返回指定输入值的观察值
7	TDIGEST.CREATE key [COMPRESSION compression]	创建一个新的 T-Digest 集合，可以设置数据压缩的大小，压缩的数据值越大越精确，但是会带来更大的内存占用，默认值为 100
8	TDIGEST.INFO key	获取指定数据项的信息
9	TDIGEST.MAX key	返回集合中的最大观察值
10	TDIGEST.MERGE destination-key numkeys source-key [source-key ...] [COMPRESSION compression] [OVERRIDE]	合并多个 T-Digest 集合到一个集合之中
11	TDIGEST.MIN key	返回集合中的最小观察值
12	TDIGEST.QUANTILE key quantile [quantile ...]	获取指定百分位数的内容，内容取值为 0～1
13	TDIGEST.RESET key	数据重置
14	TDIGEST.TRIMMED_MEAN key low_cut_quantile high_cut_quantile	保存 T-Digest 集合中的平均观察值，不包含指定低数值和高数值之外的观察值

（1）【redis-cli 客户端】创建一个新的 T-Digest 集合，此时采用默认的压缩值 100。

```
TDIGEST.CREATE yootk:lang:java
```

程序执行结果	OK

（2）【redis-cli 客户端】向数据中添加几个观察值。

```
TDIGEST.ADD yootk:lang:java 1 2 3 7 9
```

程序执行结果	OK

（3）【redis-cli 客户端】查看指定数据 key 的最大观察值。

TDIGEST.MAX yootk:lang:java	
程序执行结果	"9"

（4）【redis-cli 客户端】获取指定数据 key 中的百分位数。

TDIGEST.QUANTILE yootk:lang:java 0.6	
程序执行结果	1) "7"

（5）【redis-cli 客户端】获取指定数据 key 中的匹配观察值，本次所返回的是接近观察值的索引位置。

TDIGEST.RANK yootk:lang:java 8 6 3	
程序执行结果	1) (integer) 4 2) (integer) 3 3) (integer) 2

7.3.5　Count-Min Sketch

Count-Min Sketch

视频名称　0713_【理解】Count-Min Sketch

视频简介　在布隆过滤器的基础上可以追加统计计数的操作，这就形成了 Count-Min Sketch 算法。本视频分析该算法的组成结构，并通过 Redis 命令实现该算法数据操作命令。

Count-Min Sketch 采用了一种“速写”的算法，可以使用较小的空间保存事件的频次，例如，可以统计出热门的商品，或者热门的新闻。Count-Min Sketch 是一个频率估计的算法，本质上类似于布隆过滤器，只不过在布隆过滤器的基础上额外增加了计数操作，所以该算法会牺牲一定的精确度。

Count-Min Sketch 在存储时采用了二维数组的方式，如图 7-24 所示。在计算数据存储位置时，通过若干个哈希函数进行处理。由于哈希计算中存在哈希冲突，因此在使用 Count-Min Sketch 时会出现精度问题，Redis 为用户提供了表 7-9 所示的数据操作命令，下面介绍这些命令的使用。

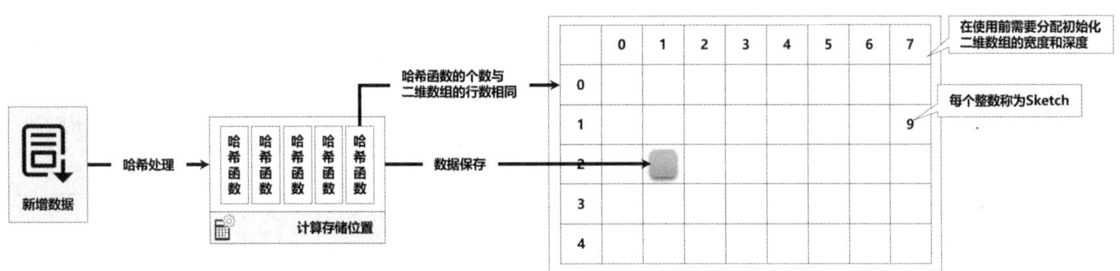

图 7-24　Count-Min Sketch 存储

表 7-9　Count-Min Sketch 数据操作命令

序号	操作命令	描述
1	CMS.INCRBY key item increment [item increment ...]	递增项目计数
2	CMS.INFO key	返回指定统计草图的宽度、深度和总计数
3	CMS.INITBYDIM key width depth	初始化一个统计草图
4	CMS.INITBYPROB key error probability	初始化允许指定错误率的统计草图
5	CMS.MERGE destination numKeys source [source ...] [WEIGHTS weight [weight ...]]	合并多个统计草图到一个统计草图之中
6	CMS.QUERY key item [item ...]	查询计数统计项

（1）【redis-cli 客户端】初始化一个 Count-Min Sketch 数据集合。

CMS.INITBYDIM yootk:book:hot 30 50	
程序执行结果	OK

（2）【redis-cli 客户端】在集合中保存数据项。

CMS.INCRBY yootk:book:hot java 10 python 8 rust 9	
程序执行结果	1) (integer) 10 2) (integer) 8 3) (integer) 9

（3）【redis-cli 客户端】增长集合中 Java 计数的内容。

CMS.INCRBY yootk:book:hot java 5	
程序执行结果	1) (integer) 15

（4）【redis-cli 客户端】获取 Java 与 Rust 计数内容。

CMS.QUERY yootk:book:hot java rust	
程序执行结果	1) (integer) 15 2) (integer) 9

7.4　RoaringBitmap

RoaringBitmap

视频名称　0714_【理解】RoaringBitmap

视频简介　RoaringBitmap 提供了一种更先进的位存储设计方案。本视频分析以往数据统计之中所存在的问题，以及 RoaringBitmap 的存储原理，并通过具体的模块编译配置以及提供的扩展命令实现 RoaringBitmap 数据结构的操作。

Redis 为了减少内存量的占用，提供了位图结构支持，开发者可以直接使用偏移量来进行数据的设置。由于位图中主要的操作是位索引和位数据，因此常规的开发中有许多开发者基于哈希映射结构实现位索引和字符串数据之间的映射关系，例如，现在要做文章阅读用户的统计，可以得到如图 7-25 所示的设计方案。

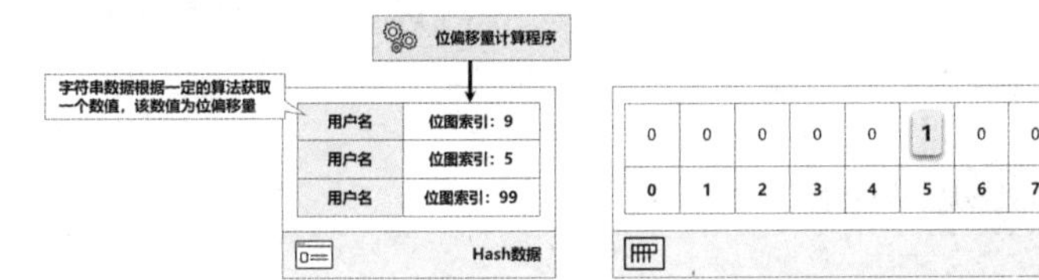

图 7-25　基于位图统计文章阅读用户

使用位图实现数据统计处理可以得到较好的存储空间，但是用户名都是字符串数据，在将其经过计算转化为位索引后，很难保证位索引的连续性。这样一来就有可能出现两个数据位之间的偏移量过高，不仅造成存储空间的浪费，也导致位计算处理性能的下降，伴随着位图数据量的增长，单次设置位标记的操作耗时也会增加。为了解决传统位图存储中的问题，Redis Stack 提供了 RoaringBitmap（咆哮位图）改善结构，其存储结构如图 7-26 所示。

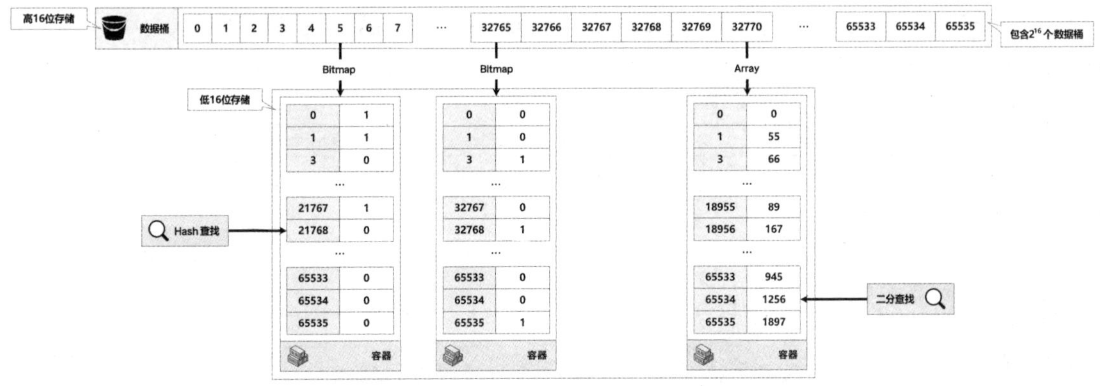

图 7-26　RoaringBitmap 存储结构

RoaringBitmap 使用多级分段的方式进行存储，避免了位操作中的空位以及数据长度的限制问题，其设计的核心思想在于将 32 位无符号整数的高 16 位作为数据桶，低 16 位作为具体的数据存储容器（Container）。容器中可以单独存放一个位图（存放紧凑数据），也可以存放一个数组（存放稀疏数据）。开发者可以通过表 7-10 所示的操作命令实现 RoaringBitmap 数据结构的操作。

表 7-10 RoaringBitmap 操作命令

序号	操作命令	描述
1	R.SETBIT key 位偏移量 数值	在指定的数据位上存储数据，并返回旧值
2	R.GETBIT key 位偏移量	读取指定位上保存的数据
3	R.BITCOUNT key [开始索引 结束索引 [BYTE | BIT]]	统计指定 key 中位内容为 1 的数据量
4	R.BITPOS key 数值 [开始索引 结束索引 [BYTE | BIT]]	返回位图中第一个指定数值的索引位置
5	R.BITOP 操作符 存储 key 数据 key 数据 key …	进行位操作，操作符可以为 AND、OR、NOT、XOR
6	R.BITFIELD key GET … SET … INCR … OVERFLOW …	对位成员进行多项处理操作
7	R.SETINTARRAY key 数据 [数据 …]	设置整型数组
8	R.GETINTARRAY key	获取整型数组
9	R.RANGEINTARRAY key 开始索引 结束索引	获取指定索引范围之间的数据
10	R.MIN key	获取数组中的最小值
11	R.MAX key	获取数组中的最大值

RoaringBitmap 是一个 Redis 扩展模块，开发者需要进行手动配置才可以使用其实现数据的操作，下面通过具体的步骤讲解该模块的编译与配置，以及相关命令的使用。

（1）【redis-server 主机】进入源代码保存目录：cd /mnt/src/。

（2）【redis-server 主机】通过 GitHub 克隆模块代码。

```
git clone --recursive https://github.com/aviggiano/redis-roaring.git
```

程序执行结果

```
Cloning into 'redis-roaring'...
remote: Enumerating objects: 6089, done.
remote: Counting objects: 100% (126/126), done.
remote: Compressing objects: 100% (64/64), done.
remote: Total 6089 (delta 69), reused 108 (delta 56), pack-reused 5963
Receiving objects: 100% (6089/6089), 56.44 MiB | 205.00 KiB/s, done.
Resolving deltas: 100% (1609/1609), done.
```

（3）【redis-server 主机】进入 redis-roaring 代码目录：cd /mnt/src/redis-roaring。

（4）【redis-server 主机】配置 redis-roaring 程序代码：./configure.sh。

（5）【redis-server 主机】此时编译后的 redis-roaring 程序代码保存在 dist 子目录之中。该目录不仅包含 Redis 相关命令，也包含 libredis-roaring.so 模块文件，为了便于 Redis 管理，将生成的 libredis-roaring.so 模块文件复制到 Redis 模块目录之中。

```
cp /mnt/src/redis-roaring/dist/libredis-roaring.so /usr/local/redis/modules/
```

（6）【redis-server 主机】为 libredis-roaring.so 模块文件分配权限：chmod 777 /usr/local/redis/modules/libredis-roaring.so。

（7）【redis-server 主机】启动 Redis 进程：redis-server /usr/local/redis/conf/redis.conf。

（8）【redis-cli 客户端】设置位数据。

```
R.SETBIT clockin:yootk 3 1
```

程序执行结果

```
(integer) 0    ➔ 返回原始位上保存的数据
```

（9）【redis-cli 客户端】获取指定位上的数据。

R.GETBIT clockin:yootk 3	
程序执行结果	(integer) 1

（10）【redis-cli 客户端】设置整型数组，并配置整型数组中的初始内容。

R.SETINTARRAY yootk:array 1 2 3 4 5 6	
程序执行结果	OK

（11）【redis-cli 客户端】获取整型数组中的数据。

R.GETINTARRAY yootk:array	
程序执行结果	1) (integer) 1 2) (integer) 2 3) (integer) 3 4) (integer) 4 5) (integer) 5 6) (integer) 6

（12）【redis-cli 客户端】向整型数组中追加数据。

R.APPENDINTARRAY yootk:array 168 169 180	
程序执行结果	OK

7.5 RedisTimeSeries

RedisTimeSeries

视频名称 0715_【理解】RedisTimeSeries

视频简介 时间序列数据是数据采集常用的技术手段，Redis 提供了专属的时间序列模块。本视频讲解该模块的作用，并通过具体操作演示该模块的部署与使用。

在进行物联网项目开发的过程中，经常需要对远程设备的状态进行监控，因此需要各个远程设备定期向服务器发送状态数据，服务器则需要将这些数据按照时间序列统一记录，如图 7-27 所示，这样的数据被称为时间序列（Time Series）数据。

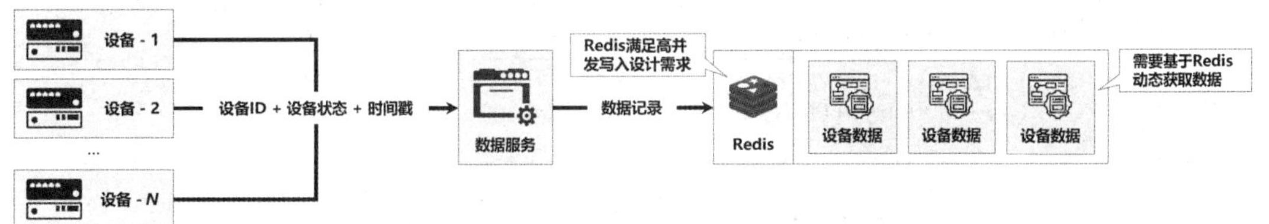

图 7-27　设备数据记录

在实际应用中，时间序列数据通常采用持续的高并发写入，并且这些数据由于都只保存当前设备状态，因此不存在数据更新的问题。但是 Redis 提供的默认数据类型（Hash、字符串等）本身包含大量的额外附加内容，这样在使用时就会产生大量的内存占用，同时所保存的设备数据还需要满足数据动态查询的需求。为了满足此类设计需求，Redis Stack 提供了 RedisTimeSeries 开发模块，该模块中的操作命令如表 7-11 所示。

表 7-11　RedisTimeServies 操作命令

序号	操作命令	描述
1	TS.CREATE key [RETENTION retentionPeriod] [ENCODING [UNCOMPRESSED | COMPRESSED]] [CHUNK_SIZE size] [DUPLICATE_POLICY policy] [LABELS {label value}...]	创建时间序列数据集合，命令配置项作用如下。 ① RETENTION：集合数据的过期时间（单位：毫秒），如果设置为 0，表示永不过期。 ② ENCODING：配置序列化样本编码。 ③ CHUNK_SIZE：每个数据库的初始字节大小。 ④ DUPLICATE_POLICY：样本数据重复操作策略。 ⑤ LABELS：配置集合的元数据

续表

序号	操作命令	描述
2	TS.CREATERULE sourceKey destKey AGGREGATION aggregator bucketDuration [alignTimestamp]	创建数据压缩规则，通过 AGGREGATION 配置聚合规则
3	TS.ADD key timestamp value [RETENTION retentionPeriod] [ENCODING [COMPRESSED|UNCOMPRESSED]] [CHUNK_SIZE size] [ON_DUPLICATE policy] [LABELS {label value}...]	添加样本数据到时间数据集合中
4	TS.ALTER key [RETENTION retentionPeriod] [CHUNK_SIZE size] [DUPLICATE_POLICY policy] [LABELS [{label value}...]]	更新现有的时间数据集合配置
5	TS.DECRBY key value [TIMESTAMP timestamp] [RETENTION retentionPeriod] [UNCOMPRESSED] [CHUNK_SIZE size] [LABELS {label value}...]	减少现有时间戳的样本值
6	TS.DEL key fromTimestamp toTimestamp	删除指定时间戳范围的数据
7	TS.DELETERULE sourceKey destKey	删除数据压缩规则
8	TS.GET key [LATEST]	获得最后一次的样本值
9	TS.INCRBY key value [TIMESTAMP timestamp] [RETENTION retentionPeriod] [UNCOMPRESSED] [CHUNK_SIZE size] [LABELS {label value}...]	增加已有时间戳的样本值
10	TS.INFO key [DEBUG]	返回指定时间数据集合的详细信息
11	TS.MADD {key timestamp value}...	向时间集合中添加多个数据
12	TS.MGET [LATEST] [WITHLABELS | SELECTED_LABELS label...] FILTER filterExpr...	获取与指定过滤器匹配的最后一个样本数据
13	TS.MRANGE fromTimestamp toTimestamp [LATEST] [FILTER_BY_TS ts...] [FILTER_BY_VALUE min max] [WITHLABELS | SELECTED_LABELS label...] [COUNT count] [[ALIGN align] AGGREGATION aggregator bucketDuration [BUCKETTIMESTAMP bt] [EMPTY]] FILTER filterExpr... [GROUPBY label REDUCE reducer]	反向过滤查询指定范围时间数据，命令配置项作用如下。 ① FILTER：数据过滤。 ② FILTER_BY_TS：按特定时间戳列表过滤样本。 ③ FILTER_BY_VALUE：设置过滤的最大值和最小值。 ④ WITHLABELS：返回所有的元数据标签。 ⑤ SELECTED_LABELS：定义返回元数据标签的名称。 ⑥ COUNT：限制返回数据的个数。 ⑦ ALIGN：数据对齐定义。 ⑧ BUCKETTIMESTAMP：报告数据桶时间戳。 ⑨ GROUP：进行数据的分组与聚合操作
14	TS.MREVRANGE fromTimestamp toTimestamp [LATEST] [FILTER_BY_TS TS...] [FILTER_BY_VALUE min max] [WITHLABELS | SELECTED_LABELS label...] [COUNT count] [[ALIGN align] AGGREGATION aggregator bucketDuration [BUCKETTIMESTAMP bt] [EMPTY]] FILTER filterExpr... [GROUPBY label REDUCE reducer]	反向过滤查询指定范围时间数据，并采用逆序方式显示

续表

序号	操作命令	描述
15	TS.QUERYINDEX filterExpr...	获取匹配的时间序列集合 key 列表
16	TS.RANGE key fromTimestamp toTimestamp [LATEST] [FILTER_BY_TS ts...] [FILTER_BY_VALUE min max] [COUNT count] [[ALIGN align] AGGREGATION aggregator bucketDuration [BUCKETTIMESTAMP bt] [EMPTY]]	正向过滤查询指定范围时间数据
17	TS.REVRANGE key fromTimestamp toTimestamp [LATEST] [FILTER_BY_TS TS...] [FILTER_BY_VALUE min max] [COUNT count] [[ALIGN align] AGGREGATION aggregator bucketDuration [BUCKETTIMESTAMP bt] [EMPTY]]	正向过滤查询指定范围时间数据，并采用逆序方式显示

RedisTimeSeries 将相关的采集到的数据写入集合之中，随后可以根据需求获取时间数据，也可以进行时间数据的聚合计算。RedisTimeSeies 是一个独立的组件，需要开发者手动整合，下面介绍具体的配置步骤以及相关命令的使用。

（1）【redis-server 主机】进入源代码保存目录：cd /mnt/src。

（2）【redis-server 主机】通过 GitHub 克隆模块代码。

```
git clone --recursive https://github.com/RedisTimeSeries/RedisTimeSeries.git
```

（3）【redis-server 主机】进入 RedisTimeSeries 代码目录：cd /mnt/src/RedisTimeSeries。

（4）【redis-server 主机】下载模块编译所需依赖库：make setup。

（5）【redis-server 主机】编译 RedisTimeSeries 程序代码：make build。

（6）【redis-server 主机】将 redistimeseries.so 模块文件复制到 Redis 模块目录之中。

```
cp /mnt/src/RedisTimeSeries/bin/linux-x64-release/redistimeseries.so /usr/local/redis/modules/
```

（7）【redis-server 主机】打开 Redis 配置文件添加模块配置：vi /usr/local/redis/conf/redis.conf。

```
loadmodule /usr/local/redis/modules/redistimeseries.so
```

（8）【redis-server 主机】为 redistimeseries.so 模块文件分配权限：chmod 777 /usr/local/redis/modules/redistimeseries.so。

（9）【redis-server 主机】启动 Redis 进程：redis-server /usr/local/redis/conf/redis.conf。

（10）【redis-cli 客户端】创建一个时间集合，该集合主要用来记录设备转动的速度。

```
TS.CREATE yootk:device:speed RETENTION 6000 LABELS device:id 108
```

程序执行结果
```
OK
```

（11）【redis-cli 客户端】向集合中添加数据，使用“*”基于 Redis 自动生成时间戳。

```
TS.ADD yootk:device:speed * 3
```

程序执行结果
```
(integer) 1673248114961
```

（12）【redis-cli 客户端】查询最后一条时间数据。

```
TS.GET yootk:device:speed
```

程序执行结果
```
1) (integer) 1673248114961
2) 3
```

（13）【redis-cli 客户端】查询指定时间戳范围的数据，统计每 60 秒风车的平均转速。

```
TS.RANGE yootk:device:speed 1573248114961 1773248114961 AGGREGATION avg 600000
```

程序执行结果
```
1) 1) (integer) 1673247600000
   2) 3
```

7.6 RedisGraph

视频名称 0716_【理解】RedisGraph

视频简介 图结构可以有效地实现数据关联结构的定义，RedisGraph 提供了图数据的支持模块。本视频介绍该模块的主要作用，并通过具体的实例讲解图数据的使用。

RedisGraph 是一个实现图结构存储的模块，该模块主要用于向 Redis 中添加图数据的处理支持。RedisGraph 创新地将图数据表示为稀疏矩阵，并利用 GraphBLAS 将图形操作转换为对矩阵操作，还保留了完全基于内存的处理特点，使用者可以直接在内存中完成图的创建、查询以及条件匹配等操作。

> **提示：GraphBLAS**
>
> BLAS（Basic Linear Algebra Subprogram，基本线性代数子程序）是为高性能计算提供的一套方便的算法软件工具，GraphBLAS 的工作目标是为图计算提供类似的构建框架。

在机器学习中考虑到计算的性能，往往会基于内存进行处理。如果设置的样本数量过大，则最终一定会导致内存空间占用过大，在实际的运行环境中，服务器的硬件配置是有限的，不可能无限制地进行内存扩展。为了解决此类问题，使用稀疏矩阵（Compressed Sparse Row Matrix，CSR 矩阵）的方式进行压缩，如图 7-28 所示。

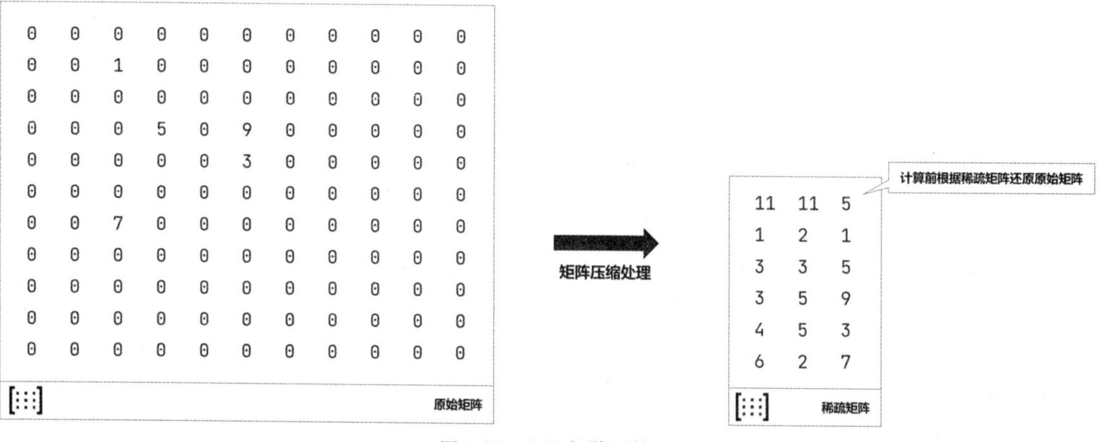

图 7-28 CSR 矩阵压缩

RedisGraph 为了便于修改图数据，提供了 3 个矩阵，分别为邻接矩阵（标记图中的关系连接）、标签矩阵（使用不同的数据类型）以及关系矩阵。同时构建 Cypher 声明式图数据库查询语言的语法解析器，实现图数据的查询操作，表 7-12 所示为 RedisGraph 操作命令，下面介绍该模块的具体配置以及图数据操作实例。

表 7-12 RedisGraph 操作命令

序号	操作命令	描述
1	GRAPH.QUERY graph query [TIMEOUT timeout]	对指定的图形进行查询
2	GRAPH.DELETE graph	删除图形
3	GRAPH.EXPLAIN graph query	分析指定查询
4	GRAPH.LIST	列出全部图形数据 key
5	GRAPH.PROFILE graph query [TIMEOUT timeout]	执行查询并生成执行计划

续表

序号	操作命令	描述
6	GRAPH.RO_QUERY graph query [TIMEOUT timeout]	执行图形的只读查询
7	GRAPH.CONFIG SET name value	设置图形配置项
8	GRAPH.CONFIG GET name	获取图形配置项
9	GRAPH.SLOWLOG graph	发布关于给定图形的慢查询信息

（1）【redis-server 主机】进入源代码保存目录：cd /mnt/src/。

（2）【redis-server 主机】通过 GitHub 克隆模块代码。

```
git clone --recurse-submodules -j8 https://github.com/RedisGraph/RedisGraph.git
```

（3）【redis-server 主机】下载项目所需要的依赖库。

```
apt-get -y install build-essential cmake m4 automake peg libtool autoconf python3
```

（4）【redis-server 主机】进入 RedisGraph 代码目录：cd /mnt/src/RedisGraph。

（5）【redis-server 主机】编译 RedisGraph 程序代码：make。

（6）【redis-server 主机】复制 redisgraph.so 模块文件到 Redis 模块管理目录之中。

```
cp /mnt/src/RedisGraph/src/redisgraph.so /usr/local/redis/modules/
```

（7）【redis-server 主机】打开 Redis 配置文件，添加模块配置：vi /usr/local/redis/conf/redis.conf。

```
loadmodule /usr/local/redis/modules/redisgraph.so
```

（8）【redis-server 主机】为 redisgraph.so 模块文件分配权限：chmod 777 /usr/local/redis/modules/redisgraph.so。

（9）【redis-server 主机】启动 Redis 进程：redis-server /usr/local/redis/conf/redis.conf。

（10）【redis-cli 客户端】创建图书数据，本次主要保存的是图书的作者信息。

```
GRAPH.QUERY graph:yootk:books "CREATE (:Author {aid: 1, name:'LiXingHua'}), (:Author {aid: 2, name:'MaYunTao'})"
```

程序执行结果

```
1) 1) "Labels added: 1"
   2) "Nodes created: 3"
   3) "Properties set: 6"
   4) "Cached execution: 0"
   5) "Query internal execution time: 0.333124 milliseconds"
```

（11）【redis-cli 客户端】创建图书数据，此处保存几本图书内容。

```
GRAPH.QUERY graph:yootk:books "CREATE (:Book {bid: 9191, title: 'Java Programming', price: 7980, aid: [1]}), (:Book {bid: 9192, title: 'Java Advanced', price: 8980, aid: [1,2]}) "
```

程序执行结果

```
1) 1) "Labels added: 1"
   2) "Nodes created: 2"
   3) "Properties set: 8"
   4) "Cached execution: 0"
   5) "Query internal execution time: 0.319919 milliseconds"
```

（12）【redis-cli 客户端】建立图书和作者之间的关联。

```
GRAPH.QUERY graph:yootk:books "MATCH (a:Author),(b:Book) WHERE a.aid IN b.aid CREATE (a)-[r:Book_Author {note: a.name + ' , Series Of Books --- ' + b.title}]->(b) RETURN r"
```

程序执行结果

```
1) 1) "r"
2) 1) 1) 1) 1) "id"
            2) (integer) 2
         2) 1) "type"
            2) "Book_Author"
         3) 1) "src_node"
            2) (integer) 1
         4) 1) "dest_node"
            2) (integer) 3
         5) 1) "properties"
            2) 1) 1) "note"
                  2) "MaYunTao , Series Of Books --- Java Advanced"
   2) 1) 1) 1) "id"
```

	`            2) (integer) 1`
	`         2) 1) "type"`
	`            2) "Book_Author"`
	`         3) 1) "src_node"`
	`            2) (integer) 0`
	`         4) 1) "dest_node"`
	`            2) (integer) 3`
	`         5) 1) "properties"`
	`            2) 1) 1) "note"`
	`                  2) "LiXingHua , Series Of Books --- Java Advanced"`
	`   3) 1) 1) 1) "id"`
	`            2) (integer) 0`
	`         2) 1) "type"`
	`            2) "Book_Author"`
	`         3) 1) "src_node"`
	`            2) (integer) 0`
	`         4) 1) "dest_node"`
	`            2) (integer) 2`
	`         5) 1) "properties"`
	`            2) 1) 1) "note"`
	`                  2) "LiXingHua , Series Of Books --- Java Programming"`
	`3) 1) "Properties set: 3"`
	`   2) "Relationships created: 3"`
	`   3) "Cached execution: 0"`
	`   4) "Query internal execution time: 0.552981 milliseconds"`

（13）【redis-cli 客户端】查询所有图书的名称。

GRAPH.QUERY graph:yootk:books "MATCH (b:Book) Return b.title"	

程序执行结果	`1) 1) "b.title"`
	`2) 1) 1) "Java Programming"`
	`   2) 1) "Java Advanced"`
	`3) 1) "Cached execution: 0"`
	`   2) "Query internal execution time: 0.237549 milliseconds"`

（14）【redis-cli 客户端】查询编号为 9191 的图书信息。

GRAPH.QUERY graph:yootk:books "MATCH (b:Book) WHERE b.bid=9191 Return b"	

程序执行结果	`1) 1) "b"`
	`2) 1) 1) 1) 1) "id"`
	`            2) (integer) 2`
	`         2) 1) "labels"`
	`            2) 1) "Book"`
	`         3) 1) "properties"`
	`            2) 1) 1) "bid"`
	`                  2) (integer) 9191`
	`               2) 1) "title"`
	`                  2) "Java Programming"`
	`               3) 1) "price"`
	`                  2) (integer) 7980`
	`               4) 1) "aid"`
	`                  2) "[1]"`
	`3) 1) "Cached execution: 0"`
	`   2) "Query internal execution time: 0.185746 milliseconds"`

（15）【redis-cli 客户端】查询指定编号图书的详细信息。

GRAPH.QUERY graph:yootk:books "MATCH (a:Author)-[r:Book_Author]-(b:Book) WHERE b.bid=9192 RETURN b.title, r.note, b.price"	

程序执行结果	`1) 1) "b.title"`
	`   2) "r.note"`
	`   3) "b.price"`
	`2) 1) 1) "Java Advanced"`
	`      2) "LiXingHua , Series Of Books --- Java Advanced"`
	`      3) (integer) 8980`
	`   2) 1) "Java Advanced"`
	`      2) "MaYunTao , Series Of Books --- Java Advanced"`

	3) (integer) 8980 3) 1) "Cached execution: 0" 2) "Query internal execution time: 0.426875 milliseconds"

7.7 Redis-Cell

Redis-Cell

视频名称 0717_【理解】Redis-Cell

视频简介 Redis-Cell 模块提供了一种良好的服务限流支持。本视频讲解该模块的手动配置，分析 CL.THROTTLE 命令的使用，并通过具体的代码开发服务限流应用。

为了保证服务运行的稳定性，也为了应用中项目的安全性，在实际的生产环境中必须对用户的访问进行限制。对于限流的操作，可以通过程序实现，也可以基于 OpenResty 组件在代理中实现。Redis Stack 考虑到用户的开发需求，提供了 Redis-Cell 限流模块，这样可以极大地简化限流操作的处理逻辑，该模块是基于漏斗桶算法实现的，其结构如图 7-29 所示。

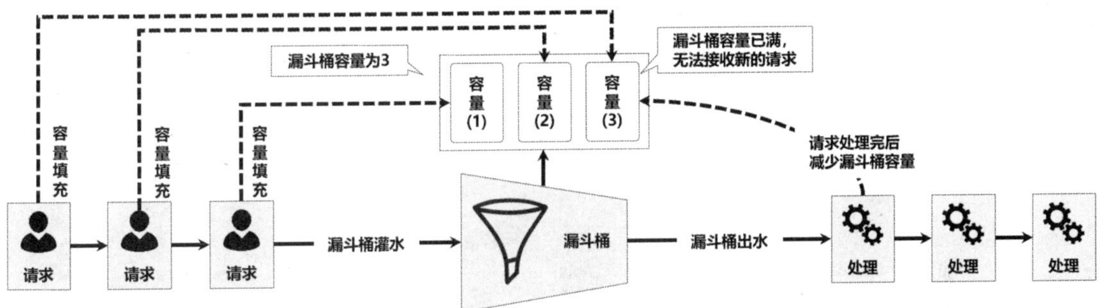

图 7-29 漏斗桶算法结构

在漏斗桶算法中，漏斗桶的容量是有限的，所以一旦“灌水”的速度大于“出水”的速度，那么漏斗桶的容量很快便会被占满，这样其他的用户请求将被直接拒绝。通过控制水速（灌水口与出水口的比例）控制该操作允许访问的最大频率。下面介绍如何在项目中实现 Redis-Cell 的应用，具体配置步骤如下。

（1）【redis-server 主机】安装 Rust 包管理工具：apt-get -y install cargo。

（2）【redis-server 主机】进入源代码保存目录：cd /mnt/src/。

（3）【redis-server 主机】通过 GitHub 克隆模块代码。

```
git clone https://github.com/brandur/redis-cell.git
```

（4）【redis-server 主机】进入 Redis-Cell 代码目录：cd /mnt/src/redis-cell。

（5）【redis-server 主机】编译 Redis-Cell 源代码：cargo build –release。

（6）【redis-server 主机】复制 libredis_cell.so 模块文件到 Redis 模块目录之中。

```
cp /mnt/src/redis-cell/target/release/libredis_cell.so /usr/local/redis/modules/
```

（7）【redis-server 主机】打开 Redis 配置文件添加模块配置：vi /usr/local/redis/conf/redis.conf。

```
loadmodule /usr/local/redis/modules/libredis_cell.so
```

（8）【redis-server 主机】为 libredis_cell.so 模块文件分配权限：chmod 777 /usr/local/redis/modules/libredis_cell.so。

（9）【redis-server 主机】启动 Redis 进程：redis-server /usr/local/redis/conf/redis.conf。

（10）【redis-cli 客户端】通过 Redis-Cell 中提供的命令实现限流控制。

CL.THROTTLE user:yootk 5 30 60 2	
程序执行结果	1) (integer) 0 ➔ 是否允许访问，允许返回0，不允许返回1 2) (integer) 6 ➔ 漏斗桶容量（0～5，一共6个）

```
3) (integer) 4      ➔  当前漏斗桶的剩余量
4) (integer) -1     ➔  请求被拒绝后，漏斗桶可以继续放入数据的等待时间（单位：秒）
5) (integer) 5      ➔  漏斗桶完全漏空的时间（单位：秒）
```

Redis-Cell 模块只提供了一个 CL.THROTTLE 命令，即限流的定义以及限流操作的判断均由该命令完成，该命令的使用如图 7-30 所示。

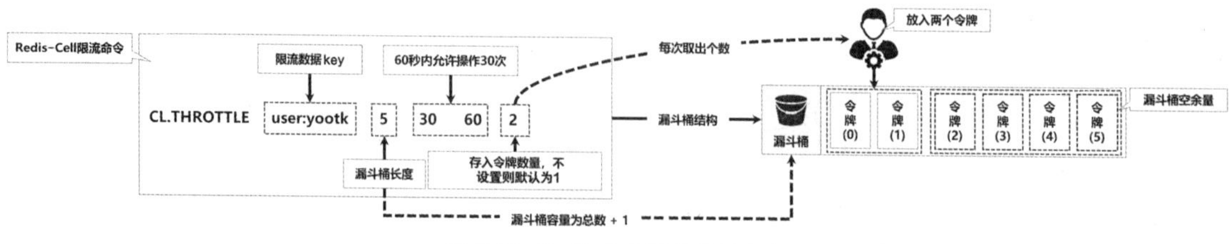

图 7-30　Redis-Cell 限流访问命令

清楚了 Redis-Cell 的基本工作流程之后，就可以基于 Spring Boot 来实现具体的应用限流处理。考虑到限流逻辑与具体的业务处理无关，因此可以基于 AOP 代理方式来实现限流控制，应用开发结构如图 7-31 所示。

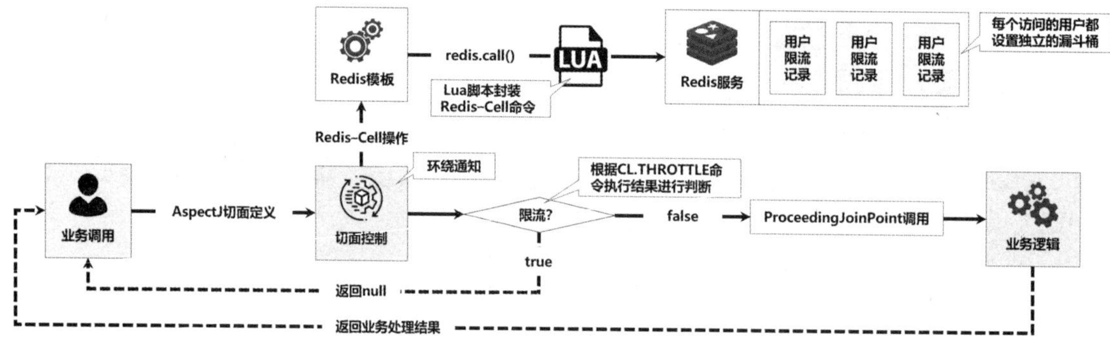

图 7-31　应用开发结构

（11）【redis 项目】创建 cell 子模块用于实现 Redis-Cell 开发，随后修改 build.gradle 配置文件，添加模块所需依赖。

```
project(":cell") {
    dependencies {                                                   // 根据需求进行依赖配置
        implementation('org.springframework.boot:spring-boot-starter-web:3.0.0')
        implementation('org.springframework.boot:spring-boot-starter-aop:3.0.0')
        testImplementation('org.springframework.boot:spring-boot-starter-test:3.0.0')
        compileOnly('org.projectlombok:lombok:1.18.24')              // lombok组件
        annotationProcessor 'org.projectlombok:lombok:1.18.24'       // 注解处理支持
        implementation('org.springframework.boot:spring-boot-starter-data-redis:3.0.0')
    }
}
```

（12）【cell 子模块】在 application.yml 配置文件中定义 Redis 连接信息。

（13）【cell 子模块】创建 IMessageService 业务接口。

```
package com.yootk.service;
public interface IMessageService {                                   // 业务接口
    public String echo(String content);                              // 消息回应
}
```

（14）【cell 子模块】创建 MessageServiceImpl 业务接口实现子类。

```
package com.yootk.service.impl;
@Service
public class MessageServiceImpl implements IMessageService {         // 业务接口实现子类
    @Override
    public String echo(String content) {
        return "【ECHO】" + content;
```

```
    }
}
```

（15）【cell 子模块】创建 Lua 脚本配置类。

```
package com.yootk.lua;
@Configuration
public class RedisLuaScriptConfig {                                   // Lua脚本配置类
    public static final String CELL_LUA_SCRIPT =
          "return redis.call('CL.THROTTLE',KEYS[1], ARGV[1], ARGV[2], ARGV[3], ARGV[4])";
    @Bean
    public DefaultRedisScript<List> cellScript() {                    // 限流脚本
        return new DefaultRedisScript<>(CELL_LUA_SCRIPT, List.class);
    }
}
```

（16）【cell 子模块】创建切面控制类，基于 Redis_Cell 实现限流控制。

```
package com.yootk.aspect;
@Aspect
@Component
@Slf4j
public class Redis_CellAspect {
    private static final String MAX_BUCKET = "5";                     // 漏斗桶总量
    private static final String COUNT = "30";                         // 访问速率为30次
    private static final String PERIOD = "60";                        // 限制周期为60秒
    private static final String QUANTITY = "3";                       // 每次占用3个漏斗桶空间
    @Autowired
    private StringRedisTemplate stringRedisTemplate;                  // Redis操作模板
    @Autowired
    private DefaultRedisScript<List> cellScript;                      // 限流Lua脚本
    @Around("execution(public * com.yootk..service..*.*(..))")        // 切面表达式
    public Object handleRound(ProceedingJoinPoint point) throws Throwable { // 环绕通知
        // 在实际开发中限流数据KEY会根据不同的访问者进行标记，组成格式"access:cell:用户名"
        String key = "access:limit:yootk";                            // 限流数据key
        List<Long> result = this.stringRedisTemplate.execute(cellScript, Arrays.asList(key),
              MAX_BUCKET, COUNT, PERIOD, QUANTITY);                   // 执行Lua脚本
        log.info("【Redis_Cell】限流查询，key = {}、value = {}", key, result);
        if (result.get(0) == 0) {
            return point.proceed(point.getArgs());                    // 执行后续处理
        }
        return null;
    }
}
```

（17）【cell 子模块】创建应用程序启动类。

```
package com.yootk;
@EnableAspectJAutoProxy                                                  // 启用AOP代理
@SpringBootApplication                                                   // Spring Boot应用
public class StartRedis_CellApplication {
    public static void main(String[] args) {
        SpringApplication.run(StartRedis_CellApplication.class, args);  // 应用启动
    }
}
```

（18）【cell 子模块】编写测试类，测试业务调用与限流控制。

```
package com.yootk.test;
@SpringBootTest(classes = StartRedis_CellApplication.class)
@ExtendWith(SpringExtension.class)
@WebAppConfiguration
public class TestMessageService {
    @Autowired
    private IMessageService messageService;                           // 业务接口实例
    private static final Logger LOGGER = LoggerFactory.getLogger(TestMessageService.class);
    @Test
    public void testEcho() throws Exception {
        // Redis-Cell定义的速率为每60秒只允许访问2次，所以此处循环5次一定会出现限流问题
        for (int x = 0 ; x < 5; x ++) {
            LOGGER.info("【消息服务】{}", this.messageService.echo("沐言优拓：yootk.com"));
            TimeUnit.SECONDS.sleep(1);                                // 每次休眠1秒
        }
    }
}
```

程序执行结果	【Redis-Cell】限流查询，key = access:limit:yootk、value = [0, 6, 1, -1, 131] 【消息服务】【ECHO】沐言优拓：yootk.com 【Redis-Cell】限流查询，key = access:limit:yootk、value = [0, 6, 0, -1, 160] 【消息服务】【ECHO】沐言优拓：yootk.com 【Redis-Cell】限流查询，key = access:limit:yootk、value = [1, 6, 0, 9, 159] 【消息服务】null 【Redis-Cell】限流查询，key = access:limit:yootk、value = [1, 6, 0, 8, 158] 【消息服务】null 【Redis-Cell】限流查询，key = access:limit:yootk、value = [1, 6, 0, 7, 157] 【消息服务】null

通过此时的程序执行结果可以发现，在漏斗桶未填满前，业务层可以正常调用；当漏斗桶填满后，后续的应用无法继续进行访问，所以直接返回 null（限流防护）。

7.8　RedisAI

RedisAI

视频名称　0718_【理解】RedisAI

视频简介　Redis 为了简化数据分析的处理，提供了 RedisAI 的功能模块，可以直接结合本地的数据分析组件实现机器学习与深度学习。本视频讲解该模块的配置。

RedisAI 是 Redis 扩展的一款 AI 软件和数据之间的模块，其目的是将机器学习（Machine Learning）与深度学习（Deep Learning）结合起来，以及不同的业务数据整合起来并运用 AI 模型。开发者可以登录“Redis|The Real-time Date Platform”网站查询 RedisAI 的相关资料，如图 7-32 所示。

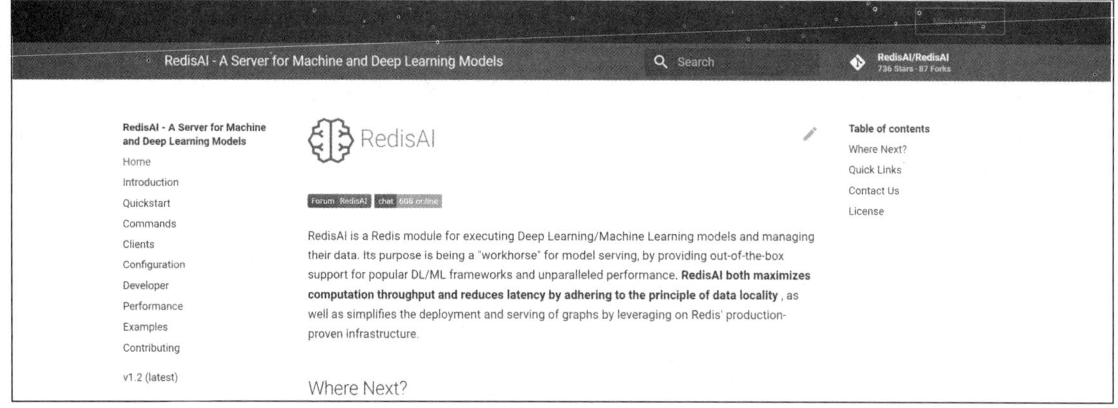

图 7-32　RedisAI

RedisAI 在进行构建时，本地系统需要提供一个机器学习系统，官方默认支持库为 TensorFlow，而后其所操作的命令都是调用 TensorFlow 的相关系统的操作命令实现的。下面通过实例讲解该模块的配置以及基础命令的使用。

（1）【redis-server 主机】进入源代码保存目录：cd /mnt/src/。

（2）【redis-server 主机】通过 GitHub 克隆模块代码。

```
git clone --recursive https://github.com/RedisAI/RedisAI
```

（3）【redis-server 主机】进入 RedisAI 源代码目录：cd /mnt/src/RedisAI/。

（4）【redis-server 主机】下载 RedisAI 所需依赖库，此时可以根据实际情况选择使用 CPU 支持库或 GPU 支持库。

CPU依赖支持	bash get_deps.sh
GPU依赖支持	bash get_deps.sh gpu

（5）【redis-server 主机】进入 RedisAI/opt 目录：cd /mnt/src/RedisAI/opt。

（6）【redis-server 主机】编译 RedisAI 模块源程序：make。

（7）【redis-server 主机】返回 RedisAI 源代码目录：cd /mnt/src/RedisAI。

（8）【redis-server 主机】编译 RedisAI 模块。

CPU环境编译	make -C opt clean ALL=1 make -C opt
GPU环境编译	make -C opt clean ALL=1 make -C opt GPU=1

（9）【redis-server 主机】复制 redisai.so 模块文件到 Redis 模块目录之中。

```
cp /mnt/src/RedisAI/bin/linux-x64-release/src/redisai.so /usr/local/redis/modules/
```

（10）【redis-server 主机】打开 Redis 配置文件进行模块配置：vi /usr/local/redis/conf/redis.conf。

```
loadmodule /usr/local/redis/modules/redisai.so BACKENDSPATH /mnt/src/RedisAI/bin/linux-x64-release/
nstall-cpu/backends
```

（11）【redis-server 主机】为 RedisAI 相关模块分配权限：chmod 777 /usr/local/redis/modules/redisai.so。

（12）【redis-server 主机】启动 Redis 进程：redis-server /usr/local/redis/conf/redis.conf。

（13）【redis-cli 客户端】RedisAI 支持多种数据类型，包括浮点型、整型、布尔型以及字符串型，下面通过命令创建两个“3×3”的整型矩阵。

```
AI.TENSORSET yootk:tensor:1 INT32 3 3 VALUES 1 2 3 4 5 6 7 8 9
AI.TENSORSET yootk:tensor:2 INT32 3 3 VALUES 11 22 33 44 55 66 77 88 99
```

程序执行结果	OK

（14）【redis-cli 客户端】获取创建的矩阵数据。

```
AI.TENSORGET yootk:tensor:1 VALUES
```

程序执行结果	1) (integer) 1 2) (integer) 2 3) (integer) 3 4) (integer) 4 5) (integer) 5 6) (integer) 6 7) (integer) 7 8) (integer) 8 9) (integer) 9

在 RedisAI 中，除了可以实现矩阵的存储之外，还可以创建所需的数据模型，并且基于 Python 脚本程序实现相关的数据分析操作。

7.9 本章概览

1．Redis Stack 提供了 Redis 存储功能的扩展，可以在已有高并发性能支持的前提下，提供更丰富的数据操作。

2．RedisJSON 提供了 JSON 数据的读写处理，同时可以基于 JSONPath 完成指定数据项的读取，在 Spring 中并未提供专属的执行支持，所以要基于原生命令的方式进行调用。

3．RediSearch 提供了类似于 MongoDB 与 ES 的数据检索支持，支持 Hash 数据和 RedisJSON 数据的访问操作，其内部使用 Friso 组件实现中文分词处理。

4．RedisBloom 模块提供了数据的检索支持，以及布隆过滤器、布谷鸟过滤器、Top-K 算法、T-Digest 算法和 Count-Min Sketch 算法的实现，在进行数据检索前使用这些算法可以有效地减少 GitHub 缓存穿透的问题。

5．布隆过滤器提供了一种高性能的检索处理方式，基于哈希函数进行存储位的计算。但是由于该算法只提供数据的标记，因此无法实现数据删除的支持。

6．布谷鸟过滤器改进了布隆过滤器的存储，将数据以指纹的形式存放，从而实现数据的删除操作。

7．RoaringBitmap 提供了新的位图支持，基于良好的高低位设计，解决了位图中数据空间占用过多的问题。

8．RedisTimeSeries 提供时间序列数据的记录，可以提高并发数据访问的存储性能，同时实现基于时间戳检索支持。

9．RedisGraph 提供了图关系数据库，可以基于图实现关联数据的匹配。

10．Redis-Cell 提供了访问限流支持，采用漏斗桶算法实现。

11．RedisAI 是 Redis 提供的机器学习和深度学习的组件，可以实现用户和具体工具之间的连接。

第 8 章 Ubuntu 操作系统

本章节习目标

1. 掌握 VMWare 虚拟机下的 Ubuntu 操作系统安装；
2. 掌握 SSH 服务使用方法并可以通过 XShell 客户端实现 Linux 远程访问；
3. 掌握 Ubuntu 操作系统中时区与时间配置；
4. 掌握 Ubuntu 操作系统中常见服务（JDK、Tomcat、FTP、MySQL 等）配置；
5. 掌握 Ubuntu 集群创建与 SSH 免登录访问配置。

在实际项目的生产环境中，为了保证系统运行的稳定性，常需要通过 Linux 操作系统进行服务部署，所以掌握 Linux 操作系统是程序开发人员十分重要的基础技能。本章将通过 VMWare 虚拟机实现 Ubuntu 操作系统的安装以及相关服务配置。

8.1 Ubuntu 安装与配置

Ubuntu 操作系统简介

视频名称 0801_【掌握】Ubuntu 操作系统简介

视频简介 Ubuntu 是现代项目开发中最为重要的开源 Linux 操作系统之一，随着 CentOS 的闭源风潮出现，Ubuntu 成为了当今十分流行的 Linux 操作系统。本视频讲解 Ubuntu 操作系统的下载，并讲解如何配置 VMware 虚拟机安装环境。

Ubuntu Linux 是由南非人马克 · 沙特尔沃思（Mark Shuttleworth）创办的基于 Debian Linux 的操作系统，于 2004 年 10 月公布。早期的 Ubuntu 是一个以桌面应用为主的 Linux 操作系统，由于其系统健壮且运行稳定，逐步应用于商业环境，开发者可以登录“ubuntu.com”网站获取该系统的镜像文件。考虑到 Linux 操作系统在实际使用中以应用服务部署为主，所以本次采用的是 Ubuntu 服务版，如图 8-1 所示。

提示：Ubuntu 名词含义。

Ubuntu 一词来源于非洲南部祖鲁语（或“豪萨语”，该语言为非洲三大语言之一），“ubuntu”是一句非洲谚语，中文翻译为“人道地对待他人”，可以简单理解为“人性”，是非洲传统的一种价值观。

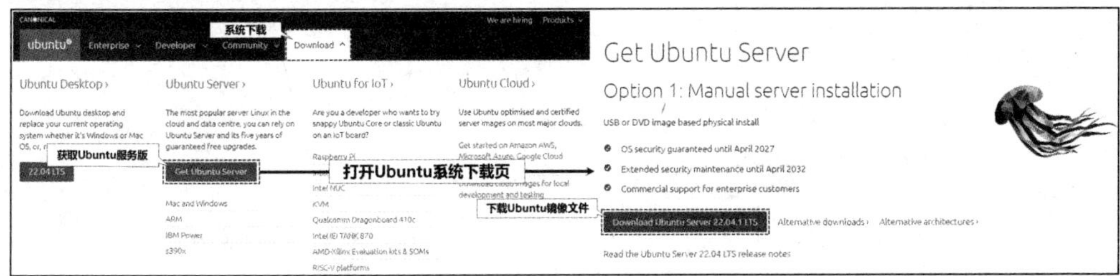

图 8-1　下载 Ubuntu 服务版

下载完成后可以得到 ubuntu-22.04.1-live-server-amd64.iso 镜像文件，读者可以直接利用专属的系统安装工具将其安装到指定的服务器之中。如果准备了专属的服务器，可以直接在本地系统中利用虚拟机软件进行本地系统的安装，本次使用的虚拟机为 VMware。该虚拟机允许使用者在本地创建若干个不同的虚拟系统，这样可以轻松地在一个系统中实现各类复杂集群的创建。

 **提示：VMware。**

VMware 是全球台式计算机及资料中心虚拟化解决方案的领导厂商，VMware Workstation 是该厂商出品的“虚拟 PC”软件，可以在一台计算机上同时运行 Windows、Linux、DOS 等系统。需要注意的是，在 Windows 系统中需要开启 CPU 虚拟化支持（进入主板 BIOS 配置）才可以使用该软件。

VMware 虚拟机提供完善的图形化界面支持，开发者在安装新的操作系统之前，需要创建一个新的虚拟机。由于每一台虚拟机都需要额外分配虚拟资源（例如，CPU、内存以及硬盘空间），因此应该采用图 8-2 所示的方式进行配置。

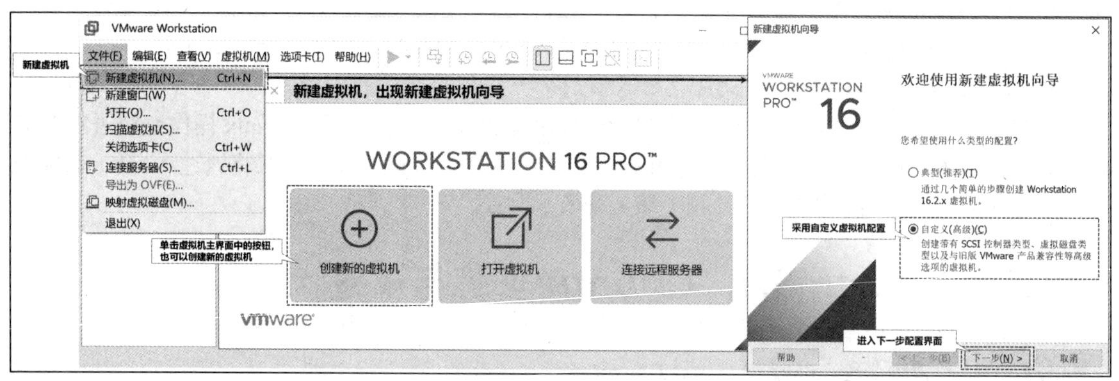

图 8-2　新建虚拟机

选择下一步后用户会被询问当前的 VMware 虚拟机是否要兼容以往的虚拟机版本，如果确定只在当前版本的虚拟机中使用，则可以选择默认配置，如图 8-3 所示。之后将进入操作系统镜像配置界面，此时用户选择之前下载得到的 Ubuntu 操作系统镜像文件，如果 VMware 软件版本较新，那么可以自动识别此系统对应的虚拟机配置，如图 8-4 所示。

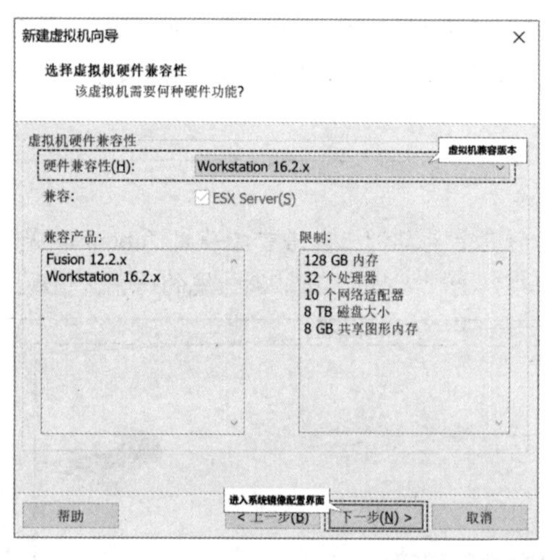

图 8-3　虚拟机兼容性配置

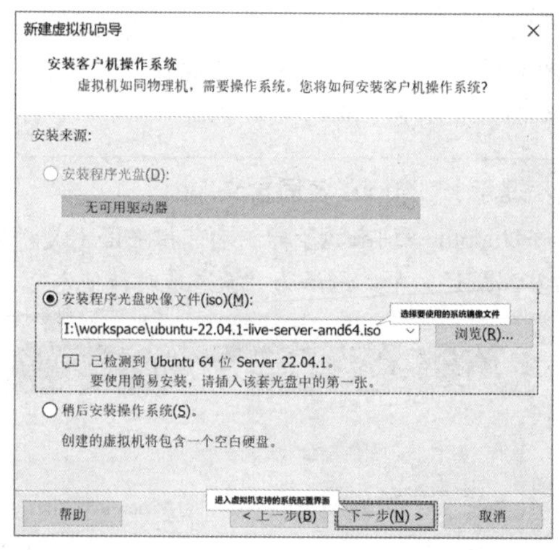

图 8-4　系统安装配置

虚拟机软件中所有的操作系统实际上都是通过文件的形式进行存储的，所以必须设置保存目录的名称（虚拟机名称）以及虚拟机的保存路径，如图 8-5 所示。在每台虚拟机中都可以进行虚拟化硬件的配置，包括 CPU、磁盘、内存等，为了使虚拟机获得较好的性能，本次将为虚拟机分配两块虚拟 CPU，同时在每一块虚拟 CPU 中定义一个处理内核，相当于当前的虚拟机系统可以并行处理两个线程，如图 8-6 所示。

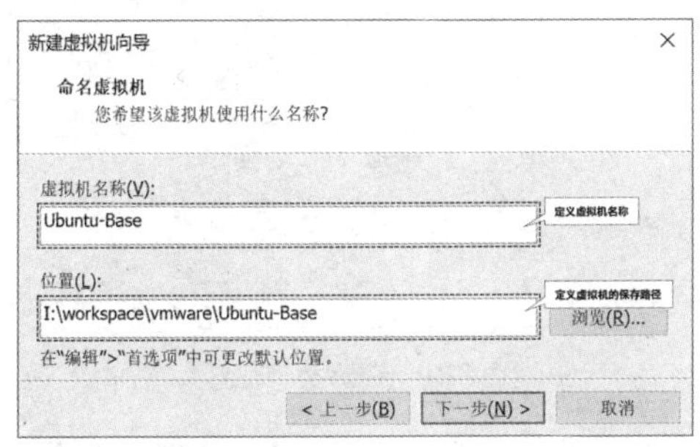

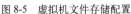

图 8-5 虚拟机文件存储配置

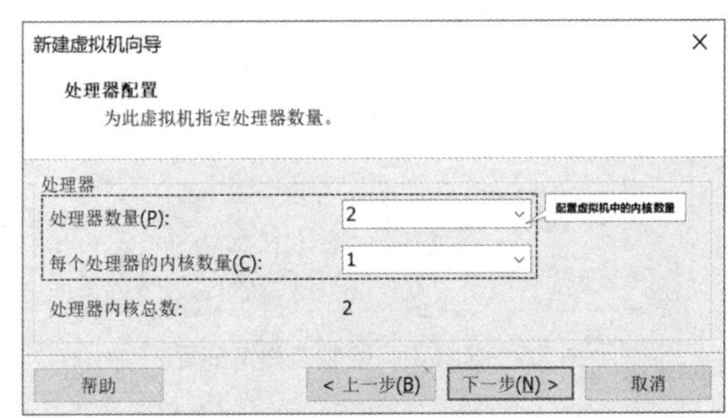

图 8-6 虚拟机 CPU 配置

在进行内存分配时，建议根据自身计算机硬件环境为虚拟机分配较大的内存空间，这样可以提高系统的安装速度。本次为虚拟机分配的内存大小为 4GB，如图 8-7 所示。

每一个运行在 VMware 软件中的虚拟机都是独立的系统，为了便于本地系统以及不同虚拟机系统之间的数据交互，需要根据图 8-8 所示的界面进行虚拟网络环境配置，一般来讲 VMware 软件提供如下 4 类网络配置：

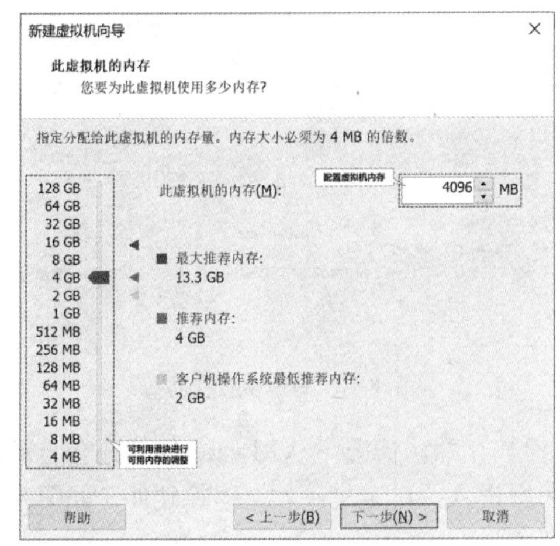

图 8-7 虚拟内存配置

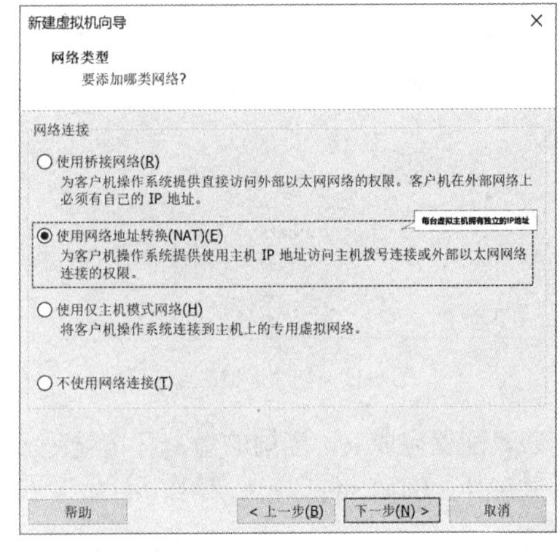

图 8-8 虚拟机网络环境配置

- 桥接适配器（Bridged Adapter）：模拟的真实主机，使虚拟机能被分配到一个网络中独立的 IP 地址，所有网络功能完全和网络中的真实计算机一样。
- 网络地址转换（Network Address Translation，NAT）：主机网卡直接与虚拟 NAT 设备连接，并且通过虚拟 DHCP（Dynamic Host Configuration Protocol，动态主机配置协议）服务器为其分配 IP 地址，这样多台虚拟机就会形成一个完整的虚拟网络，这也是推荐使用的网络配置。
- 仅主机模式适配器（Host-only Adapter）：让虚拟机处于独立的网络环境下，无法直接进行互联网访问，但是可以通过操作系统提供的连接共享功能上网，相当于可实现私有局域网。
- 不使用网络连接：在虚拟机中不进行虚拟网卡的安装，无法实现网络访问。

在虚拟机系统之中，由于需要不断地进行 I/O 访问，因此需要配置 SCSI（Small Computer System Interface，小型计算机系统接口）访问类型，此时选择新建虚拟机向导界面推荐的“LSI Logic”类型，如图 8-9 所示。接口配置完成后还需要为系统配置虚拟的磁盘，本次选择 SCSI 类型的磁盘，如图 8-10 所示。

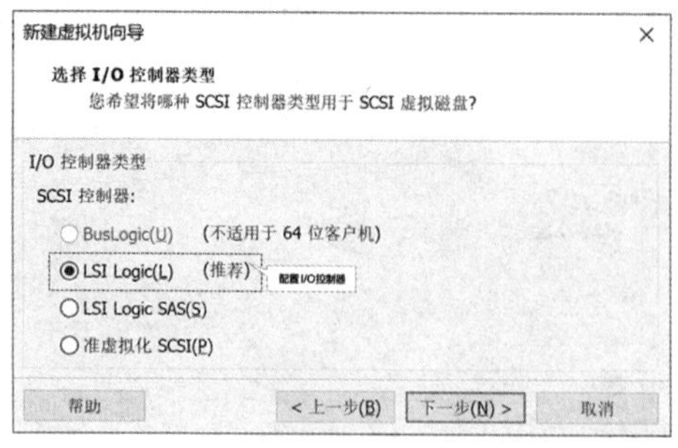

图 8-9 选择 I/O 控制器类型配置

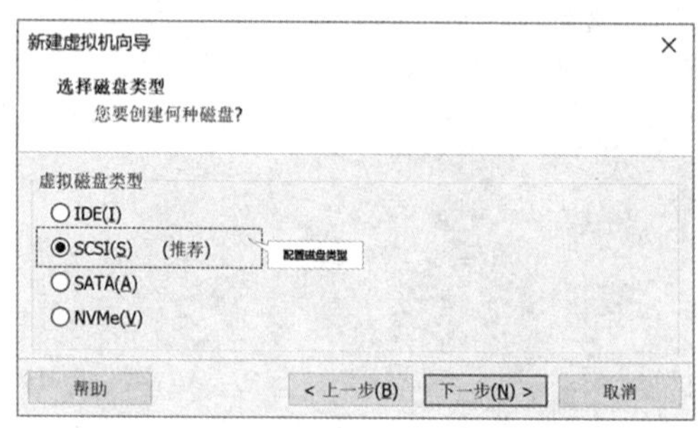

图 8-10 磁盘类型配置

虚拟系统在虚拟机之中需要进行安装，因此需要对虚拟机进行磁盘模拟，选择“创建新虚拟磁盘”，如图 8-11 所示。而后指定该虚拟磁盘容量，由于本次指定的仅仅为系统盘大小，因此将其设置为“20.0”，如图 8-12 所示。本次需要设置磁盘虚拟文件的保存名称，采用默认名称“Ubuntu-Base.vmdk”，如图 8-13 所示。最后出现虚拟机的完整配置清单，选择“创建后开启此虚拟机”，这样就可以直接进行 Ubuntu 操作系统安装。

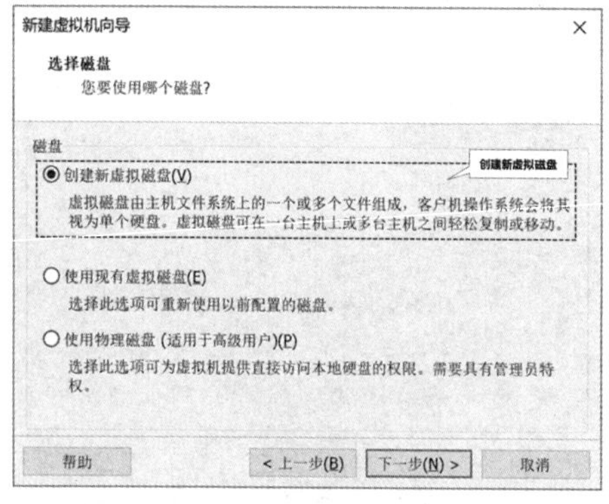

图 8-11 创建虚拟磁盘

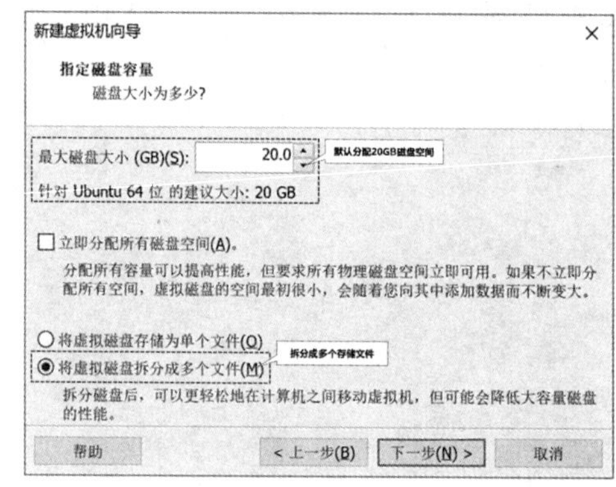

图 8-12 分配磁盘空间

磁盘配置完成后，当前的虚拟环境就配置成功了，但是在默认情况下 VMware 软件还会自动配置一些硬件，例如，打印机、声卡等，如果不需要，则可以进入“自定义硬件”移除硬件，如图 8-14 所示。

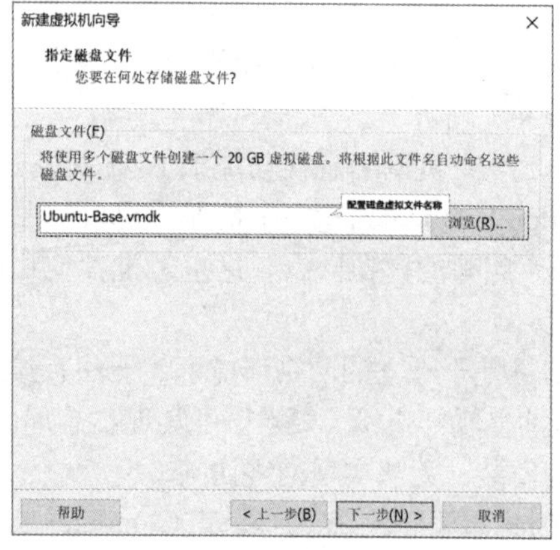

图 8-13 磁盘存储文件

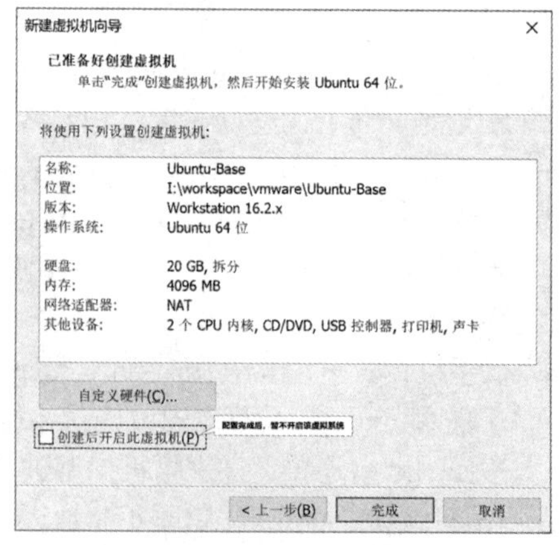

图 8-14 虚拟机配置清单

8.1.1 安装 Ubuntu 操作系统

安装 Ubuntu 操作系统

视频名称 0802_【掌握】安装 Ubuntu 操作系统

视频简介 安装 Ubuntu 操作系统时采用图形化的界面进行配置，使用者只需要直接启动虚拟机程序，就可以自动启动安装引导。本视频通过实际的操作演示 Ubuntu 操作系统的安装。

此时已经成功地配置了 Ubuntu 操作系统的安装环境，这样虚拟机中就会出现相应的操作系统选项。由于在配置时已经进行了系统镜像文件的定义，此时只需要根据图 8-15 所示的界面进行操作即可启动当前虚拟机。

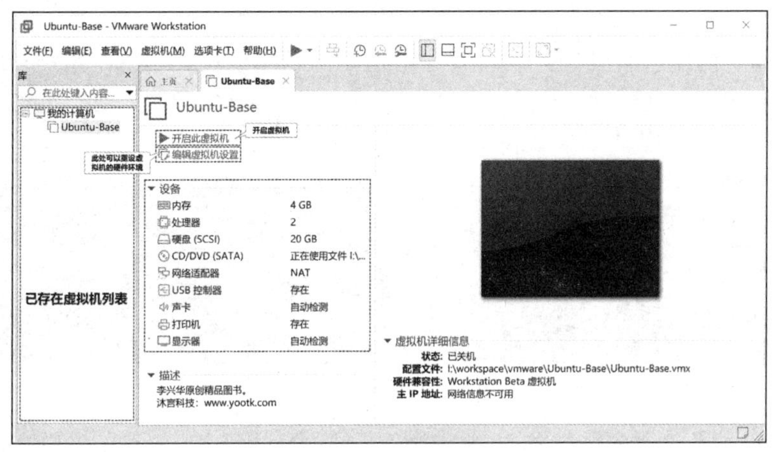

图 8-15 虚拟机启动界面

虚拟机启动之后，将进入虚拟机的安装界面，Ubuntu 提供命令行式的安装界面，所以在进行系统安装配置时，使用者需要通过键盘进行配置定义。由于该操作所涉及的步骤过多，下面对其中几个重要的步骤进行说明。

（1）【Ubuntu 操作系统安装】虚拟机启动之后，将自动进入 Ubuntu 操作系统的安装界面，如图 8-16 所示。

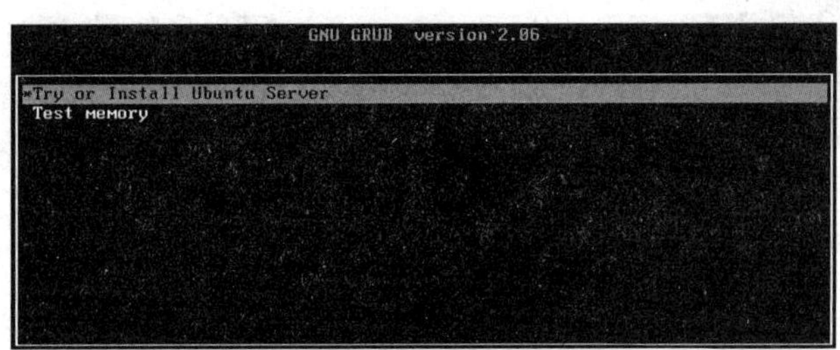

图 8-16 启动系统安装程序

（2）【Ubuntu 操作系统安装】Ubuntu 是一个支持多语言环境的操作系统，但是考虑到安装的正确性，建议安装时选择的语言类型为"English"，如图 8-17 所示。

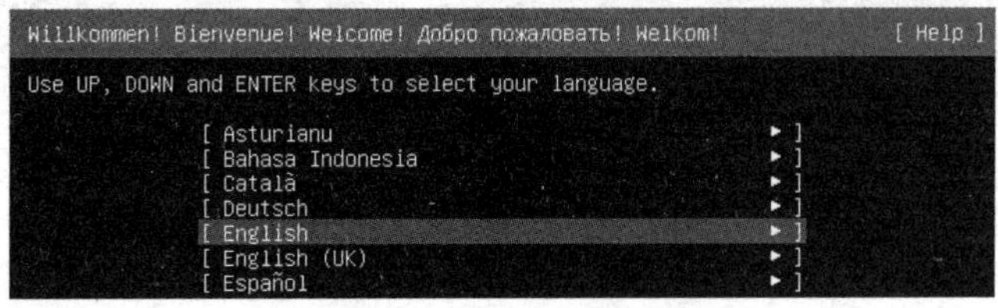

图 8-17 语言环境为 English

（3）【Ubuntu 操作系统安装】Ubuntu 服务有两种安装模式，一种是完全版安装，另一种是简化版安装。完全版安装会自动帮助用户配置许多的服务组件。本次安装 Ubuntu 完整版服务，如图 8-18 所示。

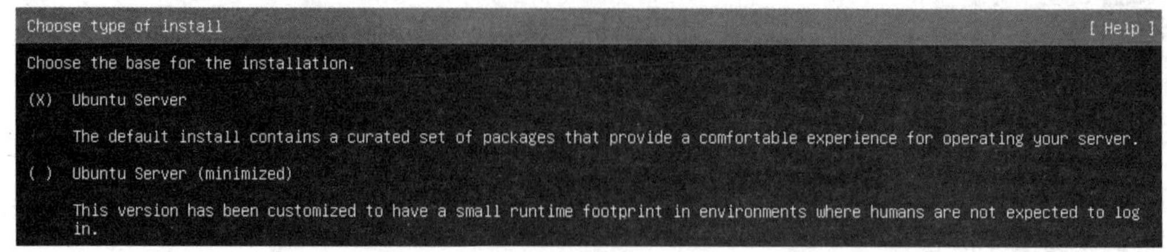

图 8-18　安装完整版 Ubuntu 服务

（4）【Ubuntu 操作系统安装】在进行虚拟机配置时，使用了 NAT 模式（IP 地址范围：192.168.37.128～192.168.37.254，子网掩码设置为 255.255.255.0），所以为当前的虚拟机系统分配默认的 IP 地址（192.168.37.128），如图 8-19 所示。

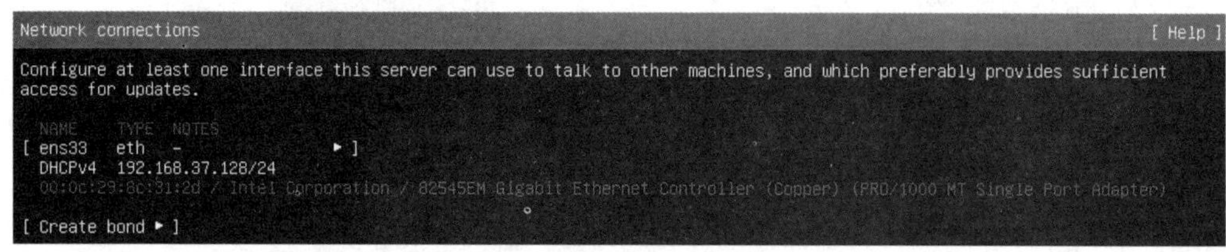

图 8-19　系统网络配置

（5）【Ubuntu 操作系统安装】在 Ubuntu 操作系统安装过程中进行登录账户的配置，本次创建一个名称为 yootk 的账户，密码配置为 hello，如图 8-20 所示。

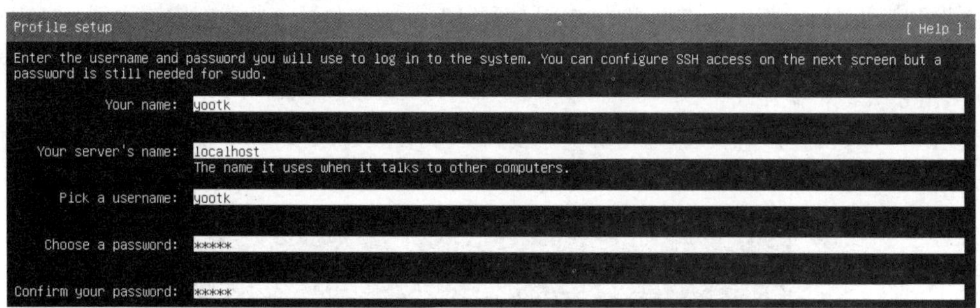

图 8-20　配置系统账户

（6）【Ubuntu 操作系统安装】在进行系统管理时，一般需要使用 SSH（Secure SHell，安全外壳）工具，所以 Ubuntu 操作系统安装时会询问用户是否要安装 OpenSSH 服务，如图 8-21 所示，为便于后续服务配置，本次选择安装该服务。

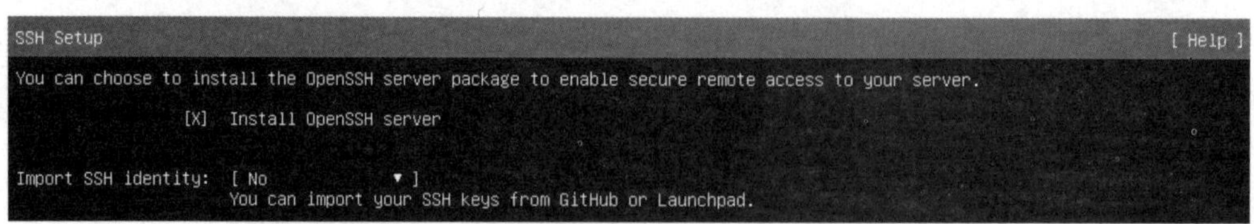

图 8-21　安装 OpenSSH 服务

（7）【Ubuntu 操作系统安装】安装完成后需要由用户手动重启系统，重启后使用 yootk/hello 的账户即可登录系统。

（8）【Ubuntu 操作系统配置】考虑到便于后续服务配置，建议使用 root 账户进行各类服务的配置，需要将当前 root 账户的密码设置为 hello，命令定义如下。

sudo passwd root	
输入新密码	hello

（9）【Ubuntu 操作系统配置】输入 logout 命令注销当前账户，如果此时可以使用 root/hello 账户登录则表示系统安装成功。

8.1.2 配置 SSH 连接

配置 SSH 连接

视频名称 0803_【掌握】配置 SSH 连接

视频简介 项目的生产环境一般都会部署在 Linux 操作系统中，所有的系统运维人员都需要对 Linux 不断地维护，为了便于用户的系统操作，在 Linux 下往往会通过 SSH 工具进行管理。本视频讲解 SSH 工具的主要意义，同时通过 XShell 实现 Linux 操作系统的连接与管理。

Linux 都是以命令行的形式对所有程序进行管理的，由于实际项目开发中的服务器会放在特定的机房或者云服务器上，为了解决服务管理问题，IETF（Internet Engineering Task Force，因特网工程任务组）的网络小组制定了 SSH 安全协议，该协议可以有效地解决远程管理中的信息泄露问题，实现命令的可靠传输，只需要在服务端提供相应的 SSH 进程，远程用户就可以通过 SSH 前端工具进行服务访问，如图 8-22 所示。

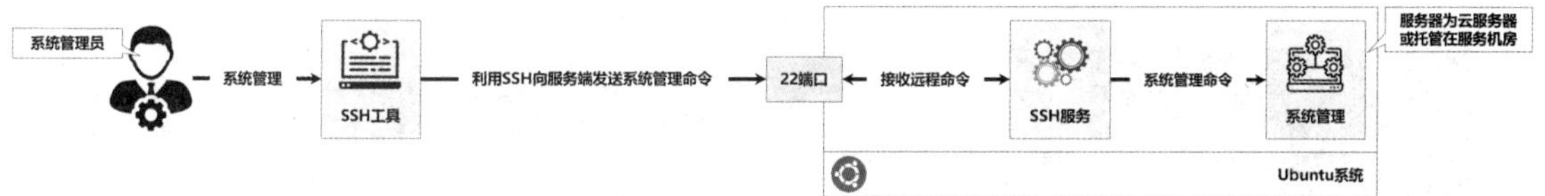

图 8-22 SSH 管理维护

为便于 Linux 操作系统的管理，很多管理员都会基于 SSH 客户端工具进行处理，如果开发者使用的是 macOS，或者是桌面版的 Linux 操作系统，则可以直接通过 ssh 命令进行远程服务连接。除了这样的内置支持之外，开发者也可以使用一些第三方的 SSH 工具。此处使用 MobaXterm 工具进行服务连接，具体的配置步骤如下。

（1）【Ubuntu 操作系统】如果要通过 SSH 客户端工具连接 Linux 操作系统，那么首先需要获取系统对应的 IP 地址，在 Linux 操作系统下可以直接通过 ip addr 命令查询 IP 地址。

```
ip addr
```

程序执行结果

```
1: lo: <LOOPBACK,UP,LOWER_UP> mtu 65536 qdisc noqueue state UNKNOWN group default qlen 1000
    link/loopback 00:00:00:00:00:00 brd 00:00:00:00:00:00
    inet 127.0.0.1/8 scope host lo
       valid_lft forever preferred_lft forever
    inet6 ::1/128 scope host
       valid_lft forever preferred_lft forever
2: ens33: <BROADCAST,MULTICAST,UP,LOWER_UP> mtu 1500 qdisc fq_codel state UP group default qlen 1000
    link/ether 00:0c:29:8c:31:2d brd ff:ff:ff:ff:ff:ff
    altname enp2s1
    inet 192.168.37.128/24 metric 100 brd 192.168.37.255 scope global dynamic ens33
       valid_lft 1584sec preferred_lft 1584sec
    inet6 fe80::20c:29ff:fe8c:312d/64 scope link
       valid_lft forever preferred_lft forever
```

此时返回的 IP 地址为 192.168.37.128，本次使用的“ifconfig”命令在系统中可以通过 ip addr 命令进行代替。需要注意的是，本次命令执行后的返回结果中包含当前主机的网卡名称 ens33，在 Linux 网络配置中，这是一个非常重要的标记。

提示：ifconfig 命令。

Linux 操作系统中较为常用的 IP 地址查询命令为 ifconfig，但是在默认情况下 Ubuntu 并没有安装该命令。此时使用者可以执行 apt-get -y install net-tools 命令安装服务，安装完成之后可以在当前系统中使用 ifconfig 命令获取当前主机的 IP 地址信息。

（2）【Ubuntu 操作系统】Ubuntu 操作系统默认安装了 openssh-server 服务端组件，同时当前系统也已经成功地启动了 SSH 服务进程。在默认的配置中，考虑到系统的安全性，不允许 SSH 使用 root 作为远程连接账户，如果想改变此配置，则需要编辑 SSH 配置文件。

打开配置文件	vi /etc/ssh/sshd_config
修改配置项	PermitRootLogin yes

（3）【Ubuntu 操作系统】此时已经修改了 SSH 配置文件，所以需要重新启动 SSH 服务进程才可以使新配置生效。

停止SSH服务	/etc/init.d/ssh stop
启动SSH服务	/etc/init.d/ssh start

（4）【MobaXterm 工具】在实际工作中，运维人员往往基于 SSH 客户端进行服务配置，考虑到付费版本问题，本次使用 MobaXterm 免费版工具，开发者可以通过 https://mobaxterm.mobatek.net/ 地址获取该工具，如图 8-23 所示。

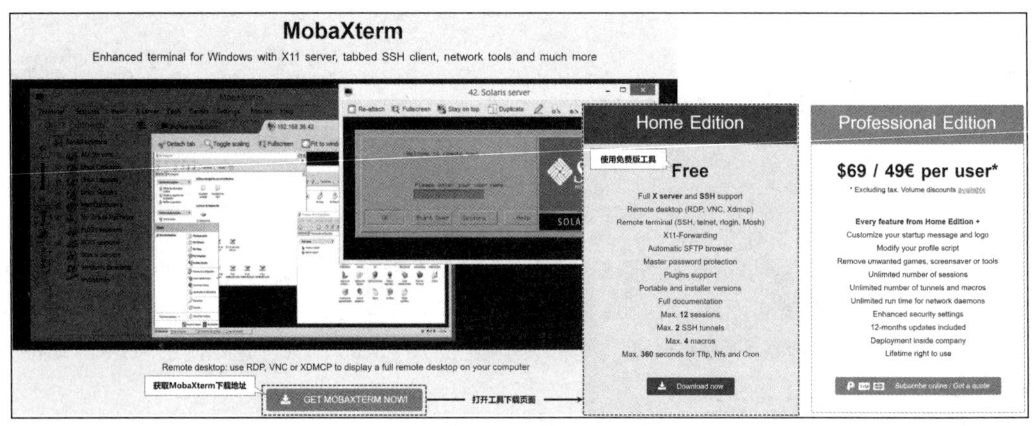

图 8-23　获取 MobaXterm 工具

（5）【MobaXterm 工具】安装 MobaXterm 工具后直接打开，而后根据图 8-24 所示，创建新的 SSH 会话。

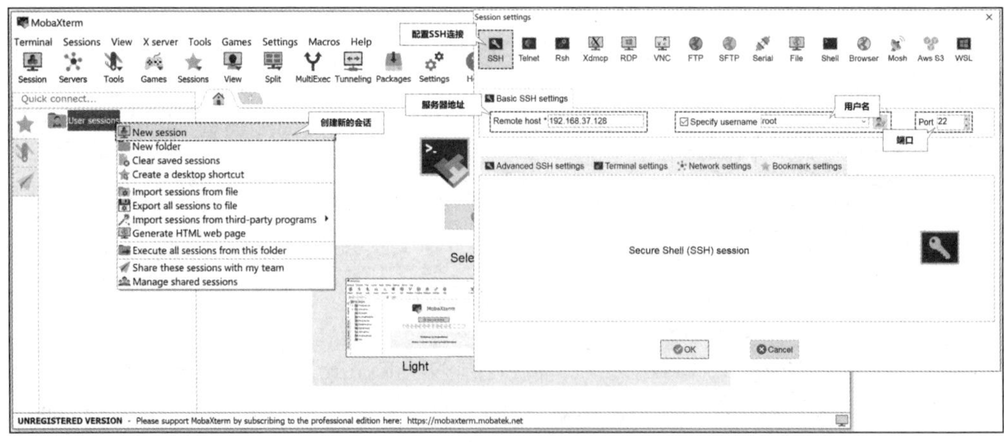

图 8-24　配置 SSH 会话

（6）【MobaXterm 工具】会话创建完成后，直接通过 MobaXterm 工具左边的会话列表连接指定服务器，如图 8-25 所示。

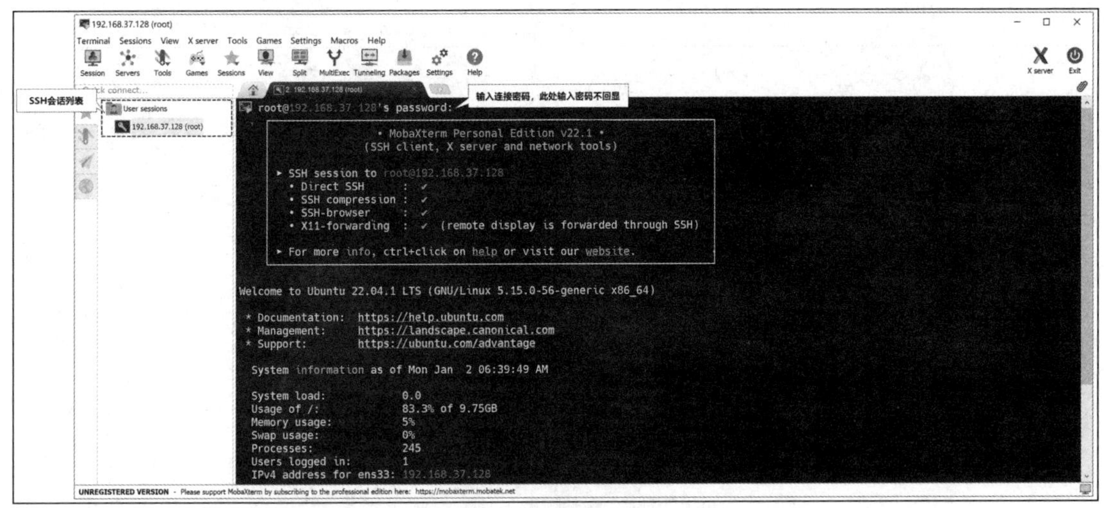

图 8-25　连接指定服务器

（7）【MobaXterm 工具】SSH 连接成功后查看当前的系统信息。

lsb_release -a	
程序执行结果	No LSB modules are available. Distributor ID:Ubuntu Description:　Ubuntu 22.04.1 LTS Release:　22.04 Codename:　jammy

8.1.3　配置 Linux 操作系统

配置 Linux 操作系统

视频名称　0804_【掌握】配置 Linux 操作系统

视频简介　使用 Ubuntu 操作系统时，经常需要通过网络下载大量的软件工具包。考虑到防火墙的影响，国内开发人员一般会使用本土镜像源。本视频讲解 Ubuntu 组件获取的操作流程，并详细讲解阿里镜像源的配置与系统更新操作。

使用 Ubuntu 操作系统的方便之处在于，可以轻松地获取各类服务组件（例如，SSH 服务组件），当用户所需组件包在本地系统中不存在时，可以直接通过 Ubuntu 官方仓库来获取。但是考虑到有防火墙，所以一般使用者会将本地系统的镜像源更换为国内镜像源，这样在获取组件时就可以有较好的下载速度，如图 8-26 所示。

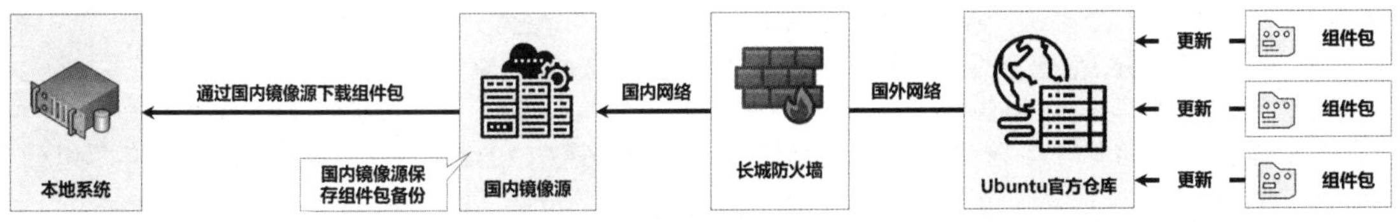

图 8-26　Ubuntu 获取组件

Ubuntu 的国内镜像源较为丰富，可选的镜像源包括：阿里镜像源、中科大镜像源、网易镜像源、清华镜像源等。此处为了读者使用方便，给出了清华镜像源和阿里镜像源及其配置，具体步骤如下。

（1）【Ubuntu 操作系统】为了防止镜像源更换失败导致无法恢复的问题，在修改之前应将原始镜像源进行备份。

```
cp /etc/apt/sources.list /etc/apt/sources.list.bak
```

（2）【Ubuntu 操作系统】在 sources.list 配置文件中添加如下的配置项。

清华镜像源	sudo bash -c "cat << EOF > /etc/apt/sources.list && apt update deb https://mirrors.tuna.tsinghua.edu.cn/ubuntu/ jammy main restricted universe multiverse deb https://mirrors.tuna.tsinghua.edu.cn/ubuntu/ jammy-updates main restricted universe multiverse deb https://mirrors.tuna.tsinghua.edu.cn/ubuntu/ jammy-backports main restricted universe multiverse deb https://mirrors.tuna.tsinghua.edu.cn/ubuntu/ jammy-security main restricted universe multiverse EOF"
阿里镜像源	sudo bash -c "cat << EOF > /etc/apt/sources.list && apt update deb http://mirrors.aliyun.com/ubuntu/ jammy main restricted universe multiverse deb-src http://mirrors.aliyun.com/ubuntu/ jammy main restricted universe multiverse deb http://mirrors.aliyun.com/ubuntu/ jammy-security main restricted universe multiverse deb-src http://mirrors.aliyun.com/ubuntu/ jammy-security main restricted universe multiverse deb http://mirrors.aliyun.com/ubuntu/ jammy-updates main restricted universe multiverse deb-src http://mirrors.aliyun.com/ubuntu/ jammy-updates main restricted universe multiverse deb http://mirrors.aliyun.com/ubuntu/ jammy-proposed main restricted universe multiverse deb-src http://mirrors.aliyun.com/ubuntu/ jammy-proposed main restricted universe multiverse deb http://mirrors.aliyun.com/ubuntu/ jammy-backports main restricted universe multiverse deb-src http://mirrors.aliyun.com/ubuntu/ jammy-backports main restricted universe multiverse EOF"

由于 Ubuntu 操作系统之中的很多系统软件一直处于更新的状态，因此第一次进行镜像源更新会花费较长的时间。通过此时的执行信息可以发现当前的镜像源已经成功地更换到了阿里镜像源。

提示：NO_PUBKEY 错误解决。

当在系统中更新了 Ubuntu 镜像源，并且更新软件列表时，有可能出现“NO_PUBKEY3B4FE6ACC0B21F32”错误信息。该错误信息表示缺少对应的密钥信息，此时执行如下代码即可解决。

范例：获取公钥数据。

```
apt-key adv --keyserver keyserver.ubuntu.com --recv-keys 3B4FE6ACC0B21F32
```

程序执行结果	keys 3B4FE6ACC0B21F32 gpg: key 3B4FE6ACC0B21F32: public key "Ubuntu Archive Automatic Signing Key (2012) <ftpmaster@ubuntu.com>" imported gpg: Total number processed: 1 gpg: imported: 1

此时会自动通过 Ubuntu 的签名系统获取当前系统的公钥信息，随后自动进行该签名数据的导入。需要注意的是，当前使用的签名标记为“3B4FE6ACC0B21F32”，不同用户可能有不同的签名信息。

（3）【Ubuntu 操作系统】更新本地软件包。

```
apt-get upgrade
```

（4）【Ubuntu 操作系统】通过 Ubuntu 仓库下载一些基础工具包。

```
apt-get -y install make g++ gcc libpcre3 libpcrecpp* libpcre3-dev libssl-dev autoconf automake
libtool libncurses5-dev libaio.dev iputils-ping net-tools libncurses5 tree zlib1g zlib1g-dev
libnl-genl-3-dev libnl-route-3-dev unzip zip
```

在后续使用 Ubuntu 操作系统的过程中，往往需要进行各类的 C 程序编译，还需要进行一些服务的配置，所以本次下载了多个工具包与开发包。随着技术学习的深入，我们还会下载更多工具。

8.1.4 配置系统时区时间

配置系统时区时间

视频名称 0805_【掌握】配置系统时区时间

视频简介 Linux 操作系统在实际的项目生产环境中为了保证服务器的性能，往往会进行大量的集群服务配置，在集群服务配置之中，最为重要的一项就是保证时区与时间同步。本视频讲解如何通过 ntpdate 组件与时间服务器实现信息同步处理。

在实际的 Linux 服务部署中，经常需要进行大量的集群服务配置。在集群环境之中考虑到数据的一致性，需要进行统一的时区与时间配置，如图 8-27 所示。

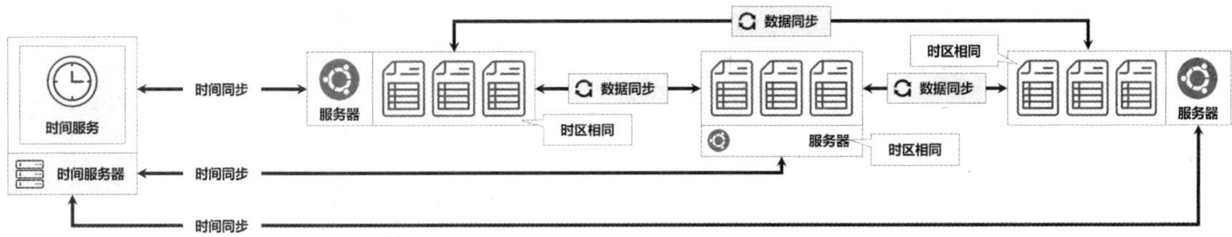

图 8-27 服务器时区与时间

在 Ubuntu 操作系统中可以通过 tzselect 命令实现时区配置，对于时间的同步处理，往往可通过专属的时间服务器获取数据。为了获取方便，Ubuntu 提供了 NTP（Network Time Protocol，网络时间协议）支持命令，下面通过具体的步骤来实现这一操作。

（1）【Ubuntu 操作系统】在系统中配置使用的时区。

tzselect	
时区配置项	4) Asia ➔ 10) China ➔ 1) Beijing Time ➔ 1) Yes

（2）【Ubuntu 操作系统】为了防止后续还原，将时区文件复制到本地时间文件夹中。

```
cp /usr/share/zoneinfo/Asia/Shanghai /etc/localtime
```

（3）【Ubuntu 操作系统】查看当前系统日期时间。

date	
程序执行结果	Fri Sep 30 07:48:18 CST 2025

（4）【Ubuntu 操作系统】如果想进行时间同步，则要有专属的时间服务器，此时需要安装 ntp date 组件。

```
apt-get -y install ntp ntpdate
```

（5）【Ubuntu 操作系统】同步阿里云的时间服务器。

```
ntpdate -u ntp1.aliyun.com
```

（6）【Ubuntu 操作系统】将当前的日期时间写入系统硬件之中。

```
hwclock --systohc
```

8.1.5 配置静态 IP 地址

配置静态 IP 地址

视频名称 0806_【掌握】配置静态 IP 地址

视频简介 服务器一般都会托管在远程机房中，所以在进行系统维护时，需要通过 IP 地址进行连接。本视频通过实例演示如何将 DHCP 服务管理改为静态 IP 地址管理。

当前主机所使用的为 NAT 环境，VMware 软件会自动提供 DHCP 服务进程为每一台虚拟主机动态地分配 IP 地址，如图 8-28 所示。但是在实际的服务管理环境之中，为了保证服务的稳定性，往往会采用静态 IP 管理，如图 8-29 所示，下面介绍具体配置步骤。

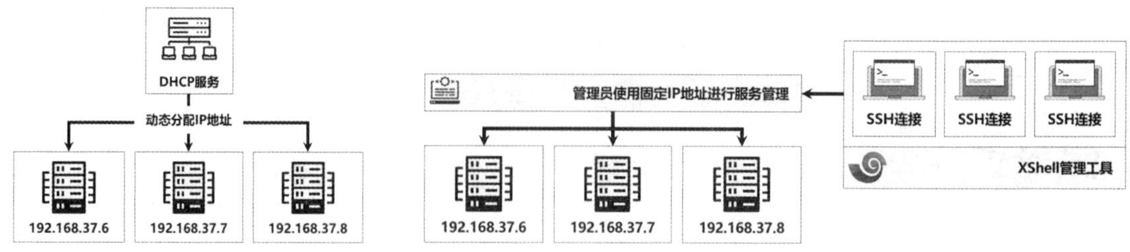

图 8-28 动态 IP 地址管理　　　　图 8-29 静态 IP 地址管理

（1）【Ubuntu 操作系统】打开 Ubuntu 中的网卡配置文件：vi /etc/netplan/00-installer-config.yaml。

（2）【Ubuntu 操作系统】编辑网卡配置文件。

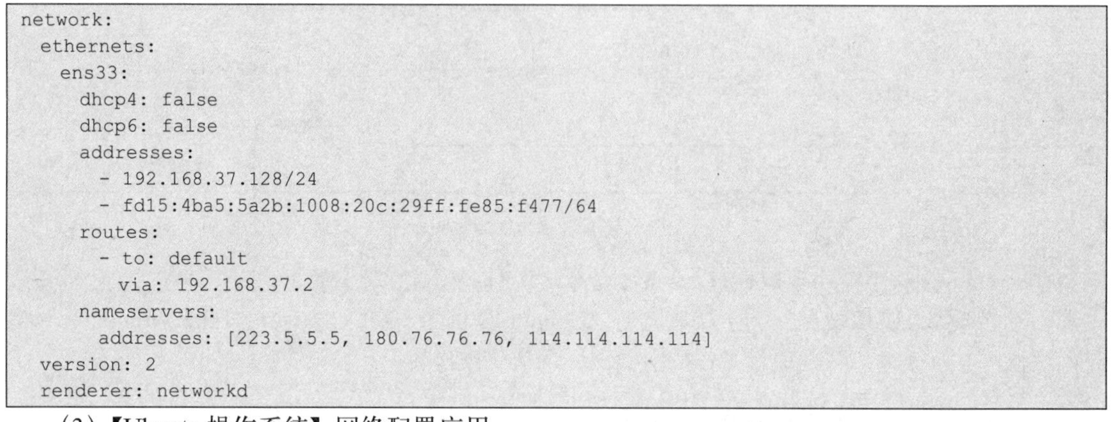

```
network:
  ethernets:
    ens33:
      dhcp4: false
      dhcp6: false
      addresses:
        - 192.168.37.128/24
        - fd15:4ba5:5a2b:1008:20c:29ff:fe85:f477/64
      routes:
        - to: default
          via: 192.168.37.2
      nameservers:
        addresses: [223.5.5.5, 180.76.76.76, 114.114.114.114]
  version: 2
  renderer: networkd
```

（3）【Ubuntu 操作系统】网络配置应用。

```
netplan apply
```

（4）【Ubuntu 操作系统】重新查询当前 IP 地址。

ifconfig	
程序执行结果	inet 192.168.37.128 netmask 255.255.255.0 broadcast 192.168.37.255

8.1.6 扩展数据存储

扩展数据存储

视频名称 0807_【掌握】扩展数据存储

视频简介 在实际的服务部署中，存在应用程序以及应用数据，所以往往会进行数据磁盘的扩展。本视频基于 VMware 动态配置数据磁盘，并且通过实例讲解 Linux 操作系统下的磁盘格式化、分区定义的使用方法。

Linux 操作系统一般会运行若干种不同的服务组件，这些服务组件在运行期间有可能产生大量的应用数据，为了更方便地实现应用数据的管理，往往使用一块数据磁盘进行存储，如图 8-30 所示。这样在系统或组件崩溃后，可以方便地进行服务的恢复。

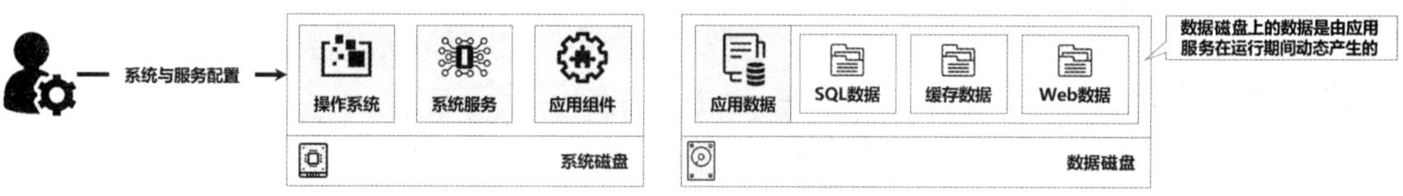

图 8-30 系统磁盘管理

由于此处基于 VMware 虚拟机实现系统讲解，因此可以直接依据图 8-31 所示的核心步骤，进行新的物理磁盘的扩展，此处扩展了一个 40GB 的数据磁盘。需要注意的是，扩展的磁盘并不能被 Linux 直接使用，需要由系统管理人员进行格式化与分区处理，下面介绍具体的系统配置步骤。

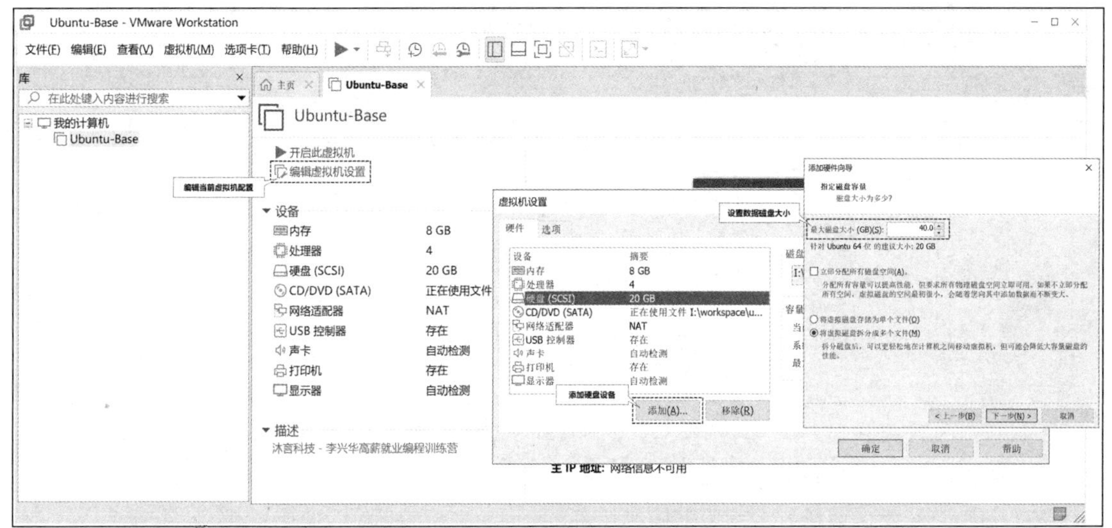

图 8-31 VMware 虚拟机增加新的数据磁盘

（1）【Ubuntu 操作系统】查看当前主机中的磁盘列表，此时可以发现新硬盘的名称为/dev/sdb。

fdisk -l	
程序执行结果（新增磁盘）	Disk /dev/sdb: 40 GiB, 42949672960 bytes, 83886080 sectors Disk model: VMware Virtual S Units: sectors of 1 * 512 = 512 bytes Sector size (logical/physical): 512 bytes / 512 bytes I/O size (minimum/optimal): 512 bytes / 512 bytes

（2）【Ubuntu 操作系统】为新挂载的/dev/sdb 磁盘进行分区处理，斜体加下划线部分为用户输入内容或操作提示。

fdisk /dev/sdb	
第一步配置	Welcome to fdisk (util-linux 2.37.2). Changes will remain in memory only, until you decide to write them. Be careful before using the write command. Device does not contain a recognized partition table. Created a new DOS disklabel with disk identifier 0x25b95175. Command (m for help): *n*

第二步配置	Partition type
	  p primary (0 primary, 0 extended, 4 free)
	  e extended (container for logical partitions)
	Select (default p): *p*

第三步配置	Partition number (1-4, default 1): *1*
第四步配置	First sector (2048-83886079, default 2048): *回车*
第五步配置	Last sector, +/-sectors or +/-size{K,M,G,T,P} (2048-83886079, default 83886079): *回车*
第六步配置	Created a new partition 1 of type 'Linux' and of size 40 GiB. Command (m for help): *wq* The partition table has been altered. Calling ioctl() to re-read partition table. Syncing disks.

（3）【Ubuntu 操作系统】分区完成后再次使用 fdisk 命令查看磁盘信息，可以得到/dev/sdb1 设备编号。

fdisk -l	
程序执行结果	Device Boot Start End Sectors Size Id Type /dev/sdb1 2048 83886079 83884032 40G 83 Linux

（4）【Ubuntu 操作系统】磁盘分区完成后需要进行磁盘格式化处理。

```
mkfs.ext3 /dev/sdb1
```

程序执行结果

```
mke2fs 1.46.5 (30-Dec-2021)
Creating filesystem with 10485504 4k blocks and 2621440 inodes
Filesystem UUID: 85911459-1bec-4836-82a7-ebfe8064ae8e
Superblock backups stored on blocks:
    32768, 98304, 163840, 229376, 294912, 819200, 884736, 1605632, 2654208,
    4096000, 7962624

Allocating group tables: done
Writing inode tables: done
Creating journal (65536 blocks): done
Writing superblocks and filesystem accounting information: done
```

（5）【Ubuntu 操作系统】在系统中添加分区信息。

```
echo '/dev/sdb1  /mnt ext3   defaults   0  0' >> /etc/fstab
```

（6）【Ubuntu 操作系统】挂载新分区：mount -a。

（7）【Ubuntu 操作系统】查看当前磁盘信息。

```
df -lh
```

程序执行结果

```
/dev/sdb1        40G  284K  38G  1% /mnt
```

通过此时的磁盘查询结果发现可以通过/mnt 路径实现数据磁盘的访问，在后续的服务配置中，所有的数据信息存储目录都会保存在此路径之中。

8.2　Ubuntu 服务配置

Linux 操作系统作为生产环境，一方面是由于其稳定，另一方面是在 Linux 操作系统中有较多的服务组件可供用户使用。例如，为了便于文件维护可以在系统中配置 FTP 服务组件，或者为了便于数据的结构化管理而进行 MySQL 服务的配置，更重要的就是需要进行 JDK 与 Tomcat 服务配置。本节将通过各种实例操作讲解服务的安装与配置。

> **提示：关于 Linux 操作系统服务。**
>
> 在任何一个完善的项目开发与维护环境之中，都有可能需要在 Linux 操作系统中配置大量的系统服务，本套丛书主要基于 Ubuntu 操作系统进行讲解，所以后续还有大量的服务组件出现。本次所讲解的只是一些基础的配置，目的是帮助初学者快速上手以使用 Linux 操作系统。

8.2.1　配置 FTP 服务

配置 FTP 服务

视频名称　0808_【掌握】配置 FTP 服务

视频简介　FTP 是服务器管理中较为重要的一项服务，通过 FTP 可以方便使用者进行服务端文件的维护处理操作。本视频讲解如何在 Ubuntu 中实现 FTP 服务的安装，同时讲解具体的配置操作，及通过 FTP 客户端实现文件管理。

FTP 是 TCP/IP（Transmission Control Protocol/Internet Protocol，传输控制协议/互联网协议）组中的协议之一，FTP 属于“C/S”网络程序结构，需要提供服务端与客户端。服务端的主要目的是进行服务器资源管理，客户端实现服务器资源的操作（例如，上传、下载、删除等）。FTP 文件服务架构如图 8-32 所示。

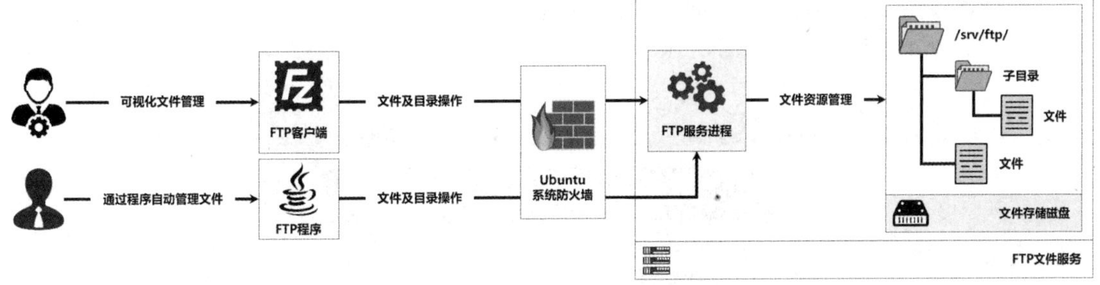

图 8-32　FTP 文件服务架构

提问：为什么不直接使用 SSH 连接？

现在的操作系统内部已经配置了 SSH 服务，那么在进行 FTP 操作时直接通过 SSH 连接即可，为什么还要单独配置 FTP 服务？

回答：通过 FTP 实现安全访问。

使用 SSH 进行操作的确可以实现 FTP 的所有功能，但是 SSH 还可以实现更多的操作。考虑到配置的简单以及服务的独立，本书推荐通过 FTP 实现文件的管理。

Ubuntu 内置 vsftpd 组件，开发者可以直接通过官方仓库获取该服务组件。当然为了便于用户使用，管理员需要对该组件进行配置，下面介绍具体的配置步骤。

（1）【Ubuntu 操作系统】通过官方仓库下载 vsftpd 组件。

```
apt-get -y install vsftpd
```

（2）【Ubuntu 操作系统】通过 apt-get 下载完成的 FTP 服务端软件实际上会默认帮助用户创建一个 ftp 账户，但是这个账户的密码是随机设置的。如果需要修改，则可以将其修改为“yootk”。

passwd ftp	
程序执行结果	New password: ***yootk*** ← 使用者输入新密码 Retype new password: ***yootk*** ← 使用者确认新密码 passwd: password updated successfully

（3）【Ubuntu 操作系统】在默认情况下 vsftpd 组件会自动创建一个/srv/ftp 目录，在以后的服务使用过程之中，所有上传的文件都保存在此目录下。为了日后方便上传，可以为其设置完全访问的权限。

```
chmod 777 /srv/ftp/
```

（4）【Ubuntu 操作系统】打开 vsftpd 组件的配置文件。

打开配置文件	vi /etc/vsftpd.conf

修改配置项	write_enable=YES # 允许进行FTP数据写入
	chroot_local_user=YES # 将所有用户限定在主目录内
	chroot_list_enable=YES # 允许用户查看FTP服务列表
	chroot_list_file=/etc/vsftpd.chroot_list # FTP用户配置列表

（5）【Ubuntu 操作系统】创建/etc/vsftpd.chroot_list 用户配置文件，设置 FTP 服务进程的默认访问账户为 ftp。

```
echo ftp > /etc/vsftpd.chroot_list
```

（6）【Ubuntu 操作系统】配置 FTP 授权控制文件。

打开配置文件	vi /etc/pam.d/vsftpd
修改配置项	# auth required pam_shells.so

（7）【Ubuntu 操作系统】重新启动 vsftpd 服务进程。

```
service vsftpd restart
```

（8）【本地系统】本次使用 FileZilla 工具进行文件操作测试，该工具为开源工具，可以通过 FileZilla 官方站点进行下载，如图 8-33 所示。

图 8-33　下载 FileZilla 工具

（9）【本地系统】FileZilla 工具安装简单，使用者可以直接启动安装程序。安装完成后可以得到如图 8-34 所示的界面，只需要在此处配置 FTP 服务器的地址、用户名以及密码即可连接，而后就可以在该工具内部以拖曳的形式将所需的文件上传到 FTP 服务器之中。

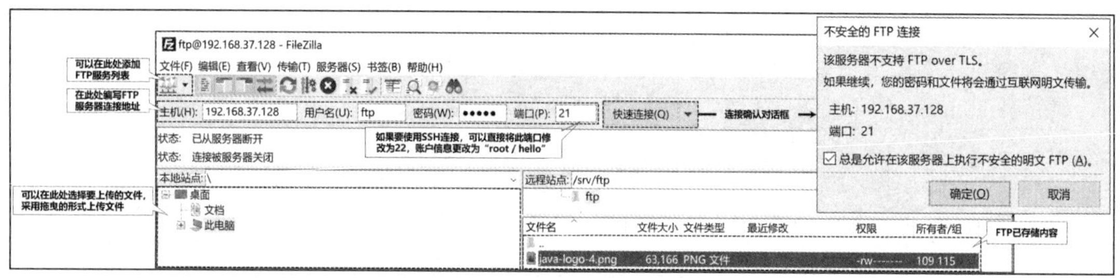

图 8-34　FileZilla 工具配置界面

8.2.2　系统防火墙

系统防火墙

视频名称　0809_【掌握】系统防火墙

视频简介　防火墙是保护 Linux 操作系统服务安全的重要技术支持，在 Ubuntu 中可以直接进行防火墙组件的安装与配置。本视频通过实例分析防火墙的作用以及服务访问配置。

Linux 操作系统主要运行于公网，为了保证服务运行的稳定性，需要进行防火墙的配置。Ubuntu 操作系统提供内置的防火墙组件，利用该组件可以有效地保证只有指定端口才可以对外提供服务，如图 8-35 所示。这样就减少了其他端口被入侵的可能性，下面基于 FTP 服务进行防火墙配置。

图 8-35　系统防火墙配置

（1）【Ubuntu 操作系统】安装防火墙组件。

```
apt-get -y install firewalld
```

（2）【Ubuntu 操作系统】将防火墙配置为开机自动启动。

```
systemctl enable firewalld.service
```

（3）【Ubuntu 操作系统】增加 FTP 服务访问配置。

firewall-cmd --zone=public --add-service=ftp --permanent	
程序执行结果	success

（4）【Ubuntu 操作系统】新增规则暂时没有生效，需要进行防火墙配置重新加载。

firewall-cmd -reload	
程序执行结果	success

（5）【Ubuntu 操作系统】如果此时发现不再需要 FTP 访问规则，可以使用如下的命令进行删除。

firewall-cmd --zone=public --remove-service=ftp -permanent	
程序执行结果	success

命令执行之后，需要刷新防火墙配置才可以生效，为了所有运行服务的安全，建议一定要在系统线上运行之前配置好所有的防火墙规则，以防止可能产生的各类安全隐患。

8.2.3 JDK 安装与配置

视频名称 0810_【掌握】JDK 安装与配置

视频简介 JDK 是 Java 程序设计开发中最为重要的基础性服务组件之一。本视频讲解如何通过 FTP 实现 JDK 软件上传操作，以及在 Linux 中的 JDK 安装与环境配置的相关操作。

Java 语言最大的特点之一是可移植性，而可移植性的关键是依靠 JDK。虽然不同的开发者在进行系统开发时可能使用不同的操作系统（例如，Windows 或 macOS），但是在程序最终运行时往往会将其部署到 Linux 操作系统之中。这样就需要 Linux 操作系统运维管理人员在服务器上进行 JDK 的安装与配置。当 JDK 配置完成后，就可以部署所需的 Java 应用（可能是开发的独立项目，或者是与 Java 相关的服务组件）。JDK 环境支持如图 8-36 所示。

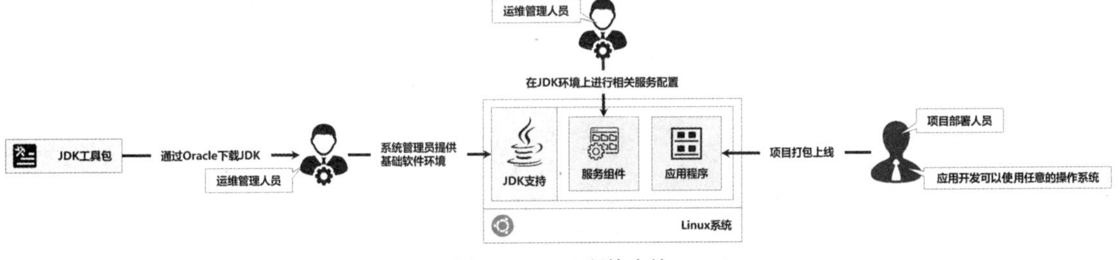

图 8-36 JDK 环境支持

为了便于运维管理人员使用，Ubuntu 操作系统在 Ubuntu 仓库中提供了 OpenJDK 的组件支持，使用者可以通过 apt-cache 命令搜索远程仓库，也可以直接使用 apt-get 命令自动安装与配置组件，如图 8-37 所示。

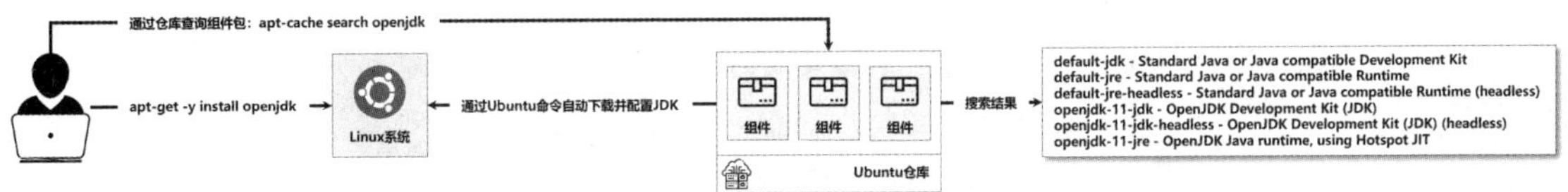

图 8-37 Ubuntu 自动安装 JDK

在 Ubuntu 操作系统中自动安装的 JDK 版本为 OpenJDK-11，虽然这是一个 LTS（Long Term Support，长期支持）版本，但是并不是最新的，所以在实际使用中，本书建议采用手动配置的形式，通过 Oracle 的官方网站下载所需 JDK，如图 8-38 所示。截至本书编写时，最新的 JDK-LTS 版本为 17，所以此处基于此版本的 JDK 进行配置，具体配置步骤如下。

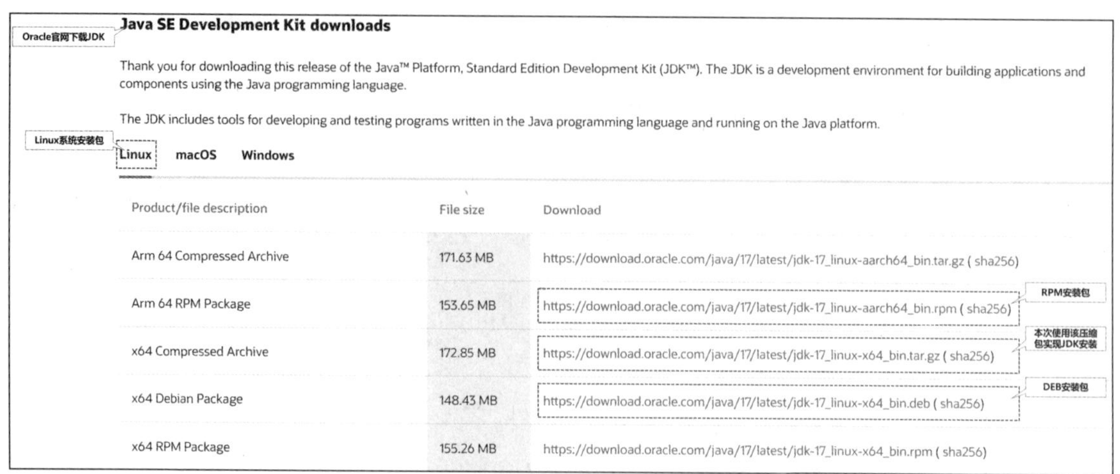

图 8-38　获取 JDK 支持

（1）【本地系统】将下载得到的 JDK 组件包利用 FTP 上传到/srv/ftp 目录之中。

（2）【Ubuntu 操作系统】Linux 版本的 JDK 提供的是压缩包文件，直接通过 tar 命令解压缩即可。为了便于管理，本次将 JDK 解压缩到/usr/local 目录之中。

```
tar xzvf /srv/ftp/jdk-17_linux-x64_bin.tar.gz -C /usr/local/
```

（3）【Ubuntu 操作系统】解压缩完成后可以得到一个 jdk-17.0.4.1 目录，为了便于 JDK 配置，将解压缩后的 JDK 目录进行更名处理，即将其更名为/usr/local/jdk。

```
mv /usr/local/jdk-17.0.4.1/ /usr/local/jdk
```

（4）【Ubuntu 操作系统】在进行 JDK 配置时需要修改系统的环境属性，在/etc/profile 环境配置文件中，添加 JAVA_HOME 并修改 PATH 路径。

打开配置文件	`vi /etc/profile`
添加配置项	`export JAVA_HOME=/usr/local/jdk` `export PATH=$PATH:$JAVA_HOME/bin:`

需要注意的是，PATH 表示所有的可执行程序路径，多个 PATH 路径之间使用英文冒号“:”分隔，本次在已有的 PATH 环境属性之上追加了 JAVA_HOME/bin 目录。

（5）【Ubuntu 操作系统】在 Linux 操作系统中的 profile 文件配置完成后还无法生效，可以通过 source 命令使其立即生效。

```
source /etc/profile
```

（6）【Ubuntu 操作系统】配置完成后，查看当前的 JDK 版本，以测试是否正确安装。

`java -version`	

程序执行结果	`java version "17.0.4.1" 2022-08-18 LTS`
	`Java(TM) SE Runtime Environment (build 17.0.4.1+1-LTS-2)`
	`Java HotSpot(TM) 64-Bit Server VM (build 17.0.4.1+1-LTS-2, mixed mode, sharing)`

8.2.4　Tomcat 安装与配置

Tomcat 安装与配置

视频名称　0811_【掌握】Tomcat 安装与配置

视频简介　在 Java Web 开发中，Tomcat 是使用较广泛的 Web 容器。本视频在 Linux 操作系统中讲解如何通过 wget 命令实现 Tomcat 服务组件下载，并讲解 Tomcat 配置文件的定义与内存调整操作机制，最后为了便于管理 Tomcat 服务进程，又讲解如何通过 Shell 脚本实现服务进程控制操作。

Tomcat 是 Java 应用程序中常使用的 Web 容器，Tomcat 基于 Java 程序编写，所以在进行 Tomcat 配置前一定要保证当前的主机已经提供了 JDK 的环境支持，这样就可以通过 JAVA_HOME 的环境属性找到要使用的 JDK。Tomcat 服务配置结构如图 8-39 所示。

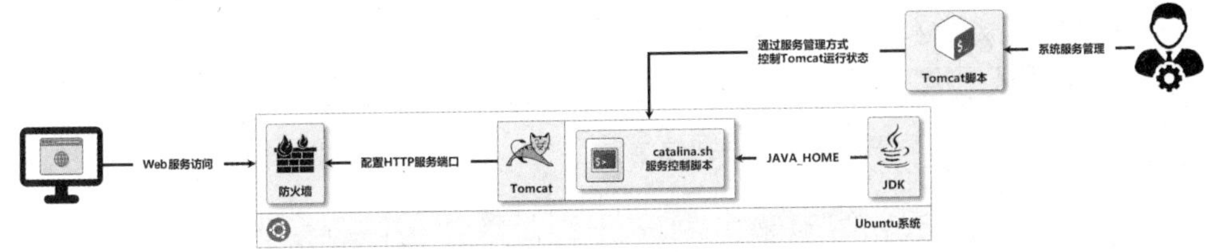

图 8-39 Tomcat 服务配置结构

为了便于 Linux 操作系统中的 Tomcat 管理，Tomcat 内部提供了一个 catalina.sh 的脚本程序，该脚本程序可以控制 Tomcat 服务的关闭与启动。但是为了便于进行管理员的服务管理，往往会再编写一个额外的 tomcat.sh 控制脚本，基于服务管理的形式实现 Tomcat 的启动与关闭处理。本次采用此类模式进行配置，代码的具体配置步骤如下。

（1）【Tomcat 主页】安装 Tomcat 之前需要获取 Tomcat 组件，开发者可以直接登录 Tomcat 官方网站进行下载，如图 8-40 所示，本次所使用的 Tomcat 版本为 apache-tomcat-10.0.26.tar.gz。

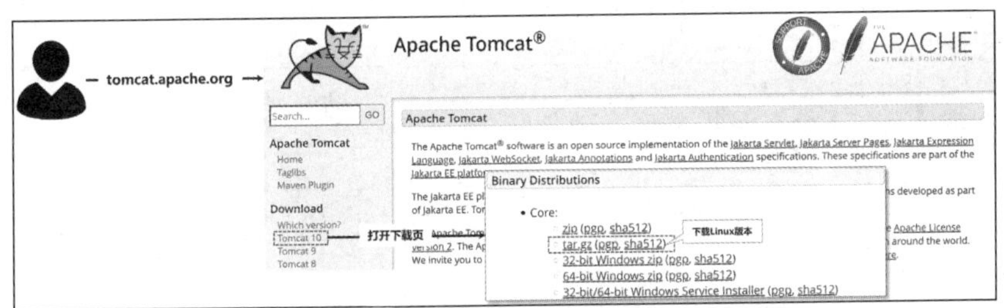

图 8-40 下载 Tomcat 组件

（2）【本地系统】将下载得到的 Tomcat 组件通过 FTP 上传到 Ubuntu 操作系统之中，存储目录为/srv/ftp。如果读者觉得这样的处理方式较为烦琐，也可以在 Linux 操作系统中采用“wget 路径”的方式直接将 Tomcat 组件下载到本地系统中。

（3）【Ubuntu 操作系统】下载的 Tomcat 是一个压缩文件，将其解压缩到/usr/local 目录之中。

```
tar xzvf /srv/ftp/apache-tomcat-10.0.26.tar.gz -C /usr/local/
```

（4）【Ubuntu 操作系统】为便于后续管理软件，对解压缩后的目录进行更名。

```
mv /usr/local/apache-tomcat-10.0.26/ /usr/local/tomcat
```

（5）【Ubuntu 操作系统】Tomcat 的运行需要 JDK 支持，所以修改 Tomcat 中提供的 catalina.sh 脚本文件。

打开脚本文件	`vi /usr/local/tomcat/bin/catalina.sh`
配置JAVA_HOME	`JAVA_HOME=/usr/local/jdk`
配置JVM内存参数	`JAVA_OPTS='-Xms2g -Xmx2g'`

（6）【Ubuntu 操作系统】Tomcat 默认启动运行在 8080 端口，为便于安全访问 Web 服务，将其修改为 80 端口。

打开配置文件	`vi /usr/local/tomcat/conf/server.xml`
修改监听端口	`<Connector port="80" protocol="HTTP/1.1" connectionTimeout="20000" redirectPort="8443" />`

（7）【Ubuntu 操作系统】此时 Tomcat 已经配置完毕，并且可以直接通过 catalina.sh 脚本启动与关闭服务。

Tomcat服务启动	`/usr/local/tomcat/bin/catalina.sh start`
Tomcat服务关闭	`/usr/local/tomcat/bin/catalina.sh stop`

（8）【Ubuntu 操作系统】Tomcat 启动后会占用 80 端口，所以为了便于外部访问，需要修改防火墙规则。

增加防火墙端口	`firewall-cmd --zone=public --add-port=80/tcp --permanent`
重新加载防火墙配置	`firewall-cmd --reload`

（9）【Ubuntu 操作系统】此时的 Tomcat 服务是通过命令管理的，良好的系统运维机制会将其加入服务中进行管理。本次创建一个 tomcat.service 服务管理文件，保存目录为/etc/systemd/system/。

创建Tomcat脚本	vi /etc/systemd/system/tomcat.service

Tomcat脚本内容	[Unit]
	Description=Yootk Tomcat 10 servlet container
	After=network.target # 网络服务
	[Service]
	Type=forking # 后台进程
	Environment="JAVA_HOME=/usr/local/jdk" # JDK路径
	Environment="CATALINA_BASE=/usr/local/tomcat" # Tomcat 路径
	Environment="CATALINA_HOME=/usr/local/tomcat" # Tomcat路径
	Environment="CATALINA_PID=/usr/local/tomcat/tomcat.pid" # 进程ID目录
	Environment="CATALINA_OPTS=-Xms2G -Xmx2G -server" # JVM参数
	ExecStart=/usr/local/tomcat/bin/catalina.sh start # 服务启动
	ExecStop=/usr/local/tomcat/bin/catalina.sh stop # 服务关闭
	[Install]
	WantedBy=multi-user.target # 多用户命令

（10）【Ubuntu 操作系统】重新加载系统控制单元。

```
systemctl daemon-reload
```

（11）【Ubuntu 操作系统】启用并且启动 Tomcat 服务进程。

```
systemctl enable --now tomcat
```

（12）【Ubuntu 操作系统】脚本配置完成后，可以采用如下的命令实现 Tomcat 进程管理。

启动Tomcat服务	systemctl start tomcat
关闭Tomcat服务	systemctl stop tomcat
重启Tomcat服务	systemctl restart tomcat
查看Tomcat状态	systemctl status tomcat
开启Tomcat自启动	systemctl enable tomcat.service
关闭Tomcat自启动	systemctl disable tomcat.service

8.2.5 MySQL 安装与配置

MySQL 安装与配置

视频名称 0812_【掌握】MySQL 安装与配置

视频简介 MySQL 是互联网应用开发中较常用的数据库软件，在 Linux 操作系统中的部署较为常见。本视频通过具体的操作步骤，讲解如何在 Ubuntu 操作系统中进行 MySQL8 软件的安装以及相关系统服务的配置管理。

MySQL 是一种较为流行的关系数据库管理系统（Relational DataBase Management System，RDBMS），其开源、稳定等特点受到很多一线互联网开发公司的喜爱。由于实际运行环境不同，MySQL 官方网站提供不同平台支持的 MySQL 系统，如图 8-41 所示。本次通过 MySQL 的 Linux 标准版实现 MySQL 手动安装与配置，具体的实现步骤如下。

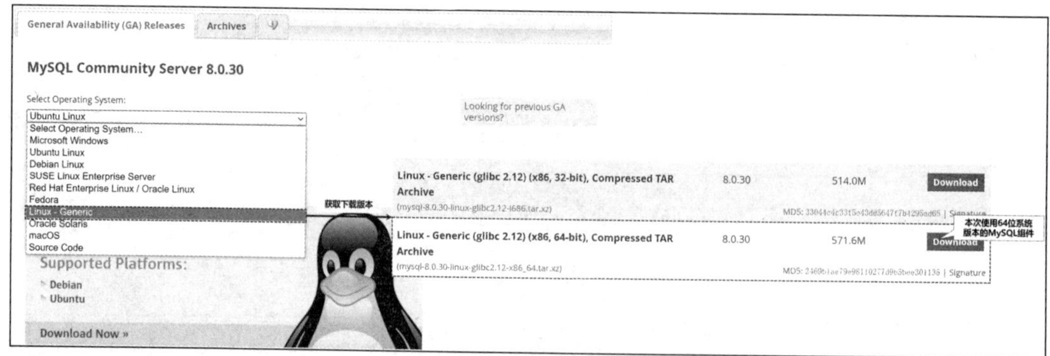

图 8-41 MySQL 下载

（1）【本地系统】将下载得到的 mysql-8.0.30-linux-glibc2.12-x86_64.tar.xz 软件包通过 FTP 上传到 Linux 操作系统之中。

（2）【Ubuntu 操作系统】MySQL 软件包是以“.xz”压缩格式保存的，要将其解压缩为“.tar”类型的文件。

```
xz -d /srv/ftp/mysql-8.0.30-linux-glibc2.12-x86_64.tar.xz
```

（3）【Ubuntu 操作系统】将.xz 文件解压缩得到的 mysql-8.0.30-linux-glibc2.12-x86_64.tar 压缩文件解压缩到指定目录。

```
tar xvf /srv/ftp/mysql-8.0.30-linux-glibc2.12-x86_64.tar -C /usr/local/
```

（4）【Ubuntu 操作系统】为便于后续操作，将 MySQL 保存目录更名为 mysql。

```
mv /usr/local/mysql-8.0.30-linux-glibc2.12-x86_64/ /usr/local/mysql
```

（5）【Ubuntu 操作系统】如果想在系统中使用 MySQL 数据库，那么必须创建一个名称为 mysql 的用户组。

```
groupadd mysql
```

（6）【Ubuntu 操作系统】在 mysql 用户组中创建 mysql 用户，需要注意的是，此用户仅仅作为 MySQL 服务使用，不能登录系统，所以需要在创建用户时通过-s /bin/false 参数指定 mysql 用户仅拥有所有权。

```
useradd -r -g mysql -s /bin/false mysql
```

（7）【Ubuntu 操作系统】设置 mysql 用户组下 mysql 用户的目录所有权。

```
chown -R mysql:mysql ./
```

（8）【Ubuntu 操作系统】创建 MySQL 数据库所需要的数据存储目录，其中 db 保存数据文件，logs 保存日志文件。

```
mkdir -p /mnt/data/mysql/{db,logs}
```

（9）【Ubuntu 操作系统】对/mnt/data/mysql 目录进行访问授权。

```
chmod -R 777 /mnt/data/mysql/
```

（10）【Ubuntu 操作系统】创建 MySQL 的核心配置文件：vi /etc/my.cnf。

```
[mysqld]
# 设置3306端口
port=3306
# 设置MySQL的安装目录
basedir=/usr/local/mysql
# 设置MySQL数据库的数据存放目录
datadir=/mnt/data/mysql/db
# 设置进程编号文件保存路径
pid-file=/mnt/data/mysql/mysql.pid
# socket存储目录
socket=/mnt/data/mysql/db/mysql.sock
# 允许最大连接数
max_connections=10000
# 允许连接失败的次数，这是为了防止有人试图从该主机攻击数据库系统
max_connect_errors=10
# 服务端使用的字符集默认为UTF-8
character-set-server=UTF8MB4
# 创建新表时使用默认存储引擎
default-storage-engine=INNODB
# 默认使用“mysql_native_password”插件认证
authentication_policy=mysql_native_password
# 设置MySQL数据库时区
default-time_zone = '+8:00'
[mysql]
# 设置MySQL客户端默认字符集
default-character-set=utf8
```

```
# socket存储目录
socket=/mnt/data/mysql/db/mysql.sock
[client]
# 设置MySQL客户端连接服务端时默认使用的端口
port=3306
default-character-set=utf8
[mysqld_safe]
log-error=/mnt/data/mysql/logs/mysql.log
pid-file=/mnt/data/mysql/mysql.pid
# socket存储目录
socket=/mnt/data/mysql/db/mysql.sock
```

（11）【Ubuntu 操作系统】配置完成后进行数据库的安装，需要注意的是，在安装完成后会生成一个 MySQL 的临时密码，此密码一定要记下，否则将无法登录 MySQL，本次生成的临时密码为 nhDV4-iQ>Ppj。

/usr/local/mysql/bin/mysqld --user=mysql --initialize --console	
程序执行结果	[Server] A temporary password is generated for root@localhost: nhDV4-iQ>Ppj

（12）【Ubuntu 操作系统】在 MySQL 安装完成之后，MySQL 数据目录中会保存相应启动文件。为了方便操作，在真正启动 MySQL 服务之前对其进行授权处理。

目录访问授权	chmod -R 777 /usr/local/mysql
创建日志文件	echo "" > /mnt/data/mysql/logs/mysql.log
创建进程标记	echo "" > /mnt/data/mysql/mysql.pid
日志文件授权	chown -R mysql:mysql /mnt/data/mysql/logs/mysql.log

（13）【Ubuntu 操作系统】通过 mysql 命令启动 MySQL 数据库服务。

前台启动	/usr/local/mysql/bin/mysqld_safe --user=root
后台启动	/usr/local/mysql/bin/mysqld_safe --user=root > /dev/null 2>&1 &

（14）【Ubuntu 操作系统】在防火墙配置中添加 MySQL 服务访问规则。

添加端口规则	firewall-cmd --zone=public --add-port=3306/tcp --permanent
重新加载配置	firewall-cmd --reload

（15）【Ubuntu 操作系统】MySQL 服务启动完成后，可以通过 MySQL 客户端进行登录，登录时需要输入账户信息。本次使用 root 账户，密码为之前生成的临时密码“nhDV4-iQ>Ppj”。

```
/usr/local/mysql/bin/mysql -uroot -p'nhDV4-iQ>Ppj'
```

（16）【MySQL 客户端】由于此时的密码为 MySQL 自动生成的，为了方便后期使用，将数据库的密码修改为 mysqladmin。

ALTER USER 'root'@'localhost' IDENTIFIED WITH mysql_native_password BY 'mysqladmin';	
程序执行结果	Query OK, 0 rows affected (0.00 sec)

（17）【MySQL 客户端】此时的 root 账户虽然可以在本地登录，却无法远程登录，为了让远程用户可以访问，需要为 root 账户分配相应的权限。

切换数据库	USE mysql;
设置远程访问	UPDATE user SET user.host='%'where user.User='root';
配置立即生效	FLUSH PRIVILEGES;

（18）【Ubuntu 操作系统】为保证数据的安全性，可以对 MySQL 数据目录进行加密处理。

```
/usr/local/mysql/bin/mysql_ssl_rsa_setup --datadir=/mnt/data/mysql/db
```

（19）【Ubuntu 操作系统】为了方便管理 MySQL 进程，可以直接将 MySQL 注册到系统服务之中，通过统一命令进行操作，这样就需要将 MySQL 的支持文件复制到/etc/init.d 目录之中。

```
cp /usr/local/mysql/support-files/mysql.server /etc/init.d/mysqld
```

（20）【Ubuntu 操作系统】修改/etc/init.d/mysqld 配置文件，在$mode 配置项中，将启动用户设置为 root。

打开配置文件	vi /etc/init.d/mysqld

修改配置项	$bindir/mysqld_safe --datadir="$datadir" **--user=root** --pid-file="$mysqld_pid_file_path" …

(21)【Ubuntu 操作系统】重新加载系统控制单元。

```
systemctl daemon-reload
```

(22)【Ubuntu 操作系统】设置完成后，在 Linux 操作系统中存在如下几个 MySQL 服务控制命令。

MySQL服务重启	service mysqld restart
MySQL服务关闭	service mysqld stop
MySQL服务开启	service mysqld start

8.3 搭建系统集群

Linux 集群概述

视频名称 0813_【理解】Linux 集群概述

视频简介 任何系统设计中都必须有稳定的服务支持，在生产环境中大量地使用 Linux 操作系统的主要原因在于，它可以方便地实现集群搭建与服务配置。本视频对即将搭建集群的操作结构进行说明。

即便硬件配置再高端的服务器，面对超高并发访问的场景，也会有服务性能下降或者系统中断的可能。为了保证应用程序的稳定性以及服务的高可用性，在进行实际应用部署时，往往采用服务器集群的方式进行处理。常规的集群服务架构如图 8-42 所示。

图 8-42 常规的集群服务架构

以实际项目中的 Web 服务为例，在高并发的应用场景下，单一的 Web 服务器不足以应付用户发送的大规模请求。此时就需要创建若干个不同的 Web 服务节点（每一个节点都是一台独立服务器），这样相当于可以同时使 3 台或更多的主机参与到请求处理之中，提高程序的处理性能。在某一个 Web 服务节点出现故障后，其他服务节点也可以继续提供服务，从而保证服务的高可用性。

提示：集群需要服务组件支撑。

为方便读者后续学习，本课程讲解以集群主机的配置为主，暂时不涉及各种服务组件。在本套丛书的后续图书中会有大量的服务集群架构出现，其集群主机的配置都与本次的配置相同。

在进行集群搭建时，主机的数量一般可以通过“2^n-1”形式进行计算，所以一个基础的集群应该包含 3 台服务主机。本次预计准备的集群主机信息如表 8-1 所示。

表 8-1 集群主机信息

序号	虚拟机名称	主机名称	主机 IP 地址
1	Ubuntu-Cluster-A	yootk-cluster-a	192.168.37.131
2	Ubuntu-Cluster-B	yootk-cluster-b	192.168.37.132
3	Ubuntu-Cluster-C	yootk-cluster-c	192.168.37.133

考虑到当前处于学习环境，读者可以通过购买云主机或者利用 VMware 虚拟机的方式实现集群主机服务搭建。为了简化系统的安装配置，可以直接通过已有的系统进行克隆，如图 8-43 所示。

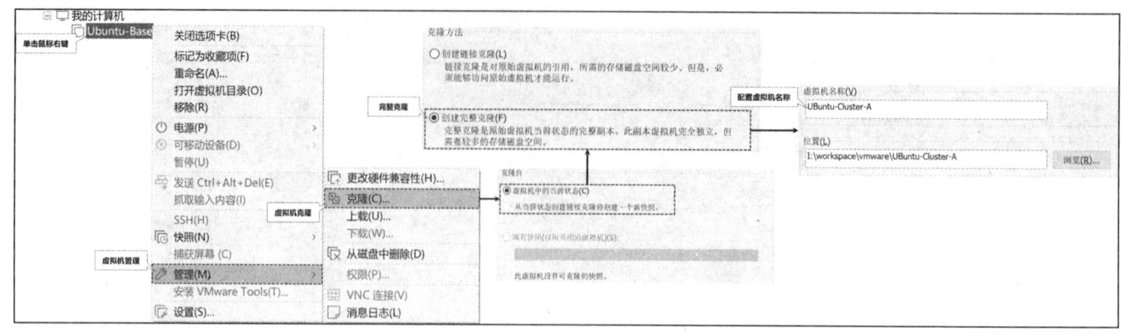

图 8-43　虚拟机克隆

8.3.1　配置 Linux 集群主机

配置 Linux 集群主机

视频名称　0814_【掌握】配置 Linux 集群主机

视频简介　集群中的每一台主机都处于独立的状态，这样就需要为其分配不同的 IP 地址，同时考虑到管理的方便，也可以进行主机名称的修改。本视频通过具体的操作步骤讲解集群环境下的主机管理文件配置。

此时已经准备了 3 台 Ubuntu 虚拟主机。在一个集群环境中，由于主机需要处于同一个机房环境，为了便于服务管理，需要进行统一的 IP 地址配置，并且需要做好主机名称的映射管理。此处按照图 8-44 所示的结构进行配置，具体的配置步骤如下。

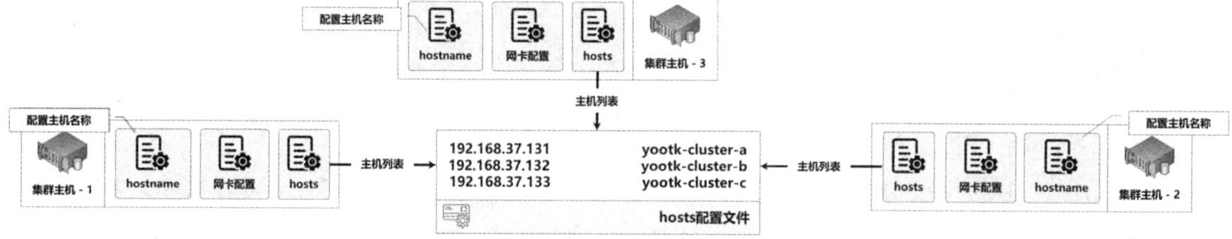

图 8-44　服务配置结构

（1）【Ubuntu-Cluster-*虚拟机】修改 3 台主机对应的静态 IP 地址（只列出部分修改项）。

打开网卡配置文件	vi /etc/netplan/00-installer-config.yaml

Ubuntu-Cluster-A虚拟机	network:
	  ethernets:
	    ens33:
	      addresses:
	        - 192.168.37.131/24

Ubuntu-Cluster-B虚拟机	network:
	  ethernets:
	    ens33:
	      addresses:
	        - 192.168.37.132/24

Ubuntu-Cluster-C虚拟机	network:
	  ethernets:
	    ens33:
	      addresses:
	        - 192.168.37.133/24

（2）【Ubuntu-Cluster-*虚拟机】应用网络配置。

```
netplan apply
```

（3）【Ubuntu-Cluster-*虚拟机】为便于后续管理网络连接，修改每台主机的名称。

打开主机名称配置文件	vi /etc/hostname
Ubuntu-Cluster-A虚拟机	yootk-cluster-a

Ubuntu-Cluster-B虚拟机	yootk-cluster-b
Ubuntu-Cluster-C虚拟机	yootk-cluster-c

（4）【Ubuntu-Cluster-*虚拟机】重新启动当前系统，使主机名称配置生效。

```
reboot
```

（5）【Ubuntu-Cluster-*虚拟机】为便于访问主机，修改本地 hosts 配置文件，追加主机名称与 IP 地址映射。

打开主机映射配置文件	vi /etc/hosts
配置主机映射列表	192.168.37.131 yootk-cluster-a 192.168.37.132 yootk-cluster-b 192.168.37.133 yootk-cluster-c

8.3.2 配置 SSH 免登录

配置 SSH 免登录

视频名称 0815_【掌握】配置 SSH 免登录

视频简介 在集群主机中，经常有可能需要在彼此之间进行直接访问，虽然 Linux 操作系统提供了远程登录的控制，但是这样可能会在每次操作时都重复地输入账户信息。为了解决这一问题，可以直接在主机上配置 SSH 免登录，以方便不同主机之间的访问连接。

在一个服务集群之中，有可能需要为不同的主机部署相同的服务，所以对于一些应用的配置文件，往往需要进行简单的复制处理。在默认情况下，不同的服务主机之间可以直接进行通信，但是在每次通信时都需要进行系统账户登录认证的处理。为了简化这一操作方式，在管理集群主机时，可以基于 SSH 免登录的方式进行配置，系统管理员同样可以基于 SSH 免登录的方式直接连接指定的主机并进行远程配置管理操作，如图 8-45 所示。

在 SSH 免登录的处理中，需要根据特定的加密算法生成公钥与私钥，而后将公钥发送给所有的免登录主机。这样在每次连接时会自动进行公钥与私钥的比较，从而简化登录认证处理逻辑。下面介绍该操作的具体配置。

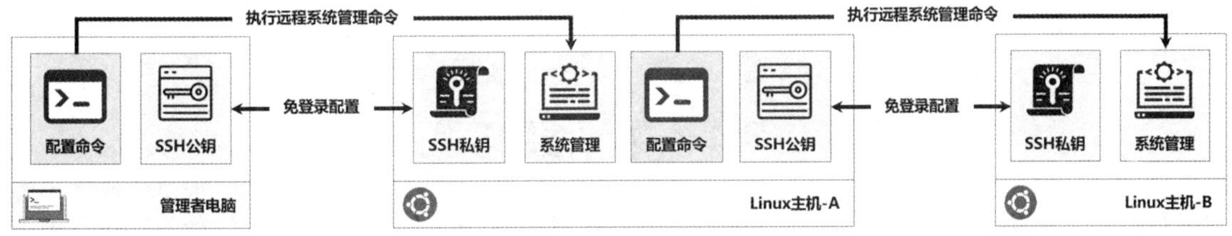

图 8-45 SSH 免登录处理

（1）【Ubuntu-Cluster-*虚拟机】如果是一台全新的主机，在进行 SSH 密钥配置之前，建议删除已有的密钥信息。

```
rm -rf ~/.ssh
```

（2）【Ubuntu-Cluster-*虚拟机】使用 ssh-keygen 命令生成一个新的 SSH 密钥，本次采用 RSA 加密算法。

ssh-keygen -t rsa	
程序执行结果	Generating public/private rsa key pair. ➔ 创建公钥与私钥对 Enter file in which to save the key (/root/.ssh/id_rsa): ➔ 设置SSH密钥存储路径，使用默认定义 Created directory '/root/.ssh'. ➔ 创建SSH目录提示 Enter passphrase (empty for no passphrase): ➔ 设置密码使用默认（直接按“Enter”键） Enter same passphrase again: ➔ 重复密码使用默认（直接按“Enter”键） Your identification has been saved in /root/.ssh/id_rsa ➔ SSH私钥保存路径 Your public key has been saved in /root/.ssh/id_rsa.pub ➔ SSH公钥保存路径

（3）【Ubuntu-Cluster-A 虚拟机】为了验证此时生成的 SSH 密钥是否有效，可以直接在本机实

现免登录配置，将本机公钥加入本机的授权访问列表配置文件之中。

```
cat ~/.ssh/id_rsa.pub >> ~/.ssh/authorized_keys
```

（4）【Ubuntu-Cluster-A 虚拟机】进行本机免登录连接，直接使用 root 账户连接本机。

ssh root@yootk-cluster-a	
程序执行结果	The authenticity of host 'yootk-cluster-a (192.168.37.131)' can't be established. ED25519 key fingerprint is SHA256:lKaTIKcKKgPv8v6FhvZQCl/uqe8cxuFrF5TkKYy7IHA. This key is not known by any other names Are you sure you want to continue connecting (yes/no/[fingerprint])? yes　➔ 确定连接 Warning: Permanently added 'yootk-cluster-a' (ED25519) to the list of known hosts. Welcome to Ubuntu 22.04.1 LTS (GNU/Linux 5.15.0-48-generic x86_64)

（5）【Ubuntu-Cluster-A ➔ SSH 连接 ➔ Ubuntu-Cluster-A】如果不再需要 SSH 管理，直接输入 exit 命令退出。

exit	
程序执行结果	logout Connection to yootk-cluster-a closed.

（6）【Ubuntu-Cluster-A 虚拟机】此处主要通过 Ubuntu-Cluster-A 主机访问 B 和 C 两台主机，所以要将 A 主机的公钥发送到其他两台主机之中。

发送到“Ubuntu-Cluster-B”虚拟机	ssh-copy-id -i ~/.ssh/id_rsa.pub yootk-cluster-b
发送到“Ubuntu-Cluster-C”虚拟机	ssh-copy-id -i ~/.ssh/id_rsa.pub yootk-cluster-c

需要注意的是，在通过 ssh-copy-id 命令进行公钥发布时需要明确地知道对方主机的密码，否则无法设置。如果要实现所有主机的 SSH 免登录访问，则需要在其他两台主机中执行类似的操作命令，即将 B 主机的公钥发送到 A 主机与 C 主机中，将 C 主机的公钥发送到 A 主机与 B 主机中，这样就可以形成 3 台主机之间的免登录访问。

（7）【Ubuntu-Cluster-A 虚拟机】直接登录 Ubuntu-Cluster-B 虚拟机。

```
ssh root@yootk-cluster-b
```

此时的 A 主机设置好连接地址后，就可以登录 B 和 C 两台主机。这样极大地方便了多集群主机的配置与管理操作，同时在一些较为烦琐的集群应用中，也便于不同主机之间的组件进行通信处理。

8.4　本章概览

1．Ubuntu 是项目开发中较为常用的 Linux 操作系统，Ubuntu 内置了 SSH 组件，可以方便地通过 SSH 客户端工具进行连接与管理。

2．Ubuntu 提供了统一的仓库管理，开发者可以通过 apt-get 命令从仓库下载指定的软件工具。

3．为了保证系统的安全性，Linux 操作系统内置了防火墙，所有的服务如果要对外提供支持，则必须配置防火墙规则后才被允许访问。

4．Linux 操作系统在实际使用中需要部署大量的服务，本章讲解了 FTP、JDK、Tomcat、MySQL 服务的搭建处理。

5．使用 Linux 操作系统可以非常方便地实现集群服务搭建，也可以通过 SSH 免登录配置实现集群中的主机管理。